임신 출산

■**일러두기**

우리나라에서 세는 임신 10개월은 마지막 생리 첫날부터 40주가 되는 날을 출산예정일로, 4주를 1개월로 묶어 임신 10개월로 계산하는 반면, 이 책에서는 임신 9개월로 마지막 생리 첫날부터 41주(생리 첫날에서 배란일인 14째 사이의 2주일이 추가되었고, 거기에 한 달은 정확히 4주가 아니라 2월을 제외하고는 달에 따라 4주에 2~3일이 더 있어 41주로 한다)가 되는 날을 출산예정일로 한다.

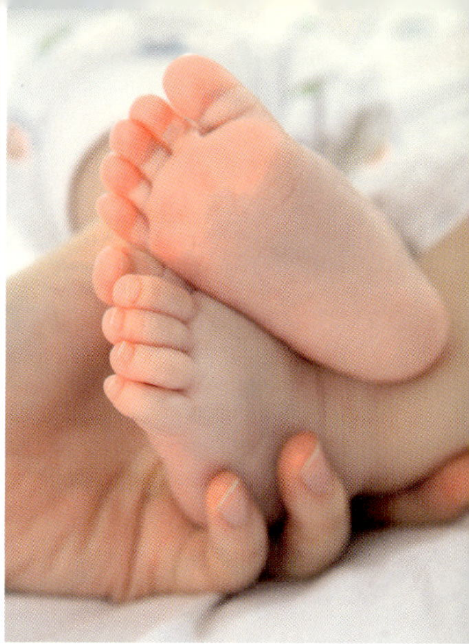

J'ATTENDS
UN ENFANT
Laurence PERNOUD

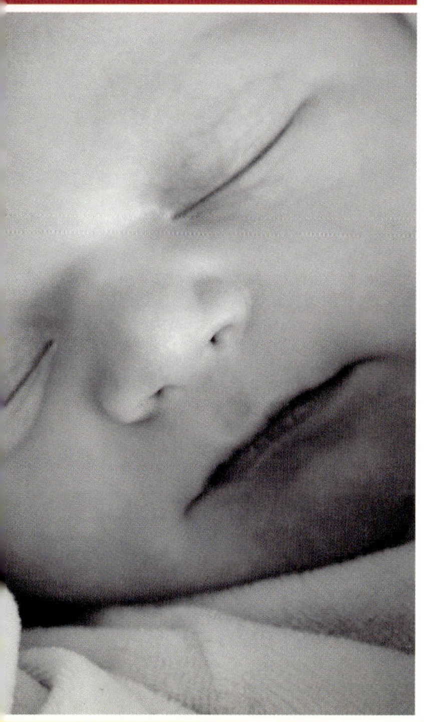

세상에서 가장 많은
부모들이 보는
임신 출산

로랑스 페르누 지음 | 이재형 옮김

World-wide
bestseller

세상에서 가장 많이 읽힌
임신출산의 모든 것

21세기북스

J'ATTENDS UN ENFANT
Laurence PERNOUD

상상이 안 갈 정도로 크기가 작은 수정란이 어떻게 3kg이나 나가는 아이가 될 수 있을까? 이 경이로운 성장 과정은 도대체 어떻게 가능한 걸까? 이 과정의 주요 단계는 무엇일까? 태아는 무얼 먹고 사는 걸까? 숨은 어떻게 쉬는 걸까? 엄마의 감정을 느낄까? 아빠의 목소리와 주변 사람들이 내는 소리를 들을까?

임신을 하면 궁금한 게 한두 가지가 아니다. 아직도 미지의 영역이 남아 있어, 의사라 하더라도 이 모든 질문에 다 대답할 수 없다. 예를 들어 다른 낯선 물질은 모조리 거부하면서 엄마의 자궁 속에 자리 잡은 수정란은 왜 거부하지 않는지, 임신과 출산의 시계는 어떤 원리에 의해 작동하는지 등을 말이다.

그러나 최근 몇 년 동안 태아가 어떻게 성장하는지에 대한 연구가 눈부신 발전을 거듭했다. 이 책에서도 태아의 성장 과정을 중점적으로 다뤘으며 엄마나 아빠 모두 이 부분을 통해 많은 도움을 받게 될 것이다.

의학을 통해 아기는 태어나기도 전에 우리의 일상생활 속으로 들어왔다. 초음파 검사 덕분에 아기를 보는 것도 조금씩 익숙해졌다. 초음파 기술은 부모들의 심리적 체험뿐만 아니라 아기의 의학적 관찰이라는 면에서도 현대 산부인과에 엄청난 혁신을 일으켰다.

이런 변화 외에도 임신과 출산의 영역은 많이 달라졌다. 불임을 극복하는 법을 더 잘 알게 되었다. 생리가 늦어진 바로 다음날 임신 여부를 확인할 수 있게 되었다. 출산 준비 교육이 다양해지면서 임신과 출산을 보다 더 잘 준비할 수 있게 되었다. 경막 외 마취 덕분에 통증을 덜 느끼거나 아예 느끼지 않을 수 있게 되었다. 임신 중독증이나 당뇨병 같은 임신 관련 질병에 대해서도 더 잘 알게 되었고, 치료도 훨씬 수월해졌다.

이 책은 이 같은 의학 발달을 토대로 하여, 임신 출산의 모든 정보를 제공하고 있다. 당신은 이 책을 꼼꼼히 읽어서 여성의 삶에서 가장 축복된 시간을 멋지게 만들어나가길 바란다.

-로랑스 페르누

J'ATTENDS UN ENFANT

Laurence PERNOUD

임신에 대해 궁금한 모든 것

엄마는 아기가 몸속에 온 것을 확인하고 기다리는 동안 몸뿐만 아니라 마음의 변화를 겪는다. 물론 아빠도 삶의 성장을 이루어가다. 임신을 맞이하는 순간과 예비 부모의 마음을 알아보자.

임신의 징후들

정말 임신을 했는지 어떻게 알 수 있을까? 정확한 규칙이 있는 것은 아니어서 모두가 똑같이 느끼지는 않지만, 임신 초기에는 몇 가지 징후들이 나타날 수 있다.

생리가 멈춘다

가장 중요하면서도 가장 먼저 나타나는 징후는 생리가 멈추는 것이다. 하지만 절대적 기준은 아니어서 생리가 2~3일 늦어진다고 해서 임신이라고 결론내릴 수는 없다.

**임신이 아니어도
생리가 늦어지는 경우**

- 평소 생리가 불규칙했던 경우
- 심리적 동요를 겪거나 병을 앓았을 때
- 여행이나 기후 변화, 휴가, 감정적 충격처럼 생리 주기를 바꿀 수 있는 특별한 상황이 있었을 경우
- 생리 주기가 자주 불규칙해지는 사춘기나 갱년기

다른 신체적 변화

임신 초기에는 몇 가지 증상이 나타나거나 몸이 불편해지는 것을 느낄 수 있다.

다양한 임신 초기 증상

- 구역질을 한다. 아침에 잠에서 깨어날 때는 담즙을 토하고 낮에는 음식물을 토하기도 한다.
- 모든 음식에 식욕을 못 느끼거나 몇 가지 음식에 거부감을 느낀다.
- 반대로 식욕이 늘거나 몇 가지 음식물에 대해서만 왕성한 식욕을 느낀다.
- 후각이 변한다. 몇몇 냄새들을 도저히 참을 수 없어서 좋아하던 최고급 향수도 괴로울 수 있다.
- 침이 평소와는 다르게 분비된다.
- 신물이 올라오고, 식사를 하고 난 뒤에는 속이 갑갑해진다.
- 식사 후에는 졸음이 온다. 낮잠을 자고 싶으며, 밤에도 일찍 자리에 누워야 한다.
- 변비가 생긴다.
- 소변이 자주 마렵다.
- 유방이 무거워지고, 팽팽해지며, 예민해진다. 유두를 둘러싸고 있는 유륜이 부풀어 오른다.

자궁의 변화

직접 의식할 수는 없어도 가장 확실한 변화는 바로 자궁에서 일어난다. 이것은 스스로 느끼는 게 쉽지 않기 때문에 병원을 찾아야 알 수 있다.

의사가 임신 진단을 할 때는 자궁의 모양이 달라졌는지를 검사한다. 임신한 여성의 자궁은 평소의 자궁과 많이 달라서 삼각형이던 모양이 동그래지고 단단하던 것도 물러진다. 무엇보다 크기가 변한다.

임신 6주가 되면 자궁은 작은 오렌지만 해졌다가 계속해서 조금씩 규칙적으로 커진다.

의사는 이렇게 자궁이 커지는 것을 보고 임신 여부를 판정할 수 있다. 하지만 이는 몇 주일이 걸리기 때문에, 생리가 겨우 1주일 늦어졌을 때 병원에 가면 의사가 자궁의 크기로 임신 진단을 내릴 수 없다. 마지막 생리를 하고 나서 6주 후쯤

에 검사를 해보면 의사는 자궁이 변화했
는지 안 했는지를 알고 바로 대답해줄 것
이다.

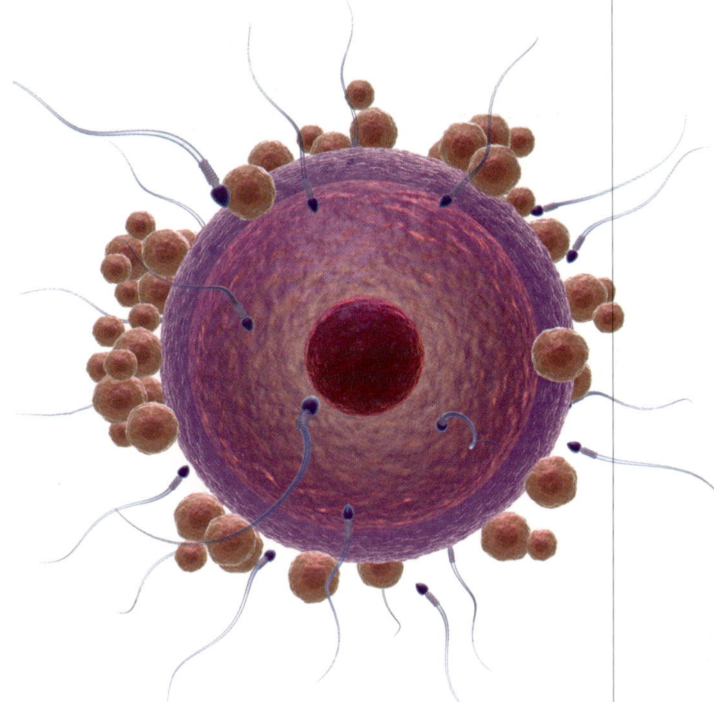

임신 주수

임신은 생리 주기 중간쯤에 이루어진다. 따라서 임신한 경우라면 생리 예정일이 지난 첫날, 이미 임신한 지 약 2주일이 된다. 하지만 병원에서는 편의상 마지막 생리의 첫날부터 임신 주수를 계산하므로 마지막 생리의 첫날에서 6주가 지나 병원에 가면 실제로는 임신한 지 약 4주일이 되지만 임신 6주라고 말해준다.

임신 이후의 출혈

임신하면 생리를 하지 않지만 생리 예정일 며칠 전후로 출혈이 있을 수도 있다. 그럴 땐 자연 유산이나 자궁 외 임신 같은 비정상적 증상일 수도 있기 때문에 반드시 의사에게 알려야 한다.

임신일까, 아닐까?

임신 검사는 임신했을 때 난자가 분비하는 융모성 성선자극호르몬(βHCG)이 있는지를 확인하는 것이다. 이 호르몬에만 반응하는 항체를 이용하는데 입자 유착이나 색깔 변화를 눈으로 확인할 수 있다.

직접 하는 검사

직접 할 수 있는 검사는 임신 진단 시약으로 소변 속에서 ßHCG 호르몬을 찾는 것이다. 임신 진단 시약은 길쭉한 상자 모양으로 약국에서 팔며 처방전은 필요 없다. 일회용이기 때문에, 결과가 의심스러워 며칠 뒤 다시 검사하려면 새로 사서 해야 한다. 생리 예정일이 하루 이틀 늦어졌을 때 바로 확인해볼 수 있다.

사용법은 포장에 들어있는 설명서에 이해하기 쉽게 씌어있다. 제대로 검사하려면 설명서의 지시를 그대로 따라야 한다.

임신 진단 시약의 결과 확인

- 검사 결과가 양성으로 나오면 임신이 확실하다. 양성 반응이 틀리는 경우는 극히 드물다.

- 반대로 검사 결과가 음성으로 나왔다고 임신 가능성이 완전히 사라졌다고는 할 수 없다. 특히 검사를 너무 빨리 했을 때 그렇다.

- 반응이 나타나기 위해서는 호르몬이 소변 속에 충분히 농축되어 있어야 한다. 검사 전날 저녁 6시부터는 거의 아무것도 마시지 말고 아침의 첫 소변을 받는 것이 가장 정확하다.

- 결과가 음성으로 나왔다고 해도 검사를 너무 빨리 했다면 일주일 뒤에 다시 검사해봐야 한다. 일주일 후에도 결과가 여전히 음성으로 나오는데 생리가 계속 늦어진다면 의사의 검진을 받아봐야 한다.

체온곡선 확인

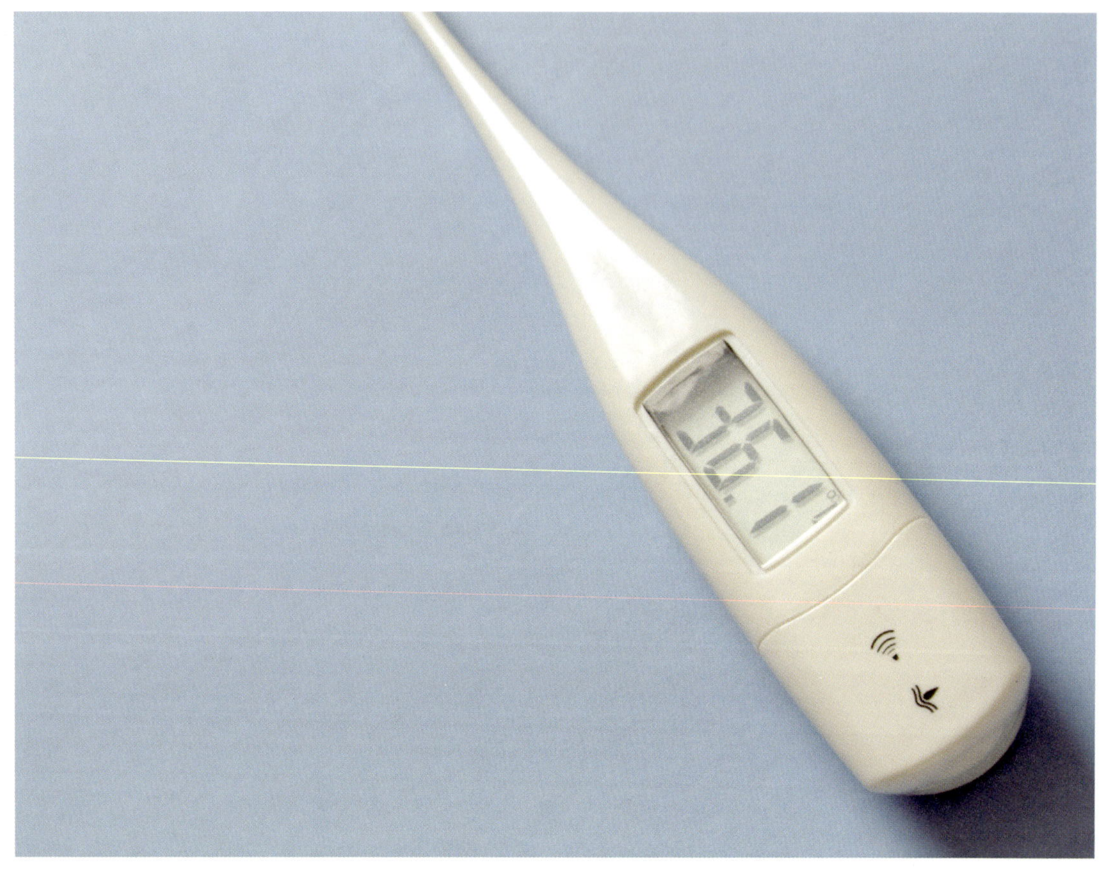

임신 여부를 초기에 알 수 있는 더 간단하고 빠른 방법이 있는데, 이 방법은 평소에 생리주기 체온곡선을 측정했을 때에만 이용할 수 있다. 임신이 되면 배란일 즈음에 올라간 체온이 내려가지 않고 계속 높은 수준을 유지한다. 따라서 생리가 없는 상태에서 체온이 높은 수준을 계속 유지하면 임신한 거라고 볼 수 있다. 높은 체온이 16일 이상 계속되면 일단 임신으로 추정되고, 20일 이상 계속되면서 생리가 일주일 이상 없으면 임신이 확실하다.

배란일의 체온 상승

체온 상승은 배란 이후에 난소에 나타나는 황체의 프로게스테론 분비와 관련되어 일어난다.

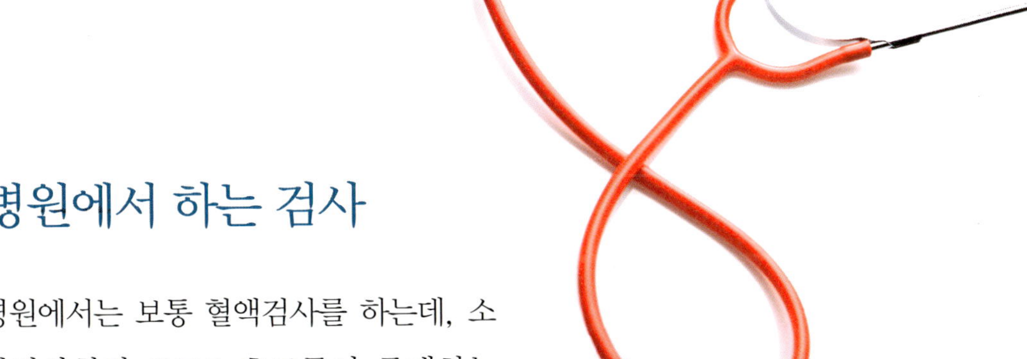

병원에서 하는 검사

병원에서는 보통 혈액검사를 하는데, 소변검사처럼 ßHCG 호르몬이 존재하는지 뿐만 아니라 그 양이 얼마나 되는지도 알 수 있다. 그래서 혈액검사는 직접 하는 검사보다 더 믿을만하고, 생리가 늦어지기 전에 더 빨리 결과를 알려주기도 한다. 게다가 호르몬 수치를 평균 수치와 비교하여 임신이 정상적으로 진행되고 있는지 아닌지도 정확히 알 수 있다.

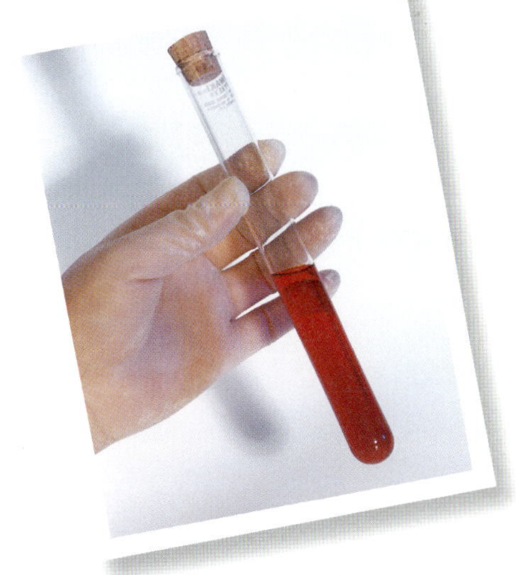

배란일 바로 알기

배란일을 알기 위해서는 체온곡선을 그려보거나 배란검사를 해야 한다. 그러나 몇 년 동안 매일 체온곡선을 작성하는 지겨운 일을 반복하거나, 돈이 드는 배란검사를 정기적으로 받을 필요는 없다. 배란일을 알기 위해서는 3개월 정도 체온곡선을 그리는 것으로 충분하다.

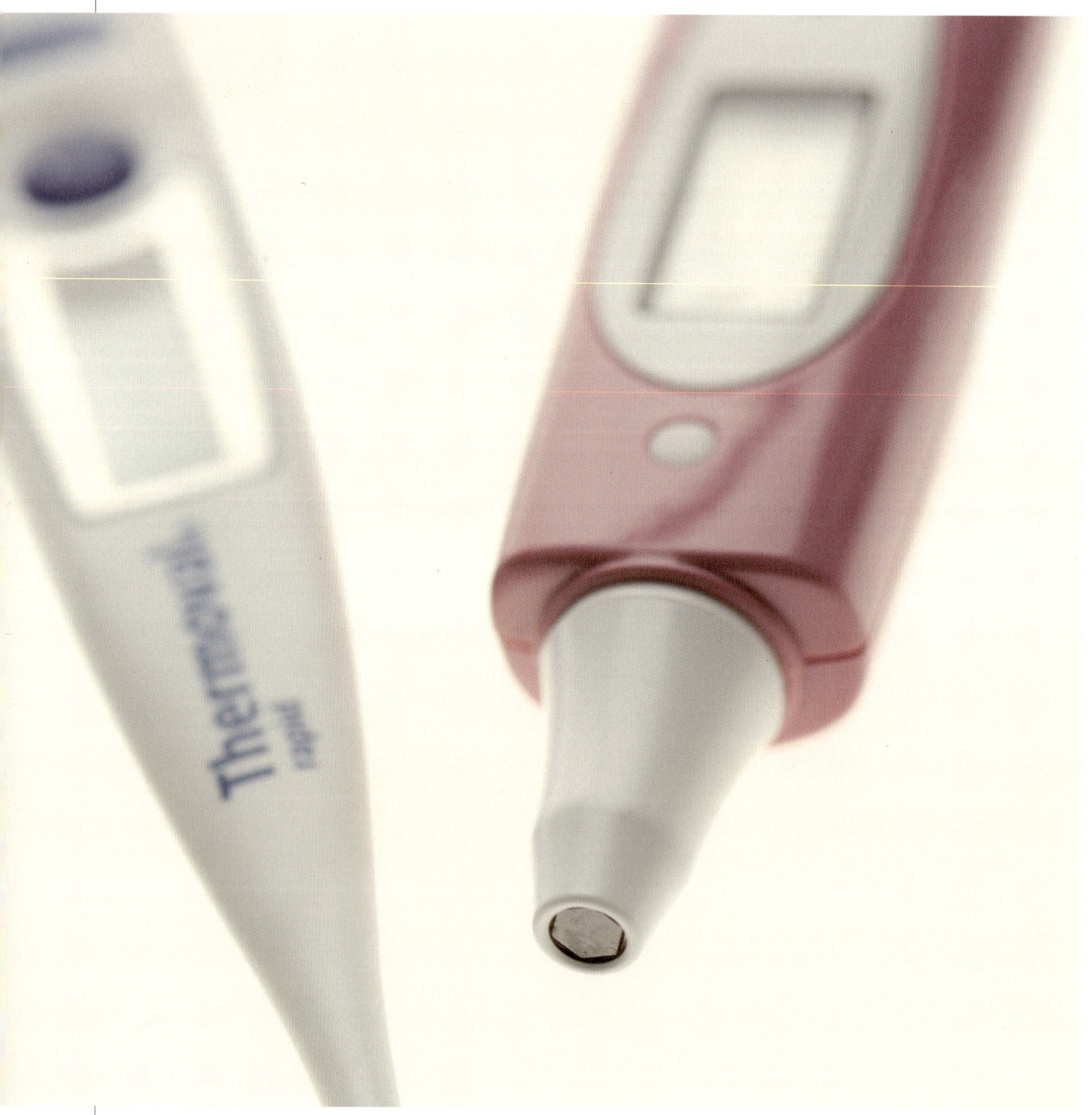

체온곡선 그려보기

생리가 끝나면 그 다음날 아침부터 바로 체온을 재기 시작한다. 매일 아침, 자리에서 일어나기 전에 체온을 측정한다. 조금만 움직여도 체온이 몇 십 분의 1도 올라갈 수 있기 때문이다. 하루하루가 지나면서 그래프에 고저가 생기지만 그 차이는 미미하다. 그러다 어느 날 온도가 뚜렷이 올라가는 것을 볼 수 있다. 평소 36.5℃이던 체온이 어느 날 37℃로 오르는 정도이다. 이 수치는 아주 미미한 차이로 높아지기도 하고 낮아지기도 한다. 그러다가 어느 날 다시 체온이 원래의 수준인 36.5℃로 내려가는데 이 날이 다음 생리의 전날이다.

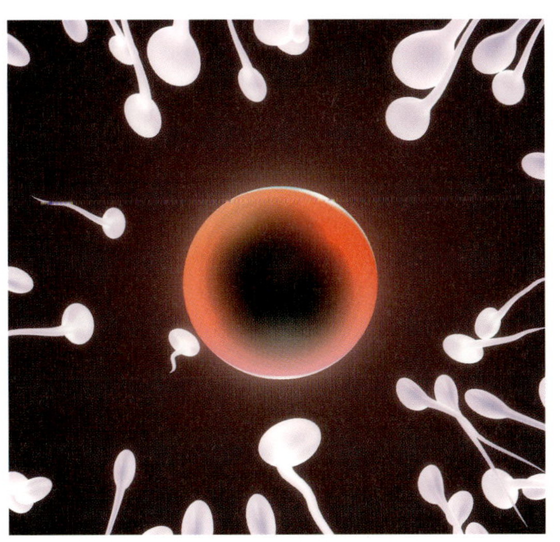

체온 곡선에서 배란기 구별법

이제 생리주기 중에 그려진 체온곡선을 잘 살펴보자. 체온이 낮은 기간과 높은 기간이 구분되면 배란이 일어나는 순간을 알아낼 수 있다. 체온의 변화는 24시간 안에 생길 수도 있고, 며칠에 걸쳐 생길 수도 있다.

체온 곡선에서의 배란일

- 24시간 안에 체온 변화가 생겼다면 배란은 낮은 온도의 마지막 날에 일어난다.
- 며칠에 걸쳐 서서히 체온 변화가 생겼다면 배란은 온도가 오르기 시작하는 첫날에 일어난다.

배란이 일어나는 시기를 알면 언제 성관계를 가져야 임신이 될지를 알 수 있다. 임신이 가능한 날은 배란 당일이거나 배란 바로 전 며칠이다. 이때 임신이 되면 체온이 내려가지 않는다. 높은 체온이 14일 이상 지속되는 것은 생리가 없는 것과 함께 임신을 알리는 첫 증상이다.

수정이 가능한 기간

어떻게 배란 며칠 전 성관계에서도 임신이 되는 걸까? 아직 논란의 여지가 있지만 정자가 최소 2~3일간은 수정할 힘을 가지기 때문으로 알려져 있다. 반면에 난자는 수정되지 않으면 24시간 만에 죽는다.

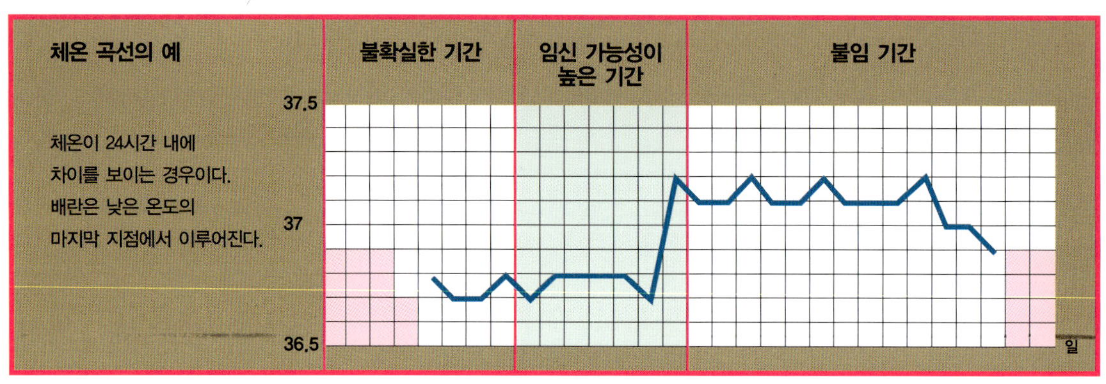

아파서 열이 나는 게 아닐까?

아파서 체온이 오르는 것과 배란으로 체온이 오르는 것을 구별할 수 있을까? 이를 확실히 구분할 수 있도록 몇 가지 기준을 소개한다.

아파서 열이 나는 경우

- 체온이 정상 체온이나 배란기 체온보다 훨씬 높다.

- 체온이 계속 같은 수준을 유지하는 게 아니라 계속해서 오르거나 아니면 내려간다.

- 열만 나는 병은 매우 드물기 때문에 다른 증상들도 함께 나타난다.

배란일 검사

배란이 되었는지 직접 알아볼 수 있는 검사 시약들은 약국에 있다. 이 검사의 원칙은 뇌하수체에서 배란을 촉진하는 호르몬이 소변 속에 나타났는지를 찾아내는 것이다. 배란 이전에 매일 검사를 하는 것이 가장 좋다. 검사 결과가 양성으로 나오면 배란은 24~36시간 후에 이루어진다.

임신, 마음으로 준비하기 :
수정에서 14주까지의 임신 초기

여성들은 나이와 교육 수준, 주위 환경, 성격 등에 따라 엄마가 되는 자기만의 방식을 가지고 있다. 하지만 임신 기간을 거치면서 대부분 비슷한 심리적 변화를 겪는다. 이런 변화는 신체 변화와 아주 밀접하게 관련되기 때문에 임신을 생리학적 관점에서 세 시기로 나누듯 심리학적 관점으로도 세 시기로 나눌 수 있다.

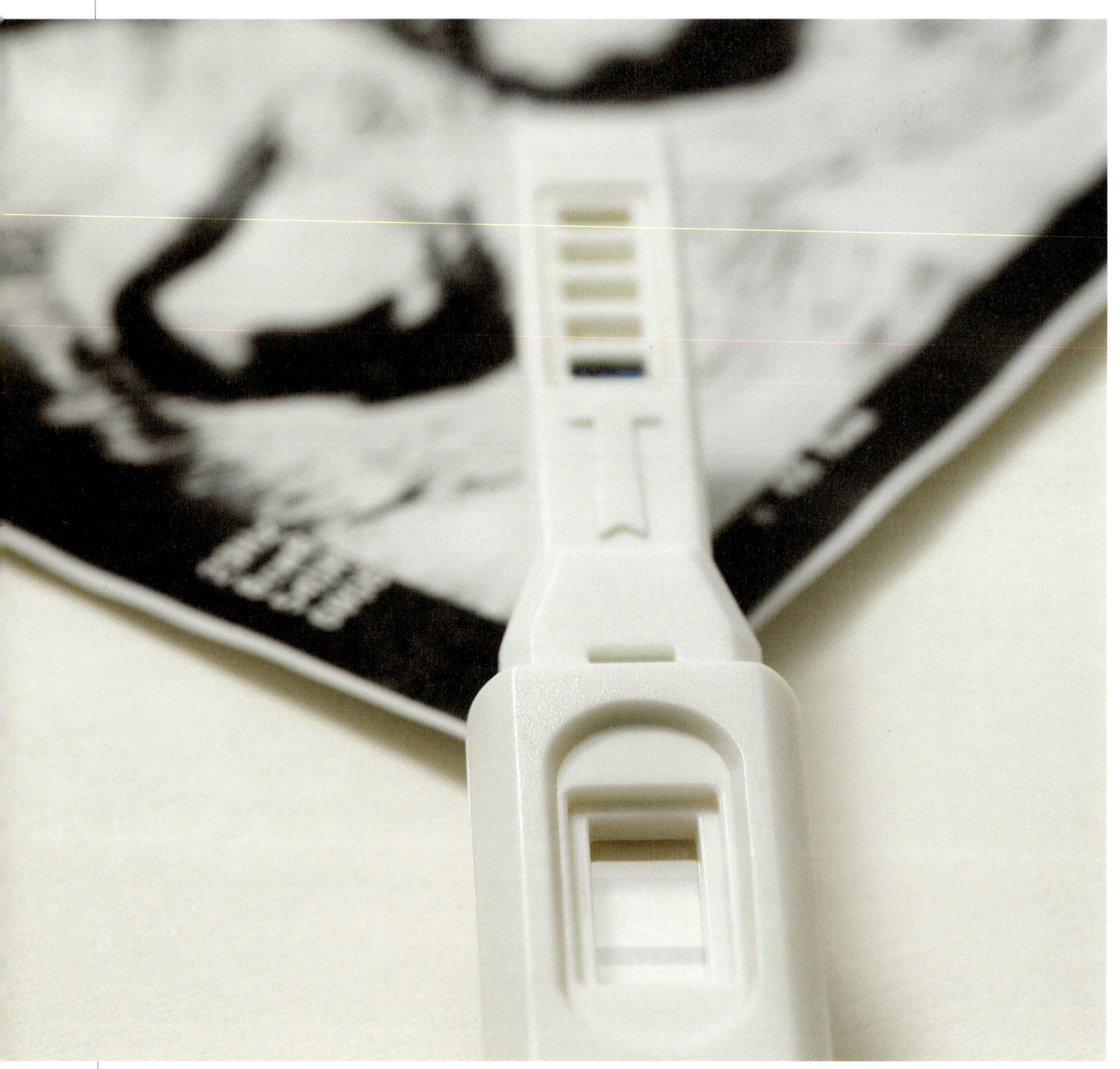

임신 초기는 놀라움과 불안의 시기

임신했다는 걸 알면서도 그 사실을 쉽게 믿지 못한다. '정말 내가 임신한 걸까? 이게 정말 사실일까?'라고 의아해한다. 아기가 몸속에 살고 있다는 걸 느끼거나 초음파로 아기의 모습을 확인하기까지는 임신했다는 사실을 완전히 믿지는 못한다.

임신해서 아주 행복하더라도 초기에는 즐거움과 두려움 사이에서 갈피를 잡지 못한다. 분만에 대한 걱정까지는 아니지만 여러 가지 이유의 막연한 두려움을 느끼는 것이다. 게다가 메스꺼움과 불면, 식욕부진, 피로 때문에 처음 몇 주 동안은 몹시 힘들다.

임신을 확인한 직후의 불안함

장차 엄마가 될 여성들은 불안해보이고, 스스로 불안하다고 인정한다. 첫 번째 임신이라면 더욱 불안하다. 가장 불안하게 만드는 것은 최근의 생활 방식이나 행동

이 아기에게 해를 끼친 게 아닌가 하는 걱정이다.

- 피임약 복용을 중단하자마자 바로 임신이 됐는데 어떡하지?

- 임신이 됐는지도 모르고 계속 에어로빅을 했는데 어떡하지?

- 어느 날 밤인가 술을 너무 많이 마셨는데 그때 임신이 된 것 같아. 어떡하지?

- 며칠 동안 계속 담배를 피웠는데 어떡하지?

- 머리가 아파서 아스피린을 먹었는데 어떡하지?

그렇지만 안심해도 된다. 이 중에서 그 자체로 위험한 건 단 한 가지도 없다. 다만 이제 임신이 되었다는 사실을 알았으니 앞으로는 이 책에 소개될 유의사항들을 꼭 지키기 바란다.

임신 초기에 많이 하는 걱정들

초기의 흥분이 지나가고 나면 어느 정도 시간이 지나야 임신했다는 사실에 익숙해진다. 차츰 임신한 사실에 익숙해지고, 임신한 사실과 더불어 살게 될 것이다. 그러고 나면 임신한 사실은 형태를 띠어 하나의 얼굴이 될 것이다. 아기의 모습을 상상해보는 것이다. 머리카락은 어떨까? 눈은 어떻게 생겼을까? 그리고 아기를 품에 안고 정성을 다해 보살피는 자신의 모습도 상상해 볼 것이다. 이 시기에는 기쁨과 거부감, 두려움이 함께 느껴진다. 처음에는 거부감을 가졌다 하더라도 아기가 배 속에서 움직이는 것을 느낄 때쯤이면 대체로 모든 게 달라질 테니, 마음을 편히 갖자.

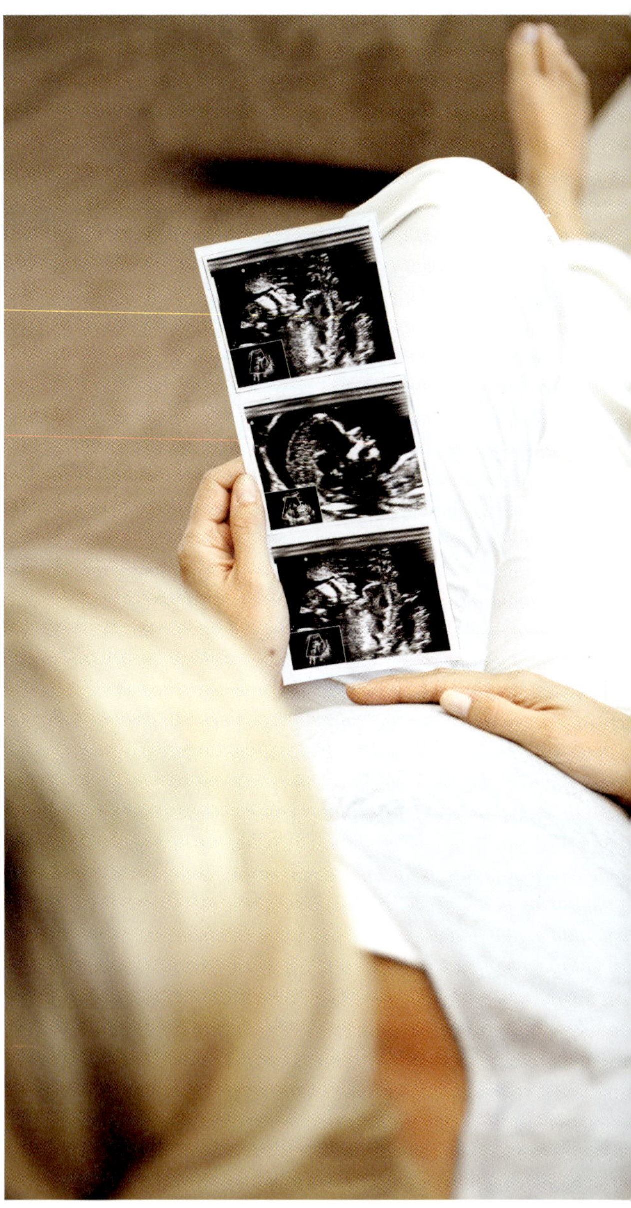

임신 중의 두려움

- 모르는 것에 대한 두려움. 특히 첫아기일 때 심하다.
- 무슨 일이 일어나고 있는지, 자궁 안에서 아기가 어떻게 커 가는지 잘 모르기 때문에 생기는 불안감
- 예고되는 변화에 대한 불안감
- 내가 과연 엄마가 될 능력이 있을까 하는 의문
- 몇 달 동안 남편이 자신을 멀리하지 않을까 하는 염려
- 유산에 대한 염려

가족과의 관계

임신 초기에는 기쁨과 두려움 사이에서 갈피를 잡지 못한다. 다시 어린아이로 돌아가고 싶기도 하고 완전한 성인이 되고 싶기도 한 것이다. 이런 감정의 양면성이 만드는 불안감은 원래의 기질마저 변화시켜서 주변 사람들을 어리둥절하게 만들기도 한다.

낯선 것에 대한 두려움은 일종의 퇴행을 일으켜 모든 걸 박탈당했다고 느끼고 누구에겐가 의지하려는 경향을 보이기도 한다. 이런 두려움은 이미 같은 과정을 거친 자신의 어머니와 가까워지게 만들기도 한다. 모녀 사이가 좋은 경우라면 이런 관계의 변화가 서로를 더 풍요롭게 만들어준다. 모녀 사이가 좋지 않은 경우라면 긴장과 대립이 생길 수도 있는데, 특히 어머니가 자신이 척척 박사라는 것을 보여주려고 너무 세세한 데까지 신경을 쓸 때 그렇다.

마찬가지로 주변 가족들이 지나치게 간섭하거나 관심을 가져 스트레스를 받을 수도 있다. 주변의 도움이 마음의 의지가 된다면 좋은 일이지만, 스트레스로 다가온다면 솔직히 말을 해서 마음을 편히 가져야 한다.

임신, 마음으로 준비하기 :
15주에서 28주까지의 임신 중기

임신 중기에 들어서면 감정적으로 훨씬 편안해진다. 이때쯤이면 아기의 존재 증거들을 가지게 된다. 의사가 아기 심장이 뛰는 소리를 들려주었고 초음파 덕분에 아기 심장이 뛰는 모습도 보았다. 아기 존재에 대한 확신은 정신적으로는 물론 몸의 변화까지 이끌어낸다.

임신 중기는 균형의 시기

임신 중기는 희망차게 시작되어 편안하게 흘러간다. 사고가 일어나는 경우는 거의 없으며, 합병증도 많지 않다. 입덧이 멈추고 불면증이 사라지며 식욕을 되찾는다. 아기의 존재를 몸으로 직접 느끼면서 기분도 한결 편안해진다. 4~5개월 정도 되면 임신한 표시가 나지만 거북할 정도는 아니다. 체중에 신경을 쓰게 되지만, 특별한 처방을 받은 경우가 아니라면 생활습관을 바꿀 필요까지는 없다. 최상의 컨디션을 유지해서 피곤하지도 않고 불편하지도 않으며 얼굴색이 보통 때보다 훨씬 밝다.

임신한 사실을 일찍 드러내지 않으려는 임신부도 있다. 사람들이 이제부터는 자신을 오직 임신부로만 볼까 봐 걱정해서다. 반대로 배를 강조하는 옷을 사려고 서두르는 임신부도 있는데 아기를 가졌다는 사실을 자랑스러워하는 것이다.

태아의 첫 번째 움직임

무엇보다 이 시기의 가장 중요한 사건은 배 속 아기가 처음으로 보여준 태동이다. 아기가 자기 몸 안에서 움직이는 것을 처음으로 느낀 엄마의 감정을 말로 설명하기란 쉽지 않다. 그 감정은 너무나 강하고 깊어서, 남편이나 다른 주변 사람들에게 아무리 설명하려고 애써도 그 벅찬 마음을 모두 전달할 수 없다.

이 최초의 움직임은 모든 엄마에게 아주 중요하다. 지금까지는 드러내놓고 기쁨을 표현하지 못했더라도 아기의 존재가 확인된 다음부터는 스스럼없이 기뻐한다.

이 최초의 움직임들과 함께 엄마와 아기 사이에 특이하고도 신비한 대화가 시작된다. 이 대화는 출산으로 끝나는 것이 아니다. 아이가 자라 성인이 되어도, 계속해서 이어질 마음의 대화가 이제 막 시작됐을 뿐이다.

엄마는 최초의 태동을 자신의 마음속 가장 깊은 곳에서 느낀다. 한 엄마는 이렇게 썼다.

"아기의 심장이 뛰는 것을 보고 들을 때 감동적이었다면 아기가 내 몸속에서 발

을 한 번 움직일 때는 내 마음이 감동으
로 온통 뒤흔들렸다.”

　엄마가 된다는 것을 객관적으로 확인시
켜주는 이 신호는 매우 중요한 순간이다.
이제부터는 아이에 대해 상상의 나래를
마음껏 펼 수 있는 것이다.

임신, 마음으로 준비하기 :
29주 이후의 임신 말기

임신 초기에서는 아직 믿기지 않는 임신으로 놀라고 걱정되는 마음이 컸고, 임신 중기에서는 아기의 존재를 확실히 느낄 수 있었다. 이제 임신 말기에서는 분만일이 가까워지면서, 아기에 대한 생각과 관심, 걱정을 멈출 수가 없다.

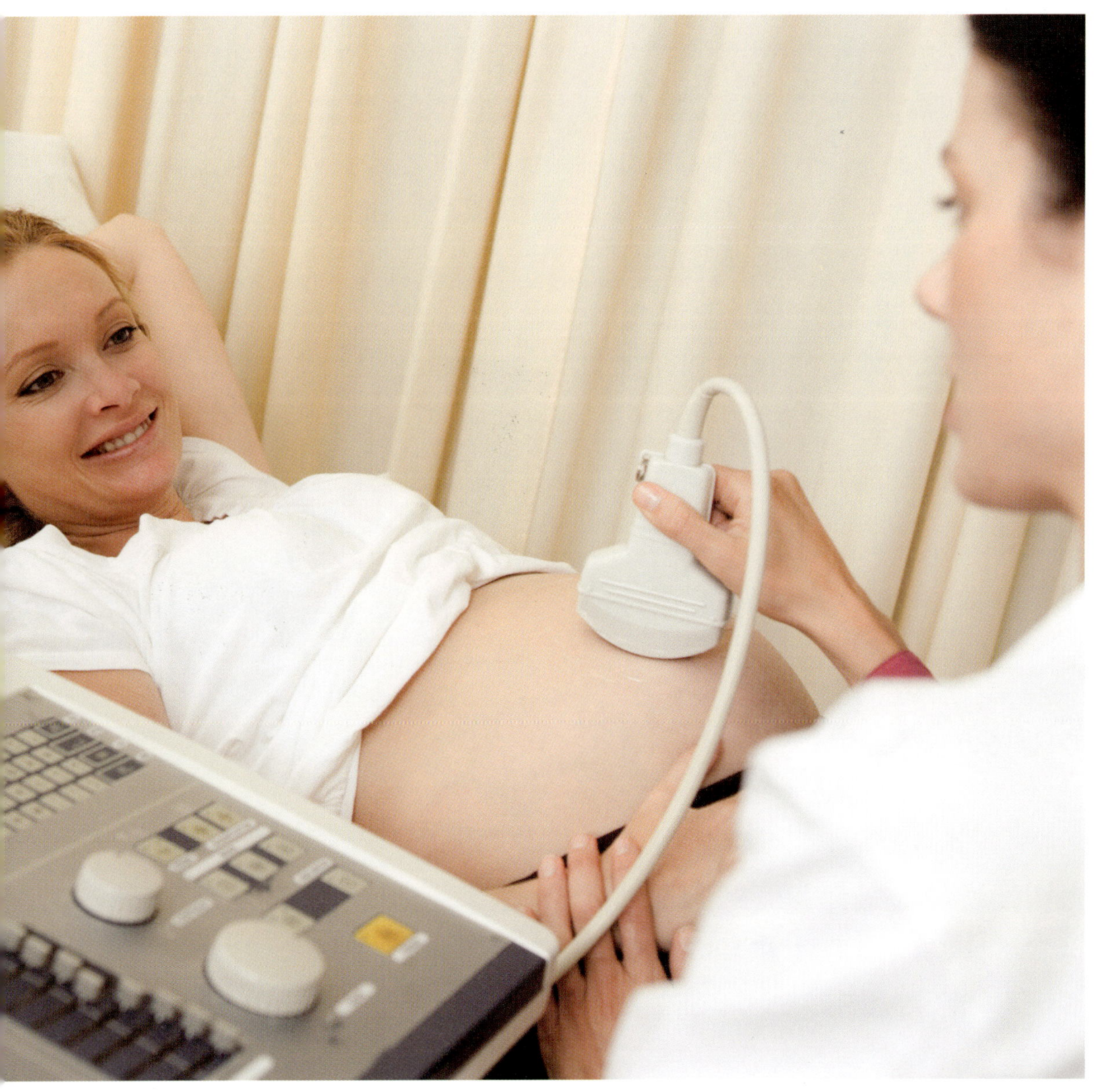

임신 말기는 아기에게만 관심을 쏟는 시기

한 주, 두 주가 지남에 따라 일상의 일들은 관심에서 멀어지고, 오직 배 속에 있는 아기에게만 온 정신을 집중한다. 아기의 발육과 크기, 위치와 위치 변화, 태동 시간과 빈도에 주의를 기울이는 것이다. 마치 아기가 태어나기라도 한 것처럼 아기에 대해 말하기도 하고, 아기의 성격이 어땠으면 좋겠다고 혼잣말을 하기도 하고, 혹시 신체적 결함이 있을까봐 걱정하기도 하고, 아기를 가족의 틀 속에 끌어들이기도 하고, 초산이 아니라면 이번 임신을 그 전의 임신과 비교하기도 한다. 이처럼 오직 아기에게만 관심을 쏟는 것은 임신 말기의 두드러진 특징이다.

아빠의 소외감

아기는 점점 더 활발하게, 심지어는 엄마가 자는 동안에도 움직이며, 이런 움직임을 통해 날마다 조금씩 더 엄마의 호기심을 끈다. 아기의 존재는 앞으로 해야 할

준비를 상기시킨다. 요람도 사고 배내옷도 준비하는 등 출산 준비를 해야 하는 것이다.

미래의 엄마는 가끔씩 혼자 떨어져 있으려 하고, 어떨 땐 사랑하는 사람들로부터도 떨어져 혼자 있고 싶어 하는 듯 보인다. 미래의 아빠는 이 점에 대해 미리 알고 이해하는 것이 중요하다. 소외되었다는 느낌에서 벗어나 출산 준비를 도우면서 아기와 관계를 맺어야 한다.

손위 형제의 질투

먼저 태어난 아이들은 온갖 수단을 동원하여 엄마의 주의를 끌고 엄마와 접촉하려 한다. 혼자 옷을 입거나 밥 먹는 걸 거부하고, 엄마와 함께 자려하며, 밤에 깨어 엄마를 부르기도 하고, 다시 밤에 오줌을 싸기도 한다. 그 아이들에게 안정을 되찾아주는 일이 아빠의 몫이다. 부모들은 새로 태어날 동생 때문에 엄마가 피곤하다는 사실을 알려주어야 하지만 불안하게 만들지는 말아야 한다. 동생이 생긴다는 소식을 들으면 형제들은 대개 기뻐하고 호기심을 갖지만, 그 후에는 정도의 차이는 있어도 대부분 질투를 한다. 질투는 자연스러운 감정이며, 부모가 그 사실을 잘 알고 이해하면 할수록 더 잘 극복된다.

하지만 특별히 예민하거나 개성이 강하거나 까다로운 아이들은 질투의 표시가 지나치다못해 공격적으로 변할 수도 있다. 아이는 자기가 고통을 느낀다는 것을 그런 방식으로 보여주는 것이다. 어떻게 해야 할지 모를 때는 소아과 의사의 도움을 받는 게 좋다.

충고와 결정

본격적인 출산 준비를 하면서 주변으로부터 여러 가지 충고를 듣게 될 것이다. 경험과 지식과 능력으로 무장한 의사는 물론, 때로는 어머니가 "난 널 낳았기 때문에 이런 충고를 해주는 거야." 하기도 하고, 이미 아이가 있는 친구나 자매가 "난 네 엄마 세대가 아니고 네 세대기 때문에 이런 충고를 해줄 수 있어."라며 훈수를 둔다. 충고를 점점 더 많이 해주려는 주위 사람들과 부딪칠 수도 있다.

충고는 물론 유용하다. 자신을 보호해 주는 가족이나 주변 사람들이 있다는 것은 모든 면에서 든든하다. 하지만 이런 충고가 부담스럽게 느껴질 수도 있고, 지나친 간섭에 피곤하기도 하며, 혼자만 잘 모르고 있다는 열등감을 느끼기도 한다. 이는 모든 미래의 엄마들에게 공통적으로 나타나는 감정이다.

하지만 몸속에서 일어나고 있는 일과 아기의 성장에 대해서 잘 알고 있으며, 그 동안 의사나 조산사가 당신을 꾸준히 지켜봐왔다면 자신을 믿고 결정하라. 결정은 누구보다도 자신과 관련된 것이다.

출산 전에 아기의 성별을 미리 알아볼 것인가 말 것인가, 남편이 출산에 참여하도록 할 것인가 말 것인가, 모유를 먹일 것인가 말 것인가, 무통 분만을 할 것인가 말 것인가 같은 일들에 대해 잘 알아보고 다른 사람들의 조언을 구하는 것도 중요하지만, 최종 선택은 스스로 해야 한다는 점을 잊지 말길 바란다.

꿈과 악몽

아기를 기다릴 때는 꿈을 많이 꾸는데, 임신 말기뿐 아니라 임신 기간 내내 꿈을 많이 꾼다. 대부분은 아주 생생한데다가 기억에 오래 남아 태몽으로 여기기도 한다.

하지만 이 꿈들은 때로는 악몽으로 변해 극도로 격렬해질 수도 있다. 이런 말을 하는 것은 악몽이 생각보다 빈번하고 미래의 엄마를 불안하게 하기 때문이다. 어떤 산모들은 이런 꿈이 흉조가 아닐까 걱정한다. 하지만 자신 있게 말하건대, 분명히 정상적인 현상이다. 이런 꿈은 임신으로 인한 심리적 변화에서 비롯되는 것이다.

이 꿈들은 모니크 비들로프스키가 임신한 여성의 심리적 투명성이라고 부르는 것으로 설명된다. 임신은 사춘기와 마찬가지로 삶을 성숙하게 만들며 변화를 불러오는 매우 특별한 시기이다. 이 기간에는 오랫동안 억압되었던 기억들이 의식에 표출되고 꿈속에 나타난다. 또 아무 동기가 없는데도 과거의 일이 슬픔의 형태로 다시 나타날 수도 있다.

출산 직전의 몇 주

아기에게 온 정신을 집중시키기는 하지
만 그렇다고 원래의 성격이 변하는 것은
아니다. 임신은 급격한 변화가 아니다.
활동적인 성격이라면 물건을 사러 이 가
게 저 가게 돌아다니고, 태어날 아기의
공간을 마련하거나 아기 방을 단장할 것
이다. 무사태평한 성격이라면 공상에 잠
길 것이다. 어느 경우든 생각과 관심은
아기 쪽으로 쏠려 있어서 임신과 육아에
관련된 정보를 찾게 된다. 임신 말기는
아기의 무게나 거추장스러운 몸집에도
불구하고 눈에 띌 만큼 행복해하며 배 속
아기를 키우는 기간이다.

시간이 지나 아기가 점점 무거워지고
조심을 덜 하면서 권태가 느껴지고, 앞으
로의 일들이 빨리 진행되기를 바라는 마
음이 생긴다. 왜 이렇게 더디게 나올까
아기를 원망하는 자신이 걱정되기도 하
지만 어디까지나 정상적인 감정이니 안
심해도 된다.

마지막 몇 주가 지난 기간들보다 더 길
게 느껴진다. 그런데 이런 조급함도 때에
따라서는 필요하다. 여전히 사라지지 않
는 출산에 대한 두려움을 덜어주기 때문
이다.

출산 전날 문득 정리 정돈과 청소, 가구
옮기기 등 왕성하게 활동하고 싶은 생각
에 사로잡히는 경우가 많은데, 그동안의
권태와 대조되는 에너지의 발로라고 할
수 있다. 꼭 새끼를 위해 둥지를 만드는
새와 같다. 아기의 탄생이 가까워졌다는
신호다.

아빠의 탄생

임신이 된 날 바로 자기가 아빠라고 느끼는 남성들도 있다. 처음 초음파를 보고 아빠가 된 것을 갑자기 깨닫는 남성들도 있다. 또 어떤 남성들은 아기를 품에 안는 순간 부성애를 느끼기도 한다. 마지막으로, 아기가 태어나고 몇 달이 지나고 나서야 그런 감정을 느끼는 남성들도 있다. 부성은 정해진 날에 생기는 것이 아니며, 아빠의 탄생은 단계를 밟아 이루어진다.

아빠가 된다는 것

아기를 곧 갖게 될 것이라는 생각은 여성 뿐 아니라 남성에게도 모순되는 수많은 감정을 불러일으킨다. 남성은 우선 행복감을 느꼈다가 이윽고 몇 달 동안, 심지어 몇 년 동안 피임을 했는데도 모든 일이 잘 되어가는 것에 대해 안도하고 동시에 자랑스러워한다. 남성은 자신의 아이가 생겼다는 사실을 아는 순간 곧 자신의 남성다움을 확인받았다고 생각한다.

미래의 아빠는 자신의 아버지에게 다가간다. 아버지와 동등한 존재가 된 것이다. 하지만 이런 변화는 불안감을 불러일으킬 수도 있다. 자신이 이제까지와는 다른 사람이 되기 때문이다. 과연 그걸 감당해 낼 수 있을까? 장난삼아 말하는 주위 사람들 때문에 불안감은 더 커진다.

"아이를 키우는 게 얼마나 어려운 일인지 너도 이제 알게 될 거다."

"이제 자유는 끝이야. 마음 놓고 영화 구경 한 번 하러 가기도 힘들다고."

다행스럽게도 안심이 되는 얘기를 해주면서 아이가 태어났을 때 느꼈던 즐거움을 전해주는 사람들도 있다.

아기와 함께하는 생활

남편은 아내가 자기 자리는 없이 아기와 둘만의 세계를 만들까봐 두려워할 수도 있다. 대부분의 경우 미래의 엄마들은 남편의 감정을 직감하고, 남편에 대한 애정과 아이에 대한 애정이 공존할 수 있다고 남편을 설득한다.

불안해하지 않더라도 미래의 아빠는 실제로 생활이 바뀌게 될 것을 깨닫는다. 아내와 둘만을 위한 계획이 아니라 아기를 포함해 셋을 위한 계획을 세워야 하고, 또 어떤 계획은 얼마동안 포기해야 한다. 그리고 아내가 남편을 의지한 채 아이를 갖고 낳는 일에 매달리기 때문에 더욱 이 새로운 상황에 책임을 느끼게 된다.

그래도 남편은 가까운 장래에 아이가 생겨 아빠가 된다는 데 자부심을 느끼고 아내에게 경탄과 관심, 애정을 표하게 된다. 그와 동시에 머지않아 엄마가 될 아내가 문득 낯설게 느껴지기도 한다. 아내가 앞으로 새롭게 알아나가야 할 다른 사람이 되었다고 생각하는 것이다. 이런 생각이 틀린 건 아니다.

예비 아빠의 걱정

대부분의 여성들이 일을 하고 부부의 경제적 책임을 나누어 감당하는 오늘날에는 경제적인 문제도 커다란 걱정거리이다. 아홉 달 동안 여성은 이 걱정거리를 남편에게 떠넘기려 한다. 하지만 남편의 걱정이 더 클 수 있다. 또 아내의 건강 상태에 대해 아내 본인보다 더 염려한다. 아내에게 일어날 수 있는 일에 책임이 있다고 느끼는 것이다. 아빠는 아기에 대해서도 역시 걱정스러운 마음이다.

아기가 정상이 아닐지도 모른다는 걱정이 임신 말기에는 엄마보다 아빠를 줄기차게 따라다닌다. 엄마는 아기가 몸속에서 움직이는 것을 느끼면 안심이 되지만 아빠는 오직 머릿속으로 상상할 수밖에 없기 때문이다.

아기가 태어나기를 기다린다는 것은 엄청난 정신적 동요를 불러일으키기 때문에 어떤 남성들은 잠을 제대로 못 잔다거나, 소화를 잘 못 시킨다거나, 체중이 불어나는 등 여러 가지 방식으로 자신의 예민함을 나타낸다. 너무 불안한 나머지 아내와 같은 증상을 겪는 남편들도 있다. 이것을 의만 증세라고 하는데 인류학자들에게서 빌려온 이 단어는 사실 의만 의식과 상관없기 때문에 우리 사회에는 적합하지 않지만 아빠들이 어떤 감정을 느끼는지 관심을 갖게 해 준다.

> **TiP**
>
> **의만**
>
> 전통적 원시 집단에서 아내의 출산 때 남편도 함께 자리에 누워 진통을 겪는 체하는 의식을 말한다. 그러다가 넓은 의미로 임신 기간 동안 일부 남편들이 느끼는 증상들에 대해 이 단어를 쓰게 되었다.

이중적인 감정

미래의 아빠가 느끼는 감정들은 다양하고 모순된 것으로 보일 수 있다. 남편은 새로운 책임감을 느끼면서, 때로는 외톨이가 될까봐 두려워한다. 아내에게 고마운 마음과 질투의 감정을 함께 갖는다. 한편으로는 자신이 남성으로서의 가치가 높아졌다고 생각하면서 또 한편으로는 아내에게 아무 쓸모없는 사람이라고 느끼기도 한다. 아내의 건강을 염려하면서도 때로는 아내가 임신했다는 사실을 잊어버리고 싶어 한다. 아내 앞에 서면 주눅이 드는 것 같으면서도 또 한편으로는 곧 아빠가 된다는 사실에 자신감이 들고 스스로 성숙해졌다고 느낀다.

이 같은 반응들은 첫 아이가 태어나기를 기다릴 때 가장 강한데, 모든 게 다 새롭고, 모든 걸 다 알아내야 하기 때문이다. 두 번째, 세 번째 아이를 기다릴 때는 첫 번째 아이를 기다릴 때와 마찬가지로 자신과 관련된 일이라고 느끼고 임신 기간 내내 관심을 기울이지만, 한층 더 차분하게 반응한다.

데려다주러 왔다고 말하는 아빠들도 일부 있다. 임신을 원하지 않았을지도 모르는 나이 어린 아빠들도 관심을 크게 나타내지 않고, 초음파 검사에 이미 여러 번 따라와 봤을 나이 많은 아빠들도 관심을 많이 나타내지 않는다.

하지만 대부분의 아빠들은 아내가 초음파 검사를 받는 걸 보고나면 안심이 된다고 말한다. 또 아이가 자라는 모습을 보면 마음 깊은 곳에서 감동이 밀려온다고 말한다. 관심 없어 하는 아빠는 거의 없다. 발견과 만족, 놀라움, 안도, 즐거움, 경탄. 아빠들이 자주 느끼는 감정들이다.

초음파 검사의 중요성

초음파 검사를 하는 산부인과 의사들과 소아과 의사들, 심리학자들이 실시한 연구는 아빠와 아기의 출산 전 관계에 대해 새로운 사실을 보여준다.

초음파 검사실에 온 대부분의 아빠들은 아내가 힘을 내도록 하기 위해서라거나, 검사를 받는 아내를 혼자 내버려두지 않기 위해서 왔다고 말한다. 아내를 차로

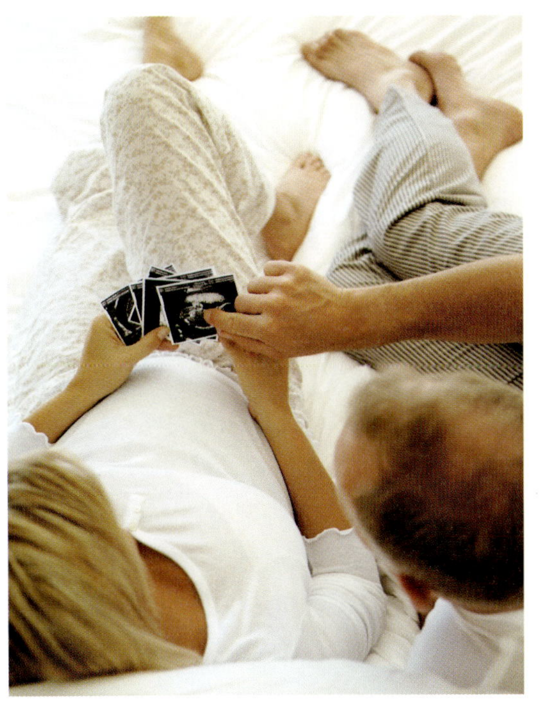

초음파 검사는 아빠가 아내의 임신에 더 일찍 관련될 수 있도록 해준다. 아빠는 자기가 증인이라고 느낄 뿐만 아니라 이 모험의 완벽한 파트너라고 느끼기도 한다. 아빠는 자신의 아이를 이전과 다른 식으로 지각한다. 아이는 아빠의 마음속에 진짜 존재가 된 것이다.

아내를 위한 9개월

정상적인 임신이라면 최소한의 주의만으로도 충분하므로 임신에 강박관념을 가져서는 안 된다는 걸 기억하고 아내에게도 상기시키는 것이 아빠의 역할이다. 음식 섭취나 운동에서도 마찬가지이다. 금기 사항은 거의 없다. 성관계에서도, 여행도 마찬가지다. 또 일을 할 때도 그렇다.

그렇지만 병적 증상들이 나타나 의사가 다이어트, 엄격한 관찰, 휴식, 필요할 경우 입원 등 이런저런 임시 조처들을 취하라고 요구할 경우에는 이를 즉시 따르고 아내를 보살펴야 한다. 일상생활에서 누가 도와준다고 해서 불평할 미래의 엄마는 아무도 없다.

임신 말기가 시작되면서부터는 더욱 그렇다. 사람들은 미래의 엄마들이 쉽게 흥분하고 이따금 신경질적이라고 생각한다. 이건 별로 놀라운 일이 아니다. 이해하기가 더 어려운 행동들도 있는데, 특히 임신 말기의 자폐 증세는 전혀 예상하지 못했기 때문에 이해가 더 안 된다. 출산 이후에 우울증을 앓는 여성들도 많이 있는데, 이제 막 일어난 행복한 일과는 잘 어울리지 않기 때문에 주변 사람들은 그

걸 보고 놀란다. 이런 행동들이 도저히 이해가 안 되면 주저하지 말고 함께 얘기해보고 전문가들과도 상의해보기 바란다.

아내가 임신 사고나 출산에 대해 두려움을 갖는다면 그 말에 귀를 기울여야 한다. 남편에게 모든 걸 말할 수 있다는 것만으로도 아내는 두려움에서 벗어날 수 있다. 남편은 아내를 안심시키고 아내의 두려움을 이해하려고 노력해야 한다. 말이란 마술 같은 힘을 가지고 있기 때문에 사람을 불안하게 만들 수도 있다는 사실을 잊지 말라. 출산의 고통에 대해 이야기하는 친구는 미래의 엄마를 불안에 빠뜨릴 수 있지만, 남편의 말로 위안을 받을 수도 있다. 남편들은 위안의 말을 분명히 찾을 수 있을 것이다.

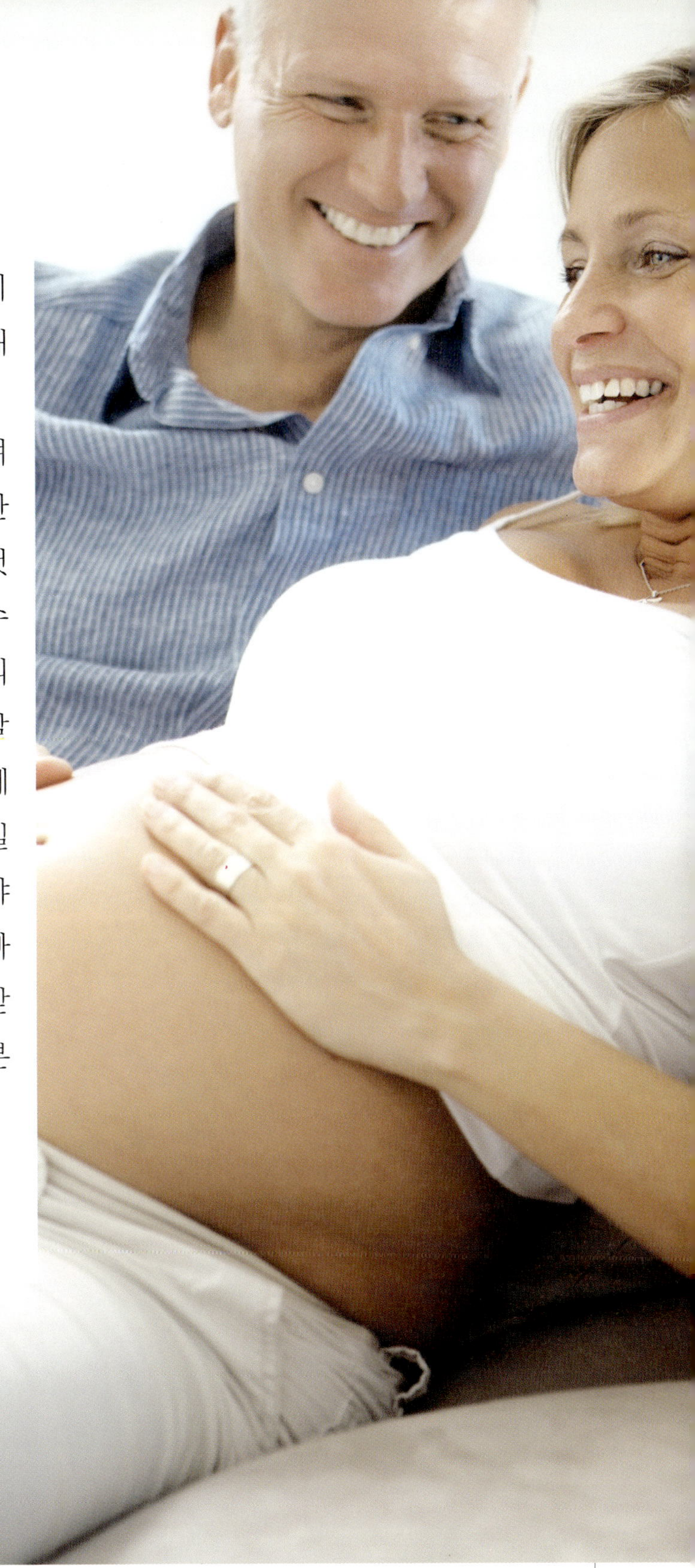

J'ATTENDS UN ENFANT

Laurence PERNOUD

임신 후의 일상생활

이 장에서는 일과 여행, 운동 등 일상생활에 대해 얘기할 것이다. 서서히 일상의 변화가 이루어지는데 이 변화는 건강 상태와 활동, 취향에 따라 다르다. 변화는 태아에 따라서도 다르게 진행된다. 태아가 점점 커져 더 많은 자리를 잡고 몸이 무거워지면 어느 정도 피로감이 생기는 것이 정상이므로 거기에 맞게 생활 방식을 약간 바꾸어야 한다.

일

우선 일에 대해 얘기해보자. 일은 임신에, 그러니까 태아에 어떤 영향을 미칠까?

직장생활을 하는 경우

정상 조건에서 하는 일이라면 집밖에서 하건 집안에서 하건 임신에 아무런 해를 끼치지 않는다. 일을 한다면 일터에서 더 많은 정보를 얻을 수 있기 때문에 건강에 훨씬 더 주의를 기울이게 된다. 하지만 신체적으로 고통스러운 노동조건에서 일을 할 경우 조산의 위험이 있다.

몸을 피곤하게 만드는 일을 할 경우 인사 담당자와 상담하라. 부서를 조정하든지 임시로 교대하든지 노동시간을 줄일 방법을 찾을 수 있을 것이다. 그게 가능하지 않다면 주치의와 상담하기 바란다. 의사들은 고통스러운 노동이 가져오는 위험에 대해 잘 알고 있다.

미래의 엄마들을 보호하기 위해서는 사회적으로 많은 조치가 따라야 한다. 힘든 일을 한다면 반드시 의사의 진찰을 자주 받아봐야 한다. 의사는 상태에 따라 고용주에게 일하는 환경이나 작업 시간의 변경, 작업 시간의 단축을 요구할 수도 있다. 또 의사에게 휴가를 위한 진단서를 부탁할 수도 있다. 힘든 일이 위험하다는 사실을 잘 아는 의사들은 적절한 처방을 해 줄 것이다.

집에서 일을 하는 경우에도 마찬가지다. 어떤 상황에서 일하느냐에 따라 임신에 어떤 영향을 미치는지 달라진다. 제대로 된 정보를 알고 있고 의사의 진찰을 정기적으로 받으며 필요한 도움을 적절히 받을 경우에는 아무 문제없을 것이다. 하지만 열악한 사회 경제적 조건에서 살고 있는 경우에는 임신이 정상적으로 진행되는 데 어려움이 있을 수도 있다.

‘일 = 위험’ 혹은 ‘일 = 보호’라는 등식은 성립할 수 없다. 모든 것은 상황에 따라 달라진다.

운동으로 긴장을 푼다

오랫동안 앉아서 일하거나 서서 일하는 경우, 컴퓨터 앞에 앉아있거나 칠판에 글씨를 쓰려고 허공에 팔을 뻗는 자세처럼 오랫동안 같은 자세를 유지해야 하는 경우에는 가능한 한 자주 근육의 긴장을 풀어주는 습관을 들이는 것이 좋다.

아침에 깨자마자 기지개를 켤 때처럼 팔을 머리 위로 쭉 뻗고 긴장을 푸는 동작을 한다. 여러 사람 앞에서 이런 동작을 할 수가 없을 경우에는 눈에 덜 띄는 동작들을 하면 된다.

이런 운동은 여러 동작이 이어지는 긴 운동이 아니어서 긴장 완화를 위해 가끔씩 가볍게 할 수 있다.

집과 잠

집은 엄마의 건강과 휴식을 위해서도 중요한 공간이지만, 장차 태어날 아기를 위해서도 중요한
공간이다. 엄마와 아기를 위해 적절한 휴식 환경은 어떻게 만들어야 할까?

임신기간이 편해지는 집 꾸미기

대부분의 엄마들은 아이가 집에 처음 도착했을 때 모든 것이 깨끗하고 멋지고 잘 꾸며진 느낌을 받도록 아기를 누일 방뿐만 아니라 다른 방들까지 집 안의 모든 것을 잘 정돈하고 싶어 한다. 필요한 일이긴 하지만 지나치게 힘을 써야 하는 일은 피해야 한다. 자신의 한계를 잘 알아 삐거덕거리는 큰 서랍장 같은 것은 옮기지 말아야 한다. 많은 부모들이 아기 방을 위해 집을 칠한다거나 바닥을 새로 까는 일을 좋아하는데 출산 한 달 전부터는 하지 말아야 한다.

임신 중에 이사를 하는 경우가 종종 생기는데 이사를 해야 할 때도 주의해야 한다. 위험한 임신 초기나 말기를 피해 비교적 안전한 시기인 임신 중기에 이사하도록 한다.

집 밖에서 일을 하건 집 안에서 일을 하건 간에 일상생활과 관련하여 주의 사항이 두 가지 더 있다.

수면을 통한 휴식

수면 시간은 적어도 하루에 8시간은 되어야 한다. 사실 임신 초기에는 수면 시간을 채우는 것이 아무 문제도 되지 않는다. 처음 몇 달 동안은 잠이 쏟아지기 때문이다.

가능하다면 점심 식사 후에 신발을 벗고 쿠션 위에 발을 올려놓은 다음 휴식을 취한다. 길게 드러누워서 두 다리와 발을 쿠션 위에 올려놓으면 더 편하다. 특히 소화가 잘 안된다거나 혈액 순환이 제대로 이루어지지 않을 경우에는 낮 동안 이렇게 휴식을 취하며 긴장을 푸는 것이 많은 도움이 된다.

걱정과 달리 잘 때는 어떤 자세를 취해도 아이를 짓누르거나 갑갑하게 만들 위험이 없다. 태아는 아주 안전한 데 있기 때문이다.

휴식:
목욕, 샤워, 일광욕, 한증막

임신했는데 뜨거운 찜질방에 가도 되는 걸까? 휴식과 위생을 위해 많이 하는 목욕에 대해 알아
보자.

을 탄다. 샤워는 목욕보다 더 큰 활력을 준다. 그러나 넘어지지 않도록 욕실 바닥에 미끄럼 방지 시트를 깔아야 한다.

국부 청결

임신 기간 동안 질 분비는 흔히 증가하며, 치질에 걸리는 경우도 많다. 이런 경우에는 매일 비누나 산부인과용 비누, 물로 국부를 씻어주어야 한다. 질의 점막을 손상시킬 수도 있는 산성 제품은 사용하지 말아야 한다. 점막을 청결하게 하기 위해 질 내부까지는 손대지 말고 외부만 청결히 해준다. 냉이 지나치게 많이 분비되기도 하는데 고약한 냄새가 나고 가렵거나 불에 덴 것처럼 따가우면 의사와 상담해야 한다.

목욕과 샤워

임신 중에는 땀을 눈에 띄게 많이 흘린다. 땀을 분비하는 땀샘은 모체가 가진 수분의 1/5을 땀으로 배출한다. 엄마와 태아에게서 나오는 노폐물을 제거하기 위해서는 신장이 더욱 강해져야 하기 때문에 땀샘이 돕는 것이다.

임신 중에 목욕을 하는 것은 특별한 경우를 제외하고는 아무 문제가 없다. 목욕은 온몸을 진정시키는 작용을 한다. 쉽게 잠을 이루지 못한다면 저녁마다 목욕을 하라. 땀을 많이 흘린다면 목욕물에 소금

일광욕

매년 피부과 의사들은 햇빛을 지나치게 쐬면 피부에 안 좋으니 조심하라고 당부

한다. 그럼에도 선탠은 여전히 유행한다. 미래의 엄마들에게는 태양을 경계해야 할 이유가 하나 더 있다. 햇빛을 너무 많이 쐬면 임신 반점과 갈색 반점이 생길 수 있기 때문이다. 게다가 태양은 혈관에 안 좋은 영향을 미쳐 정맥류를 일으킬 수도 있다.

한증막

증기욕을 하면 체열이 올라가기 때문에 임신부에게도, 태아에게도 안 좋다. 게다가 고온은 임신부에게 불편한데다 견디기도 힘들다.

성생활

가장 많이 제기되는 문제는 '임신 중에 성관계를 계속 가져도 될까?'라는 것이다. 오랜 세월 동안 납득할만한 이유 없이 임신 중에는 금욕을 권해왔다. 하지만 임신부를 일상생활 밖으로 쫓아내려는 의도가 아니라면 그 권고는 정당하다고 할 수 없다.

자연스러운 성생활

임신이 순조롭게 진행되고 있다면 의사
가 특별히 금하는 경우를 제외하고는 부
부의 성생활에 변화가 생길 필요가 전혀
없다. 임신 상태에서 가장 좋은 체위란
따로 없으며 임신 개월 수나 신체 변화,
부부의 욕구에 가장 잘 맞는 체위를 택하
면 된다. 성관계의 횟수 역시 특별히 정
해진 것이 없으며 그야말로 개인적인 문
제이므로 각자의 욕구에 따르면 된다. 검
증되지 않은 필요 없는 정보에 신경 쓸
이유는 없다.

태아는 안전하다

초음파 화면을 통해 태아를 보면, 성관계
를 할 때 태아에게 해를 주지 않을까 혹

은 태아와 부딪치지 않을까 하는 두려움을 가질 수도 있다. 하지만 안심해도 된다. 태아에게는 그 어떤 위험도 없다. 페니스가 태아에게 닿지 않을까, 혹은 격렬한 성관계 때문에 자연유산이나 조기출산을 하지 않을까 두려움이 널리 퍼져있으며, 이처럼 두려워하는 것까지는 정상이다. 하지만 전혀 그럴 필요가 없다. 태아는 외부 세계와 분리시키는 양수에 둘러싸여 작은 막 안에 잘 보호되어있기 때문이다.

태아는 아주 민감해서 태어나기 전부터 온갖 감각을 느낀다는 말에 신경을 쓰는 부모들도 있다. 하지만 부모들의 애정 행위가 도대체 태아에게 무슨 악영향을 줄 수 있단 말인가? 어차피 어느 누구도 이 물음에 확실히 대답할 수 없다.

욕구의 변화: 임신 초기

처음 3개월 동안 몸이 임신에 적응하면서 장차 엄마가 될 여성의 성적 욕구는 전보다 줄어들지만 감각은 그만큼 더 강하게 느껴진다. 임신부의 몸은 다른 몸이 되면서 새로운, 게다가 신비롭기까지 한 의미를 띤다. 임신 초기에는 메스꺼움과 구토, 잠에 대한 욕구 등 여러 가지 불편함 때문에 성적 욕구를 덜 느낄 수도 있다.

남편은 아빠가 된다는 사실을 알았을 때의 기쁨이 한번 지나가고 나면 그보다 행복감을 덜 느끼는 시기를 맞는다. 아내의 성적 욕구가 감소한 것을 불안하게 생각할 수도 있다. 아기에게 자기 자리를 빼앗길 거라고 지레 짐작하면서 자기가 버려졌다고 생각하고 욕구불만을 느낄 수도 있다.

욕구의 변화: 임신 중기

임신 중기가 되면 대개 두 사람은 다시 행복을 느낀다. 태어날 아기는 부부간의 조화를 의미하기도 하고 부부가 각각 남성과 여성으로서 성숙했다는 것을 상징하기도 한다. 여성다움과 남성다움이 절정에 달하는 것이다. 피임에 대해 염려할 필요도 없기 때문에 이 시기에 성관계를 더 많이 하는 부부들도 있다. 초기의 어려운 적응 기간은 지나갔고, 임신 말기에 나타날 수도 있는 불안감은 아직 느껴지지 않아서 이 시기에 남녀 관계는 아주 강해질 수 있다.

하지만 유두가 너무 민감해져 어떤 애무는 불쾌감을 일으킬 수도 있다. 또 유방이 커지기 때문에 압박을 받으면 어떤 동작이나 자세를 방해할 수도 있다. 예기치 못한 감각이나 평소와는 다른 느낌이 들 경우 주저하지 말고 얘기를 나누도록 하라. 부부간의 대화가 바로 해결해 준다.

욕구의 변화: 임신 말기

임신 말기에 이르면 태아는 자리를 더 차지하고 많이 움직인다. 일반적으로 이 시기에는 부부 관계가 줄어드는데, 태아에 더 많이 집중하고 아기의 존재에 주의를 기울이기 때문인 것으로 보인다. 어쩌면 그냥 피곤해서일 수도 있다.

이때 서로 사랑하는 부부들은 예전부터 알고 있었거나 새롭게 발견한 말과 행위를 찾아낸다. 이때가 바로 사랑의 대화와 부드러운 몸짓이 필요한 순간이다.

조금 힘든 상황도 생긴다. 남편이 자기를 멀리하지 않을까, 부른 배를 싫어하지 않을까 걱정하는 여성들도 많다. 쉽게 무시할 수 없는 걱정으로 생각보다 많은 산모가 걱정에 빠진다. 어느 정도 시간이 필요할 때도 있지만 다행히도 대부분의 부부들은 출산 후에 감정적, 성적 균형을 되찾는다.

**성관계를 피하거나
횟수를 줄여야 할 때**

- 임신 초기에 적은 양의 하혈이 있었을 때
- 전치 태반과 출혈이 되풀이될 경우

성관계에서 오르가즘에 도달할 경우 생리통 같은 통증이 느껴지는 경우가 종종 있는데 자궁 수축에 의한 것이므로 불안해할 필요가 없다.

성관계 후 피가 몇 방울 비칠 수가 있는데 임신으로 자궁경부가 약해졌기 때문이다. 출혈이 오래 지속되거나 되풀이되면 의사에게 알려야 한다.

담배와 술

담배와 술이 태아에게 좋지 않다는 것은 누구나 알고 있는 상식이다. 담배와 술은 태아에게 어느 정도의 악영향을 미치는 걸까?

흡연

임신 중에는 무조건 흡연을 중지해야 한다. 의사들은 임신이 확인되는 그 순간부터 담배를 끊으라고 권유한다. 통계로 볼 때 아이의 출산 시 체중과 산모가 피운 담배 개수 사이에는 일정한 관계가 있다. 담배를 피우지 않은 여성의 9%만이 아기의 체중이 평균 이하인 반면 하루에 담배를 1~10개비씩 피운 여성이 낳은 아이는 16%가 평균 체중을 밑돌았으며, 담배를 매일 10개비 이상 피운 여성이 낳은 아이는 27%가 평균 이하였다. 한편, 하루 15~20개비의 담배를 피우는 여성의 조산 비율은 두 배 정도 더 높았다.

최근의 연구는 임신부가 담배를 많이 피울 경우 기형아를 낳을 가능성이 높아지고 태아의 정신, 운동 발달에도 큰 영향을 끼치는 등 다른 해로운 결과를 가져올 수도 있다는 사실을 보여준다.

자신의 의지만으로는 담배를 끊을 수 없을 경우에는 금연하도록 도와주는 전문병원을 찾아가서 상담하라. 수유기에도 역시 담배를 피우면 안 된다. 담배 피우는 엄마의 젖을 먹은 아기의 혈액에서 니코틴이 발견되었다.

간접흡연

임신기는 남편에게도 금연을 권유할 수 있는 좋은 기회다. 담배를 끊자고 서로를 격려하면 아이는 그만큼 건강하게 태어날 것이다.

마찬가지로 주위 사람들에게도 금연을 요구할 수 있다. 간접흡연이 해로운 영향을 미친다는 사실이 알려져 있기 때문이다. 타인의 흡연은 임신부와 태아 모두에게 해를 끼칠 수 있다.

술

임신기에 마신 술이 해로운 역할을 한다는 사실 역시 잘 알려져 있다. 담배와 마찬가지로 알코올도 몸속 혈액에 빨리 흡수된다. 태반이 알코올을 걸러내지 못하기 때문에 알코올은 임신부의 혈액뿐 아니라 태아의 혈액으로도 흡수된다.

임신이 되었다는 사실을 아는 순간부터는 포도주와 맥주 등 알코올 성분이 함유된 일체의 음료를 멀리해야 한다. 맥주가 모유의 양을 늘여준다는 고정관념과는

달리 맥주는 모유의 양을 전혀 증가시키
지 않는다.

　임신이 되었다는 사실을 모르고 샴페인
을 한 잔 마셨다며 불안해하는 여성들도
있는데 여기에 대해서는 안심하라. 하지
만 지금 이 순간부터는 가끔씩이라도 절
대 술을 마셔서는 안 된다. 아기에게 유
독한 최소 섭취량이 얼마인지 알려져 있
지 않다.

여행과 이동

임신부들이 돌아다니거나 여행하는 것, 특히 자동차로 이동하는 것을 사람들은 오랫동안 말려왔다. 유산 등 임신 사고가 일어날 가능성이 높다는 이유에서였는데 물론 잘못된 생각이다. 그러나 몇 가지 주의해야 될 것은 있다.

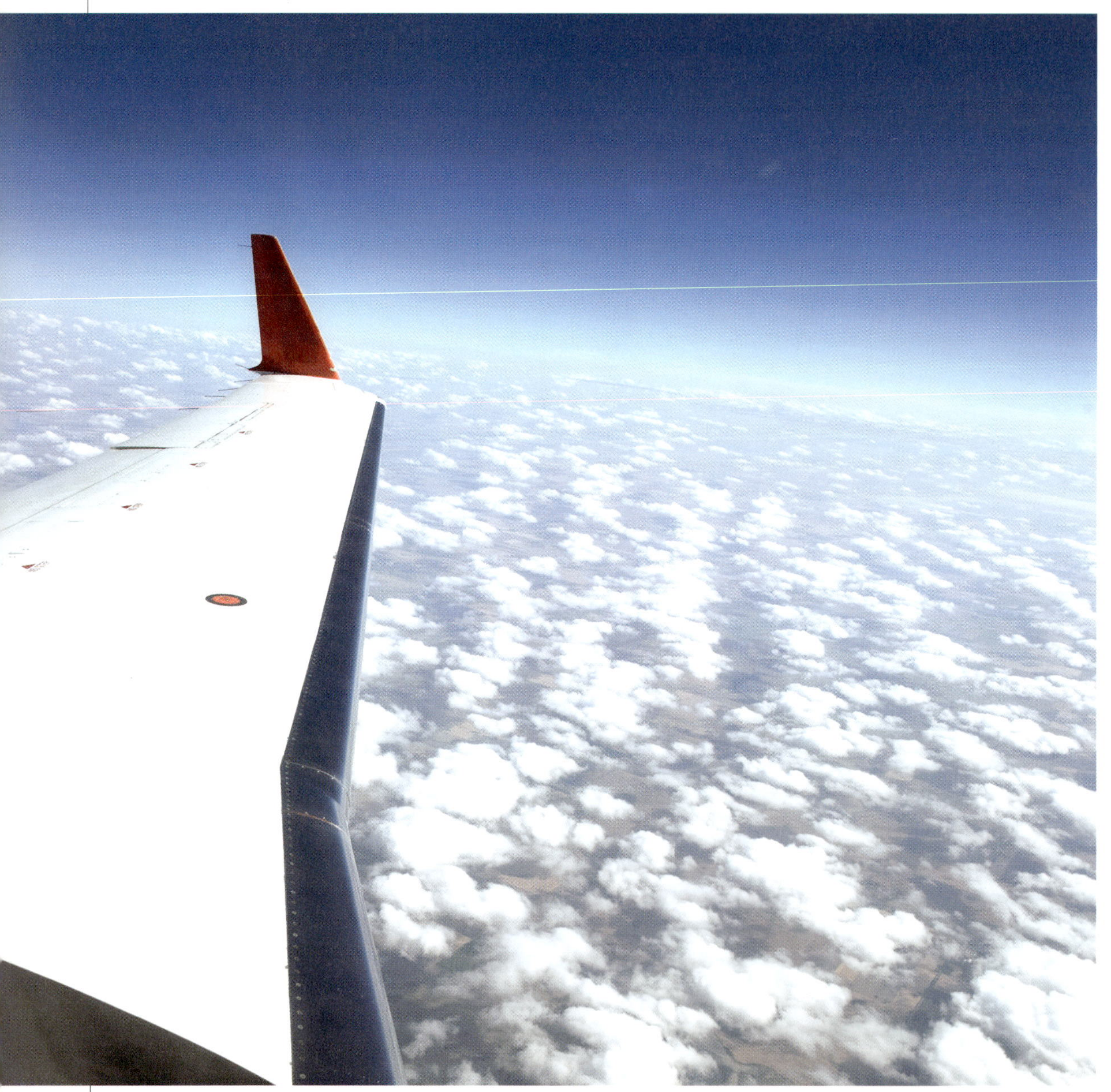

이동할 때 기억해야 할 원칙

첫 번째 원칙은 상식이다. 임신에 문제가 있을 경우에는 여행을 하면 안 된다.

두 번째 원칙은 교통수단이다. 기차든, 자동차든, 흔들림보다는 피곤함이 문제이다. 하지만 모든 여행은 피로를 가져온다. 그러니 가능한 덜 피곤하게 만드는 교통수단을 선택하는 것이 좋다. 긴 여행을 할 경우에는 기차나 비행기를 택하라.

그렇지만 임신 7개월 이후에는 교통수단이 어떤 것이든 장거리 여행은 피해야 한다.

안전벨트 매는 것을 잊지 말아야 한다.

- 고정시키는 곳이 세 군데인 안전벨트라야 한다. 두 군데만 고정시키는 안전벨트는 위험하다.

- 아래 그림처럼 정확하게 매야 한다.

- 안전벨트는 언제나 팽팽히 매서 안전벨트와 몸 사이에 뜨는 곳이 없어야 한다.

- 안전벨트는 자동차 앞좌석에 앉건 뒷좌석에 앉건 간에 반드시 매야만 한다. 통계에 의하면 자동차 뒷좌석에 앉아 안전벨트를 매었을 때 더 안전하다고 한다.

자동차

자주 느껴지는 피로와 허리통증을 피하려면 깊숙한 쿠션을 등에 대고 2~3백km에 한 번씩 운전을 멈추고 5~10분씩 휴식을 취하며 걷기도 하고 저린 다리를 주무르기도 해야 한다. 자동차는 이처럼 조심하면 피로를 줄일 수도 있지만 또 한편으로는 사고라는 위험을 안고 있기도 하다.

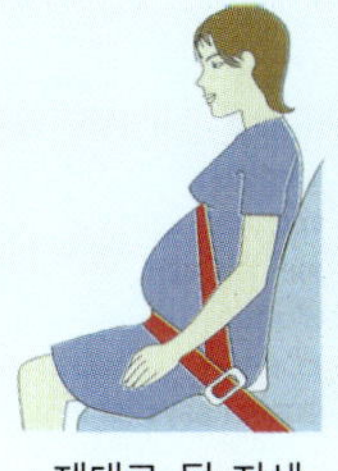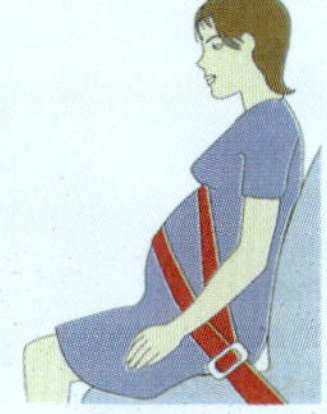

배

임신 8개월에 외딴 섬을 돌아보러 배를 타고 떠난다는 건 무분별한 행동이다. 배에도, 작은 섬에도 의사는 없기 때문이다.

가벼운 낚시를 하거나 배를 타고 잠깐 바람을 쐬는 것은 문제가 되지 않는다. 하지만 계속 강하게 흔들리는 모터 달린 배 종류는 타지 말아야 하다.

비행기

장거리일 경우 가장 권장하는 교통수단은 비행기인데, 가장 덜 피곤하기 때문이다. 그렇지만 정맥 상태에 따라서는 여행을 떠나기 전에 치료를 받으라는 처방이 내려질 수도 있다. 오랫동안 앉아있다 보면 정맥염이 생길 위험이 있기 때문이다. 다리에 혈액순환 장애를 가져올 수 있기 때문에 너무 오랫동안 똑같은 자세로 앉아있는 것은 피해야 한다. 가끔 기내에서 걸어 다니고 고정용 양말이나 스타킹을 착용한다. 또 기내는 습도가 아주 낮기 때문에 여행하는 동안 물을 충분히 마셔야 한다. 임신부들의 비행기 탑승에 관한 법은 정해져있지 않지만, 대부분의 항공사들은 임신 8개월 이후의 임신부들은 탑승시키지 않는다. 공항 검색대를 통과하는 것은 아무 위험이 없다.

여행 목적지

거리는 별도로 치더라도, 여행 목적지가 위생상 문제가 없는 나라라면 괜찮다. 그러나 임신 7개월 이후에 장거리 여행을 계획하는 것은 바람직하지 못하다는 사실을 기억하기 바란다. 조기분만의 위험은 언제나 존재하므로 무시할 수가 없다. 예정된 병원이 아닌 다른 병원에서 분만을 하거나, 조기분만을 위한 시설이 갖추어지지 않은 병원에서 출산하는 경우 위험은 더욱 커진다.

위생 문제가 있는 나라로의 여행

위생 문제에 주의해야만 하는 나라에 갈 때는 극도로 신중해야 한다. 필수 예방접종이 임신부에게는 금지될 수도 있다. 또 이런 나라에서는 전염병이나 기생충에 감염될 위험도 커지는데, 감염된 병을 치료하기 위해 임신부에게는 금지된 약을 사용해야 하는 경우 위험은 더욱 커진다.

임신부는 특히 말라리아에 잘 걸려서 출산 2, 3개월 후까지도 취약하다. 예방약은 지역에 따라 다르지만 어떤 약은 임신부에게는 완전히 금지되어 있다. 그래도 꼭 가야 한다면 의사와 상담하라. 현지에 도착하면 한층 더 신중을 기해야 한다. 무슨 일이 있어도 모기에 물리지 않아야 한다. 풍성하고 손목과 발목까지 꽉 끼는 옷을 입고, 모기를 쫓는 제품을 피부에 바르며, 모기장을 치고 모기약을 뿌려야 한다. 다른 전염병과 기생충병에 대해서도 극도로 조심해야 한다. 자주 샤워를 하고 절대 축축한 땅 위를 맨발로 걸으면 안 된다. 민물에서 몸을 씻어도 안 된다.

식사를 하기 전에 손을 씻는 것을 잊어서도 안 된다. 얼음이나 아이스크림을 피하고 병 속에 든 물이나 캡슐을 씌운 우유를 마신다. 과일은 껍질을 벗겨서 먹고 생채소와 조개류는 피한다. 고기와 생선은 잘 익혀서 먹는다.

운동

운동은 물론, 체조도 안 하고 걷는 습관조차 없던 사람이었더라도 이제 임신했으니 약간이라도 운동하는 습관을 들여야 한다. 매일 걷고, 매일 아침 운동을 하는 것은 임신부와 태아에게 필요한 최소한의 운동이다.

임신에 가장 좋은 운동은 걷기

걷는 것은 전혀 위험하지 않을뿐더러 특히 다리의 혈액순환과 호흡, 무기력해지기 쉬운 장 기능을 활성화시키고 복부 근육을 강화시킨다. 매일 30분 정도 공기가 잘 통하는 곳에서 걷는 것이 가장 좋다. 그러면 산모가 필요로 하는 산소의 25%를 쉽게 얻을 수 있다. 매일 걷는 것은 임신이나 나이에 상관없이 모든 사람에게 권장되는 운동이다.

> **TiP**
>
> **분만을 위해 걸을 필요는 없다**
>
> 임신에는 걷기가 아주 좋은 운동이지만 분만 촉진에는 아무 영향도 주지 않는다. 그러니 출산을 조금 일찍 하기 위해 억지로 많이 걷는 건 아무 소용없는 일로 쓸데없이 피곤하게 만들 뿐이다.

수영의 장점

수영은 걷기와 더불어 가장 좋은 운동이다. 물속에서는 몸이 훨씬 가볍게 느껴진다. 운동을 좋아하지만 임신부에게 맞지 않는 운동들을 포기할 수밖에 없었다면 수영으로 쾌적함을 즐기면서 신체활동에 몰두할 수 있다. 수영은 더할 나위 없는 근육 운동인 동시에 호흡기 운동이기도 하다.

수영장에서 하는 분만준비훈련 과정도 있다. 이 과정에 참여해보면 여러 가지 장점을 찾을 수 있는데, 특히 물속에서 이완과 호흡을 연습하는 즐거움이 있다. 수영 역시 다른 운동들과 마찬가지로 좋은 운동이긴 하지만 너무 지나치게 해서도 안 되고, 시합을 해서도 안 되며, 잠수를 해서도 안 된다. 요통을 일으키지 않는 자유형이나 배영을 하는 것이 좋다.

운동의 세 가지 이점

- 혈액순환을 활발하게 하고, 산소를 더 많이 공급하며, 신체 자세를 바르게 하여 피곤하지 않게 하고, 최상의 신경균형을 유지시켜 임신 생활이 순조롭게 진행되도록 해준다.

- 분만 때 중요한 역할을 하는 근육을 강화시키고 골반 관절을 부드럽게 만들어 훨씬 쉽고 빠른 분만을 가능하게 한다.

- 분만 후, 평평한 배와 날씬한 허리, 탄력 있는 가슴 등 출산 전의 몸매를 더 빨리 되찾도록 해 준다.

자전거

자전거 타기는 많은 근육을 단련시키며 심장 근육에 좋은 운동이다. 자전거로 산책을 하는 것은 임신 말기가 아니면 문제가 되지 않지만 균형을 잃고 넘어지는 일이 빈번하므로 주의해야 한다. 혼잡한 곳에서 교통수단으로 자전거를 타는 것은 사고를 자주 일으키기 때문에 위험하다. 산악용 자전거는 물론 타지 말아야 한다. 이 자전거는 기복이 심한 땅에서 타기 위해 만들어진 것이므로 넘어질 위험이 대단히 크다. 스쿠터나 오토바이도 사고 위험이 있기 때문에 절대 타면 안 된다.

분만을 위한 운동

권장하는 운동은 호흡기 운동, 근육 운동, 이완 운동의 세 부분으로 나뉜다. 분만이 어떻게 진행되는지, 분만 때 어떻게 해야 하는지 잘 알고 있다면 분만을 준비하는 데 특히 필요한 이 운동의 유용성을 더 잘 이해할 수 있을 것이다. 원한다면 임신 초기부터 바로 시작해도 된다.

걷기와 수영은 반드시 하자. 이 운동들만으로 충분하다. 운동선수가 되거나 근육강화운동을 하자는 것이 아니라 간단한 몇 가지 동작으로 임신과 분만을 편안하게 하자는 것이다. 운동이 끝나면 몇 분에 걸쳐 근육을 이완시켜 몸을 편안하게 만들어주는 것이 좋다. 임신기에 이처럼 적당하게 신체운동을 하는 것이 금지되는 경우는 거의 없다.

이 운동은 각자 집에서도 할 수 있고 출산준비그룹에서 할 수도 있을 것이다. 다른 미래의 엄마들을 만나는 것은 흥미롭고 기분 좋은 일이다.

다른 운동을 해도 될까?

임신 전부터 즐기던 운동을 계속할 수 있을까? 어떤 운동을 하려 하는가, 어느 정도 숙련되었는가, 어떤 식으로 하는가 등은 건강 상태가 어떤가에 달려있다.

임신이 정상적으로 진행되고, 운동을 좋아하며 숙련되었다면 몇몇 운동들을 제외하고는 계속 운동을 해도 된다. 그러나 자신의 한계를 알고 적당히 해야 한다. 지나치면 태아가 저산소증에 걸릴 위험이 있다. 몸을 혹사시키고 숨이 가빠지면 쉽게 피로를 느낀다. 임신 초기부터 신체의 기초 활동은 10% 늘어나서 심장 박동이 증가하고 훨씬 많은 산소를 필요로 한다. 기초 활동이 증가하는데 신체 활동의 증가까지 더해지면 그만큼 더 피곤해진다. 그래서 임신은 지구력을 요구하는 스포츠 활동에 비교될 수 있다.

피로와 위험 때문에 격렬한 훈련이나 운동, 특히 시합은 금지되어 있다. 배구나 농구 같은 단체 경기는 다른 사람들과 함께 뛰어 운동량을 제한할 수 없기 때문에 적당하지 않다. 임신 중기부터는 별 문제가 없더라도 걷기와 수영을 제외한 다른 운동은 더 이상 안 하는 게 좋다. 쉽게 피로해지거나 골절의 위험이 있는 운동은 더더구나 당장 그만두어야 한다.

그 외 운동

클래식 댄스, 리듬 댄스	아무 문제없다.
승마	추락의 위험이 너무 커서 하면 안 된다.
실내체조	해도 괜찮다. 너무 무리해서 하지는 말고 적당히 해야 한다.
골프	골프는 신선한 공기를 들이마시면서 동시에 걸을 수 있기 때문에 아주 좋은 운동이다. 하지만 배 때문에 금방 행동에 제약을 받는다.
조깅	조깅을 좋아하는 여성은 임신 초기에는 해도 되지만 적당하게 해야 한다. 지칠 때까지 해서는 절대 안 된다.
수중 체조	수중 체조는 점점 확산되는 추세인데 임신부에게 정말 좋은 운동이다. 수중 체조에는 호흡기 운동과 물속에서 걷기, 공을 이용한 단체운동 등이 포함된다. 수영을 못하는 여성도 수중 체조는 할 수 있다.
스케이팅	잘 할 수 있다면 해도 되지만 그게 아니라면 넘어질 위험이 있다.
등산	가능하다. 하지만 고저차가 심한 산을 하루 만에 오른다거나 고도가 높은 산에 오르는 것은 금한다. 본격적인 등반과 암벽 등반 역시 하지 않는 게 좋다. 임신부는 넘어지는 것을 무조건 피해야 한다.
롤러스케이트	격렬한 운동은 아니더라도 넘어질 위험이 있는 운동이어서 임신부에게는 절대 금지다.
스키	넘어질 위험이 없는 숙련된 임신부를 제외하고는 타면 안 된다.
테니스	가능하지만 가볍게 즐기는 것으로 만족하고 경기를 해서는 안 된다.
요가	요가는 출산준비를 위한 좋은 운동이다.

운동을 하면서 가장 조심해야 할 사항은 운동으로 인한 피로 외에도 운동을 너무 격렬하게 할 경우 태아가 저산소증에 걸릴지도 모르는 위험이다. 추락 가능성 역시 위험 중 한 가지다.

임신부는 민첩하지 못하고 균형 잡기가 힘들기 때문에 쉽게 넘어질 위험이 있다. 배에 강한 충격이 바로 가해졌다고 태아의 생명을 위태롭게 하거나 조기분만을 부르는 경우는 드물다. 하지만 넘어지면 삐거나 뼈가 부러지는 등 상해를 입을 수 있는데 임신 기간에 입은 상해는 아무

는 데 훨씬 오래 걸린다. 운동은 즐겁고
몸의 균형을 이루는 것이라는 점을 명심
하자.

임신 기간의 운동

- 모든 임신부들 : 자동차, 오토바이 등 기계적인 운동과 산악용 자전거, 롤러 스케이트, 승마 등 떨어질 위험이 매우 큰 운동은 절대 해서는 안 된다.

- 운동을 잘 하는 임신부들 : 운동을 적당히 하는 것이 좋다.

- 운동을 잘 못 하는 임신부들 : 1주일에 두세 번씩 최소 30분 동안 신체활동으로 걷기, 수영, 몸을 유연하게 해주는 체조, 요가 등을 하는 것이 좋다.

건강한 아기를 위해 제대로 잘 먹는 법

아기를 생각하며 여러 가지로 몸가짐을 조심하게 되지만 무엇보다 먹는 것에 가장 신경이 쓰인다. 진짜 2인분을 먹어야 할까? 임신 기간만은 맘껏 살이 쪄도 괜찮을까? 꼭 먹어야 할 음식과 피해야 할 음식이 있을까? 아기와 엄마의 건강을 위한 식생활을 소개한다.

더 많이 먹어야 할까?

임신을 하면 2인분을 먹어야 한다고 오랫동안 생각해 왔고, 다들 임신하자마자 두 배로 먹었다. 그러자 살이 너무 쪄서 건강에 위험하기까지 했다. 이제는 일부러 많이 먹는 것의 위험이 지나치게 과장되는 바람에 너무 적게 먹어 살이 거의 안 찌는 경우도 있다. 과연 어느 정도가 적당한 양일까?

칼로리의 문제

인간의 몸은 에너지를 공급해주어야만 기능한다. 자동차의 에너지는 기름이고 레인지의 에너지는 전기나 가스인 것과 마찬가지로 인체의 에너지는 음식물을 먹으면 생기는 칼로리다. 인체는 기계나 엔진과 비슷하게 작동한다. 몸속에 들어온 음식물이 폐로 흡수된 산소와 접촉하면 연소가 되고 연소는 열을 발산한다. 즉 에너지를 배출하는 것이다.

각각의 음식물이 얼마나 많은 에너지를 공급하는지는 잘 알려져 있다. 이 에너지를 칼로리로 측정하고 표시한다. 보통 고기 100g은 170kcal(킬로칼로리)를 배출하고 우유 한 잔은 70kcal, 샐러드 1인분은 30kcal를 배출한다는 등으로 표현한다.

에너지의 관점에서 볼 때 음식물 간에 큰 차이가 있다는 것을 알 수 있다. 어떤 음식물들은 칼로리를 거의 배출하지 않는 반면 또 어떤 음식물들은 같은 양으로도 열 배에서 백 배 이상의 칼로리를 배출하는 것이다. 체중이 늘어나는 것을 방지하려면 이것을 잘 이용해야 한다.

칼로리는 얼마나 필요할까

음식물이 칼로리의 형태로 공급한 에너지는 우리 몸이 기능하도록 해준다. 호흡, 뇌 활동, 심장 박동 등 인체의 생명 유지 기능을 보장하기 위해서는 하루에 1,200~1,500kcal가 필요하고, 여기에 음식물을 소화시키고, 체온을 유지하며, 신체활동을 하는 데 필요한 에너지가 더 필요하다. 필요한 에너지의 양은 나이와 성별, 체격, 신체활동에 따라 다르다. 집에만 있는 여성은 하루 1,900kcal를 필요로 하는 반면 운동을 하는 여성은 4,000kcal가 필요하다.

임신을 하면 어떻게 될까? 임신 전에 보통으로 활동했던 여성은 하루에 약 2,200kcal를 필요로 하지만 임신 중에는 일일 필요량이 평균 150~250kcal 정도 늘어난다. 임신에 필요한 에너지의 양은 사람에 따라 다르므로 그 양을 알기 위해서는 자신의 식욕을 믿으면 된다. 먹고 싶은 대로 먹되, 체중이 너무 적게 나가거나 너무 많이 나가는 경우에만 조처를 취하는 것이 가장 좋은 방법이다.

반드시 평소보다 많이 먹어야 하는 경우

평소보다 훨씬 더 많이 먹어야 할 필요는 없지만 몇 가지 경우에는 반드시 많이 먹어야 한다.

- 나이가 어리다면 아직 성장이 끝나지 않았을 수도 있으므로 더 많은 칼로리를 필요로 한다. 하루에 2,500kcal 정도를 섭취하여 체중을 14~15kg까지 늘릴 것이 권장된다. 젊은 임신부들은 체중에 신경 쓰느라 다들 충분히 먹지를 않기 때문에 더욱 문제가 생기기 쉽다. 출산 시 아기의 체중이 엄마의 체중 증가와 가장 연관성이 높은 것이 바로 이런 경우다.

- 쌍둥이 임신인 경우 임신 중반기가 지나면서부터 열량이 많은 음식과 무기질 및 비타민이 풍부한 음식을 더 많이 섭취해야 한다.

하루에 몇 번 식사를 할까

식욕은 사람마다 달라서 어떤 기간에는 배가 심하게 고프기도 하고 또 어떤 기간에는 그 반대로 식욕이 떨어지고 메스껍기만 하다. 가장 좋은 것은 아침, 점심, 저녁 하루에 세 번 식사를 하고, 간식을 한 번 먹는 것이다. 이렇게 하루에 몇 차례 나누어 먹으면 소화 흡수가 잘 되고, 식사 후 포만감이나 위가 터질 것 같은 느낌이 줄어들며, 임신 초기에 입덧도 덜 한다. 간식을 제대로 챙겨먹으면 허기도 느껴지지 않고 좋지 않은 군것질을 하지 않아도 된다. 많은 여성들이 시간이 없다고 아침을 건너뛰는데, 그러다간 정오 무렵에 저혈당증 증세가 나타날 수 있다. 직장 여성의 경우는 요구르트나 과일, 시리얼바 등을 가지고 출근하라. 중요한 것은 하루에 섭취하는 음식물의 양과 균형을 지켜야 한다는 것이다.

무엇을 먹는 게 좋을까?

대답은 쉽다. 임신을 했든 그렇지 않든 건강을 유지하기 위해서는 균형이 잘 잡힌 영양 섭취를
하면 된다. 임신 중이라면 균형 잡힌 영양 섭취는 한층 더 중요하다. 2인분을 먹는다는 것이 양
으로는 맞지 않는 말이지만 음식의 질에 있어선 맞는 말이다. 두 사람을 위해서 먹는다는 것은
두 배를 더 먹는 것이 아니라 두 배 더 잘 먹는 것이다.

제대로 된 영양섭취란

제대로 된 영양 섭취란 무엇일까? 이것은 균형 잡힌 영양 섭취, 즉 주요 영양소들을 규칙적으로 섭취하는 것을 말한다. 중요 영양소들은 제각기 다른 특성이 있어서 우리 몸이 필요로 하는 다양한 자양분을 제공하기 때문이다.

고기와 생선, 달걀은 단백질과 철분을 공급한다. 우유와 치즈는 뼈의 형성에 반드시 필요한 칼슘과 단백질을 주로 공급한다. 버터와 기름은 지방과 비타민을 공급한다. 감자와 전분질 채소는 탄수화물의 공급원이다. 과일과 채소에는 섬유질과 비타민이 풍부하게 들어있다. 우리 신체기관은 단백질과 지방, 탄수화물, 비타민, 무기질, 염분 등을 필요로 하므로 모든 요구를 충족시키기 위해서는 모든 범주의 식품을 섭취해야만 한다. 사람은 잡식성이어서 거의 모든 것을 먹을 수 있고, 또 먹어야 한다는 것이다.

다양하고 충분한 영양 섭취는 아이가 필요로 하는 것을 공급하며, 미래의 엄마가 좋은 컨디션을 유지할 수 있도록 해준다. 잘 먹는 것은 미래를 준비하는 것이기도 하다. 균형 있는 영양 섭취가 아기가 태어날 때의 건강은 물론, 나중에 성인이 되었을 때의 건강에도 영향을 미친다.

단백질과 지방, 탄수화물, 비타민, 무기질을 함유한 식품들이 무엇인지 조금 자세히 알아보자.

단백질 식품

단백질은 우리 몸의 기관들을 구성하고 유지하는 데 필요한 재료이다. 임신 말기에는 단백질을 평소보다 15~20% 정도 더 섭취해야 한다. 고기나 생선, 달걀은 같은 무게를 먹으면 거의 같은 양의 단백질을 얻을 수 있다. 유제품도 챙겨 먹어야 한다. 달걀이 간에 안 좋다고도 하지만 사실이 아니므로 많이 먹어도 된다.

콩류와 통곡식에도 동물성 단백질을 보충해주는 단백질이 함유되어 있다. 그러나 식물성 단백질은 동물성 단백질보다 영양상의 품질이 떨어지므로 한 종류만 먹을 때는 동물성 단백질을 대신할 수가 없다.

지방 식품

지방은 반드시 섭취해야 한다. 비타민A, D, E, K를 전달하고, 아기의 뇌와 세포가 발달하는 데 필수적인 에너지와 지방산을 공급하기 때문이다. 특히 중요한 것은 오메가3 지방산이다. 지방이 함유된 식품은 기름과 버터, 돼지고기, 견과류, 치즈 등이다. 모든 지방 공급원이 같은 지방 성분을 포함하고 있지는 않기 때문에 지방 공급원은 다양하게 먹을 필요가 있다. 버터에는 비타민A가, 생선과 유채유, 호두 기름에는 오메가3가 포함되어 있다.

버터는 익히지 않고 사용하고 튀김 요리는 너무 많이 먹지 않는 것이 좋다. 그릴에 굽거나 찌는 방식으로 담백하게 요리한 다음 아주 적은 양의 기름이나 버터한 조각, 허브를 곁들여 먹는 식이면 된다.

탄수화물 식품

탄수화물 식품은 단당류와 다당류 식품을 나눌 수가 있다. 사탕무나 사탕수수로 만든 설탕과 잼, 사탕, 초콜릿, 케이크, 비스킷, 탄산음료와 과일주스, 아이스크림 등 단일당분을 함유한 단당류 식품은 단지 미각을 충족시킬 정도만 먹어야 한다. 쌀, 콩류, 감자, 옥수수, 빵 등 복합 당분이 풍부하게 든 다당류 식품들은 산모와 아이 모두에게 에너지를 공급해준다. 이 식품들은 임신기 내내 매 식사 때마다 챙겨 먹어야 한다.

단맛을 내지만 칼로리를 제공하지 않는 아스파탐 같은 감미료는 어떻게 생각해야 할까? 적당량 섭취된 감미료가 태어날 아기에게 해로운 영향을 미친다는 연구 결과는 아직 나오지 않았다. 그렇지만 설탕 섭취를 줄이고 싶다면 다른 감미료를 찾기보다 단맛을 멀리하려는 노력을 해야 할 것이다. 설탕이 안 들어간 차를 마시거나 첨가물을 전혀 넣지 않은 요구르트를 먹는 것은 생각보다 쉬운 일이다.

무기질 식품 ① 칼슘

태아의 뼈와 치아의 형성에서 칼슘이 해내는 역할은 잘 알려져 있다. 거기에 더하여 칼슘은 산모의 고혈압 위험을 낮추고, 모유의 칼슘 함량을 높여주며, 출산 이후 우울증에 걸릴 위험도 낮춰주는 것으로 보인다. 칼슘 성분을 함유한 식품을 충분히 먹지 않으면 임신부는 태아에게 필요한 칼슘을 공급하더라도 자신의 뼈에서 칼슘이 없어져 장기적으로는 뼈가 약해질 위험이 있다.

하루에 필요한 칼슘의 양은 1,000mg이다. 이 필요량을 충족시키기 위해서는 유제품을 하루 세 개씩, 즉 매 식사 때마다 먹는 게 좋다. 체중 문제가 있을 경우에는 탈지 제품이나 저지방 우유를 이용하면 된다.

우유는 칼슘뿐만 아니라 단백질과 비타민도 함유하고 있다. 우유를 좋아하지 않거나 우유가 잘 안 맞을 경우에는 다른 유제품을 더 많이 먹고 칼슘이 농축된 치즈를 고르면 된다. 과일과 잎채소, 해조류, 참깨 등에도 칼슘이 많이 함유되어 있다.

무기질 식품 ② 철분

철분이 풍부한 식품들은 쇠고기와 닭고기, 생선, 강낭콩과 달걀 등이다. 임신 중, 특히 마지막 6개월 동안에는 철분이 많이 필요하다. 동물성 식품을 포함하여 충분하고 다양한 음식은 먹는 것이 중요하다. 비타민C가 풍부한 과일과 채소를 먹으면 철분이 더 많이 흡수된다. 반대로 식사 중에 차를 마시면 철분이 잘 흡수되지 않는다. 빈혈이 있거나 채식하는 산모, 출산이 가까워지거나 출산을 여러 번 한 경우는 의사가 철분제를 처방해 준다.

무기질 식품 ③ 소금

임신부는 소금을 먹지 말아야 한다는 주장에는 근거가 없다. 그래도 소금을 지나치게 섭취하는 것은 여러 모로 건강에 안 좋으니 너무 짜게 먹지 않는다.

무기질 식품 ④ 요오드

임신을 하면 요오드에 대한 요구가 증가한다. 갑상선이 정상적으로 기능하는 데 반드시 필요한 이 미량원소는 태아의 뇌가 발육하는 데도 역시 영향을 미친다. 일일 요구량은 해조류와 바다 생선, 잘 익힌 갑각류, 우유, 요구르트와 크림치즈, 달걀 등을 섭취함으로써 충족시킬 수 있다. 요오드가 풍부하게 든 소금을 넣고 요리해도 된다.

그 외의 무기질

마그네슘과 인, 황은 많은 식품에 함유되어 있다. 다양하고 충분한 영양 섭취를 하면 해결된다.

비타민

임신부는 반드시 충분한 양의 비타민을 섭취해야 하는데, 그 중에서도 엽산 또는 폴산이라는 이름으로 알려진 비타민B9과 비타민D를 특별히 신경 써야 한다.

비타민 ① 비타민B9(엽산)

엽산은 단백질을 합성하고, 특히 신경과 뇌에서 세포를 증식한다. 임신기에는 자궁의 발육과 태반 형성, 특히 태아 세포 조직의 형성과 발달을 위해 엽산에 대한 요구가 평소보다 1/3 정도 증가한다. 엽산 부족이 빈혈과 자궁 내 성장 지연, 조산, 그리고 특히 태아 기형의 원인이 될 수 있다. 쌍둥이 임신이거나 초산이 아닌 경우, 산모가 청소년기인 경우, 불충분한 영양 섭취, 알코올 중독, 니코틴 중독, 간질 치료제 같은 몇몇 의약품 등은 엽산 부족을 초래할 수도 있다.

엽산은 녹색 채소와 과일, 콩, 호두, 치즈, 효모 능에 함유되어 있나. 하지만 위험 요인을 가지고 있는 여성들, 특히 신경계 기형아를 출산한 경험이 있다면 반드시 의사가 처방하는 의약품으로 엽산을 추가 섭취해야 한다. 이 경우 임신 전 4~8주일과 임신 초기에 예방 차원에서

엽산을 추가로 섭취할 것을 권장한다. 고
위험군이 아니더라도 의사가 엽산을 더
섭취하라고 처방하기도 한다.

비타민 ② 비타민D

이 비타민은 칼슘을 흡수, 고정시키기 때
문에 중요하다. 비타민D는 태아가 저장
해두었다가 태어나고 나서 처음 몇 달 동
안 사용할 수 있도록 충분히 섭취해야 한
다. 연구에 따르면 비타민D 부족 현상이
임신한 여성들에게 자주 나타난다고 한
다. 비타민D 결핍은 산모의 칼슘 상실을
야기하고 신생아에게는 근육의 경련 발
작 같은 장애와 함께 혈액에서 칼슘이 부
족하게 만드는 원인이 된다.

비타민D는 지방이 많은 생선과 크림을
떠내지 않은 유제품, 달걀노른자, 햇볕에
말린 식품 등에 함유되어 있다. 하지만
식품에는 아주 조금밖에 들어 있지 않고
우리 몸이 태양 광선인 자외선을 쬘 때
이 비타민을 스스로 만들어 낸다. 그러니
비타민D가 부족해지지 않도록 하는 가장
좋은 방법은 야외에 나가서 잠깐씩 햇볕
을 쬐는 것이다.

그 외의 비타민(A, B, C, E, K)

이 비타민들은 균형 있는 영양 섭취에 의
해 공급된다. 이 비타민들이 풍부하게 들
어있는 몇 가지 식품들을 소개한다.

비타민A, B, C, E, K 함유 식품

- 비타민A : 우유와 버터, 달걀노른자,
  지방이 많은 생선, 대구, 넙치 등 생선
  의 간유

- 비타민B군 : 곡류, 말린 채소, 우유, 치
  즈

- 비타민B12 : 고기와 달걀노른자, 우유,
  생선

- 비타민C : 과일과 익히지 않은 채소.
  특히 키위와 레몬, 오렌지, 자몽, 토마
  토, 산딸기, 파슬리, 양배추 등에 많다.

- 비타민E : 식물성 기름과 견과류, 지방
  이 많은 생선

- 비타민K : 양배추와 시금치, 고기. 이
  비타민은 장내 박테리아에 의해서도
  만들어질 수 있어서 분만 전 6주 동안
  비타민K 보조제가 필요한 간질 환자
  를 제외하고는 비타민K가 결핍되지 않
  는다.

과일과 채소의 비타민

과일이나 채소의 색깔이 더 진하면 진할수록 비타민이 더 많이 들어 있다. 과일은 익히지 말고 날것으로 먹고, 빨리 씻어 물에 오래 담가두지 않는다. 스테인리스 칼로 자르고 자른 것은 즉시 먹는다. 공기와 접촉하면 비타민C가 파괴되므로 과일 주스는 미리 준비해 놓지 말아야 한다. 과일을 설탕에 졸이는 경우 물을 거의 넣지 않고 짧은 시간 동안 익히면 비타민 손실을 줄일 수 있다.

채소도 익히는 동안 어느 정도의 비타민이 손실되지만, 주의를 기울이면 손실을 막을 수 있다. 채소를 씻은 후에는 되도록이면 물에 담가 놓지 말고 삶을 때는 잠깐 동안 적은 양의 물을 사용하고 가능하면 껍질째 익힌다. 감자 등의 채소를 익힐 때는 증기에 찌는 것이 가장 좋은데, 압력솥이나 전기 찜솥을 사용하면 쉽다.

통조림이나 냉동된 과일과 채소

사람들이 흔히 생각하는 것과는 달리 통조림이나 냉동 과일과 채소의 비타민 함유량이 생과일이나 생채소보다 적은 것은 아니다. 비타민은 매우 불안정해서 오래 저장하거나 껍질을 벗기고 물에 담가놓고 요리하는 과정에서 일부가 파괴된다. 반면 냉동이나 통조림 채소는 수확하자마자 바로 가공하기 때문에 비타민 손실이 상대적으로 적다. 게다가 냉기는 비타민을 파괴하지 않는다. 그래서 통조림이나 냉동 채소, 과일은 적어도 조심하지 않고 준비한 생과일이나 채소만큼은, 또는 그 이상의 비타민을 함유하고 있다.

영양제 섭취, 어떻게 할까?

칼슘	균형이 잘 잡힌 영양 섭취를 하는 경우에는 체계적인 추가 섭취가 필요하지 않다. 추가 섭취해야 될 경우, 칼슘을 비타민D와 함께 섭취하는 것이 좋다.
철분	철분을 주기적으로 추가 섭취해야 한다는 근거는 없다. 그러나 철분 부족은 빈번하게 일어나므로 의사와 상담을 하는 것이 좋다.
엽산	임신 전과 임신 초기에 엽산을 추가로 섭취하는 것이 좋다. 통곡식과 녹색 채소가 많이 들어가는 음식을 먹는다.
비타민D	음식물만으로는 임신 기간 중의 요구를 충족시키기에 부족하기 때문에 추가 섭취가 권장된다.
다른 비타민들 (B6, B12, C)	충분하지 않거나 균형이 잡히지 않은 영양 섭취의 경우 적은 양을 추가로 섭취하는 것이 좋다. 담배를 피운다면 특히 비타민C를 추가 섭취하기 바란다.

임신 기간 중에는 의사의 의학적 소견 없이 추가로 비타민 섭취를 하면 위험할 수도 있다.

올바른 영양 섭취의 어려움

임신 초기에는 헛구역질과 구토, 위 통증 등 소화 장애로 고생하거나 식욕을 아예 잃어버리기도 한다. 때로는 그 반대로 음식을 먹어도 배 속이 계속 허하게 느껴지는 경우도 있다. 여러 가지 장애로 균형 있는 영양 섭취가 어려워질 위험이 있다.

헛구역질을 피하기 위해 식사를 거르고 대신 비스킷이나 초콜릿을 조금씩 먹는 바람에 적절하게 영양 섭취도 못 한 채 살이 찌기도 한다. 임신 초기 동안에 3kg가 찌는 산모도 있고 3kg가 빠지는 산모도 있다. 다행스럽게도 임신 초기가 지나면 소화 장애는 사라진다.

식욕이 없거나 과할 때

- 입맛이 별로 없어도 최소한 단백질과 칼슘, 비타민이 함유된 음식물은 먹어야 한다.

- 늘 배가 고프더라도 사탕이나 과자, 비스킷 같은 것은 가능하면 먹지 않도록 한다. 식사 사이에 유제품이나 삶은 계란, 통밀빵, 과일 등을 먹는다.

안정기의 식욕

안정기에 들어서면 아마도 식욕을 느낄 것이다. 섭취가 엄격히 금지되거나 이상한 음식만 아니라면 안 먹을 이유는 없다. 식욕은 몸의 필요에 따라 생기는 경우가 많다. 임신 전에는 고기나 우유를 좋아하지 않던 임신부가 스테이크나 큰 우유병을 보고 먹고 싶어 하는 경우를 볼 수 있다. 또 전혀 먹지 않던 파인애플을 먹고 싶어 하거나, 식초를 먹고 싶어 하는 임신부도 있다. 대체로 소화를 촉진시키는 양념에 특별히 욕구를 느끼는데 물론 지나치게 먹어서는 안 된다. 먹고 싶은 걸 양껏 다 못 먹었다고 아기가 짝눈이 되는 것은 아니다.

임신 중 체중 관리

뚱뚱하든 그렇지 않든 너무 많이 먹으면 누구나 체중이 불어난다. 전보다 식욕이 늘어나거나, 태아를 위해서 더 많이 먹어야 한다고 생각해서 지나치게 살이 찌는 것은 흔한 일이다.

너무 많이 먹으면 안 될까

두 사람 분을 먹어야 한다는 것은 못 살았던 지난 세기의 권장사항일 뿐, 영양이 풍부한 음식을 지나치게 먹는 경향이 있는 오늘날에는 더 이상 통하지 않는다. 임신 중의 지나친 체중 증가는 해로운 결과를 낳을 수 있다.

체중 증가는 당뇨병이나 임신중독, 고혈압 같은 합병증을 일으킬 수 있다. 또 몸의 세포 조직에 물과 지방질이 비정상적으로 많이 스며들면 스며들수록 원래의 유연성과 탄력성을 잃는다. 그러면 임신 중에 몸이 불편해지면서 출산이 한층 더 힘들어진다. 게다가 임신 전의 몸매를 되찾는데 더 많은 시간이 걸릴 것이다.

필요한 것 이상으로 먹지 않기 위해서는 한 주에 한 번씩 규칙적으로 체중계 위에 올라가서 체중 관리를 해야 한다.

체중 관리

정상적인 체격이면 임신 중에 평균 10~12kg 정도 체중이 늘어나며, 쌍둥이를 임신한 경우는 3~4kg 더 늘어난다. 체질과 임신 전 체중, 신장, 스포츠 활동 등에 따라 1~2kg 정도 더 찌기도 하고 덜 찌기도 한다. 지나치게 뚱뚱한 편이라면 6~7kg 이상은 찌지 말아야 하고 마른 편이라면 12~18kg 정도 몸무게가 늘어나야 한다.

처음 3개월 동안은 대체로 체중의 변화가 거의 없다. 임신 초기에 오히려 1~2kg 정도 체중이 줄어드는 경우가 많은데, 입덧을 하는 경우에 특히 그렇다. 입덧으로 준 체중은 입덧이 그치면 다시 회복될 테니 너무 걱정하지 않아도 된다. 임신 4개월부터는 매주 350g 정도 체중이 늘어난다. 체중 증가량이 일주일에 400g이 넘으면 음식물에 영양이 지나치게 풍부한 것이므로 다시 정상으로 돌아가야 한다. 또 신체 활동이 점점 줄어드는데도 임신 기간 내내 식욕에는 거의 변화가 없다는 사실을 염두에 두어야 한다.

체중이 너무 많이 늘어났을 때

체중계를 보는 순간 체중이 너무 많이 늘었다는 걸 알았다면 어떻게 해야 할까? 식탁에 앉기 전에 빵 조각이나 스테이크, 요구르트의 칼로리를 계산하거나 식사를 건너뛸 필요는 없다. 임신 기간 중에 제한적인 식이요법을 하는 것은 엄격히 금지된다. 엄마나 아기 모두 영양 결핍이 될 우려가 있기 때문이다. 기름지거나 단 음식을 가려내어 피하거나 양을 제한하면 된다.

체중이 많이 늘었을 때의 음식

- 지방이 많은 식품들의 섭취를 줄이기 위해서는 돼지고기 제품과 기름기 많은 제품의 섭취를 제한하는 한편, 튀긴 음식과 칩, 땅콩, 과자는 아예 먹지 말아야 한다. 그래도 지방 섭취를 중단해서는 안 된다.

- 밀가루나 설탕이 많이 들어간 음식물을 줄이고 차나 커피, 요구르트에 꿀을 가능하면 적게 타는 것이 좋다.

- 탄산음료나 인스턴트 주스, 과자, 샌드위치 등은 자신도 모르는 사이에 너무 많이 먹는 경향이 있다. 특별한 경우가 아니면 먹지 않는 것이 좋다.

- 다이어트를 위한 식이요법이 아니기 때문에 다음과 같은 음식물은 섭취해야 한다.

  - 유채나 호두, 들기름 등 오메가3가 풍부하게 함유되어 있는 기름을 뿌린 생채소

  - 구운 고기와 달걀

  - 지방질 함유량이 25% 미만인 치즈와 지방질 함유량이 10% 미만인 크림치즈, 요구르트

  - 매끼마다 밥, 녹색 채소와 과일, 전분질 채소나 빵을 먹으면 식사 사이에 허기를 느끼는 걸 피할 수 있다.

임신 전의 비만도에 따라 권장되는 체중 증가

체격은 신체질량지수(BMI)에 따라 측정된다.

임신 전 비만도	임신 중에 권장되는 체중 증가
BMI : 19.8	12.5~18kg
BMI : 19.8~26	11.5~16kg
BMI : 26~29	7~11.5kg
BMI : 29 이상	6~7kg

BMI는 체중을 신장의 제곱으로 나누어 계산한다.
체중(Kg) / 신장(m)^2
예를 들어 신장이 1미터 65센티, 체중이 65kg인 여성은 BMI가 22다(60 / (1.65)^2 = 22).

체중이 늘지 않는다면

임신 중에 모든 여성들이 지나치게 많이 먹는 것은 아니다. 살이 많이 찌면 멋지게 보일 수 없다거나 경제적인 이유로 오히려 영양실조에 빠지는 산모도 많다. 날씬하다 못해 마른 여성들의 체중이 임신 중에 겨우 6kg 정도, 심지어는 그 마큼도 늘지 않는 것을 본다.

이런 영양 결핍은 에너지 공급이 충분하지 못한 결과를 낳는가 하면 칼슘, 철분, 마그네슘 같은 무기질과 비타민, 심지어는 단백질 결핍의 위험을 부를 수도 있다. 영양실조는 발육 지연과 함께 조산으로 이어질 수도 있고, 예정일에 태어나더라도 몸무게가 덜 나가는 등 태아에게 해로운 결과를 미칠 수가 있다. 위험은 나중에도 찾아올 수도 있어서 이런 아기가 성인이 되면 심장혈관계 질병에 걸릴 위험이 더 크다는 연구가 있다. 그러니 다이어트를 한다는 이유로 영양실조가 되어서는 안 된다. 임신 중에는 태아를 위해 충분히 먹도록 노력해야 한다.

식욕이 별로 없어서 체중이 거의 늘지 않는다면 유제품과 과일, 빵, 영양가가 풍부한 통곡식 등으로 하루에 여러 번 간단하게 식사를 하도록 한다.

반드시 피해야 할 음식

다양한 영양을 고루 섭취하는 게 중요하지만, 반드시 피해야 할 음식들도 있다. 이런 음식은 가급적 피하거나 섭취하더라도 특별한 주의가 요구된다.

절대 먹으면 안 되는 음식

- 포도주와 맥주를 포함한 모든 알코올
- 콜레스테롤이 높은 음식
- 수은 함량이 높은 참치, 고래 등 크기가 큰 생선

식중독 등의 병을 일으킬 수 있는 음식

- 야생동물의 고기, 덜 익은 고기나 생선.
- 갑각류와 홍합, 굴. 신선한지 알기 어려울 때가 종종 있으며, A형 간염 바이러스를 옮길 위험이 있다.
- 살균하지 않은 생우유나, 생우유로 만든 연질 치즈.
- 육류 가공식품. 포장된 제품을 선택하고 개봉 후에는 바로 먹어야 한다.
- 익히지 않은 발아 상태의 곡물과 콩.
- 콩으로 만든 두유와 두부는 가끔씩만 먹어야 한다. 여성호르몬 에스트로겐과 유사한 성분이 풍부하게 함유되어 있어서 태아의 성적 발육에 해로운 영향을 미칠 수가 있다.
- 커피와 차, 강장음료 등 카페인이 함유된 음료수나 탄산음료도 제한해야 한다. 하루에 커피를 세 잔 이상은 마시지 않는 것이 좋다.

주의사항

- 생으로 먹을 채소와 과일은 정성스럽게 씻어야 한다.
- 냉장고에서는 식품을 밀폐용기에 넣어 보호해야 한다. 익히지 않은 제품과 익힌 제품은 잘 분리하고 냉장고를 정기적으로 청소하는 것이 좋다.
- 톡소플라스마에 걸릴 위험을 피하기 위해서는 제대로 익히지 않은 고기는 먹지 않는다. 촌충 같은 기생충을 포함한 모든 병원균을 없애기 위해서는 고기 속의 온도가 65℃가 되어야 한다.
- 손을 자주 씻는다. 손이 음식물에 병원균을 옮길 수도 있다.

4

J'ATTENDS
UN ENFANT

Laurence PERNOUD

아름다운
임신을 위하여

임신을 해서 기쁜 반면에 몸매가 변하는 것을 보면 불안해질 수도 있다.
앞뒤과 바뀐 실루엣에 가장 잘 어울리는 옷에 대해 이야기해 보자. 피부와
얼굴, 화장 등에 대해서도 알아보자.

옷을 어떻게 입을까?

바지를 살까? 원피스를 살까? 아니면 치마를 살까? 물론 취향과 몸매, 예산, 계절에 따라 선택하면 된다. 거울 앞에서 입어보면 뭐가 가장 잘 어울리는지 금방 알 수 있다. 짧은 옷이 어울릴까? 긴 옷이 어울릴까? 풍성한 옷이 어울릴까? 꽉 끼는 옷이 잘 어울릴까?

임신 초기

임신 초기에는 평소에 입던 대로 입으면 된다. 체중도 아주 조금밖에 늘지 않고 몸매도 거의 그대로이기 때문이다. 가슴만 발달해서 대부분 상당히 커지므로 임신 초기에 우선 사야 할 것은 넉넉한 크기의 브래지어이다.

얼마 안 있으면 옷장에서 품이 가장 큰 티셔츠와 넉넉한 스웨터를 찾게 된다. 티셔츠나 스웨터를 사려거든 배가 불러와도 입을 수 있게 지금부터라도 치수가 큰 것을 사기 바란다.

3개월 이후

3개월 말부터는 여유가 있는 것을 찾게 된다. 치수를 늘리거나 줄일 수 있는 치마와 바지, 또는 윗부분이 신축성 있게 만들어진 치마와 바지는 몸에 쉽게 맞는다. 재봉 솜씨가 좋으면 평소 입던 바지와 치마를 늘릴 수도 있다. 고무줄을 넣어서 늘리거나 양쪽 솔기를 튼 후 탄력성 있는 옷감을 삼각형 모양으로 넣어 늘리면 된다.

여름에는 민소매 니트에 페티코트 스타일의 풍성한 치마를 입고 가벼운 코트를 걸치면 매력적이고 여성적으로 보인다. 치마 대신 가벼운 직물로 만든 통 넓은 바지를 입어도 좋다. 평상복으로는 소매가 없고 짧으며 몸에 착 달라붙지 않는 면 원피스가 좋다. 잠깐 외출할 때는 니트처럼 신축성이 있어 몸에 약간 달라붙는 원피스를 입어도 좋다.

계절에 따라 여러 가지 조합이 가능하다. 통이 넓은 바지에 짧은 윗도리를 입거나, 진 바지에 남방셔츠를 받쳐 입는 것도 좋다.

세련된 옷 입기를 위한 방법

- V자 네크라인의 옷을 입으면 목선이 강조된다.
- 긴 남방 위에 짧은 조끼를 걸쳐 입으면 스타일이 산다.
- 신축성 있는 벨트를 매거나 머플러를 허리에 묶어서 배를 장식하는 것도

"

좋다.

- 임신 말기에 날씨가 춥고 습하면 배를 감싸주어야 한다. 외투와 레인코트, 파카 등 몸을 잘 감싸주는 옷들을 마련한다. 봄과 가을에는 큰 숄이나 망토가 필요하다.
- 수영복 : 전문점이나 백화점에 가면 임신부의 체형에 잘 맞는 새로운 수영복들이 있다. 일반 수영복으로 고를 수도 있지만 치수가 큰 걸 골라야 편안하다.

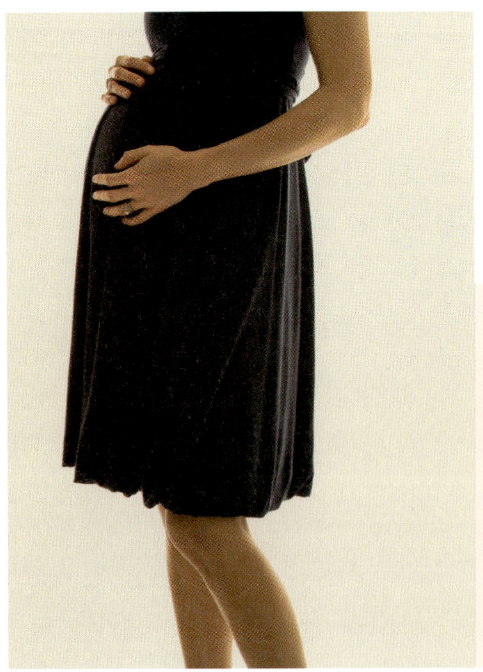

신발

굽이 있는 신발에 익숙하다면 계속 신어도 되지만 굽이 너무 높아서는 안 되고 특히 굽이 넓어야 한다. 뾰족한 굽은 조금만 높아도 등에 안 좋다. 통굽구두는 신고 다니기에 편안하지만 너무 높으면 균형을 잡기가 쉽지 않다.

태아의 무게 때문에 두 다리와 등이 쉽게 피로해지기 때문에 신발은 무엇보다도 편안해야 한다. 또 임신을 하면 쉽게 넘어지기 때문에 몸의 균형을 잘 잡아주는 신발을 신어야 한다. 임신 말기에는 발이 잘 붓기 때문에 볼도 넓어야 한다. 운동화는 편안하기는 하지만 땀이 나기도 한다. 발레화처럼 창이 넓적하게 트인 신발이나 굽이 납작한 것이 신고 다니기에 훨씬 편하다.

아름다운 가슴을 유지하는 법

유방이 커져서 팽창하는 것을 막거나 너무 무거워졌을 때 지탱해 주는 근육이 유방 속에는 없
다. 유방을 지탱하는 근육은 흉근으로, 아름다운 유방은 흉근에 달려 있다. 아름다운 가슴을 유
지하고 처지는 것을 막으려면 어떻게 해야 할까?

임신 중 가슴 관리

- 잘 맞는 브래지어를 착용한다.
- 등 아래쪽이 휘어지지 않도록 어깨를 가볍게 뒤로 젖히면서 똑바른 자세를 취한다. 이 자세는 가슴을 강조하면서 등의 피로를 덜어준다.
- 흉근이 단단하면 단단할수록 가슴이 덜 처지므로 흉근 운동을 해야 한다.

모유 수유 준비하기

보통 유두는 부드러운 브래지어 속에서 따뜻하게 보호된다. 그러나 모유를 먹일 경우 아이가 계속해서 유두를 빨아대기 때문에 유두가 수유 상황에 익숙해지도록 미리 준비를 하는 것이 좋다.

어떻게 해야 할까? 알코올로 문지르는 것은 피부를 건조하게 하므로 좋은 방법이 아니다. 간단하게 임신 7개월째부터는 하루에 한두 시간쯤 브래지어를 풀고 있는 것이 좋다. 그러면 유두가 공기나 옷과 접촉하여 더 단단해진다.

임신 말기에 유방은 초유, 즉 모유의 전 단계라 할 수 있는 희끄무레한 액체를 분비하는데, 작은 딱지가 생기지 않도록 물과 비누로 씻어주면 된다.

배와 몸매 관리하기

임신부들의 몸매 걱정은 주로 배에 가장 많이 집중된다. 배가 점점 더 불러오는 게 보이니 당연한 걱정일 것이다. 어떻게 하면 다시 배가 평평하고 탄탄해질 수 있을까?

기본 관리

- 아름다움을 위한 첫 번째 투자는 체중계를 사는 것이다. 체중을 너무 늘리지 않는 것이 출산 후 빨리 체형을 회복시키는 최선의 방법이다.
- 임신 중과 출산 후에 규칙적으로 운동을 한다.
- 항상 바른 자세를 유지하는 습관을 들인다. 몸매뿐만 아니라 정신적인 평안에도 효과적이다.

임신 중 올바른 자세

어떻게 똑바른 자세를 유지할 것인가?

그림 1 : 몸이 활처럼 휘어져 있다.
배는 앞으로 내밀어져 있으며
복부 근육과 배의 피부는 팽창되어 있다.

그림 2 : 똑바른 자세를 취하고 있다.
허리의 휜 상태는 골반을 흔들면
똑바로 잡을 수 있다.

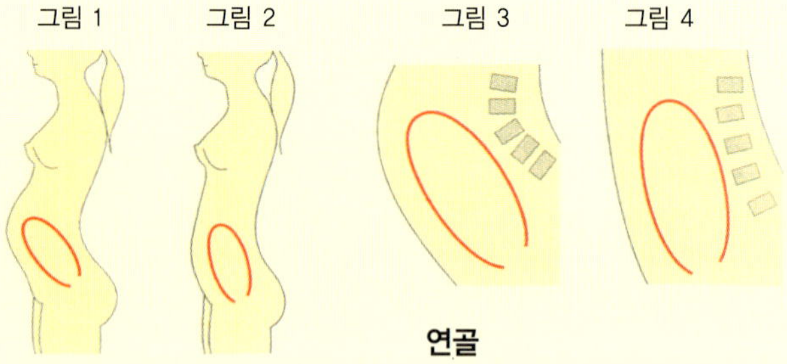

연골

그림 3 : 몸이 활처럼 휘어져 있다.
요통의 우려가 있다.
그림 4 : 똑바로 서있다.
연골들이 서로 잘 분리되어 있다.

근육이완용 방석

단단하면서도 편안해서 실용적인 방석이
다. 임신 기간 중에 이 방석을 이용하면
앉거나 누워있을 때 가장 좋은 자세로 자
리를 잡을 수가 있다. 아기에게 젖을 먹일
때도 등을 잘 고정시킬 수 있도록 도와준
다. 출산 때도 이용하라고 권하는 조산사도
있다.

허리가 활 모양으로 휘면 배는 앞으로 쏠
리고 복근과 배의 피부가 상당히 팽창된
다(그림 1). 그림 2를 보면 자궁은 그림 1
과 같은 크기인데도 자세가 똑바르기 때
문에 훨씬 더 키가 커 보이고 배는 덜 불
러 보인다.

골반을 흔들면 허리가 휘는 것을 방지
할 수 있다. 그림 3과 4의 차이를 보면 어
떻게 사세를 취하느냐에 따라 편안해지
기도 하고 그렇지 않기도 하다는 사실을
알 수 있다. 그림 4에서는 그림 2처럼 바
른 자세를 취하고 있어서 척추의 추골들
사이에 있는 연골들은 서로 잘 분리되어
있다. 그러나 그림 3에서는 어떻게 될까?

휜 허리는 추골들 사이의 연골 후반부에
통증을 일으키는데, 요통의 원인이 되며
좌골 신경통을 일으킬 위험까지 있다. 수
영은 등을 부드럽게 만드는데 좋은 운동
이다. 배영과 자유형이 좋다. 평영은 허
리의 휜 부분을 자극하므로 피해야 한다.

통증이 있는 경우 의사나 조산사는 허
리를 지탱하는 복대 착용을 권하기도 한
다. 복대는 계속 착용하는 것이 아니라
자동차나 비행기로 여행하거나, 집안일
을 하거나, 무거운 물건을 운반할 때처럼
척추에 무리를 주는 경우에만 한다. 복대
는 옷 위에 찰 수도 있다.

올바른 피부손질법

임신과 출산을 겪으면 '충치가 생기고, 손톱이 부러지며, 얼굴과 몸에 반점이 생기고, 머리카락이 건조해져서 출산 후에는 빠진다'는 소문들이 있다. 정말 겁나는 말이다! 이 말이 사실일까? 괜한 소문일까?

얼굴 피부 손질

정상적인 임신이라면 단단하고 탄력 있으며 부드럽고 결이 고우며 감촉이 부드러운 원래 피부는 변하지 않는다. 널리 퍼져 있는 소문과는 반대로 피부가 임신 중에 특별히 건조해지지는 않는다. 하지만 정상적인 피부가 균형을 유지하려면 주의를 기울이는 것이 좋다. 경제적이면서 효과도 좋은 방법이 있는데 아름다운 피부를 갖기 원하는 모든 여성들에게 해당되는 기본 방법이므로 출산 후에도 계속 따르면 좋다.

얼굴은 저녁 때 세척 물질이 포함되지 않은 중성 유액으로 닦아낸다. 솜에 묻히거나 손으로 펴서 바른 다음 화장지로 깨끗이 닦아낸 후 목욕용 스펀지로 씻는다.

세안이 끝나면 아주 적은 양의 보호 크림을 얇게 바르고 잔다. 밤에 바르는 크림은 특히 겨울에 효과적이다. 겨울 난방이 집안 공기를 건조하게 만들어 피부에 함유된 수분의 증발이 가속화되기 때문에 아침에 일어났을 때 피부가 땅기는 불쾌감을 느끼게 된다.

아침에는 깨끗한 물로 세수한 후 잘 닦고 저녁에 사용한 보호 크림을 바른다. 낮에 바르는 크림과 밤에 바르는 크림은 같은 제품을 사용하는 것이 간편하다.

문제를 일으키는 피부

지성 피부나 여드름이 난 피부는 임신 기간 중에 어떤 변화를 보일지 예측이 불가능하다. 피부가 좋아져서 여드름이 완전히 사라질 수도 있고 악화될 수도 있다. 효과가 좋은 의약품들을 대부분 임신부에게 사용 금지이거나 권장되지 않는다는 게 문제다. 그렇지만 가능한 치료법이 있고, 특히 외과 치료는 가능하다. 태양은 여드름의 교활한 친구다. 좀 나아졌나 싶다가 갑자기 다시 생기기 시작하고 어떤 식이요법도 효과가 없다. 다행스럽게도 여드름은 태아에게는 아무런 문제가 되지 않는다.

피지와 여드름은 유전적 증상이다. 어렸을 때 시작되는 선천성 습진, 아토피성 습진도 유전성이다. 지성 피부처럼 습진도 임신 중에 나아지기도 하고 사라지기도 하는 등 예측할 수가 없다. 다른 피부병인 건선 역시 마찬가지로, 악화되었다가도 느닷없이 나을 수가 있다. 가장 잘 듣는 치료제인 비타민A 유도체, 자외선은 임신 중에는 엄격히 금지된다.

피임약을 복용할 때의 기미

피임약은 호르몬이 주성분이기 때문에 피임약을 복용하는 기간에 햇볕을 쬐어도 임신성 기미처럼 얼굴에 갈색 반점들이 나타날 수 있다.

임신성 기미

임신 4개월에서 6개월쯤이면 얼굴에 갈색의 작은 반점들이 나타나 기미가 꽤 많이 낀 것처럼 보이는 수도 있다. 이런 임신성 기미는 아기가 태어나면 대부분 사라지지만 모든 사람에게 해당되는 것은 아니기 때문에 임신성 기미를 피하도록 조심하는 게 필요하다.

꼭 지켜야 할 사항은 단 한 가지. 얼굴을 햇빛에 드러내지 않는 것이다. 임신성 기미는 태양의 영향에 의한 호르몬의 변화로 생기기 때문이다. 겨울이든 여름이든 얼굴을 햇빛에 드러낼 경우 자외선 차단 크림을 바르거나 커다란 모자를 쓴다.

피부

임신 반점이 몸에도 나타날 수 있다. 이런 피부조직의 색소 침착은 배꼽부터 외음부까지 가운데가 갈색인 줄무늬 형태로 펼쳐진다. 유륜에 나타나기도 한다. 이 줄무늬는 서서히 사라지지만, 가끔은 출산 후에 아주 천천히 없어지기도 한다. 다른 임신 반점처럼 햇빛을 피해야 한다.

몸의 흉터에도 변형이 올 수 있다. 비정상적으로 착색될 때도 있고, 때로는 짙고 불그스름해진다. 이것도 출산 후에 차츰 사라진다.

임신 중에는 여성호르몬 에스트로겐 중 하나인 에스트라디올이 눈에 띄게 증가한다. 그런데 이 호르몬은 혈관을 확장시키는 특성을 가지고 있어서 얼굴에 충혈성 발진이 생기거나 다리에 정맥류가 생기고 모세혈관이 붉은색으로 작게 확장되기도 한다. 이런 혈관종은 임신 2개월에서 5개월 사이에 나타나는데 이 증상도 출산 후 3개월 이내에 저절로 사라지므로 굳이 없애려고 애쓸 필요는 없다.

튼살

피부에 분홍색의 불꽃 모양을 한 작고 가는 줄이 생긴다. 임신 5개월부터 배와 허리, 넓적다리뿐만 아니라 유방에도 나타난다. 출산 후에 이 가는 줄들은 점점 진주빛을 띤 흰색으로 변한다. 튼살은 피부 탄성 세포의 파괴로 생기는 것으로 여성들에게 주로 나타난다. 이처럼 피부가 탄성을 잃는 것은 임신 중에 피부가 팽창하기 때문이다.

튼살은 임신 말기에 활발하게 작용하는 호르몬인 코르티손 때문에 생긴다고 알려졌다. 그러나 튼살이 어떻게 만들어지는지 안다고 해서 튼살이 생기는 것을 막을 수는 없다. 튼살이 커지는 것을 피하려면 체중이 너무 많이 늘지 않도록 해야 한다. 튼살의 원인이 되는 코르티손은 과도한 체중 증가로 세포조직이 지나치게 팽창하면 한층 더 활발하게 작용하기 때문이다.

튼살이 생기는 걸 막을 수 있다는 마사지 크림이 많이 팔리지만 실망스럽게도 효과를 기대하기 어렵다. 애석하게도 이미 만들어진 줄무늬를 없애는 방법도 없다. 성형수술을 해도 이 줄무늬는 없어지지 않는다. 어떤 방법도 피부에 탄력을 돌려줄 수는 없는 것이다. 튼살에 대해서 반드시 알아 두어야 할 것은 막을 수도 없고 제거할 수도 없으나 체중이 지나치게 늘면 튼살이 늘어난다는 것이다.

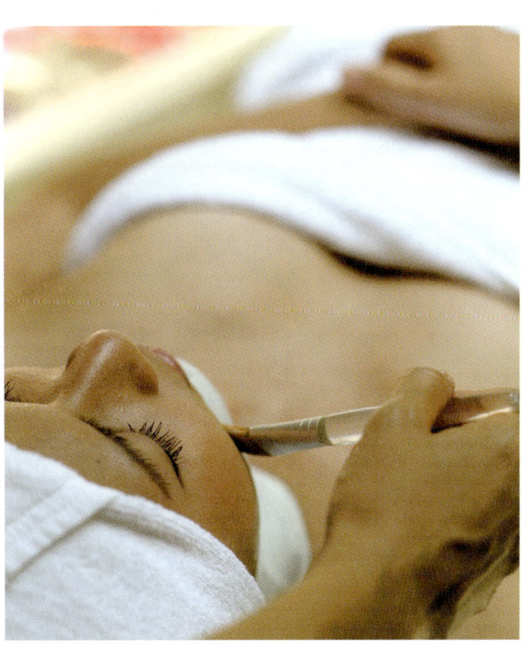

트러블이 발생하기 쉬운 곳들

머리카락, 치아, 손톱 등은 임신 중에는 좀 더 자연에 가깝게 관리하는 게 좋다. 이런 곳들은 어떻게 관리해야 하는 걸까?

머리카락 손질

흔히 알려진 것처럼 임신으로 머리카락이 상하지는 않는다. 오히려 윤기가 없고 좀 무른 머리카락이 더 부드러워지고 광채가 나는 수도 있으며, 두피의 지루는 흔히 임신 중에 완화되거나 사라진다.

임신 중의 머리카락 손질은 보통 때와 같다. 두피의 지방질을 급작스럽게 없애거나 건조시켜 비듬이 생기는 걸 막도록 순한 샴푸를 쓰는 것이 좋다. 머리카락이 지성인 사람도 약하고 건성인 머리카락용 샴푸를 써야 한다는 것이다.

탈모 현상

임신 중에는 호르몬의 영향이 머리카락에서도 느껴진다. 임신 기간에는 머리카락이 일단 많이 빠지지만, 그 뒤로는 다시 머리카락의 성장 단계가 이어져 머리카락이 덜 빠지고 숱이 많아진다. 하지만 출산을 하자마자 혈관 속을 순환하는 에스트라디올 호르몬이 급격히 줄어들면서 머리카락이 다시 빠지기 시작해서 출산 후 석 달 뒤에는 깜짝 놀랄 만큼 많은 양이 빠진다. 어떤 치료방법도 효과가 없어서 주사를 맞거나 약을 먹어도 소용없다. 다행히 6개월이 지나면 모든 것이 저절로 해결되어 탈모 현상도 멈추고 머리카락이 새로 자라기 시작한다. 머리카락은 한 달에 1~1.5cm 정도밖에 안 자라기 때문에 참을성 있게 기다려야 한다.

> **TiP**
>
> **과잉발모 현상**
>
> 호르몬 변이의 영향으로 털이 많이 나는 경우도 있다. 유전적으로 털이 많은 여성들에게는 과잉발모 현상이 나타나는데, 특히 얼굴 부분이 심하고 이상하게도 코밑에 털이 많이 난다. 이런 현상은 출산 후에 저절로 사라진다. 절대 족집게로 털을 뽑아서는 안 된다. 털이 사라지기는커녕 더 생긴다.

치아 관리

임신했다고 충치가 생기는 것은 아니지만 치아에 더 신경을 써야 한다. 임신 전에 생겼던 충치가 악화될 수 있기 때문이다. 임신 중에는 신체기관 어디에서든지 감염이 발생하면 문제가 될 수 있으니 충치가 있다면 임신 초기에 치아를 치료받는 것이 좋다.

충치는 평소에 치아 관리를 얼마나 잘하느냐에 달려있다. 충치의 원인은 대부분 치아 사이에 남아있는 음식물 찌꺼기, 특히 단 음식의 찌꺼기다. 매끼 식사 후 거르지 말고 칫솔질을 해야 한다. 치아를 닦는 것은 치약이 아니라 세심한 칫솔질이다. 칫솔질 후에는 치아 사이에 아직 남아 있는 작은 음식물 찌꺼기가 모조리 씻겨 내려가도록 잘 헹구어야 한다.

임신 중에는 잇몸이 붓고 피가 나는 등 입안의 점막에 자주 문제가 생길 수도 있다. 이런 치은염은 임신 5개월 때 가장 심하고 출산 후에 사라진다. 치과 의사의 처방에 따라 비타민C와 P를 복용하면 나아질 수도 있다. 의사의 처방에 따라 젤리 상태의 약품으로 문질러도 된다. 치육종이라고 불리는 붉은색의 종창도 자주 나타난다.

임신 중에는 이를 빼는 것을 비롯해 모든 치과 치료가 가능하다. 임신이 정상적으로 진행되고 있다면 치과 치료는 임신에 아무 영향도 미치지 않는다. 하지만 특별한 치과 치료가 필요하면 언제라도 담당 의사에게 알리고 조언을 들어야 한다.

손톱 관리

손톱이 잘 부서지거나 깨지면 임신 중이라도 아무 위험 없이 쓸 수 있는 치료법이 있는데, 젤라틴을 하루에 6g씩 섭취하는 것이다.

그러나 손톱이 잘 부서지거나 깨지는 것은 사실 대부분 매니큐어 때문이다. 매니큐어 때문에 손톱이 약해진 것인지를 확인하기 위해서는 6개월 동안 매니큐어를 안 하고 있어보면 된다. 6개월이면 부서진 손톱이 다 재생되어 원래의 생기를 되찾는 것을 볼 수 있다.

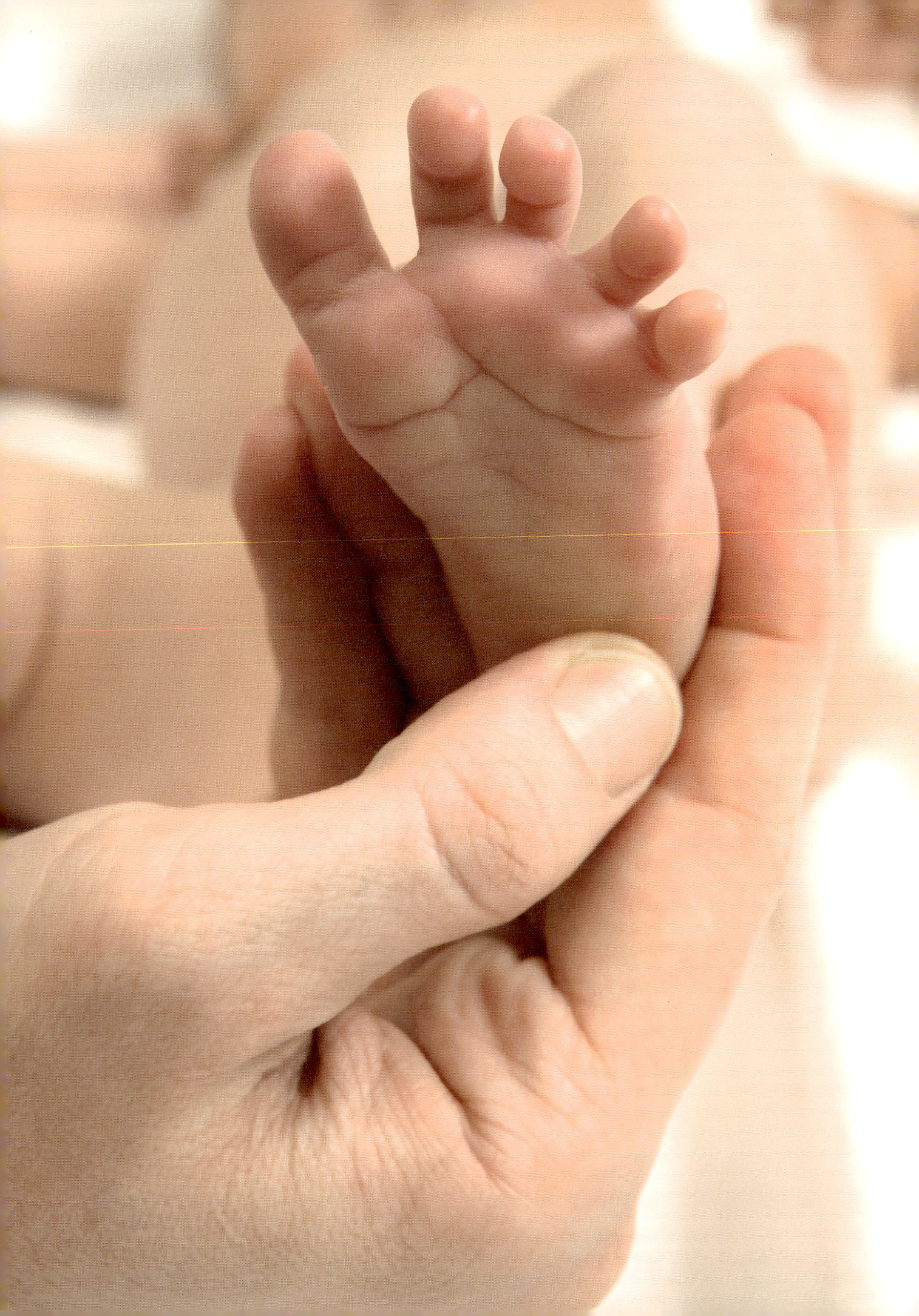

배 속의 아기, 어떻게 자라고 있을까

이제부터는 삶의 출발선에 선 두 개의 지극히 작은 세포에 대해 이야기할 것이다. 대부분의 부모들은 이 장을 가장 먼저 읽거나, 가장 많이 반복해서 읽는다. 아기가 엄마의 몸속에 웅크린 채 한 달 한 달 성장하는 것은 우리 모두가 체험했지만 더 이상 기억하지 못하는, 신비하면서도 비밀스러운 삶이다. 자, 지금부터 태어나기 전 아기의 삶에 관한 이야기를 시작한다.

생명을 만드는
신비한 두 개의 세포

생명이 전달되고 새로운 존재가 만들어지기 위해서는 두 개의 세포가 만나야 한다. 하나는 남성에게서 오는 정자이고 다른 하나는 여성에게서 오는 난자다. 이 두 세포의 결합이 아주 작은 알, 즉 인간의 수정란을 이루는 것이다. 오늘날에는 모든 것이 간단해 보이지만, 이 과정을 알기까지는 오랜 세월이 필요했다.

난자

난자는 여성의 생식선인 난소에서 만들어진다. 난소는 복부의 우묵한 곳, 자궁의 왼쪽과 오른쪽에 위치해 있다(그림 1의 1번과 3번). 난소는 두 가지 기능을 한다. 첫 번째는 여성을 특징짓는 호르몬 에스트로겐과 황체호르몬 프로게스테론을 분비하는 것이고, 두 번째는 약 28일마다 난자를 방출하는 것이다. 이것이 바로 배란이다. 모든 여성은 거대한 난자 창고에 30만 개의 난자를 가지고 태어난다. 이 중에서 400~500개만 사춘기에서 폐경기 사이에 생리 주기당 1개씩 사용된다.

두 개의 난소는 크기가 아몬드만 하고, 피질이라고 부르는 두꺼운 껍질 아래에 여포라는 작은 조직이 있다. 난자는 한 겹의 막과 약간의 액체에 싸여있는데 이 전체를 여포라고 부른다. 매달 여포자극호르몬(FSH)이 여포의 성숙과 발달을 주도한다.

여포자극호르몬 FSH

여포자극호르몬 FSH는 뇌에서 출발, 시상하부와 뇌하수체를 거쳐 난자로 전달되는 정보에 의해 활동한다. 뇌의 아래 부분에 있는 뇌하수체는 모든 호르몬 활동을 명령하는 내분비기관이다(그림 2). 배란과 관련한 장애는 난소의 질병이라기보다 일시적인 기능장애라고 볼 수 있다. 환경과 스트레스 같은 많은 요인들이 뇌와 뇌하수체, 난자의 원활한 관계를 방해하기 때문이다.

다시, 성숙하는 여포에 대해 알아보자. 성장을 멈추고 감소하게 될 다른 여포들보다 우세했으므로 이 여포를 우성 여포라고 부른다. 난자를 포함한 여포가 배란을 하게 될 것이다. 이런 과정과 동시에 에스트로겐이 분비된다.

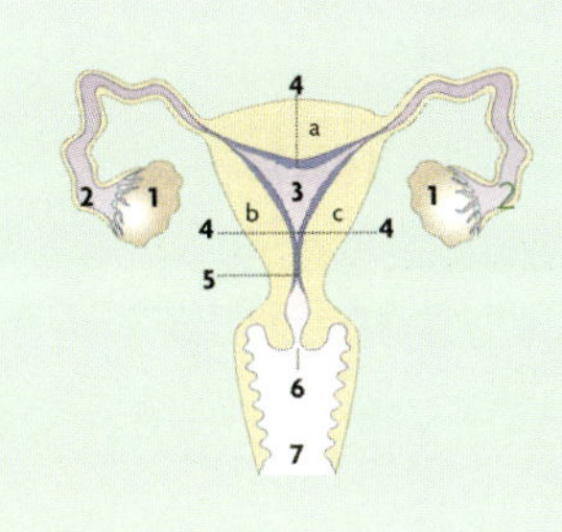

1. 여성 생식기
두 개의 난소(1)와, 자궁강(3)에 이르는 두 개의 나팔관(2). 자궁은 내벽(a, b, c)이 수축되고 가운데 빈자리가 있는 오목한 근육이다. 자궁의 안쪽 면은 생리주기가 끝날 때마다 죽은 세포를 떼어내는 자궁 내막(4)으로 덮여 있다. 더 아래쪽의 자궁경부와, 내부(5)와 외부(6)에 있는 두 구멍은 질(7) 안쪽에 있다.

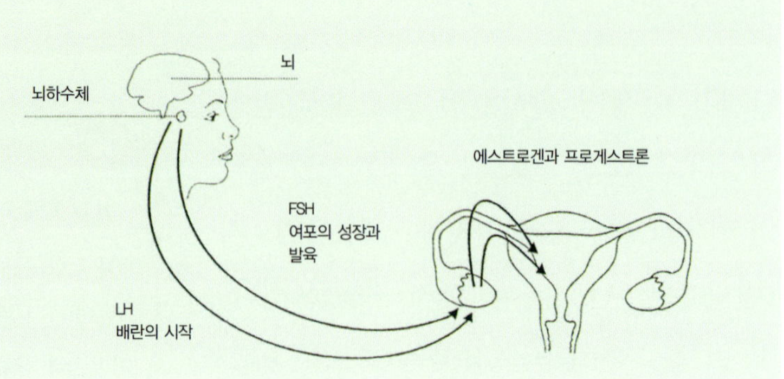

배란 직전 여포의 크기는 최고 25mm에 도달한다. 초음파 검사를 해보면 여포는 작은 포자 모양으로 보인다.

차츰 안쪽의 액체가 늘어난 여포는 난소의 표면을 도드라지게 한다. 바로 그때 또 다른 뇌하수체 호르몬인 황체형성호르몬(LH)의 영향으로 우성 여포가 난소의 표면에서 열리면서 안에 있던 여포액과 난자를 내보낸다. 이것이 보통 생리주기의 13일째와 15일째 사이에 일어나는 배란이다. 난자를 내보낸 여포는 노란색의 황체로 변모하여 프로게스트론이라는 또 다른 호르몬을 만들어낸다. 이 호르몬이

체온을 몇 십 분의 1도 올려서 배란 후에 체온 차를 보이는 것이다.

난자가 짝을 찾아가는 길

정자들과는 달리 아무런 이동수단도 가지지 못한 난자는 일단 배출되면 꼭 나팔관의 술에 붙잡혀있는 것 같다. 나팔관과 난소는 서로 가까우며, 자궁 뒤에 위치해 있다(그림 3). 왼쪽 나팔관이 오른쪽 난소에서 배출된 난자를 붙잡을 수 있으며 그

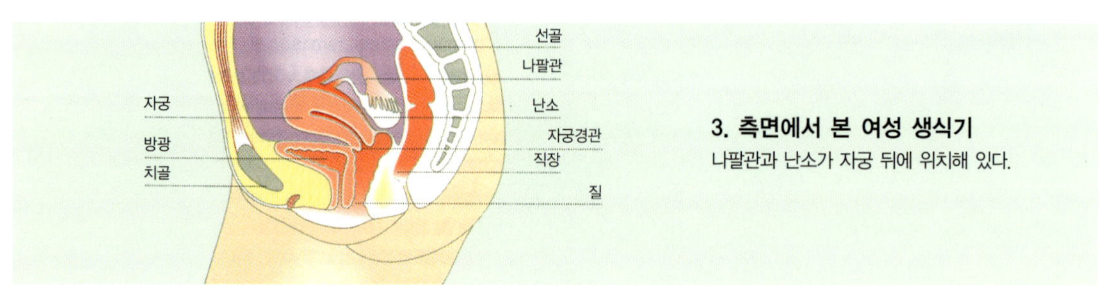

3. 측면에서 본 여성 생식기
나팔관과 난소가 자궁 뒤에 위치해 있다.

반대로도 할 수 있다. 자연 임신이 이뤄지기 위해서는 배란이 어느 쪽에서 이루어지건 상관없다. 최소한 한쪽의 난소와 나팔관이 제대로 기능하면 된다. 그래서 한쪽 난소나 나팔관에 문제가 있는 여성들도 임신할 수 있다.

나팔관에 들어 온 난자는 정자를 만나 수정하기까지 최대 24시간까지 기다린다. 이 시간을 초과하면 난자는 퇴화하여 사라진다.

이렇게 하여 난자가 배출되는 1단계가 끝났다. 난자는 2단계인 수정을 준비한다. 난자를 좀 더 자세히 관찰해보자(그림 4). 난자는 꽃가루 알갱이보다 작지만 0.15mm로 인체에서 가장 큰 세포다. 반투명하고 무색에 가까운 공 모양이며, 반투명 막으로 싸여 있다.

정자, 난자를 만나러 가다

수정을 하려면 오직 하나의 정자가 난자 속으로 뚫고 들어가야 한다. 정자는 남성의 생식선인 고환에서 배출된다. 여성이 난자 창고를 가지고 태어나는 반면 남성의 경우 고환은 사춘기가 되어야만 정자를 생산해내기 시작한다. 이 생산은 평생 동안 계속되며, 노인이 되어서야 줄어든다.

정자는 고환의 세정관속에서 성장한다. 세포들은 연속적인 변이를 거쳐 난자를 수정시킬 수 있는 정자가 된다. 이 변이는 약 75일에 걸쳐 이루어진다.

정자는 인간의 세포 중 가장 작아서(그림 7) 전체가 0.055mm이며 머리의 크기는 0.005mm이다. 정자는 세정관 속에서 형성된 후 부고환에서 출발, 수정관을 지나 전립선 양쪽에 있는 정낭에 밀집하기까지 긴 여행을 한다.

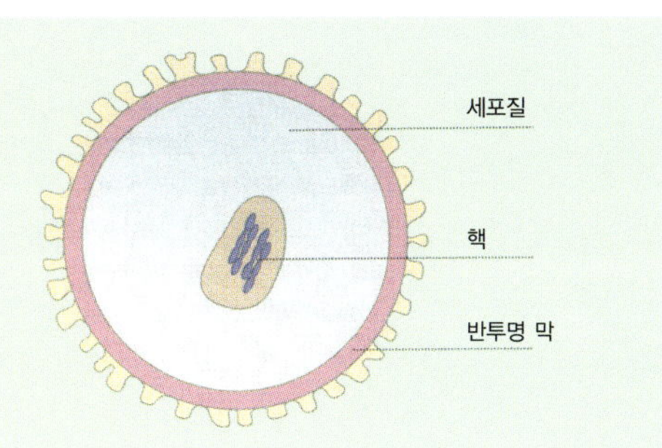

4. 수정 준비가 되어 있는 난자
한가운데에는 세포질로 둘러싸인 핵이 있다.
주변에는 여포 중에서 남아있는 몇 개의 세포로
둘러싸인 반투명 막이 있다.

여행하는 동안 정자는 운동성과 수정 능력이라는, 가장 중요한 두 가지 특성을 얻는다. 사정을 하면 정자는 전립선과 수정관에 의해 분비되는 정액 속에 용해된다. 정액은 정자가 살아남는 데 필수적이며, 정자의 이동을 도와준다.

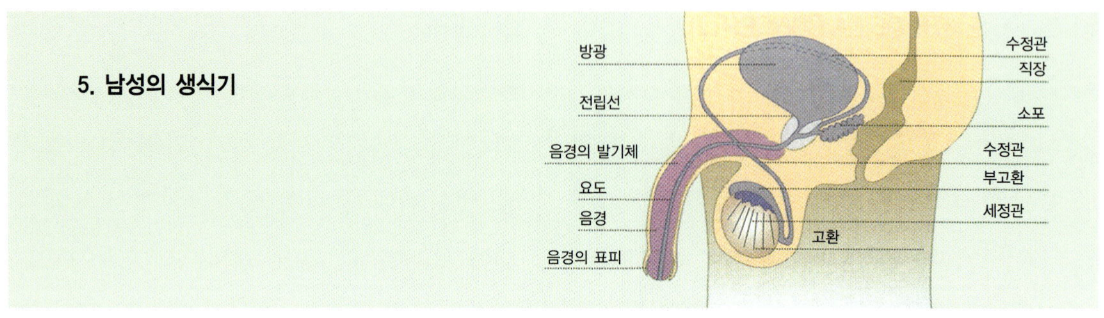

5. 남성의 생식기

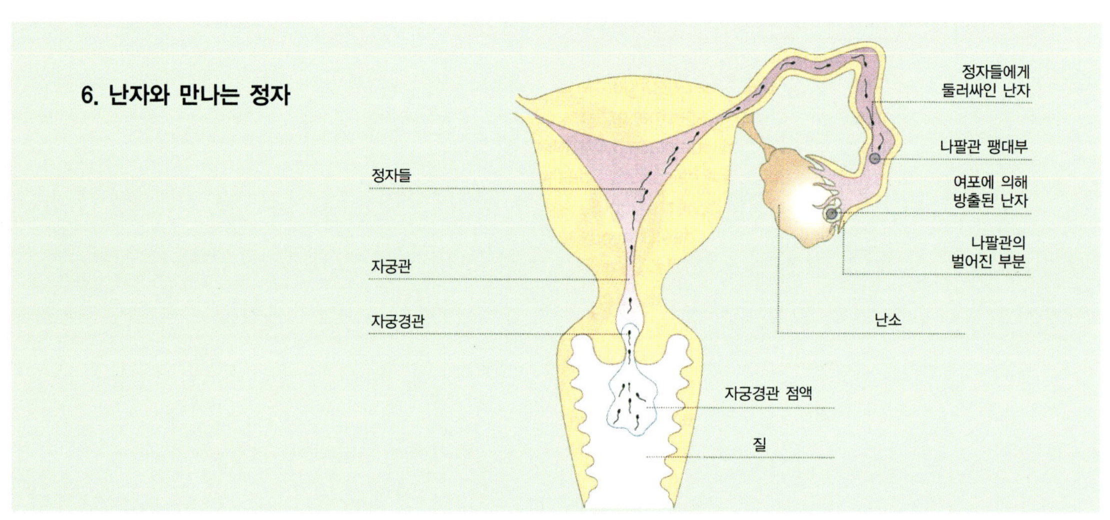

6. 난자와 만나는 정자

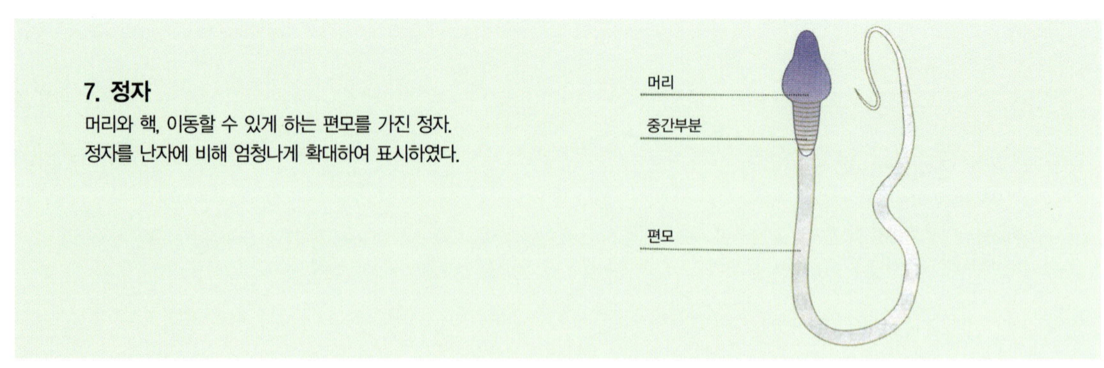

7. 정자
머리와 핵, 이동할 수 있게 하는 편모를 가진 정자. 정자를 난자에 비해 엄청나게 확대하여 표시하였다.

여성의 질에 삽입된 정자들은 난자를 만나기 전에 자기 길이의 5천 배에 달하는 25cm의 긴 여행을 해야 한다. 정자는 경부로 들어가 자궁경관이 분비하는 점액 덕분에 자궁을 거슬러 올라간 다음 자궁을 가로질러 나팔관에 도착한다. 너무나 다르지만 동일한 임무를 맡은 세포, 정자와 난자는 바로 이 나팔관 안에서 만난다(그림 6).

사정을 할 때 만들어진 5천만에서 1억 개의 정자들 중에서 오직 수천 개만 남아 난자 주변에 집결하며, 그중 하나만 난자를 수정시킨다.

정자는 열흘 동안 살아남는 경우도 있어서 배란 열흘 전에 이루어진 성관계로 임신이 될 수도 있다.

정자가 난자 속으로 뚫고 들어간다

여기 난자가 나팔관 안에 있다. 마치 자석에 이끌린 것처럼 정자들이 난자를 둘러싼다. 정자들은 편모를 빠르게 움직이며 난자에 달라붙는다. 오직 하나의 정자만 난자 속으로 뚫고 들어갈 것이다. 우리의 관심을 끄는 것은 바로 이 하나의 정자이다.

이 정자는 세포조직을 파괴하는 물질을 분비하며 난자를 둘러싼 투명한 막을 뚫고 들어가는 데 성공한다. 정자가 난자 속에 침투하면 정자의 편모는 사라진다. 정자의 머리만이 남아 부풀어 오르며 부피가 커진다.

이 순간부터는 난자 주변에 있던 다른 정자들 중 그 어느 것도 난자 안으로 들어올 수 없다. 그것들은 그곳에서 서서히 죽는다. 때때로 두 마리의 정자가 두 개의 난자와 수정하여 쌍둥이가 태어나는 경우도 있는데 바로 이란성 쌍둥이다.

정자가 침투하면 난자도 반응을 보여 수축되면서 핵이 커진다. 두 개의 핵은 서로 만나러 가는데 이 만남은 난자의 중심부에서 이루어진다. 두 핵은 다가서서 맞닿아 융합된다. 수정란이 형성되고 새로운 인간의 첫 번째 세포가 탄생한다. 생명이 시작되는 순간이다.

수정란에서 아기로

수정란에서 아기로 변화하는 과정은 더욱 신비롭다. 이 과정을 살펴보면 생명의 신비를 다시 한 번 느낄 수 있을 것이다.

수정란의 여행

나팔관에서 수정이 이루어지면 수정란은 정자가 온 길의 일부를 되돌아서 자궁을 향해 천천히 이끌려가 그곳에서 환영받고 보호받고 배양된다.

이동은 나팔관에서 분비되는 액체와 수정란을 제 방향으로 밀어주는 점막의 진동성 섬모, 그리고 나팔관의 수축에 의해 진행된다. 이 여행은 3~4일 걸린다.

자궁에 도착한 수정란은 즉시 자리를 잡지는 못한다. 수정란은 필요한 발달단계에 아직 이르지 않았으며, 보금자리가 될 자궁 내막도 아직 수정란을 받아들일 준비가 되지 않았기 때문이다. 수정란은 3일쯤 자궁 속에 자유롭게 머물며 중요한 변화를 겪는다. 착상은 수정 후 7일째, 즉 마지막 생리 첫날부터 시작해서 21일이나 22일째 되는 날 이루어진다. 이 기간 동안 수정란은 난자의 저장물 덕분에, 또 나팔관과 자궁의 분비물에 의해 살아간다.

이 수정란의 여행은 도중에 실패할 수도 있다. 수정란이 나팔관이나 다른 곳에 착상되는 경우이다. 이것이 바로 나팔관 임신 같은 자궁 외 임신이다. 자궁 외 임신이 계속 진행될 경우 합병증이 생길 수 있다.

세포 증식

처음 7일 동안 수정란은 엄청나게 변한다. 난자와 정자가 결합해서 생긴 최초의 세포는 30시간 후에 두 개로 분할된다. 이 두 개의 세포는 50시간째에는 4개로, 60시간째에는 8개로 분할되며, 계속 기하급수적으로 증식된다.

자궁에 도착할 때 수정란은 16개로 분할되어 있다. 현미경으로 보면 뽕나무 열매 같이 둥그스름한 모양을 하고 있어서 상실배라고 불린다. 수정란의 전체 크기가 처음과 똑같기 때문에 세포들은 점점 더 작아진다. 여섯 번째 세포 분열이 끝나고 64개의 세포로 분할되고 나서야 수정란이 커지기 시작한다.

자궁 안에서 자유롭게 생활하는 3일 동안 그 이후의 사건들에 아주 큰 영향을 미칠 중요한 현상이 시작된다. 세포분열이 계속되면서 이제까지 모두 비슷했던 세포들이 차이를 보이기 시작하는 것이

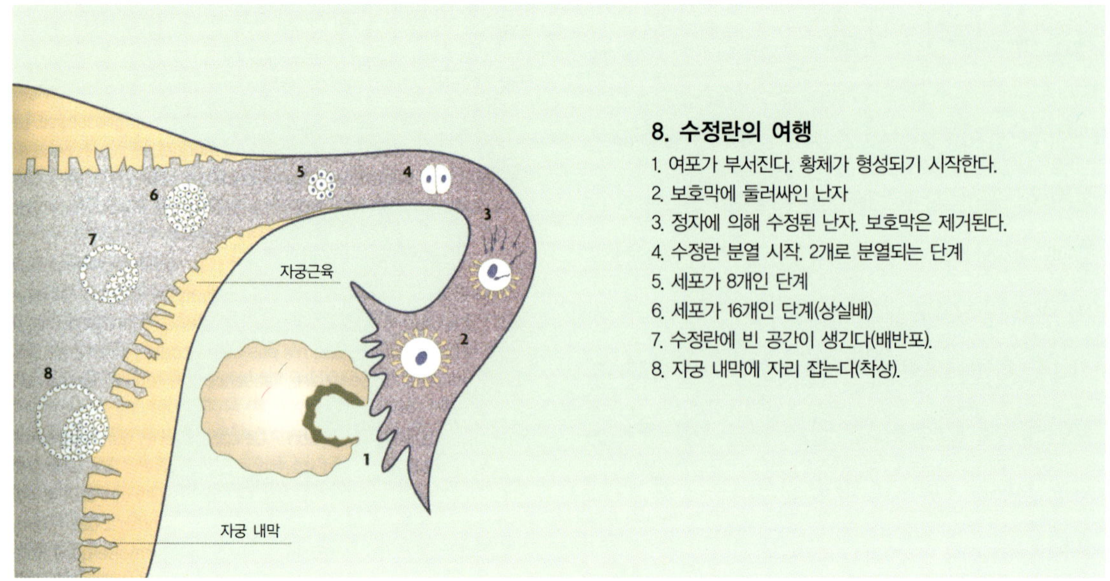

8. 수정란의 여행

1. 여포가 부서진다. 황체가 형성되기 시작한다.
2. 보호막에 둘러싸인 난자
3. 정자에 의해 수정된 난자. 보호막은 제거된다.
4. 수정란 분열 시작. 2개로 분열되는 단계
5. 세포가 8개인 단계
6. 세포가 16개인 단계(상실배)
7. 수정란에 빈 공간이 생긴다(배반포).
8. 자궁 내막에 자리 잡는다(착상).

다. 단순한 분할의 기간에 이어 조직기가 시작된다. 자, 이 기간이 어떻게 시작하는지 알아보자.

수정란 중앙의 세포들은 훨씬 더 커지고 결합하여, 태아가 될 태아봉오리라고 불리는 작은 덩어리를 이룬다. 맨 바깥쪽에 있는 세포들은 납작해져 수정란 주위에 압축된다. 태아봉오리와 외부세포가 접합되어 있는 한 지점만 제외하고 두 부분 사이에 빈틈이 만들어진다. 그 빈틈은 곧 넓어지면서 액체로 가득 찬 공간이 된다.

이제 조직의 구조가 윤곽을 잡고 더 이상 변하지 않는다. 태아봉오리에서는 태아가 태어날 것이고 이 태아를 둘러싸고 보호할 막이 외부세포에서 탄생할 것이다. 이것이 바로 영양아층으로 아기가 성장할 수 있게 하는 태반이 형성되는 데 기여한다. 수정란은 길이가 0.25mm가 되었고 착상할 준비가 다 되었다. 이제 보금자리가 어떻게 수정란을 받아들일 준비를 하는지 알아보자.

보금자리 준비

난자를 포함하고 있던 여포는 배란 후에 황체로 변한다. 이 황체의 역할은 매우 중요하다. 배란 전에 그랬던 것처럼 에스트로겐을 생산할 뿐만 아니라 프로게스테론이라는 또 다른 호르몬을 생산하기 때문이다. 이 두 호르몬은 자궁 내부를 뒤덮고 있는 세포 조직을 발육시키는데 이 세포조직을 자궁 내막이라고 한다. 배란 전에는 1mm 정도로 매우 얇던 자궁 내막은 배란 주기의 후반기에는 1cm 정도로 두꺼워져 주름이 많이 잡히고 혈관들도 훨씬 많아진다. 자궁 내막에 포함되어 있는 분비선들은 많은 양의 당을 생산하는데, 이 글리코겐의 영양학적 역할은 중요하다. 이렇게 자궁 내막은 수정란을 받아들이고 영양을 공급할 준비를 한다.

수정란 착상

수정 후 7일째 수정란은 착상준비를 하고 자궁 내막은 수정란을 받아들일 준비를 한다. 수정란은 자궁 내막에 멈추었다가 꼭 흡인기처럼 강하게 들러붙는다. 이 순간 영양아층이 활동을 시작한다. 영양아층은 자궁강을 덮고 있는 세포들을 파괴하는 미생물을 분비하여 점막에 일종의 보금자리를 판다. 수정란이 자신의 거처를 만드는 것이다. 수정란은 패인 구멍

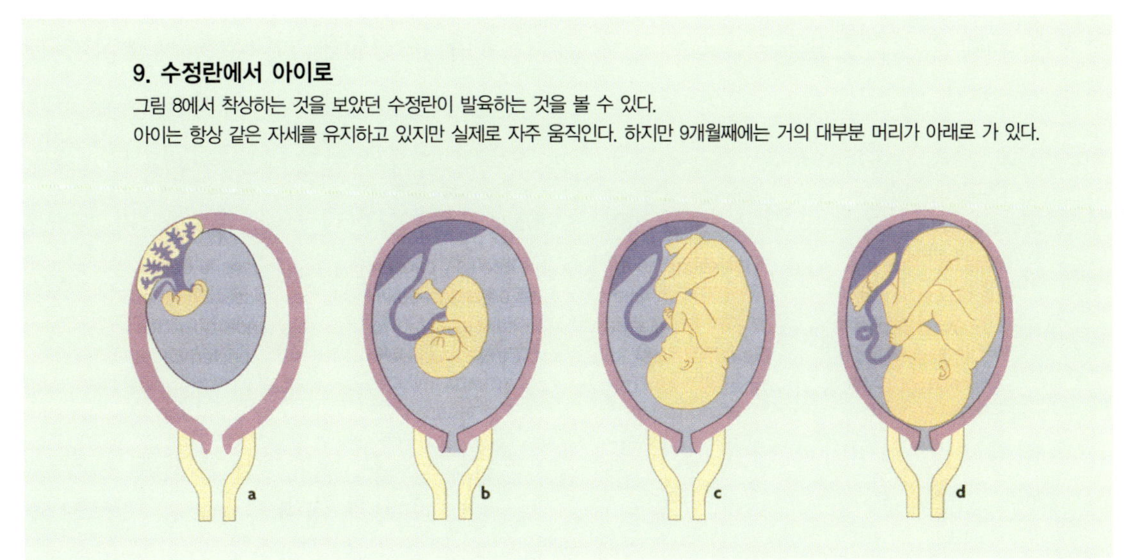

9. 수정란에서 아이로
그림 8에서 착상하는 것을 보았던 수정란이 발육하는 것을 볼 수 있다.
아이는 항상 같은 자세를 유지하고 있지만 실제로 자주 움직인다. 하지만 9개월째에는 거의 대부분 머리가 아래로 가 있다.

속으로 들어가 두꺼운 점막 속에 점점 더 깊숙이 자리 잡는다. 수정란 위에서 세포 조직이 합쳐지고 구멍은 봉합된다.

9일째에 수정란은 제대로 자리를 잡고 자궁 내막에 완전히 둘러싸여 파묻힌다. 자궁 내막은 출산하고 나서 태반과 함께 배출되기 때문에 탈락막이라고 부른다.

수정란은 영양을 섭취해야 한다. 이제 난포막이라 불리게 된 영양아층은 나무가 비옥한 땅에 뿌리를 내리듯 작고 가는 섬유들을 뻗어 탐욕스럽게 자궁 내막으로 파고든다. 이 섬유들은 혈관을 뚫고 들어가 세포를 파괴하고 모체의 영양을 섭취하여 태아에게 공급하는데, 태아는 새로운 세포들이 점점 빠른 속도로 발육하기 때문에 그 요구는 끊임없이 증가한다.

이렇게 해서 수정란은 접붙이기를 한 것처럼 모체에 착상된다. 그리고 이곳에서 아홉 달 동안 발육하는 것이다(그림 9). 임신은 착상이 되는 바로 그날 비로소 시작된다. 이날 처음으로 엄마가 자기 아이를 보호하고 먹이는 것이다.

수정란 한가운데서 태아는 엄청나게 빠른 속도로 성장한다. 이런 성장은 수정란을 둘러싸고 있는 피막과 태반, 탯줄 등 부속기관이라고 부르는 계통이 발육하기

때문에 가능하다.

수정란, 매우 특별한 이식

모든 인체기관의 이식은 어느 정도 시간이 지나면 거부반응을 일으킨다. 이식을 받아들이는 인체기관이 이식된 이물을 제거하기 위해 방어 체계를 작동시키기 때문이다. 이식이 성공하기 위해서는, 의사들이 매우 복잡한 기술을 사용하여 이식을 받는 인체기관의 방어체계를 완화시키거나 무너뜨려야 한다.

수정란에는 아빠의 세포가 절반이나 포함되어 있기 때문에 엄마의 인체기관은 수정란을 이물질의 이식으로 간주할 수가 있다. 수정란은 엄마의 세포조직의 가장 깊숙한 부분에 착상되기 때문에 더더욱 거부되어야 하고, 따라서 임신은 가능하지 않아야 한다. 그러나 그러기는커녕 모체는 수정란을 최상의 조건으로 보호하고 성장시킨다. 왜 그럴까?

그 동안 제기된 수많은 가설 중에서 한 가지가 오늘날 학자들의 동의를 받고 있다. 엄마의 자궁 내막과 접촉하는 부분에

는 아빠에게서 온 요소들이 포함되지 않다는 가설이다. 엄마의 인체기관은 이물질을 제거하기 위해 항체를 만들 필요가 없고, 따라서 이 아주 특별한 이식은 거부되지 않는다.

그럼에도 불구하고 이 이식 메커니즘이 작동하지 않는 상황도 있다. 그 경우 수정란은 즉시 거부된다. 이런 면역학적 유산은 임신을 할 때마다 되풀이되어 진짜 병이 되는 특성이 있다. 여성들을 절망에 빠트리는 이 반복되는 실패를 예방하는 효과적인 치료방법은 불행하게도 아직 발견되지 않았다.

수정란 착상의 메커니즘이 제대로 기능해야만 수정란이 그 이후로 발달하고 성장할 수 있다. 그래서 임신 중독증 같은 몇 가지 임신 질병이나 자궁 내 발육 지연 같은 몇 가지 발육 장애는 착상 이상에서 그 원인을 찾을 수 있다.

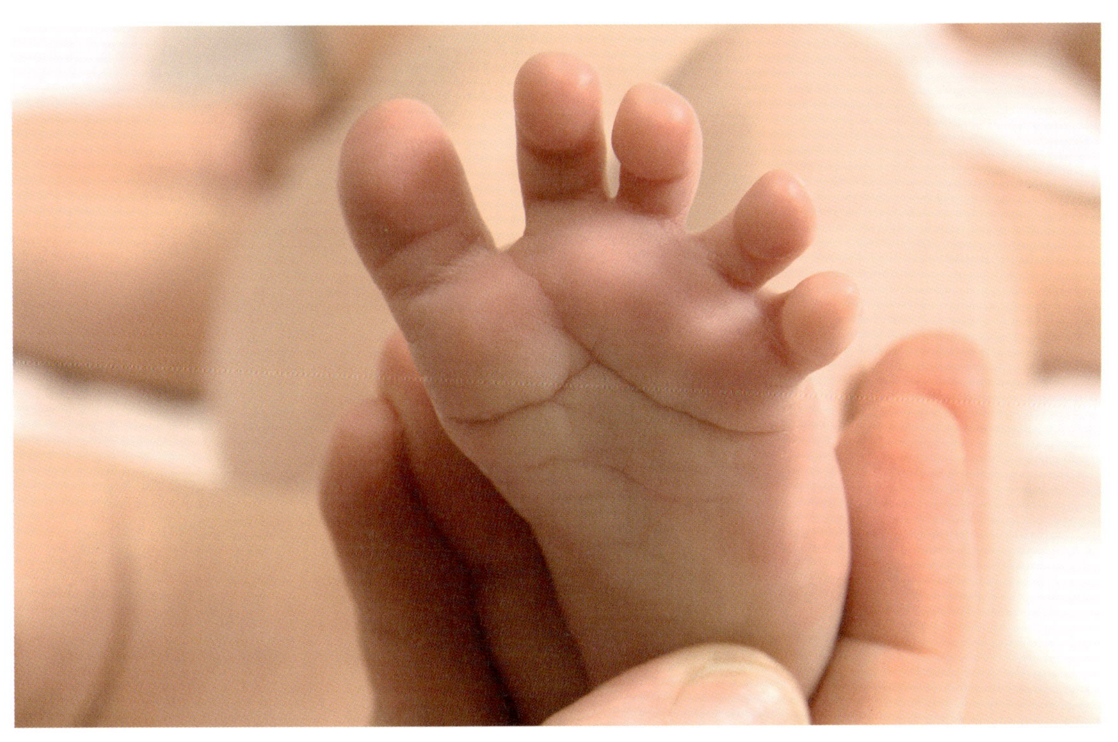

태아의 모습 : 1개월째

9개월에 걸친 자궁 내에서의 경이로운 역사가 시작되었다. 그 어느 것과도 견줄 수 없는 기간이고, 삶의 어떤 순간에도 인간은 이런 변화를 겪지 못한다. 자, 그 이야기를 해보자.

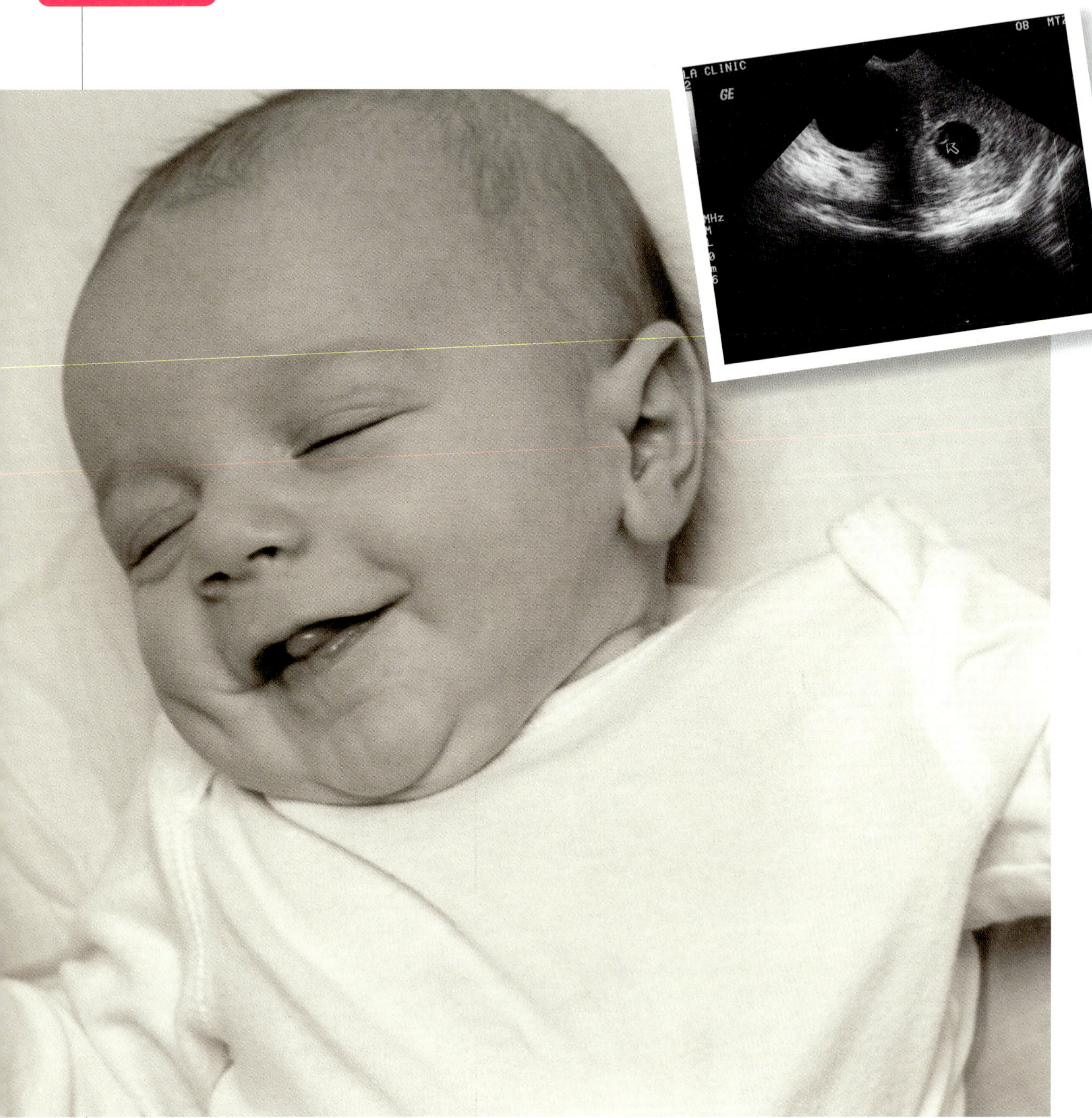

수정 직후

얼굴과 심장, 사지를 갖추기 몇 주 전까지의 태아는 아주 작은 원판에 불과하다. 지름은 0.2mm다. 이 원판은 태아봉오리를 형성했던 수정란의 두꺼운 세포들 중앙에 있다.

이 원판을 형성하는 세포들은 세 개의 층으로 나뉘며, 여기서 아기의 모든 신체 기관들이 탄생하게 될 것이다. 맨 위층의 외배엽은 피부와 털, 손톱, 발톱, 신경계통, 뇌, 척수, 신경을 만들고, 가운데 층 중배엽은 근육과 골격, 비뇨생식 기구, 심장, 혈관, 혈액을 만드는 다른 기관들을 생성하며, 맨 아래층 내배엽은 기관의 내부 점막과 허파, 소화관, 그리고 여기 연결된 분비선을 만든다. 이와 동시에 점차 발육하여 나중에는 전체를 차지하게 될 공간이 외배엽 위에 나타나는데, 이 것이 바로 태아가 얼마 동안 떠다니게 될 양막이다.

수정 15일째 모습

수정되고 나서 15일째쯤에 이 원판은 모양이 변한다. 원형이던 것이 길어져서 앞부분보다 뒤쪽이 더 넓고 중간 부분이 좁은 타원형이 되는 것이다. 앞에서 뒤로 양쪽에 입방체 모양의 작은 돌기들이, 즉 체절들이 붙어있는 코드라는 이름의 불룩한 부분이 나타난다. 이 코드는 하나, 둘, 셋 등 점차 늘어나서 몇 주일 후에 40개 정도가 되어 척추와 갈비뼈, 몸통의 근육, 사지 등을 만든다.

코드와 함께 신경계가 생겨나는 홈이 될 주름이 나타난다. 태아의 내부에서는

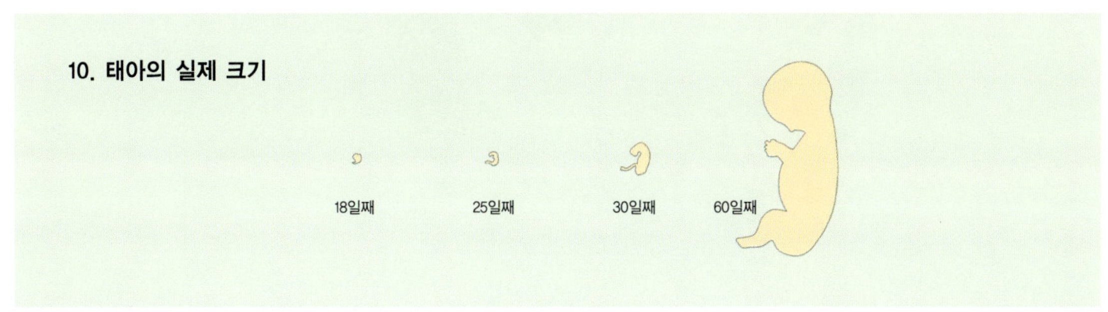

10. 태아의 실제 크기

소화기관이 될 창자의 윤곽이 잡힌다.

수정 20일째 모습

20일째에는 심장이 될 심관이 나타난다. 이 관은 두 개의 혈관이 합쳐져 만들어지는데 아직 심장의 모양은 갖추지 않았지만 발작적인 수축에 의해 이미 작동하고 있다. 심장이 박동하는 것이다. 혈액순환이 시작되고, 초음파를 통해 박동을 볼 수 있다.

태아는 수정된 지 3주일이 되었고 모양을 갖추었다. 크기는 약 2mm다. 태아의 폭은 100배, 태아의 크기는 백만 배 증가하였는데, 이것은 태아가 매일 평균 두 배씩 커졌다는 것을 의미한다. 태아는 형태를 갖추기 시작한다. 원판이 말려 관의 형태가 되고 양끝이 서로 붙는다. 한쪽 끝이 볼록해지는데, 이것이 불완전한 형태의 뇌가 자리 잡을 미래의 머리다. 다른 끝은 더 작게 볼록해지는데, 이것은 꼬리뼈에 해당하는 꼬리 봉오리다. 마지막으로, 태아의 뒷부분에는 최초의 성세포가 나타난다.

태아의 모습 : 2개월째

이제 태아에게 얼굴과 팔다리, 손과 발, 심장과 뼈대의 신체기관이 생겨나기 시작한다. 두 달 동안 태아는 사람의 모습을 갖춘다.

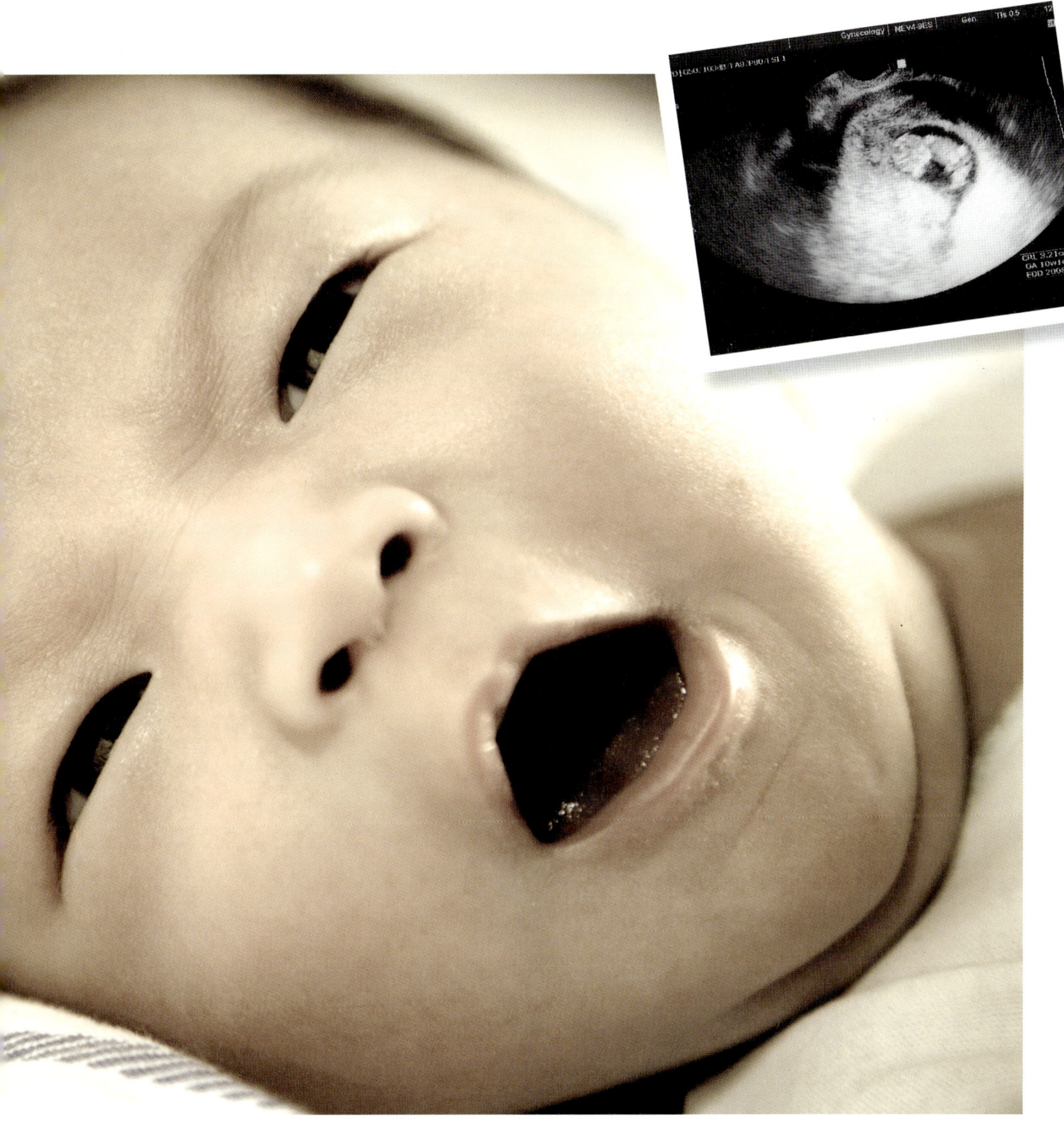

수정 4주째 모습

태아는 신체기관들의 윤곽을 4주 만에 갖춘다. 2개월째가 되면 팔에 이어 다리가 나타난다. 그러나 이 팔다리는 아직 작은 싹과 봉오리에 지나지 않는다. 이어서 얼굴이 그려지는데, 사실 자리를 잡는 것에 불과해서 눈이 만들어질 두 개의 작은 돌기와 귀가 만들어질 작은 구멍 두 개, 입과 코가 만들어질 작은 틈새에 지나지 않는다.

그동안 신경계가 발달한다. 척수의 홈이 완전히 막힌다. 앞부분에서는 세 개의 소포가 미래의 뇌의 윤곽을 잡는다. 비뇨기가 발육하기 시작한다. 심장과 순환계 역시 계속 발달한다. 태아 뒤쪽 부분의 비뇨기와 창자는 별로 우아하지 않은 이름으로 불리는 단 하나의 구멍, 배설구로 연결된다.

수정 5~6주째 모습

수정 5주째가 되면 태아는 여전히 배 한가운데 심장이 형성하고 있는 굵은 돌기를 향해 앞으로 머리를 숙이고 있다. 더 밑에는 처음으로 탯줄이 보인다. 꼬리 봉오리가 발달하였다. 약 40개의 체절들이 인체의 정중앙선을 따라 완성된다. 태아의 크기는 7~8mm다.

1주일 후에 태아의 크기는 두 배로 늘어나 15mm가 된다. 그러나 여전히 몸을 웅크리고 있기 때문에 이 크기대로 보이지는 않는다. 머리는 다른 부분보다 빠르게 커진다. 꼬리는 아직도 늘어져 있고 휘어져 있다. 태아가 이처럼 작은 동물이 잠든 것 같을 때는 발육 기간 중 이때뿐이다.

태아의 얼굴이 더 빨리 자리가 잡혀 윤곽이 분명해진다. 태아의 각 부분이 제대로 균형 잡히지는 않았지만 인간의 형상을 하고 있다. 머리 양쪽에 떨어져있던 눈은 서로 가까워지는데, 눈꺼풀이 없어서 무척 커 보인다. 이마는 불룩 솟아있고 코는 납작하다. 입은 무척 크지만 입술은 이제 겨우 윤곽이 잡혔을 뿐이다. 잇몸에는 젖니의 씨가 생긴다.

이와 동시에 태아의 겉모습이 변한다. 머리가 몸통 위에 곧게 서고 꼬리는 사라진다. 특히 팔다리가 발달한다. 팔다리가 길어지고 넓어져서 알아볼 수 있다. 팔다리의 끝에는 다섯 개의 줄이 그려진 것처럼 보이는 손과 발이 나타난다. 손바닥과 발바닥이 벌써 윤곽을 잡았다. 아직도 큰 봉오리 모양인 팔다리는 길어지고 넓어진다. 팔은 다리만큼 길다. 이제 무릎과 팔꿈치의 주름도 어렴풋이 나타난다. 배에는 두 번째 돌출부인 간 돌출부가 나타난다.

기관 내부의 변화 역시 중요하다. 위와 창자가 모양을 갖추고 확실히 자리를 잡는다. 하나였던 배설구는 직장과 비뇨생식구가 될 두 개의 구멍으로 나뉜다. 호흡기가 발달하지만 이 단계에서는 아직 작동하지 않는다. 심장이 확실한 형태를 갖추고 혈액 순환이 완전하게 이루어진다. 뇌는 주름과 소용돌이 모양의 돌기가 생기면서 어른과 비슷해진다. 신체의 모든 근육이 발달한다.

수정 7주째 모습

수정 7주째에 중요한 사건이 일어난다. 뼈조직이 생기기 시작되는 것이다. 이 골화는 여러 해 동안 계속되며 사춘기가 지나고 나서야 완성된다. 태아는 몸을 완전히 세우고, 몸통은 더 곧아지며, 머리가 들린다. 크기는 2cm에 이른다. 두 손이 배 위에 놓이고, 두 다리는 바깥쪽으로 무릎까지 구부려지며, 두 발은 수영이라도 할 것처럼 한데 모아진다.

수정 8~9주째 모습

태아의 크기는 3cm, 무게는 11g. 엄마가 아직 그 존재를 느끼지 못할 만큼 작은 몸 안에서 모든 기관의 윤곽이 잡힌다. 두 달 사이에 태아는 인간의 모든 특징을 얻었다. 아기는 앞으로 일곱 달 동안 방금 완수된 이 엄청난 일을 마무리 짓는 데 전념할 것이다.

처음 두 달 동안에 이 엄청난 작업을 하고, 남은 일곱 달 동안 미완성의 것을 마무리 짓는 작업을 하기 때문에 최대한 빨리 임신을 확인하는 것이 무엇보다 중요하다. 태아 형성 기간인 이 두 달은 특히 중요하다. 실제로 다른 기관의 정상적인 형성과정을 방해해서 기형을 일으킬 염려가 있기 때문에 이 기간에 태아는 담배, 알코올, 감염, 약품 등의 육체적 피해에 매우 민감하다. 이런 위험은 남은 다른 기관들이 형성되는 3개월 말까지 계속 된다.

태아의 모습 : 3개월째

이제 태아는 사람의 모습을 하기 시작할 것이다. 무엇보다 이 시기에 중요한 것은 비로소 부모가 아기의 심장 소리를 들을 수 있다는 것이다. 태아의 크기는 10cm이며 몸무게는 45g이다. 몰라보게 커서 키는 세 배, 몸무게는 네 배가 늘어난 것이다. 그 이후로 몇 달 동안 태아의 뼈가 가장 큰 변화를 보일 것이다. 태아는 엄청나게 성장하면서도 겉모습은 거의 바뀌지 않는다.

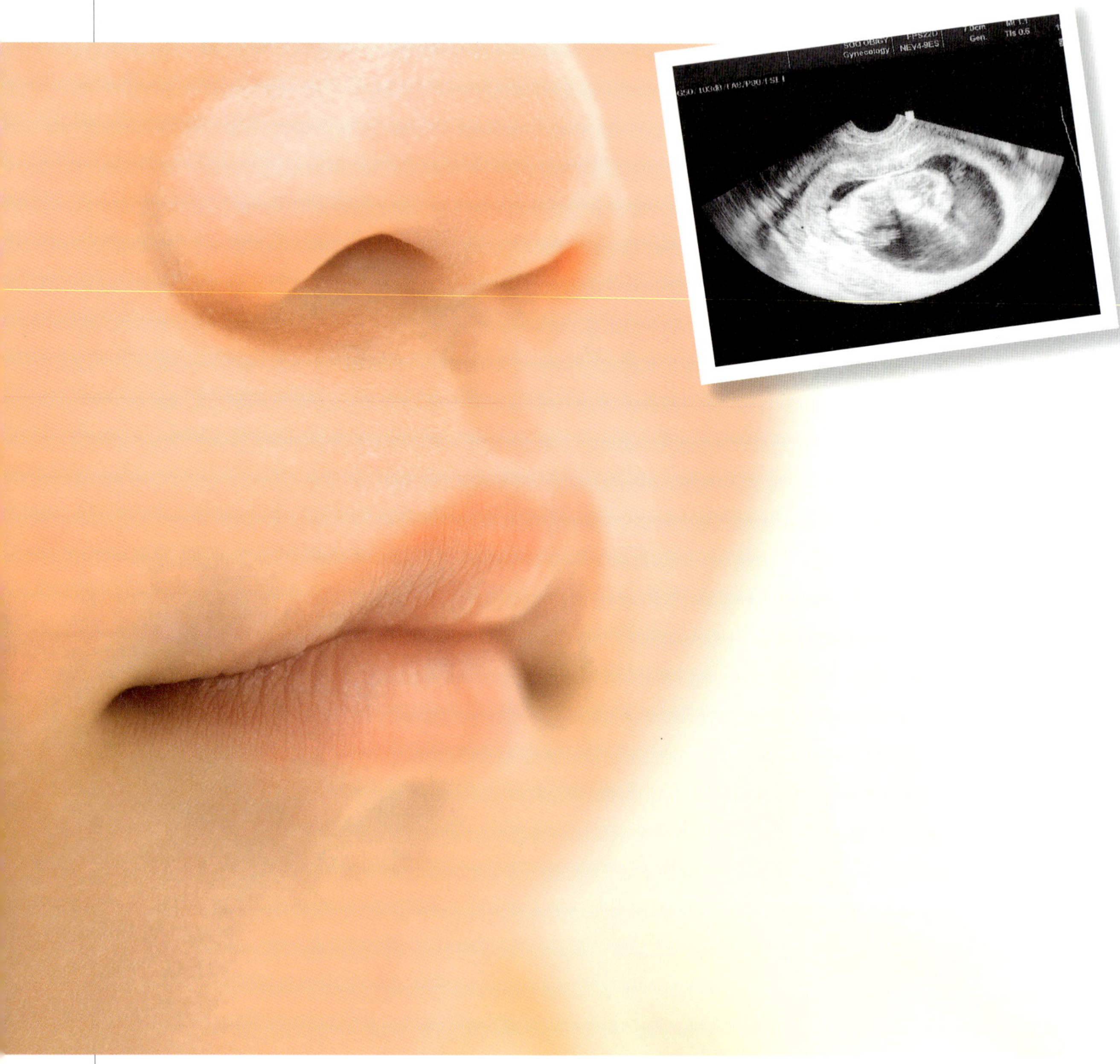

신체의 변화

아들일까, 딸일까? 모든 것은 난자핵과 정자핵이 가까워지고 융합하여 수정란을 형성하는 그 순간에 달려있다. 하지만 외부에서는 그 어느 것도 보이지 않는다. 아들이나 딸이나 비슷해 보인다. 3개월 초가 되어서야 성기관이 달라지고 생식기가 남자의 것이 되든지 여자의 것이 된다.

얼굴은 점차 사람의 모습과 비슷해지는데, 특히 눈이 더 그렇다. 눈꺼풀이 생기지만, 발달 중인 안구를 보호하기 위해 눈동자를 완전히 덮는다. 입술 윤곽이 확실히 잡혀 입이 작아 보인다. 이마가 돌출되고 콧구멍은 상당히 벌어져있다. 귀는 두 개의 작은 균열처럼 보인다. 3개월이 되면 성대가 나타나지만 아직 쓸 수는 없어서 목소리를 못 낸다. 태아는 태어나고 나서 자유로운 공기를 접한 후에야 처음으로 소리를 지른다. 남은 6개월 동안 성대는 진동할 수 있게 튼튼해진다.

인체의 나머지 부분도 모두 길어지는데, 팔은 다리보다 더 빨리 길어진다. 여러 부위가 달라져서 팔과 팔꿈치, 손톱을 만들기 위해 끝이 딱딱해진 손가락을 확실히 구분할 수 있다.

태동의 시작과 심장 박동

인체 내부에서는 간이 크게 발달하였다. 신장은 완성되었다. 창자는 길어지고 말린다. 뼈대의 골화는 척추의 골화로 이어져 계속된다. 근육과 관절이 발달한다. 태아가 움직이기 시작하는데, 엄마가 느끼지 못할 만큼 약하다. 그래도 벌써 태아는 팔다리를 가볍게 움직이고, 주먹을 쥐고, 머리를 돌리고, 입을 벌리고, 삼키고, 젖 빠는 동작을 연습하기까지 한다!

의사로서야 아기의 심장이 뛰는 소리를 듣는 것이 늘상 있는 일이다. 하지만 엄마와 아빠는 처음으로 아기의 심장 소리를 듣고 처음으로 아기의 존재를 확신하게 된다. 12주쯤, 초음파 청진기 덕분에 태아의 심장 박동소리를 들을 수가 있다. 대개 이때쯤에 처음으로 초음파 검사를 한다.

최초의 초음파 검사

최초의 초음파 검사는 모든 부모들에게 특별한 의미를 띤다. 부모들에게 그들의 아이를 보여주는 것은 진한 감동의 순간이다. 아이의 모습을 상상하고 심장이 뛰는 소리를 듣다가 별안간 그 모습을 보는 것이다. 자기 아이가 움직이는 모습을 보면 경이롭기도 하고 혼란스럽기도 하다. 실제로 초음파는 사진이 아니지만, 예비 부모들은 쉽게 사진으로 간주하기 때문에 지금은 아기의 사진첩이 초음파 사진에서부터 시작된다.

의사의 말도 여기서는 특별한 위치를 차지한다. 부모들은 의사가 하거나 하지도 않은 말을 해석하려는 경향이 있는데, 늘 좋은 방향으로 해석하지는 않는다. '아이가 작군요'라는 말은 '아이가 너무 작군요'라고 해석된다. '머리가 크군요'라는 말은 '비정상이군요'라고 해석될 수도 있다. 기계가 잘 조정이 안 돼서 의사가 얼굴을 찡그리면 부모들은 이 찡그린 표정이 자기 아이의 건강과 관련되었다고 믿어버린다. 초음파 기계를 다루는 게 어렵다는 사실을 잘 몰라서 그런다.

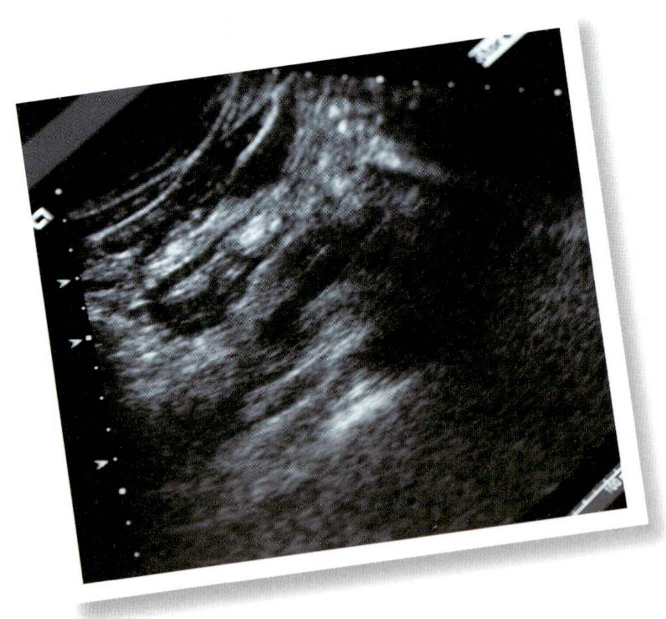

태아의 모습 : 4개월째

4개월째에는 아기가 엄청나게 성장하지는 않는다. 유산의 위험도 사실상 사라졌다. 임신기 중에서도 가장 평온한 시기라고 할 수 있다.

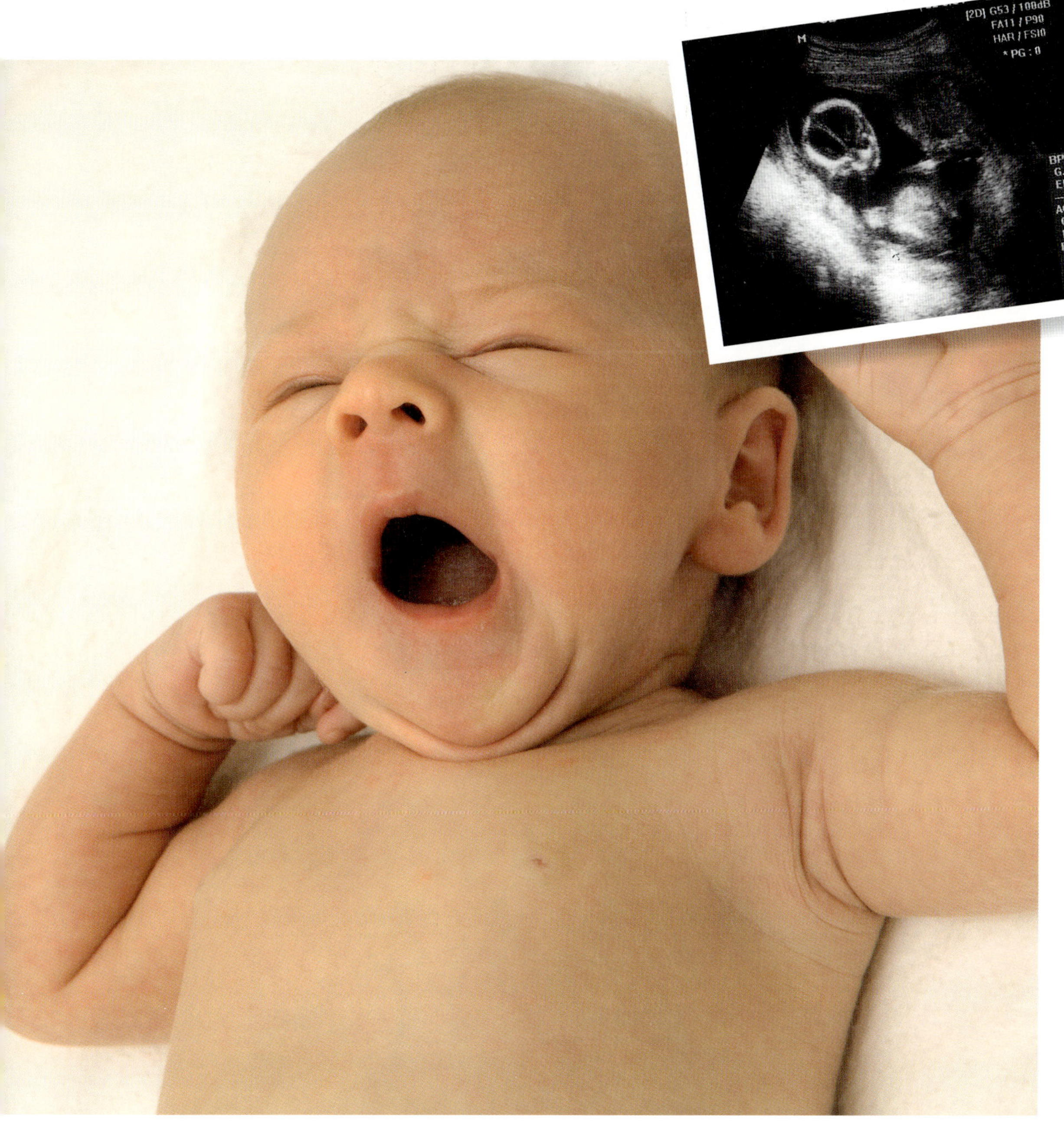

신체의 변화

아기는 서서히 새로운 비율을 갖춘다. 복부가 엄청나게 발달하고, 머리는 다른 부분에 비해 균형을 더 갖춘 것처럼 보인다.

피부가 너무 연해서 피가 빠른 속도로 순환하는 작은 혈관들이 비치기 때문에 피부는 아주 빨갛게 보인다. 피부는 온통 가는 솜털로 덮여 있다. 피지선과 땀샘이 기능하기 시작한다. 심장은 아주 빠르게 뛰어 어른의 두 배 속도다. 간이 기능하기 시작한다. 소포나 위 등 소화관의 다른 요소들 역시 기능하기 시작하고, 주로 소포가 내보내는 담즙으로 구성된 태변이라는 녹색 물질이 창자 안에 쌓인다. 신장이 기능하여 소변이 양수 속으로 배출되어 정화된다. 머리에는 첫 번째 머리카락이 자란다.

태아의 모습 : 5개월째

부모에게 다섯 번째 달은 특별한 의미를 가진다. 초초하게, 호기심 속에서, 혹은 걱정스럽게 기다렸던 태동. 아기는 이미 두 달 전부터 움직이기 시작했지만 너무 부드러워서 초음파에 의해서만 알 수 있던 움직임을 마침내 느끼는 것이다.

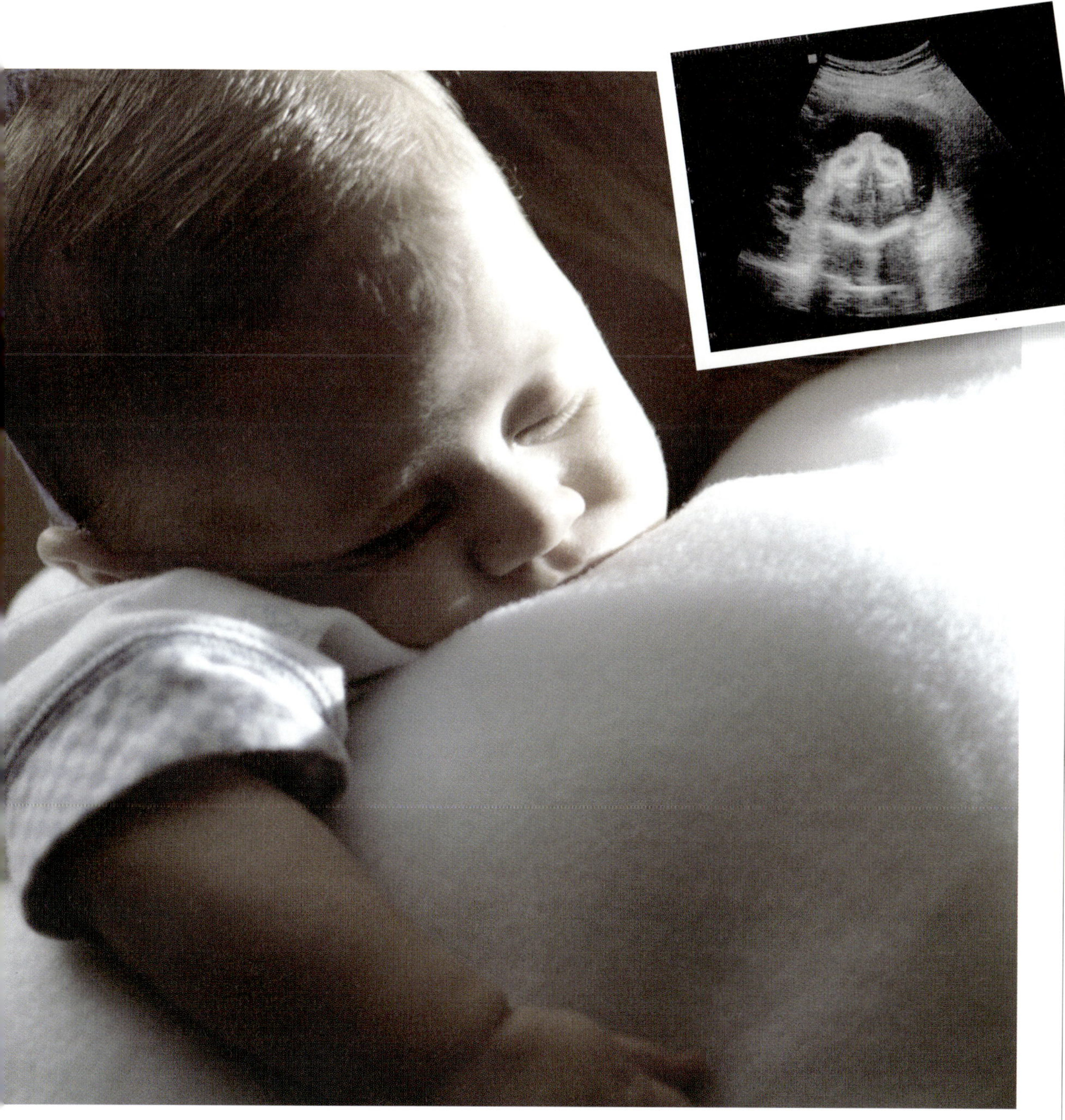

아기의 움직임

아기는 처음에는 몹시 주저주저하면서 톡톡 친다. 그러다가 엄마가 팔과 다리를 뻗고 쉴 때 대담해진다. 초기에는 이 동작들이 전혀 조화를 이루지 못하지만 점차 조화를 이룬다. 이런 동작이 점점 잦아지기 때문에 태동이 멈추면 엄마는 마치 무엇인가 자기 몸에서 사라진 것처럼 동작이 중단되었다는 것을 알아차린다. 그걸 알아차리는 것은 유용하다. 아기의 건강 상태를 말해주기 때문이다. 엄마는 밤에 쉴 때 아기가 더 쉽게 움직인다는 사실을 알아차린다. 자궁이 더 느슨해져 아이가 더 쉽게 움직일 수 있는 것이다.

신체의 변화

태아는 이제 4주 때보다 100배나 큰 25cm이다. 그러나 성장의 중요한 시기는 끝났다. 키는 출생 때까지 두 배만 늘어날 것이다. 하지만 무게는 현재의 500g에서 3kg이 되므로 여섯 배가 된다. 다섯 번째 달부터는 초음파 청진기는 필요 없이 일반

청진기로도 아기의 심장 박동 소리를 들을 수 있다. 의사는 임신 기간 내내 태아를 관찰한다. 우선은 전통적인 방법을 사용한다. 자궁의 높이를 재면 아기가 차지하고 있는 부피를 알 수 있다. 자궁 높이가 규칙적으로 증가하면 좋은 상태다.

이 기간에는 아이가 조화롭게 발육하는지를 알기 위해 두 번째 초음파 검사를 한다. 5개월째의 아기는 지방이 없기 때문에 피부가 여전히 주름져 있다. 그러나 불그스레한 빛은 없어진다. 두개골 위의 머리카락들은 더 많아진다. 손가락 끝에 손톱도 생겼다. 폐는 계속 발육한다.

아기는 자신을 둘러싸고 있는 양수를 마시면서 삼키는 연습을 한다. 양수에 착색제를 넣으면 몇 시간 뒤 태아의 창자 속에서 발견되는 것으로 알 수 있다.

태아의 호흡운동

초음파로 3개월째부터의 호흡운동을 확인할 수 있는데, 처음에는 불규칙적이다가 8개월 무렵부터는 규칙적으로 이루어진다. 그렇지만 물론 공기가 잘 통하는 곳에서만 가능한 성인들의 호흡과 같지는 않다. 그럼 태아의 호흡운동을 어떻게 설명할 수 있을까? 공기 중에서의 생활을 연습하는 것이라고 추정하지만 아직 가설에 불과하다.

태아의 모습 : 6개월째

아기는 가슴 위에 팔을 모으고 무릎을 배 위에 올려놓는다. 크기는 31cm, 무게는 1kg이다. 아기는 이제 태어나기 위한 모든 준비를 갖춘 것이다. 이때 태어나면 살 수 있는 것으로 간주되지만 조산아가 되며, 신생아 의학의 획기적인 발전에도 불구하고 생존 가능성은 매우 희박하다.

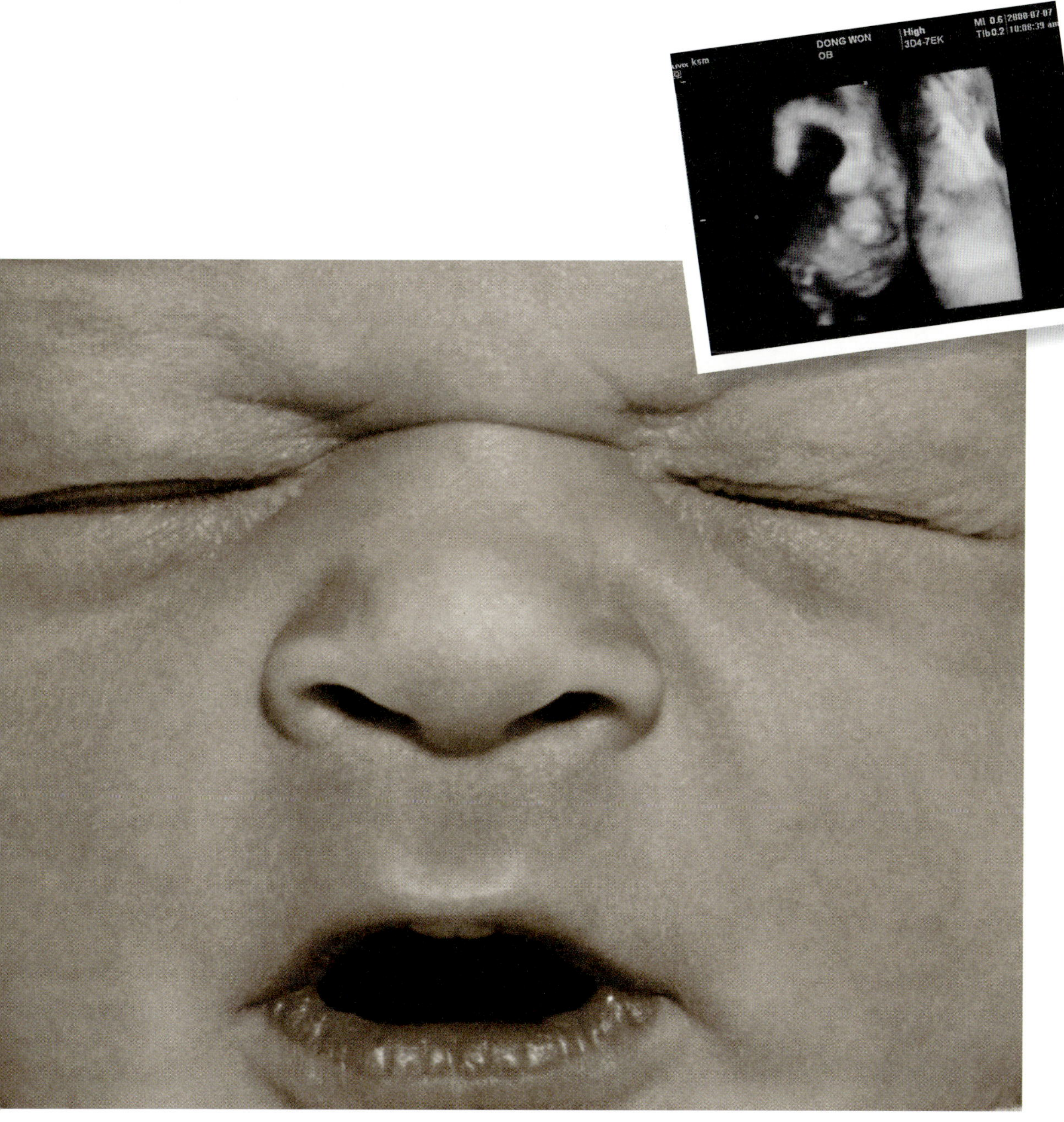

움직임이 많은 시기

여섯 번째 달은 아기가 마치 자신의 힘을 과시라도 하듯 많은 동작을 하는 달이다. 태아는 30분 동안 팔과 다리, 상반신을 트는 운동을 평균 20~60차례나 한다. 하루 동안에도 변화가 많아서 대부분의 태아는 주로 엄마가 휴식을 취하는 저녁에 더 움직인다.

조용한 아기들은 30분에 20회 이하로 움직인다. 반대로 활발한 아기들은 30분에 80~100번씩 움직인다. 출생 이전의 움직임과 출생 이후 아기의 성격 사이의 연관성은 아직 발견되지 않았다. 많이 움직인다고 태아가 신경질적인 아기가 되는 것은 아니다.

운동 횟수의 중요성

운동 횟수는 임신 기간에 따라도 달라진다. 22주에서 38주 사이에는 움직임이 활발하다가 출산 2~4주 전에는 감소하는 경향이 있는데, 아기가 움직일 공간이 적어지기 때문이기도 하다. 운동 횟수는 엄마의 신체 상태에 따라서도 달라진다. 엄마가 열이 나면 아기의 움직임은 눈에 띄게 적어진다. 운동 횟수는 엄마의 심리 상태에도 영향을 받는다. 격렬한 흥분으로 호르몬이 갑작스레 배출되자 태아가 즉시 반응을 보였다.

태동의 관찰

태아의 운동을 관찰하는 것은 아기의 생명력을 알아보기 위해서다. 움직임이 활발하면 안심할 일이지만, 움직임이 약해지거나 느려지면 불안할 수도 있다. 더구나 24~48시간 동안 움직임이 전혀 없다면 의사에게 가 보아야 한다.

엄마가 흡수한 담배와 알코올이 움직임에 영향을 미칠 수도 있다. 지나친 흡연이나 음주는 태아를 동요시키고 심장 박동을 가속화시키는 것으로 보인다.

태아의 수면

뇌는 계속 발육해서 복잡해진다. 얼굴은 더 다듬어져 눈썹이 분명해지고, 코의 모양이 더 단단해지며, 귀는 더 커지고, 목은 뚜렷해진다.

수면은 여러 주기에 따라 체계적으로 이루어진다. 임신 6개월째에 주기에 따라 번갈아가며 이루어지는 수면이 확립된다. 태아의 수면 주기는 네 가지로, 조용한 잠과 동요된 잠, 조용히 깨어있는 상태와 동요되어 깨어있는 상태다. 이 주기는 심장 박동 리듬의 가변성과 초음파 덕분에 관찰될 수 있었다. 조산아의 경우에도 뇌파를 이용하여 관찰할 수 있었다. 태아가 깊이 잠이 들면, 배를 쓰다듬거나 소리를 내도 쉽게 깨지 않는다. 하루에 16~20시간 정도 잠을 자면서 아기는 태어나 요람에서 보여줄 자세, 즉 턱을 가슴에 대거나 머리를 뒤로 젖힌 자세를 취한다.

태아의 딸꾹질

횡격막이 갑작스럽고 산발적으로 움직이면 엄마는 아기가 딸꾹질을 하는 것 같은 느낌을 받는다. 6개월쯤에 나타나는 이런 현상에 엄마는 걱정을 하는데 별일이 아니므로 안심해도 된다.

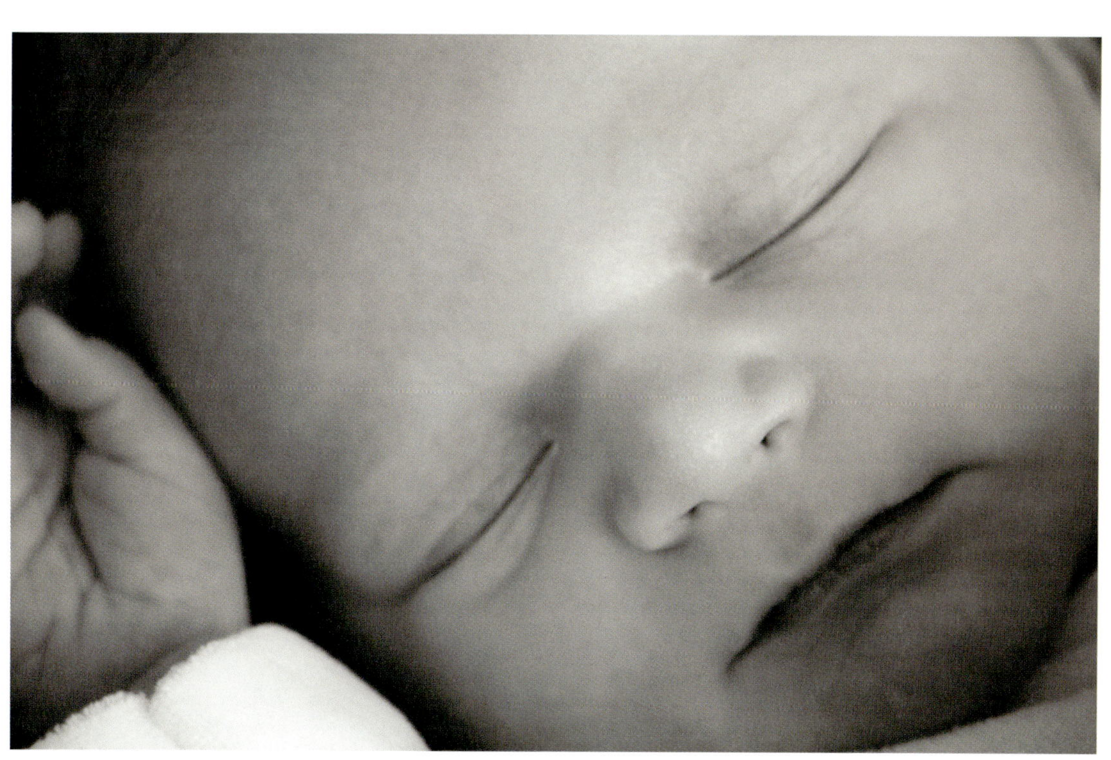

태아의 모습 : 7개월째

지금까지 우리는 근육과 뼈에 대해 말했고, 얼굴이 윤곽을 잡고 머리카락이 자라는 것을 보았으며, 키와 몸무게가 늘어나는 것을 확인했다. 일곱 번째 달은 또 다른 각성이 이루어지는 시기, 감각의 여명기다.

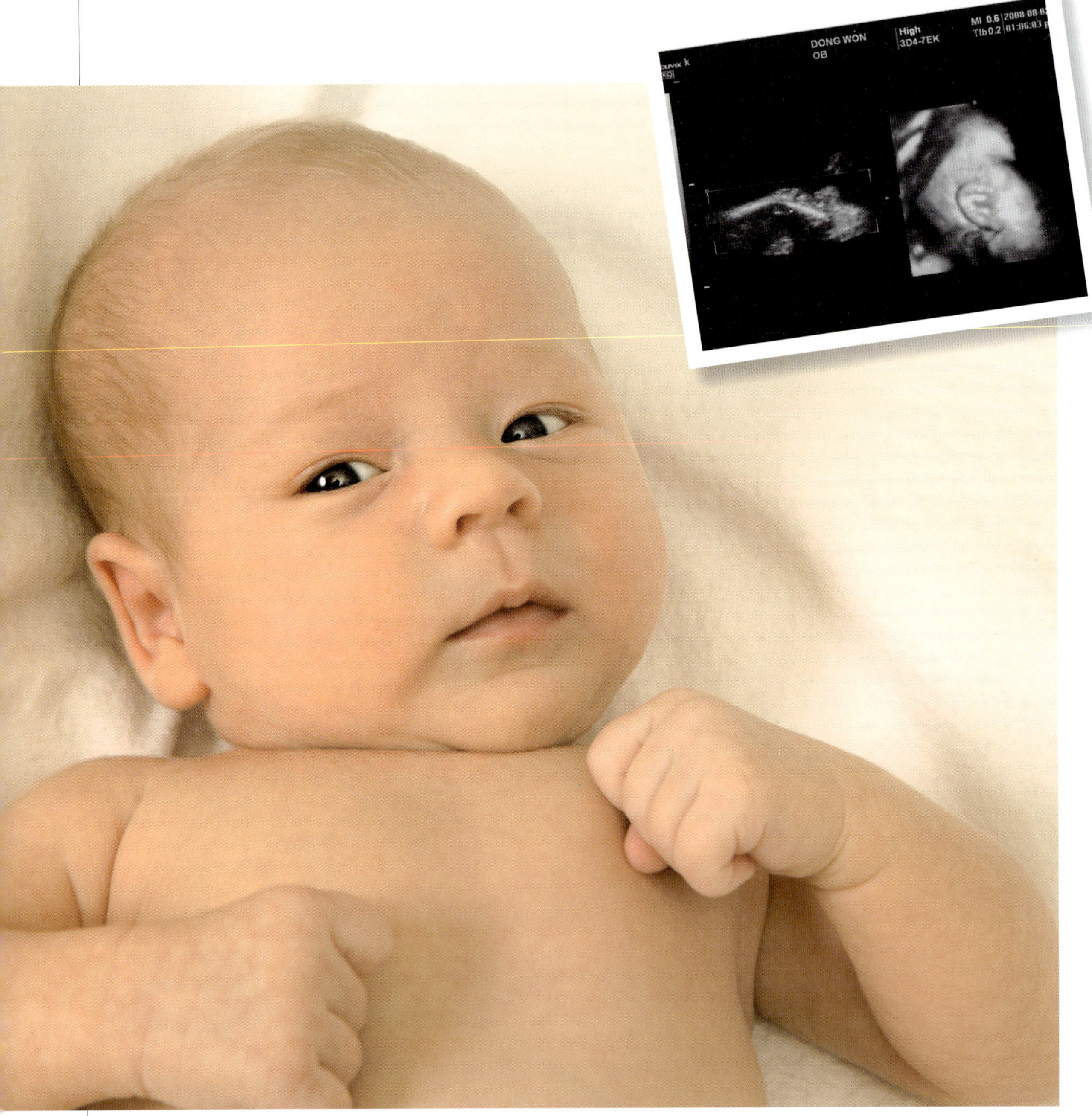

감각이 깨어나다

최근 들어 출생 이전의 삶에 대한 관심이 증가하고 여러 가지 장치가 개발되면서 태아의 감각 인식에 대해 알게 되었다. 사실 엄마들은 이 새로운 발견에 놀라지 않는다. 배 속의 아기가 감각을 가지고 있으며, 소리와 음악, 엄마의 태도에 반응을 보인다는 것을 이미 오래 전부터 알고 있었기 때문이다. 이 믿음은 과학적으로 검증되지 않고 엄마의 느낌에 머무를 뿐이었지만 오늘날, 엄마의 직감과 느낌은 과학적으로 확인되었다. 이제 우리는 태아가 듣는다는 것을 알게 되었다. 태아가 듣게 되는 시기에 대해 학자들의 의견이 일치하는 것은 아니다. 지나치게 어린 태아에게 실험하기가 힘들기 때문이다. 그러나 대부분의 연구에서 태아가 청각 자극에 반응하기 시작하는 것은 5개월 반에서 6개월 사이인 것으로 밝혀졌다.

아기가 들을 줄 안다는 사실이 엄마를 깜짝 놀라게 하지는 않지만, 아빠에게는 아기와 관계를 맺는 새로운 방법이 된다. 많은 아빠들이 아기에게 말을 걸고 노래를 불러줌으로써 태어나기 전의 아기와 대화를 나눌 수 있다.

태아는 어떤 소리를 들을 수 있을까

그러면 태아는 어떤 소리를 들을 수 있을까? 소리와 잡음의 모든 음계를 듣는다. 그렇지만 우리가 듣는 것처럼 듣지는 못한다. 소리는 태아가 잠겨있는 양수를 통과하느라 약간 약해져 귀에 도달한다. 태아는 태반이나 탯줄을 통과하는 수많은 인체 내부의 소리도 듣는다. 장에서 나는 꾸르륵 소리, 심장이 뛰는 소리 같은 인체 내부의 소리는 선원이 파도소리를 의식하지 못하는 것처럼 태아가 너무 익숙해져 있어서 더 이상 의식적으로는 듣지 못하는 환경이다.

반대로 외부에서 나는 소리는 잘 들리며 매우 풍부한 자극을 준다. 태아는 낮은 소리를 더 잘 들을까, 아니면 높은 소리를 더 잘 들을까? 다시 말해 태아는 아빠 목소리를 더 잘 들을까, 아니면 엄마 목소리를 더 잘 들을까? 학자들은 이 점에 관해 의견 일치를 보지 못한다. 아기가 낮은 소리를 더 잘 듣는다고 자신 있게 말하는 학자도 있다. 어떤 학자들은 태아는 높은 소리에 더 반응하지만 아마도 태아가 덜 친숙한 높은 소리에 더 잘 반응하기 때문일지도 모른다고 한다. 사실 이런 의문은 별로 중요하지 않다. 우리가 알아야 될 것은, 아기가 태어나기 전부터 소리를 들으며 외부에서 들려오는 거의 대부분의 자극에 반응한다는 사실이다.

여러 가지 감각들

믿기 힘들겠지만 태아는 시각적 느낌에도 민감하다고 한다. 초음파로 아기의 머리를 찾아서 엄마의 복부에 강한 빛을 쏘이면 아기는 어떤 반응을 보일까? 깜짝 놀라거나, 아니면 심장박동 속도가 빨라진다. 양수경 검사를 하면서 자궁 내를 빛으로 밝히면 태아의 심장 박동이 빨라진다.

출생 전에 아기는 입맛 같은 다른 감각들도 느낀다. 이것은 양수가 여러 가지 맛과 냄새를 가질 수 있으며 태아가 이것들에 점차 익숙해진다는 것을 보여준다. 또 출생 후 아기가 엄마가 먹은 음식에 따라 모유가 가질 수 있는 여러 가지 맛에 당황해하지 않는다는 사실을 설명해

태아의 외부 소리 반응 연구들

연구에 의하면 태아는 남성의 목소리와 여성의 목소리를, 하나의 음절과 다른 음절을, 그리고 심지어는 두 개의 서로 다른 멜로디를 구별한다고 한다. 8개월째부터 태아가 엄마가 여러 번 불러준 노래와 처음 듣는 노래에 서로 다르게 반응했다는 연구 결과도 나와 있다.

태어난 뒤에 신생아들은 자기가 자궁 내에서 들었던 음악이나 목소리를 특히 좋아한다. 그래서 일부 산부인과에서는 조산아를 진정시키고 위안하기 위해서 엄마의 심장 박동소리를 녹음하여 들려준다. 아기는 이 소리를 알아듣고 평정을 되찾는다.

T. 베리 브레즐턴은 6~7개월의 태아를 관찰한 결과 여러 가지 소리에 반응할 뿐만 아니라 싫어하는 소리로부터 고개를 돌리고 좋아하는 소리에 주의를 기울였다고 보고했다. 자명종 소리를 들려주자 태아는 화들짝 놀랐지만, 이 소리를 여러 번 들려주자 몸을 반대쪽으로 돌리면서 더 이상 반응을 보이지 않았다는 것이다. 장난감으로 따르륵 소리를 내자 아기는 마치 그 다음에 날 소리를 기다리기라도 하는 것처럼 소리 나는 쪽으로 몸을 돌렸다.

준다. 그러니 "양배추랑 마늘은 넣지 마. 모유에 냄새가 강하게 밸 테니까." 라고 말할 필요가 없는 것이다. 태내에서 벌써 아기는 여러 가지 맛에 익숙해졌다.

후각 역시 태어나기 전의 태아에게 존재한다. 학자들은 후각적 자극에 대한 반응이 지속적으로 증가한다는 사실을 보여주었다.

결론적으로 태아의 감각은 6개월째부터 조금씩 자리를 잡기 시작했다가 8개월째부터 효력을 발휘한다. 아기의 감각은 출생 이후에 점점 더 발달하고 세련될 것이다.

출생 이전의 삶

초음파 검사를 해보면 출생 이전의 삶과 출생 이후의 삶이 이어진다는 것을 알게 된다. 아기는 엄마의 배 속에서 엄지손가락과 집게손가락을 좁히고 손과 발가락을 움직이며 탯줄을 만지는 등 여러 가지 동작을 연습한다. 운이 좋으면 아기가 엄지손가락을 빠는 모습도 볼 수 있다. 그래서 신생아들의 엄지손가락은 빨아서 빨개진 채 태어난다.

태아의 모습 : 8개월째

아기의 체중은 평균 2,400g, 키는 평균 45cm에 이른다. 이때는 마지막으로 공을 들이는 기간이다. 아기의 움직임은 더 조화롭고 더 부드러워진다. 이 시기에 가장 중요한 것은 폐의 발달이다.

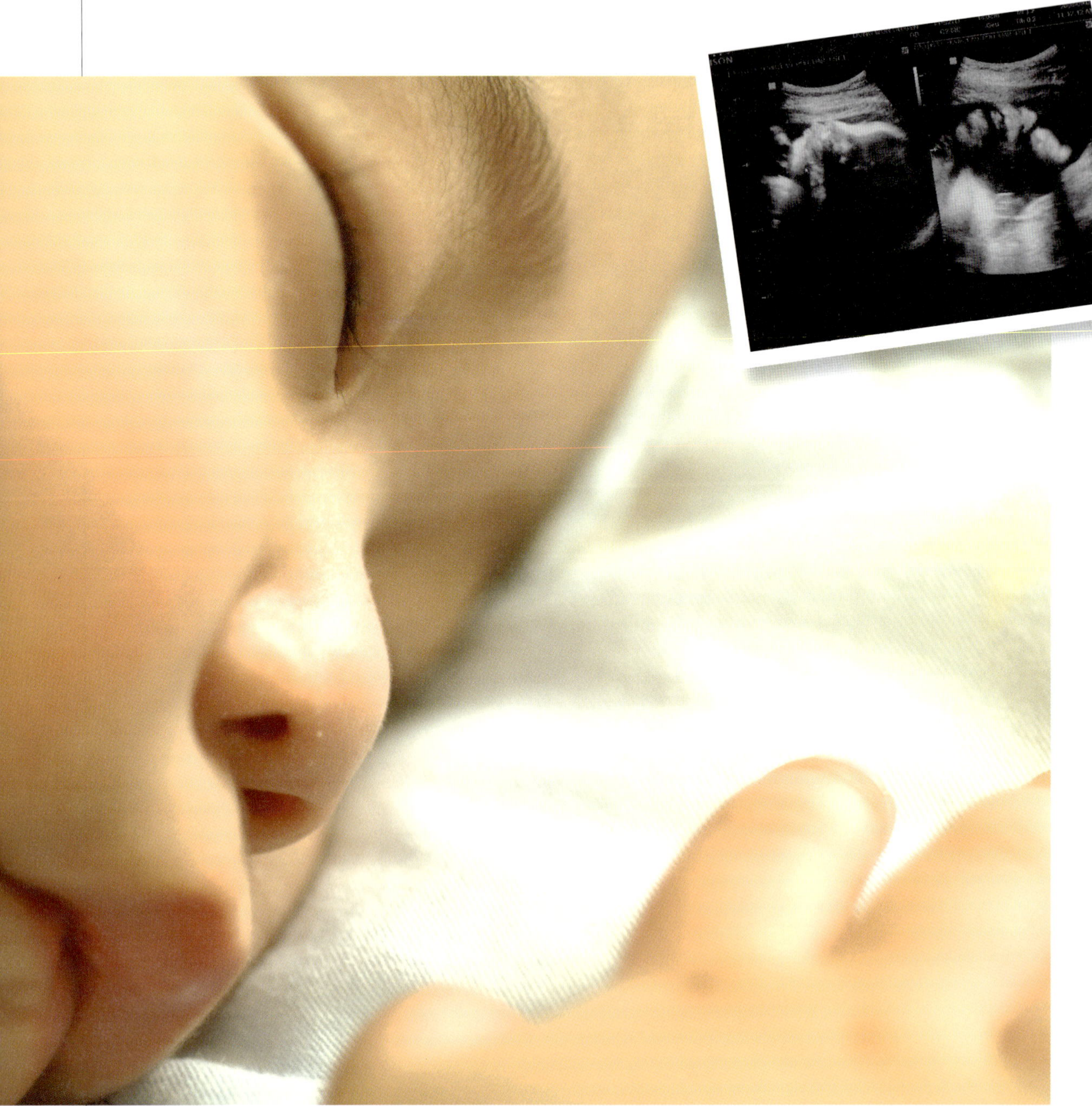

폐의 발달

임신 7개월까지 태아의 주요 기관들이 대부분 자리를 잡는다. 특히 위와 창자, 신장 등은 출생 이후처럼 기능한다. 간과 폐 등 다른 기관들은 아직 완전히 자리를 잡지 못했다. 폐가 완전히 발육하는 것은 8개월째쯤이다.

폐는 공기가 순환하는 여러 개의 작은 폐포들로 구성된다. 8개월 된 태아의 경우 폐포들은 일할 준비가 되어있다. 공기 흡입 때 이 폐포들 하나하나를 덮어 폐가 완전히 수축되는 것을 방지하는 지방질이 이 시기에 나타난다. 이 윤활제가 없다면 태아는 호흡을 하기는 하겠지만 완전하게는 할 수 없을 것이며, 출산 예정일이 많이 남아있을수록 더 그렇다. 일부 조산아의 문제점 중 하나이다.

심장은 분당 120~140회라는 빠른 속도로 뛴다. 심장은 결정적인 형태와 모습을 갖추었지만 혈액 순환은 출생 후만큼 완전하지는 않은데, 태아의 피가 폐에서 산소를 공급받는 것이 아니라 탯줄에 의해 공급받기 때문이다. 이때까지는 심장의 왼쪽 부분과 오른쪽 부분 사이의 소통이 계속되다가 출생 후에 닫힐 것이다.

출산을 위한 아기의 준비

출산일이 가까워오면 아기는 화장을 한다. 지방이 피부를 팽팽하게 만들고 주름은 사라진다. 윤곽이 둥글어지고, 불그스름하던 피부는 연한 분홍빛을 띤다. 피부를 덮고 있던 가는 솜털이 조금씩 사라지고 분비물로 바뀐다.

아기가 분만 위치를 확정하는 것은 보통 8개월 때다. 그 이전일 때도 가끔 있다. 자궁이 거꾸로 된 조롱박 모양이기 때문에 아기는 자기가 확보할 수 있는 공간에 최대한 잘 맞추려고 애쓴다. 대부분의 경우, 적어도 95%는 아기 몸의 가장 큰 부위인 엉덩이가 자궁 안쪽에 자리 잡는다. 머리가 밑으로 가고 등은 대부분 오른쪽보다는 왼쪽에 있다. 그래서 출산 때 머리가 먼저 바깥으로 나온다. 자궁이 기형이거나 너무 좁을 때는 머리가 자궁 안쪽에 자리 잡는데 이 경우는 출산 때 엉덩이가 먼저 나온다. 마지막으로 아주 드물게 아기가 완전히 가로로 놓일 때가 있는데 정상 분만을 할 수 없고 제왕절개를 해야 하는 경우다.

태아의 모습 : 9개월째

아기는 태어날 준비를 갖추는 중이다. 대부분 머리는 밑에 있고, 팔다리는 배 위에 포개져 있다.
무게는 3,000~3,300g 정도이고 크기는 50cm 정도다. 이제 아기는 외부 세계에 접근할 준비가
되었다.

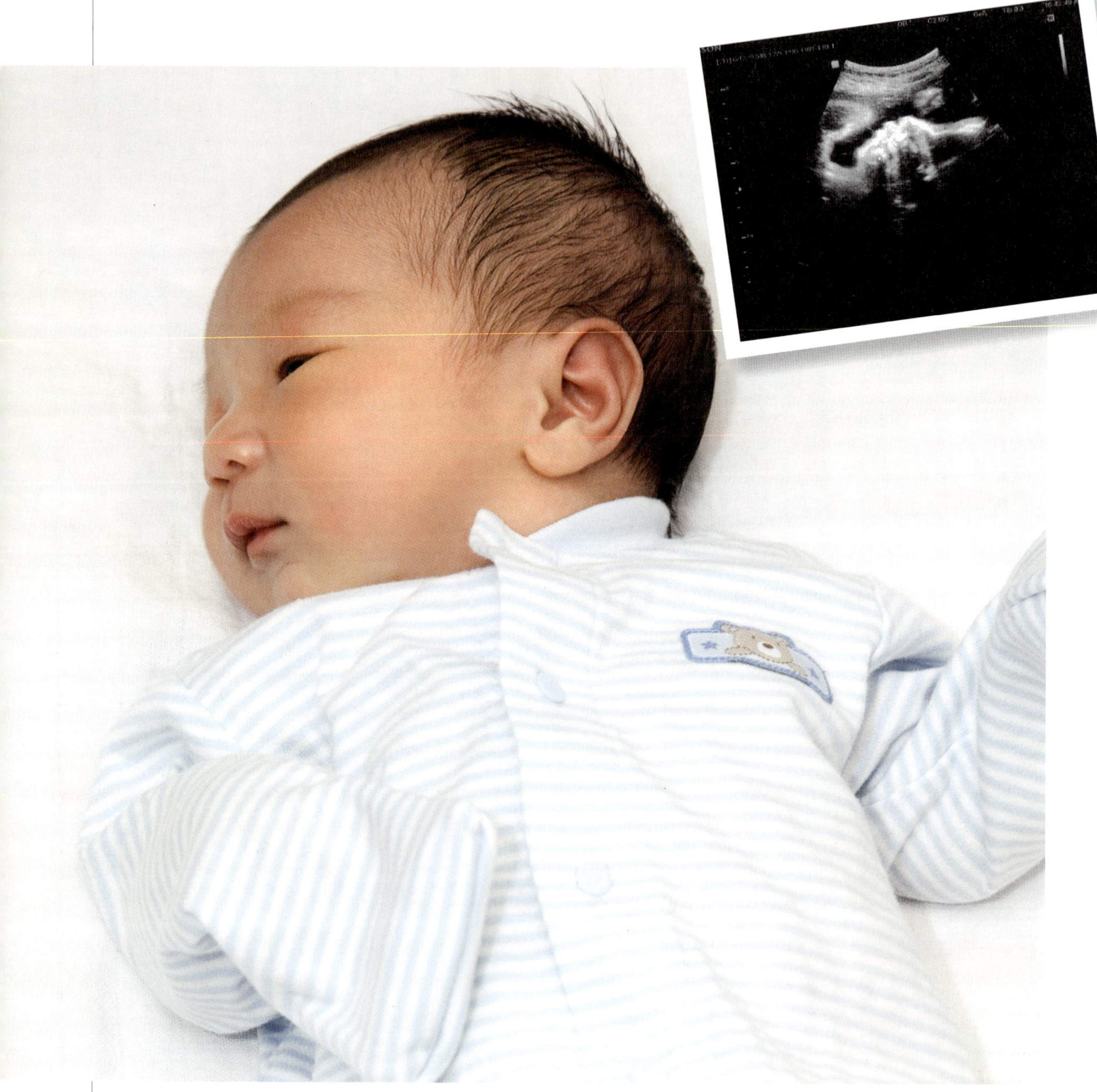

세상에 나올 준비

이 마지막 몇 주 동안에 아기는 하루에 20~30g의 무게와 힘을 얻으며 자라난다. 9개월 초에는 훨씬 더 많이 움직이지만, 태어나기 전의 몇 주일 동안에는 움직임이 덜 느껴지는 경우가 드물지 않은데 이것은 단순히 자리가 부족하기 때문이다. 그럼에도 불구하고 아기는 계속해서 움직이며, 엄마는 그것을 느낀다.

태아를 덮고 있던 얇은 솜털들은 이제 거의 전부 떨어지지만, 목과 어깨의 털은 태어난 이후에도 남아있을 수가 있다. 피부를 덮고 있던 지방성 분비물도 사라지는 중이다.

두개골은 완전히 골화되지는 않았다. 뼈 사이에 섬유질 공간이 남는데, 이를 숨구멍이라 부른다. 숨구멍은 두 개가 있는데, 하나는 앞쪽 이마에 마름모꼴로 자리 잡고, 세모꼴의 다른 하나는 뒤통수에 있다. 이 숨구멍은 분만 때 의사가 머리의 위치를 알 수 있도록 해 준다. 숨구멍은 태어나고 나서 몇 달이 지나서야 닫힌다.

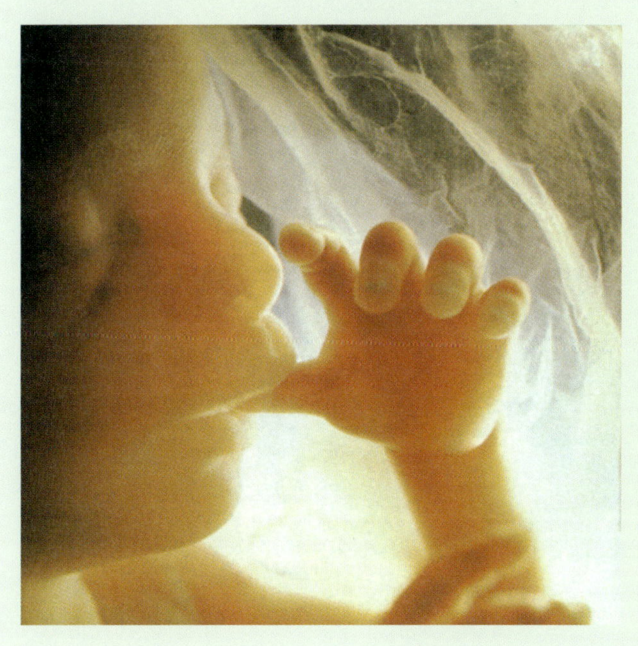

**태어나기 전의
삶을 보여주는 사진들**
태아가 엄지손가락을 빨고 있는
이 놀라운 사진은
전 세계로 퍼져나갔다.

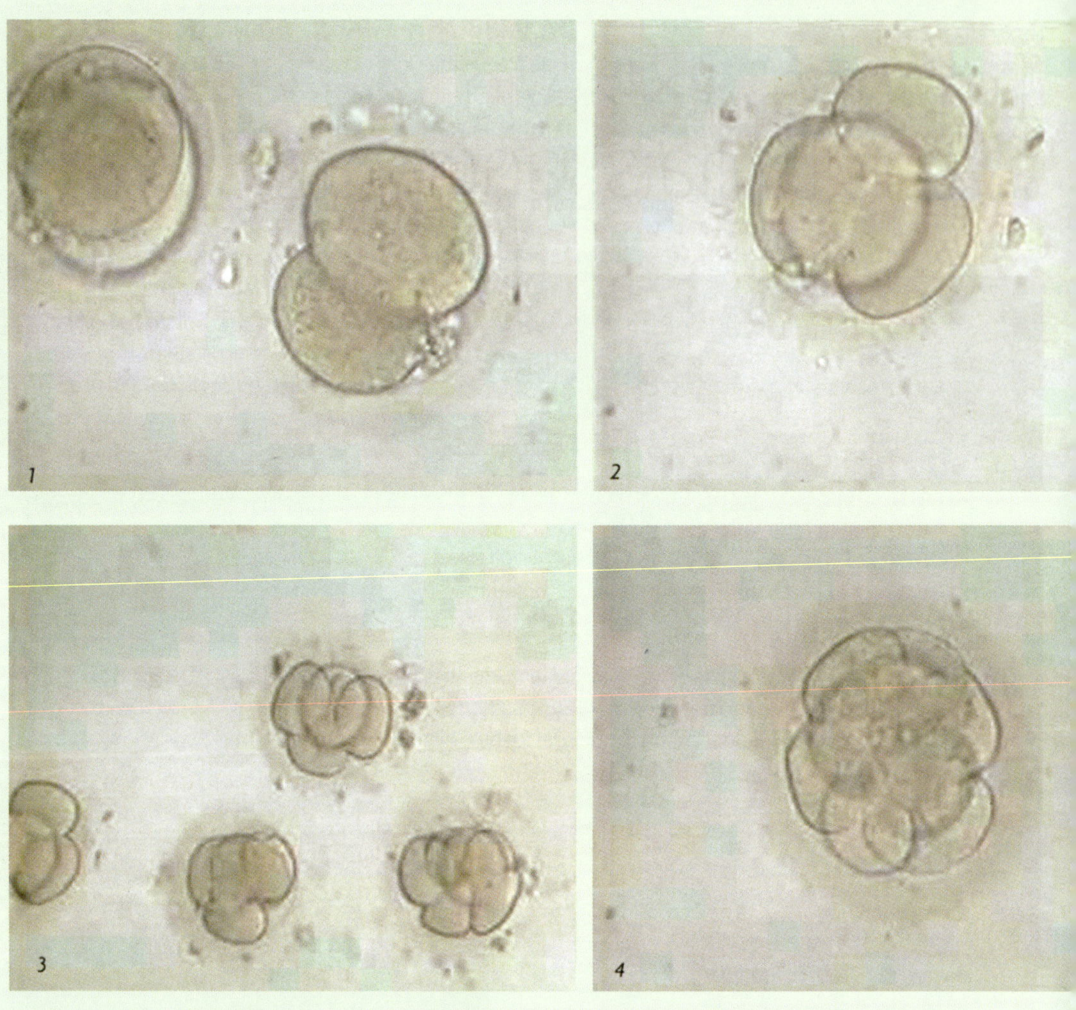

수정 후 며칠 동안의 단계

1 – 난자가 두 개의 세포로 분할되었다. 사진은 두 세포의 두 태아이다.

2 – 2일째 되는 날. 네 개의 세포로 분할되었다.

3 – 3일째 되는 날의 태아. 오른쪽 아래의 태아는 여섯 개의 세포를 가지고 있다.

4 – 수십 개의 세포를 가진 5일째 되는 날의 태아. 배반포라고 부른다.

오른쪽 페이지

5 – 8주째의 태아 : 태아의 팔과 다리의 희미한 윤곽을 식별할 수 있다.

6 – 20주째의 태아 : 구부러져 있는 두 팔과 두 다리를 잘 알아볼 수 있다.

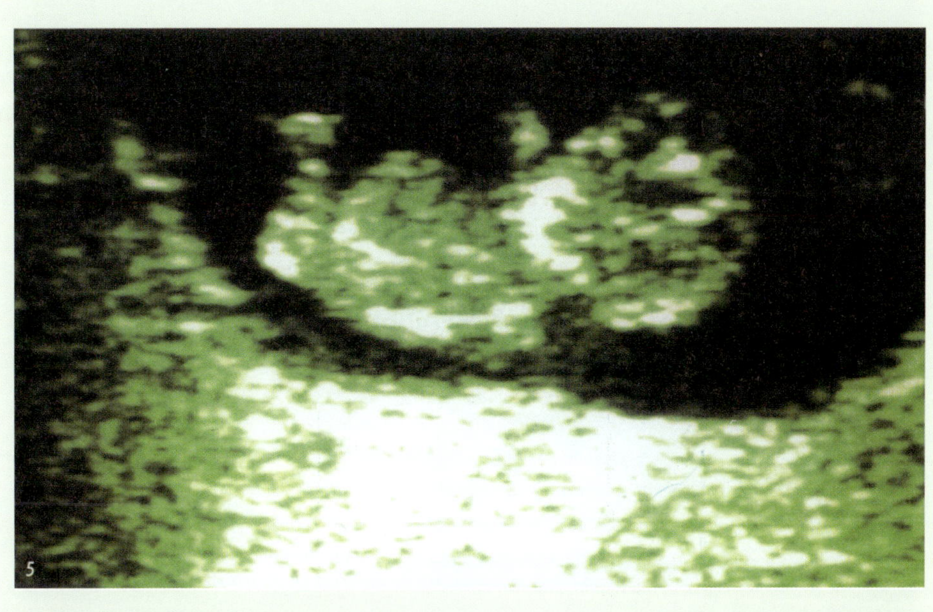

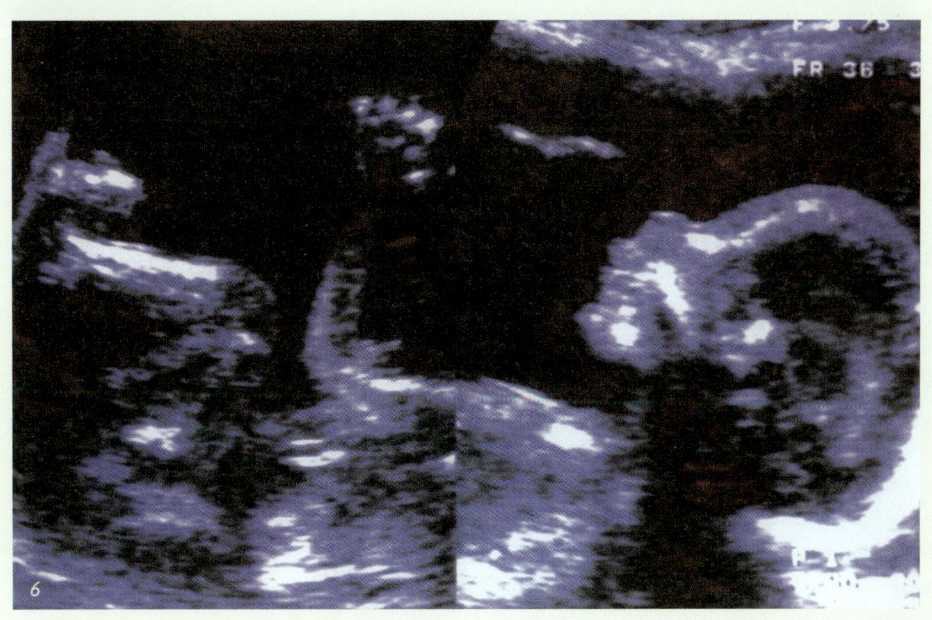

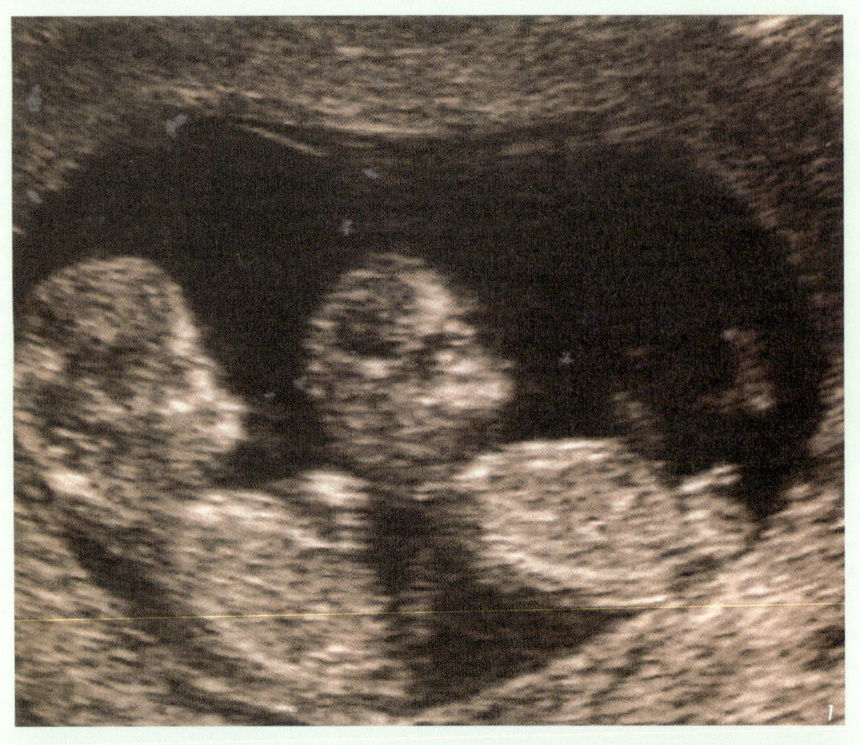

1. 12주째의 쌍둥이 임신. 두 태아가 같은 태낭 속에 들어있는 일란성 쌍둥이다.

2. 9주째의 쌍둥이 임신. 태아들이 서로 다른 태낭 속에 들어있는 이란성 쌍둥이다.

3. 목덜미 투명대. 목덜미 투명대는 1차 초음파 검사 때 측정되며, 다운증후군을 일으키는 21번 염색체 이상의 위험을 평가할 수 있게 해준다.

4. 머리에서 엉덩이까지의 길이. 아기의 키를 측정하기 위해 초기 초음파 검사 때 이 길이를 체계적으로 측정한다.

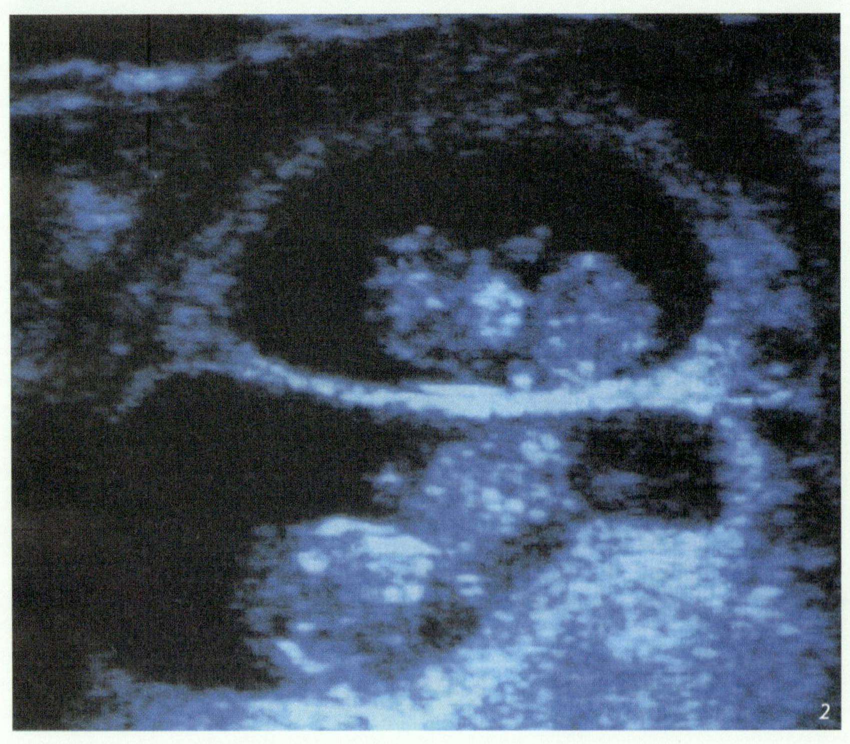

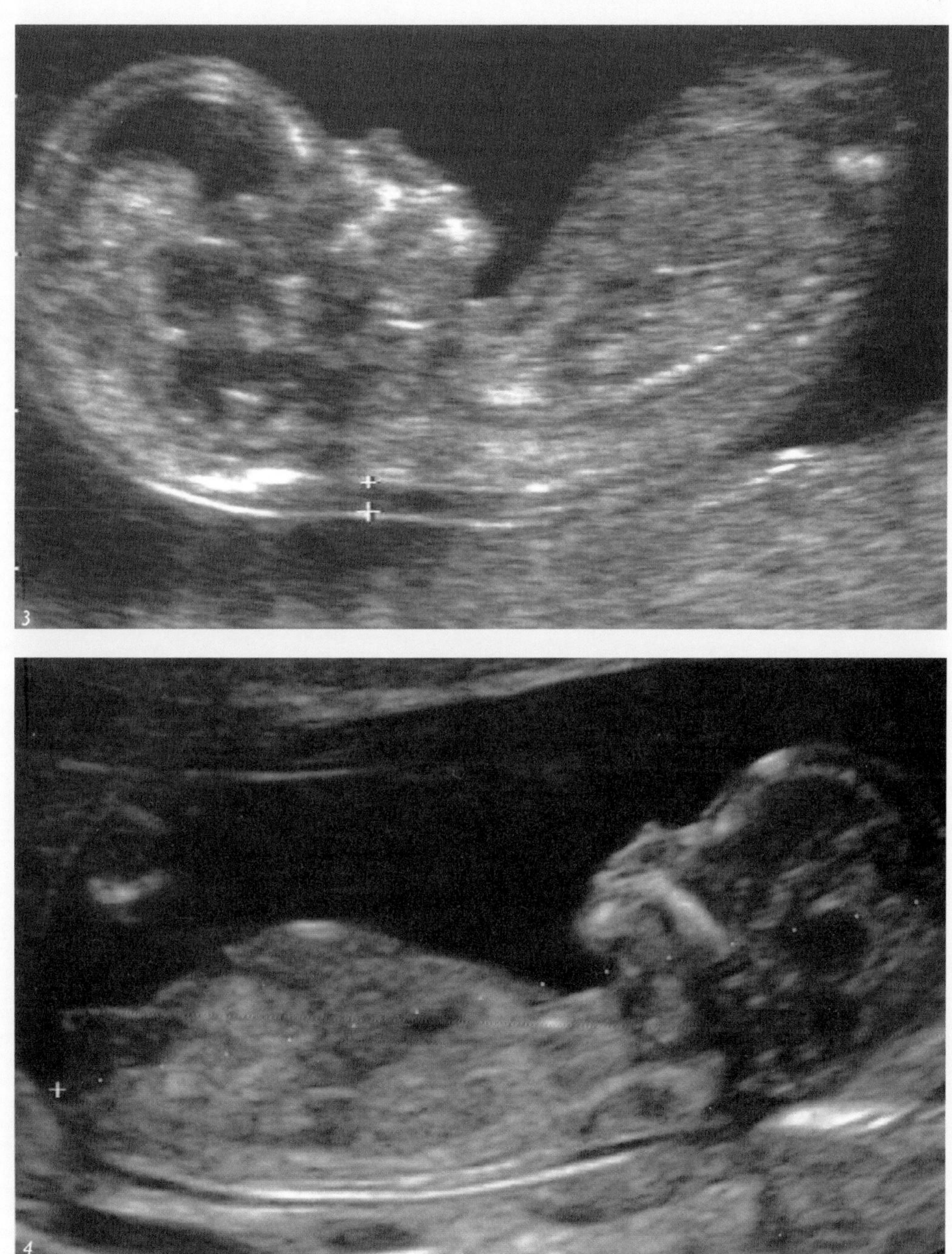

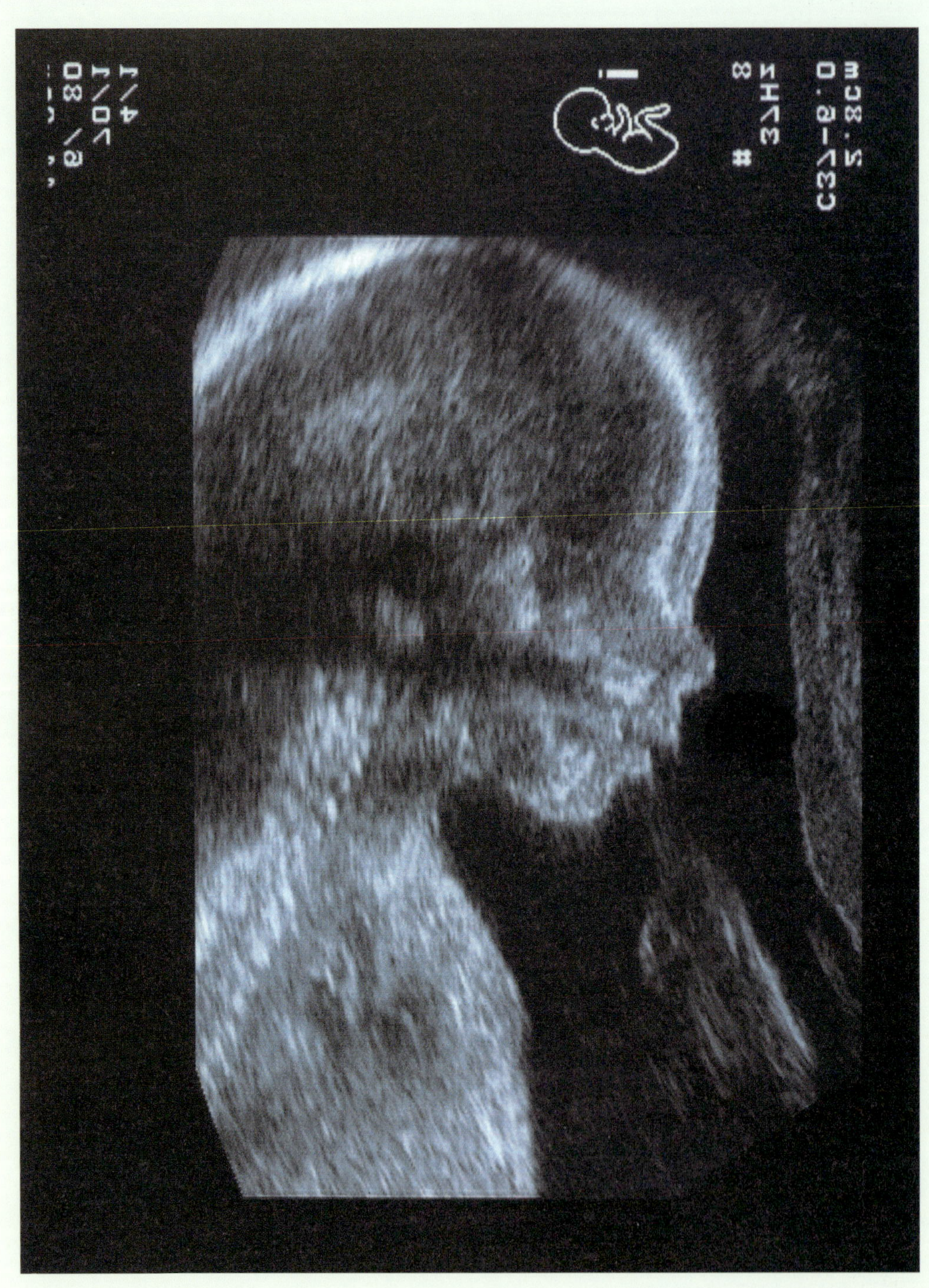

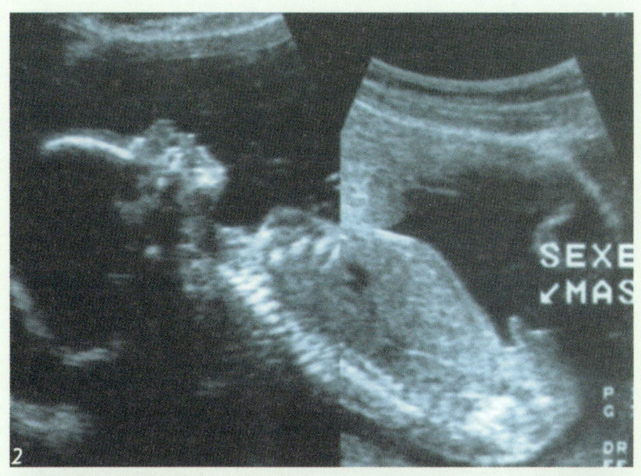

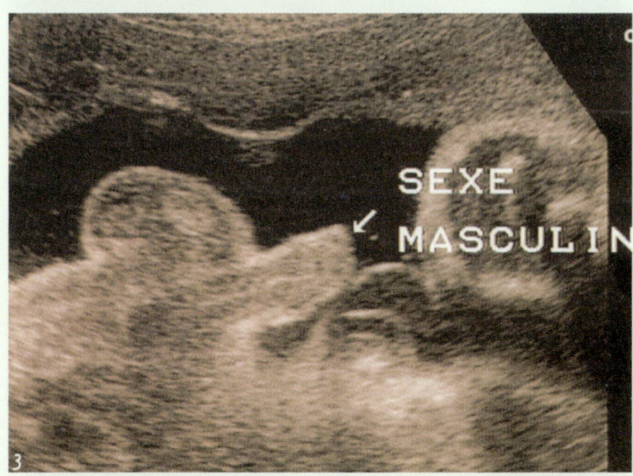

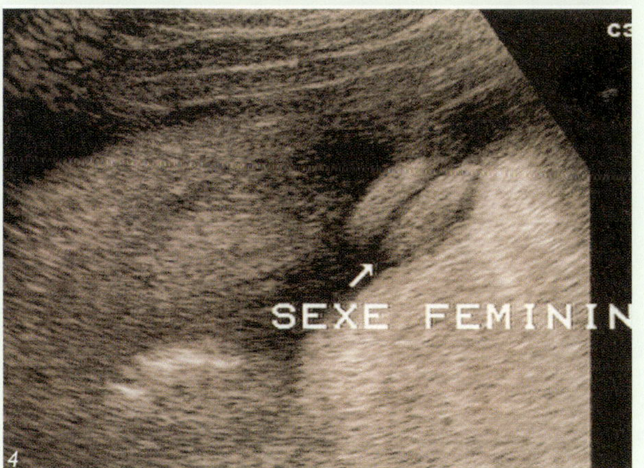

1. 22주째 되는 태아의 옆모습.
   22주가 되면 오류 없이 태아의 성별을 완전히
   식별할 수 있다.

2. 3. 남자아이의 전신사진과 성기 클로즈업 사진

4. 여자아이의 성기

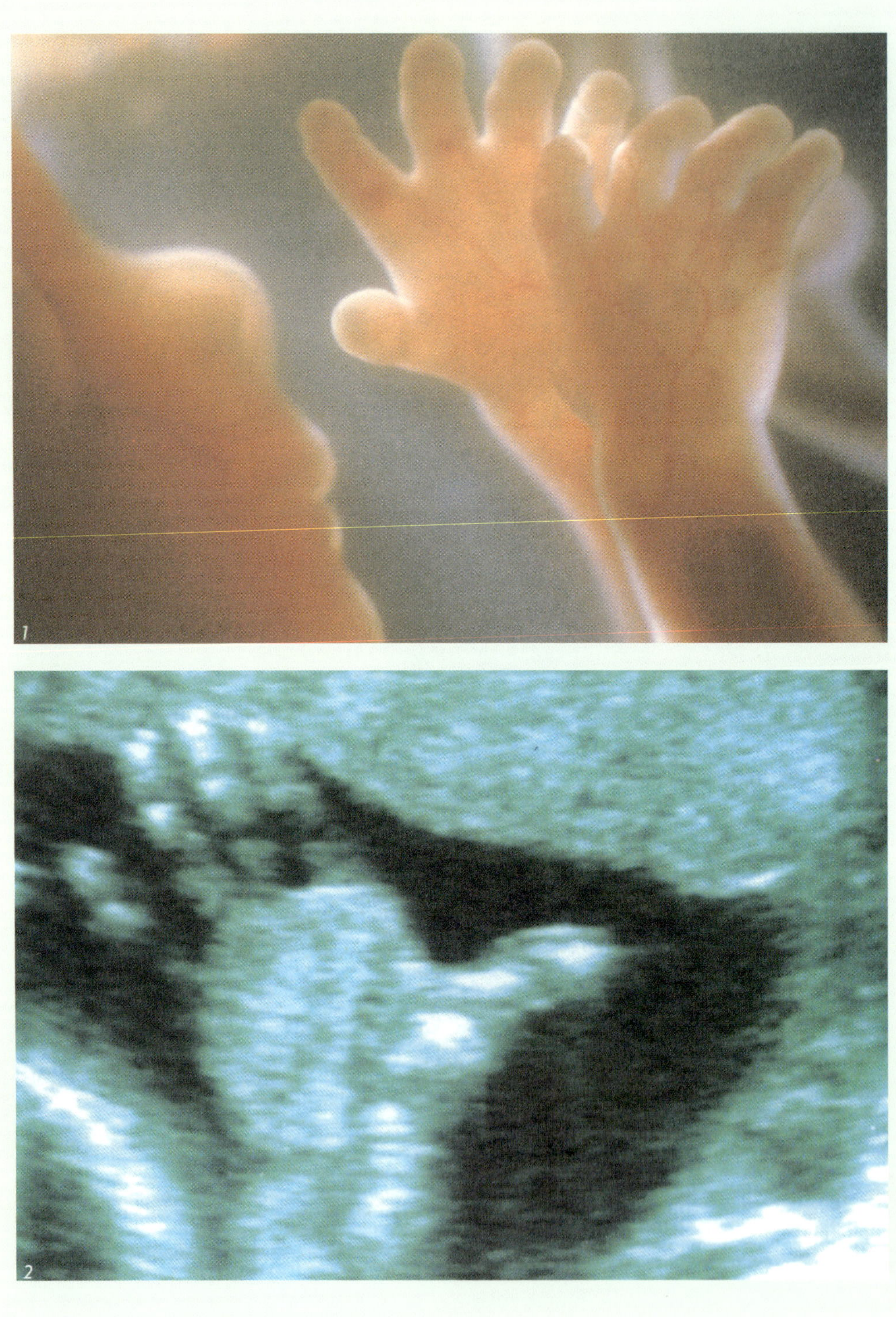

1. 14주째의 아기. 두 손이 형성되었지만, 피부가 아
   직은 많이 얇아서 혈관이 드러나 보인다.

2. 18주에 찍은 아래의 초음파 사진에서는 손가락뼈
   가 또렷하게 보인다.

3. 아기는 이제 22주가 되었다.

4. 눈꺼풀이 아직 접합되지 않았지만 눈은 분간된다.

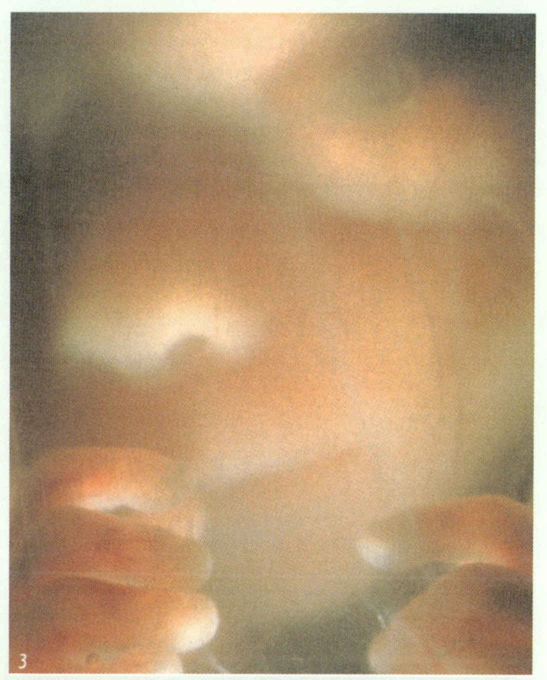

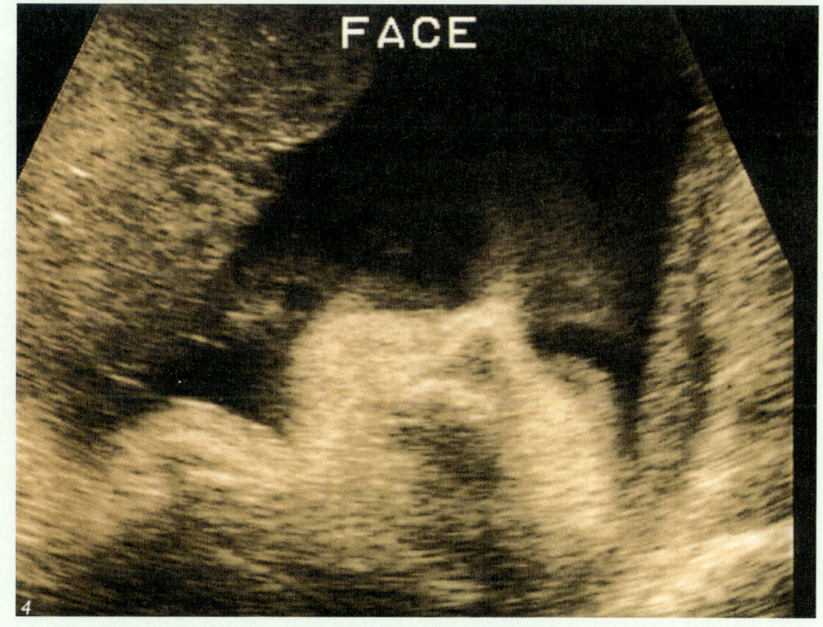

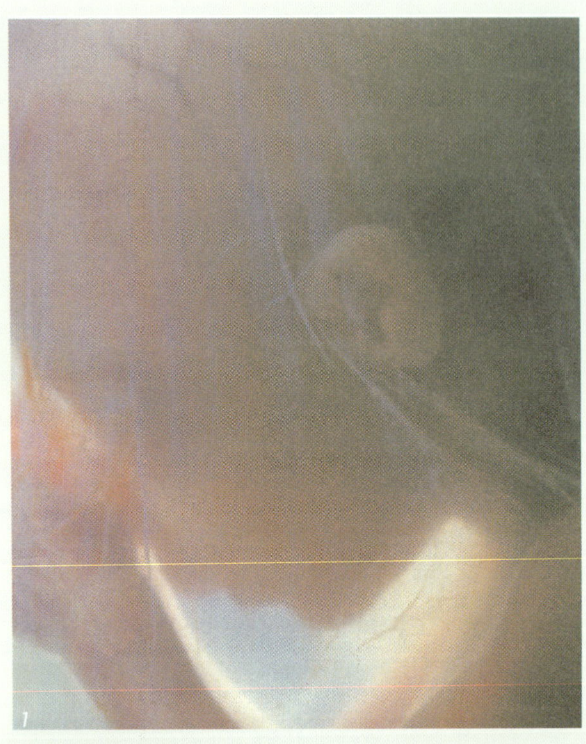

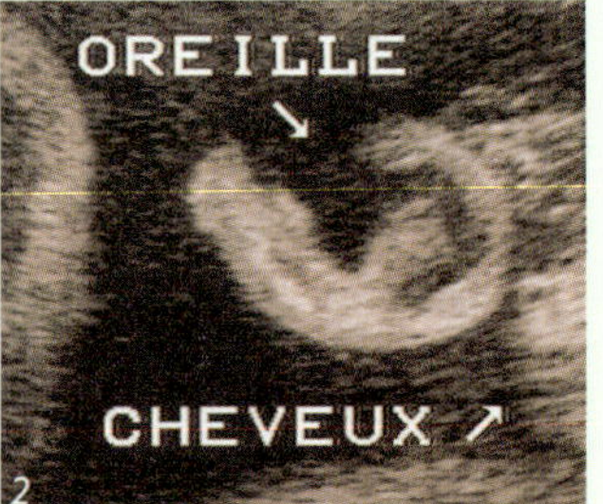

1. 외이가 완전히 형성되었다. 그러나 아기가 외부에서 들리는 소리를 들으려면 아직 몇 주일을 더 기다려야 한다.

2. 32주째 되는 태아의 귀

3. 5. 32주째 되는 태아의 발

4. 25주째 되는 태아의 입술과 콧구멍이 이미 분명하게 형성되었다.

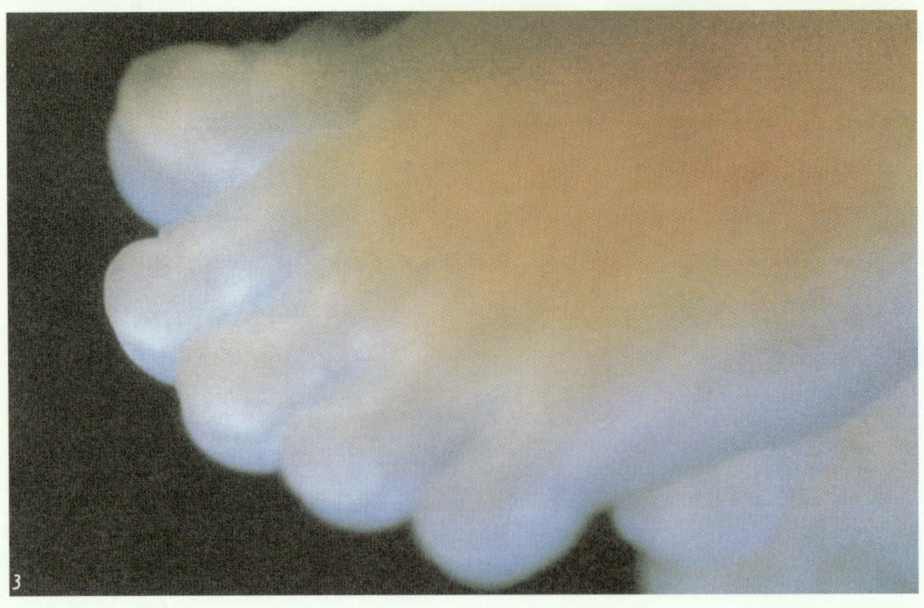

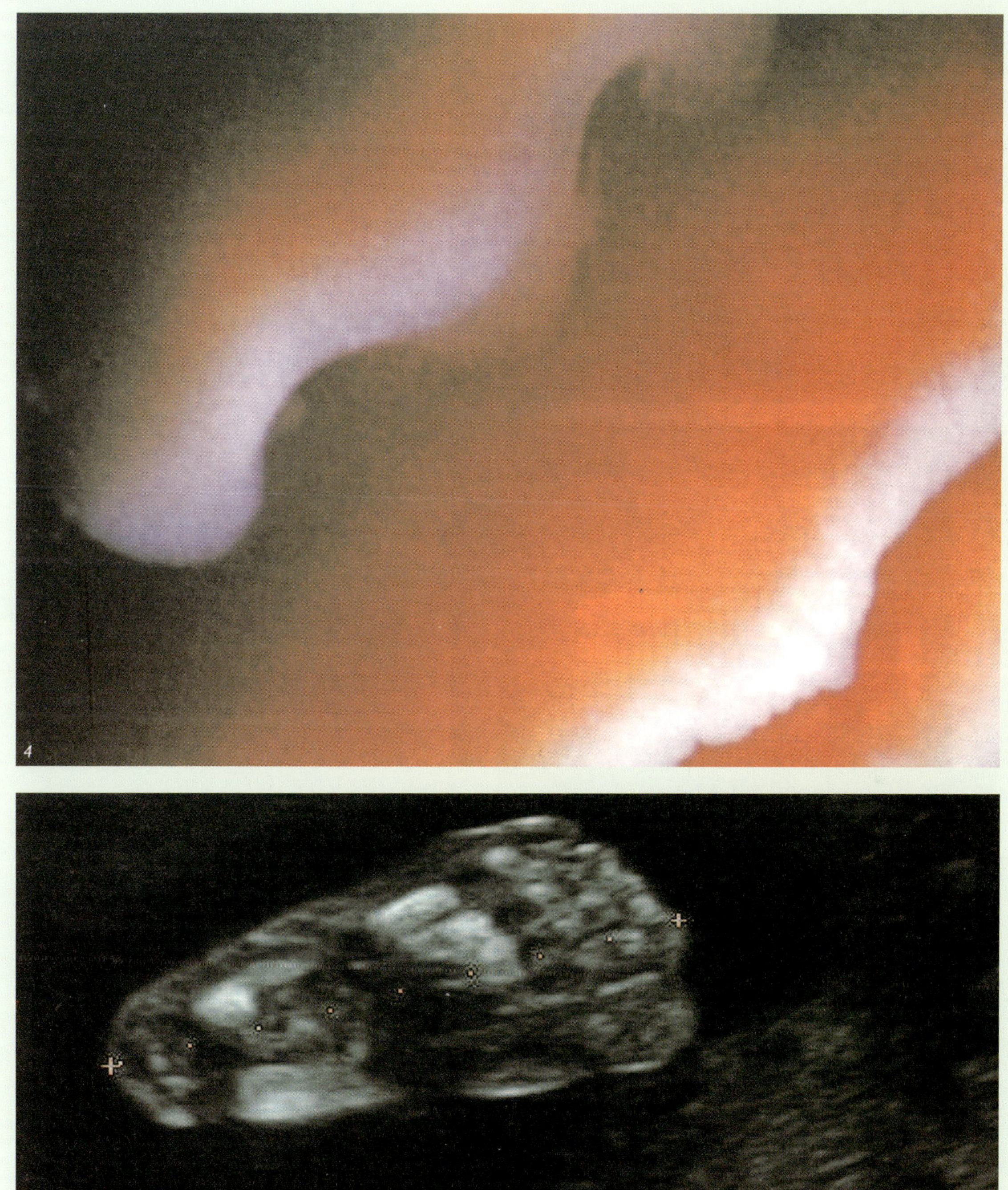

4
5

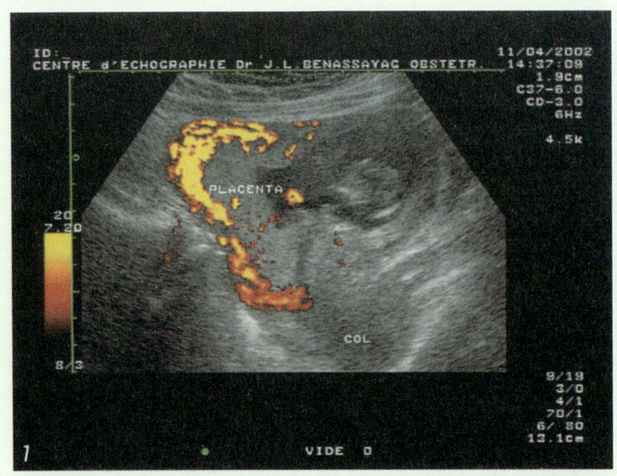

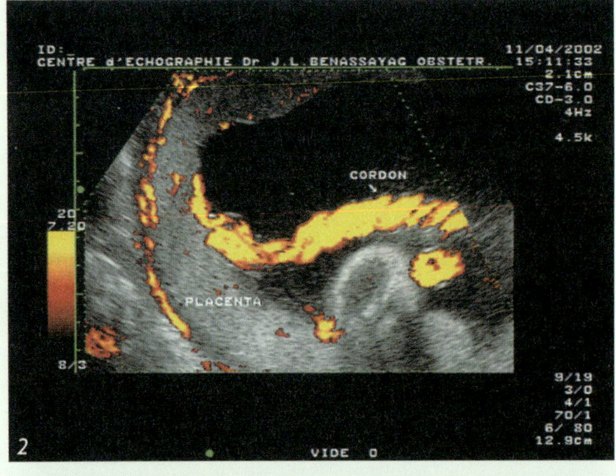

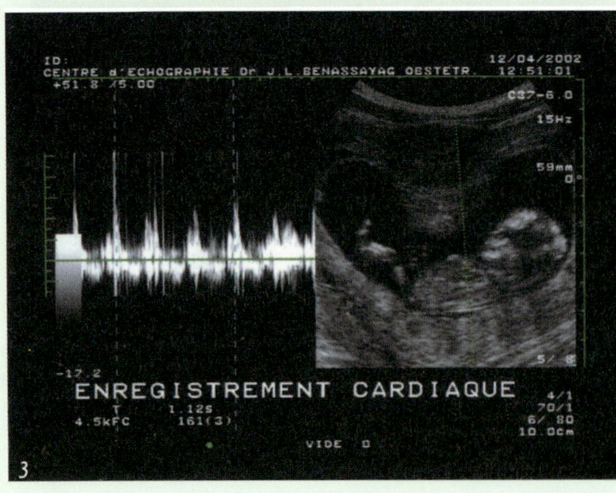

초음파 검사는 여러 가지 단층특수촬영 기술을 사용하는 장치다. 에너지 색조와 코드 에너지, 펄스파 등 여러 가지 유형의 도플러를 사용한다.

1과 2. 에너지 색조 도플러로서, 인체기관 내를 순환하는 혈액의 양을 측정하는 기술이다. 에너지 색조 도플러 덕분에 태반이 잘 부착되었는지, 아니면 박리나 혈액 순환 저하가 임신을 위협하는 것은 아닌지를 확인할 수 있다.

3. 펄스파 도플러로, 의사가 선택한 부분을 청진해서 아기의 심장소리와 리듬을 들을 수 있게 해준다. 두 쌍둥이나 세 쌍둥이의 경우에도 이렇게 하면 아기들 각자의 심장 소리를 따로따로 들을 수 있다.

아기는 엄마 배 속에서 어떻게 살까?

태아는 발육에 필요한 음식과 산소를 엄마를 통해 공급 받는다. 엄마와 아기의 교환은 상당히 복잡한 수정란의 부속기관 덕분에 가능하다. 이 부속기관은 과도기적으로 임신기간 중에만 존재했다가 출생 후에는 제거된다.

태아를 위한 부속기관

부속기관에는 태반과 탯줄, 수정란의 막이 포함된다. 태반과 탯줄은 서로를 보완하지만, 각자의 역할이 분명히 따로 있다. 태반은 엄마의 혈액에서 태아에게 필요한 물질과 산소를 끌어내고, 탯줄은 이것을 태아에게 공급한다. 출산 후에 태반은 배출되는데, 이것을 후산이라고 부른다. 막은 안에 수정란과 양수가 있는 주머니를 만든다.

우리는 착상 때 수정란이 자궁 내막 속으로 완전히 들어가는 것을 보았다. 자궁 내막은 출산 후에 제거되기 때문에 탈락막이라고 한다. 다음 그림에서는 탈락막이 수정란이 착상하게 될 지역을 포함하여 자궁강 전체를 뒤덮고 있는 것을 볼 수 있다.

수정란이 착상한 부분에서 영양아층은 두 개의 뚜렷한 지역으로 구분된다. 깊은 부분은 자궁 내막 속에 뚫고 들어가 맥관을 침식하여 모체의 혈관과 접촉, 태아의 발육에 필요한 자양물을 끌어낸다. 이것이 나중에 태반이 된다. 영양아층의 다른 부분은 수정란의 주변부에 자리를 잡고 난포막이라는 이름을 가진다. 수정란은 발육하면서 자궁강 안에서 점점 더 튀어나오다가 두 가지 세포 조직, 즉 탈락막과 난포막으로 둘러싸인다.

이와 함께 태아봉오리 안에 약간의 액체로 채워진 공간이 나타나는데, 이것이 양막으로 둘러싸인 양막강이다.

이 강은 빠르게 액체로 채워진다. 부피가 커지면서 자궁에서 점점 넓은 자리를 차지하고, 10주쯤에는 완전히 자궁을 점령한다. 경계를 짓는 양막은 난포막과

11. 영양아층

영양아층은 두꺼운 자궁벽 깊이 태반을 형성한다.

탈락막에 붙어 수정란의 막을 형성한다.

그와 동시에 크기가 커진 태아는 착상 영역에서 떨어진다. 태아는 자궁벽에서 서서히 멀어져 양막으로 둘러싸인 연결 가지로만 자궁벽과 연결된다. 이것이 미래의 탯줄이다.

태반

라틴어로 태반은 케이크를 의미한다. 임신 말기에 태반은 직경이 평균 20cm, 두께가 2~3cm인 크고 물렁물렁한 케이크처럼 보인다.

태반이 어떻게 만들어지는지 살펴보자. 수정란이 보금자리를 꾸미면 영양아층은 태아의 발육에 필요한 자양물을 얻기 위해 자궁 내막으로 파고들어 모체의 혈관벽을 파괴한다.

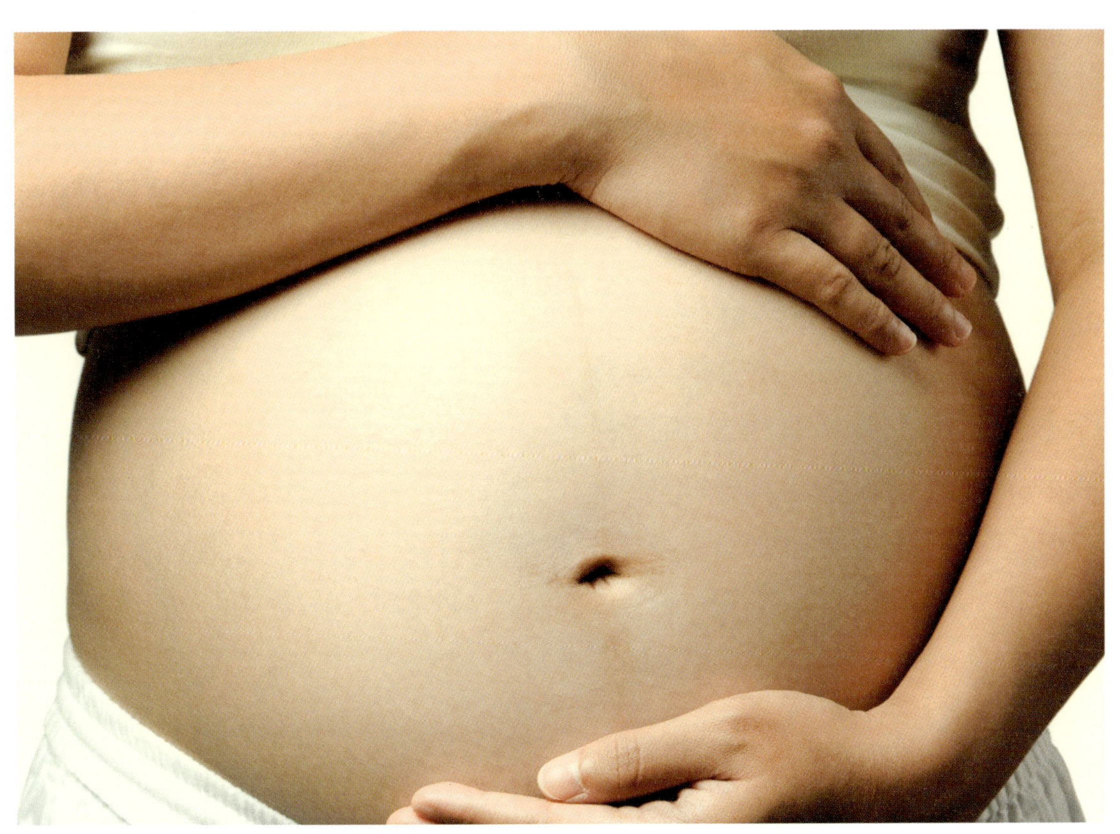

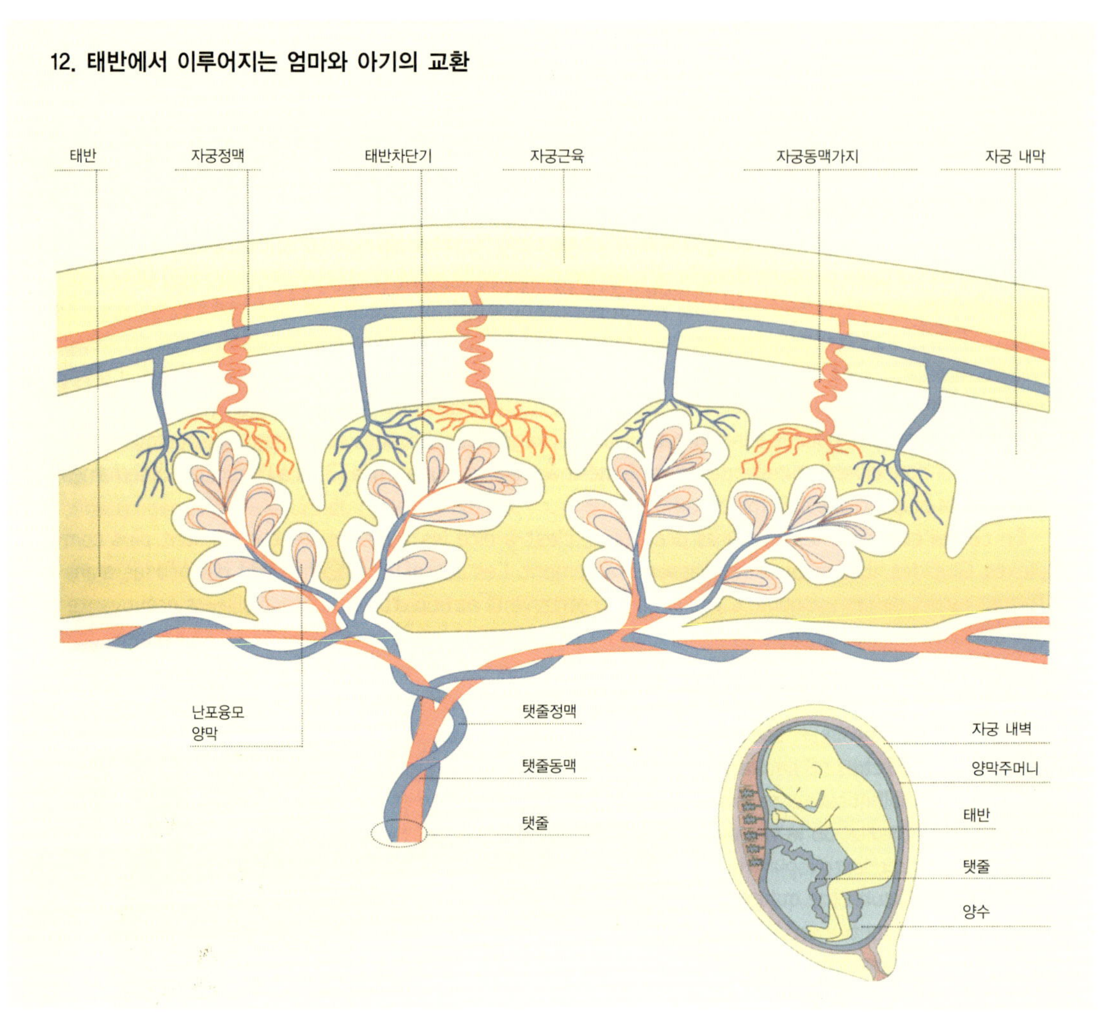

얼마 지나지 않아 이 기본 설비로는 빠르게 자라나는 태아의 요구를 충족시킬 수가 없다. 그러면 엄마의 신체기관과 수정란은 작은 발전소를 짓기 시작하는데, 그것이 바로 태반이다. 영양아층은 자궁 내막 속으로 가느다란 섬유들을 수없이 내보낸다.

몇 주 만에 이 섬유들은 두꺼워지고 조직되어 태반의 융모를 형성한다. 융모의 모양은 큰 줄기가 여러 개의 가지로 나뉘고 이 가지들은 또 여러 개의 더 작은 가지로 나뉘는 나무와 비슷하다. 융모의 끝에는 수많은 작은 봉오리들이 곤두서있고, 이 봉우리 끝에는 수십 개의 융모들이 싹들처럼 나있다. 이렇게 15~30개의 굵은 줄기가 있고, 이 줄기들은 연속적으로 분열하여 수천 개의 말단 융모가 된다. 바로 이 융모에서 아기와 엄마의 교환이 이루어지는 것이다.

이 융모들은 모체 쪽 태반 속에서 엄마의 혈액에 잠겨있다. 융모 속에는 탯줄을 통해 운반된 아기의 피가 순환한다.

이렇게 하여 엄마의 혈액과 아기의 혈액이 태반에서 서로 만나지만, 융모막으로 분리되어 있기 때문에 결코 섞이지 않으며, 융모막을 통해 엄마와 아기 간에 교환이 이루어진다. 이 융모막은 태아의 요구가 점점 더 증가함에 따라 교환을 더 쉽게 하려는 듯 점점 얇아진다.

태반의 역할

- 태반의 첫 번째 역할은 진짜 영양 공장이다. 태아는 융모막을 통해 산소를 공급받기 때문에, 태반은 태아의 폐라고 말할 수 있다. 또 태반은 필요한 만큼의 영양분을 저장하면서 나머지 영양분을 통과시키거나 흡수한다.

- 태반의 두 번째 역할은 어떤 성분은 통과시키고 또 어떤 성분은 차단시키는 방어벽이다. 태아를 공격하는 성분들을 차단시켜 태아를 보호하는 것이다. 그래서 대부분의 병원균은 태반을 통과할 수 없다.

- 태반은 호르몬을 생성하기도 한다. 태반이 생성하는 호르몬은 두 가지로 난포막생식선호르몬과 태반유선호르몬인데 임신 중에만 나타난다. 난포막생식선호르몬은 임신이 지속되도록 하는 데 반드시 필요한 난소 황체가 계속 활동하도록 하는 역할을 한다. 태반유선호르몬은 보다 최근에 발견되어서 아직 역할이 분명히 밝혀지지 않았다. 그 외에도 우리가 잘 아는 에스트로겐과 프로게스테론도 만들어낸다.

탯줄

태반은 탯줄에 의해 태아와 연결된다. 탯줄은 둥글고 희끄무레하게 빛나며 태아를 태반과 연결하는 젤라틴질의 가늘고 긴 줄이다. 길이는 50~60cm이지만, 더 짧거나 1.5m 정도로 긴 경우도 있다. 지름은 1.5~2cm이다.

탯줄의 대부분은 아기를 덮는 막 중의 하나인 양막세포로 구성된다. 줄의 한쪽은 태아의 배와 연결되고, 다른 쪽은 태반을 덮고 있는 양막과 합쳐진다. 탯줄은 훌륭한 파이프라인이다. 그 안에 정맥 하나와 동맥 두 개가 있어서 정맥은 모체의 혈액에서 영양물과 산소를 공급받아 태반을 통해 가공한 후 태아에게 운반한다.

동맥들은 탄산가스나 요소 등 태아의 배출물을 태반으로 보내고, 태반은 그것들을 모체의 혈액 속으로 흘려보낸다. 탯줄은 5~6kg의 무게를 견딜 정도로 강하고 탄력성이 있으며 쉽게 눌리지 않는다. 안 그러면 혈액을 운반하기가 어려워질 수도 있기 때문이다.

탯줄은 태아가 모든 움직임을 할 수 있도록 매우 유연하다. 그러나 일단 태아가 세상에 태어나서 탯줄을 잘라내면 모체의 순환과 완전히 자율적인 것이 되어 모체 순환과 태아 순환의 관계가 단절된다. 동맥들이 수축되어 탯줄 속의 순환이 저절로 중단되는 것은 매우 신기한 일이다. 그래서 얼마 후에는 탯줄을 잘라도 피가 나지 않는다. 아기와 엄마의 교환이 중단되는 것은 탯줄을 잘라서가 아니라 탯줄 자체가 기능을 멈추었기 때문이다.

양수

태반과 탯줄을 통해 산소와 영양을 공급받는 태아는 막으로 보호된다. 막 안에서 태아는 물속의 물고기처럼 양수 속에 떠 있다. 양수의 기원에 대해서는 알려진 것이 거의 없지만, 만들어지는 방법은 여러 가지가 있는 것으로 생각된다. 우선은 태아가 자신의 피부와 탯줄, 폐, 특히 방광을 통해 분비한다. 이 액체의 다른 부분은 수정란의 막을 통과하여 모체로부터 오는 것으로 보이고, 수정란 막 자체도 양수를 분비한다. 양수의 양은 7주째에는 20cc, 20주째에는 300~400cc, 말기에는 평균 1ℓ나 된다. 출산예정일을 경과하면 양수는 점차 줄어든다.

양수는 허여멀겋고 투명하고 맑으며 특유의 냄새가 난다. 97%가 물로 구성되어 있다. 혈액에서 발견되는 모든 물질이 그 안에 들어 있다. 피부에서 제거된 세포와 태아의 점막들, 털, 덩어리를 이루는 지방질 조각들도 발견된다.

그러나 양수는 늪의 물처럼 괴어 있는 것이 아니다. 끊임없이 새로워지며, 임신 말기에는 3시간마다 새로운 양수가 채워진다. 이것은 곧 양수가 계속 분비될 뿐만 아니라 흡수되어 대체되기도 한다는 것을 의미한다. 태아는 피부를 통해 양수를 흡수하여 많이 마신다. 출산이 가까워지면 하루 평균 450~500cc를 마신다. 마신 양수의 일부는 신장을 통해 여과되고 태아의 소변으로 다시 만들어지며, 태아는 이 소변을 규칙적으로 배설한다. 다른 일부는 창자에서 흡수되어 태반을 통해 모체로 되돌아간다.

양수과다증과 양수과소증

임신의 0.5~3% 정도로 양수의 양이 비정상적인 경우가 있다. 과잉될 경우는 양수과다증이라고 부른다. 양수과다증은 엄마의 당뇨병이나 혈액형 부적합 때문일 수도 있고 태아가 기형이거나 쌍둥이 때문일 수도 있다. 양수과다는 매우 심각해져서 임신을 중단해야 되는 상황에 이를 수도 있다. 혹은 만성이 될 수도 있는데 이 경우 조산의 위험이 있다.

양수의 양이 부족한 것은 양수과소증이다. 이 증상은 태아의 발육 비정상이나 기형, 특히 비뇨기의 기형과 연관되어 있다.

양수는 어떤 역할을 하는가?

우선 태아 주위의 완충물이 되어 외부의 충격으로부터 태아를 보호한다. 또 양수가 있어서 태아가 자궁 안에서 쉽게 움직이고 일정한 온도를 유지할 수 있다. 항상 태아에게 일정한 양의 물과 무기질 염분을 제공한다. 임신 말기가 되면 분만이 최대한 쉽게 이루어지도록 아기가 좋은 위치를 찾게 해준다. 분만 중에는 자궁 경관의 확장을 도와주는 물주머니를 만들기 위해 태아의 아래쪽에 모인다. 저절로 터지든, 의사가 터뜨리든 일단 막이 파열된 후에는 양수가 바깥쪽으로 흘러 산도를 미끄럽게 해줌으로써 분만이 쉬워진다.

실제로 양수에는 이보다 더 중요한 역할들이 많을 것이다. 그러나 이 분야에 관해서는 아직까지 많이 알려져 있지 않다. 어떻든 양수에는 태아의 성장에 필요한 물질과 세균을 죽이는 물질, 그리고 자궁 수축에 영향을 미치는 물질들이 들어있는 것으로 생각된다.

확실한 것은, 양수는 생기 넘치는 장소이고, 엄마와 아기의 교환이 끊임없이 이루어지는 구역이라는 사실이다. 게다가 양수는 양수 검사 같은 중요한 검사들을 가능하게도 한다.

13. 수정막

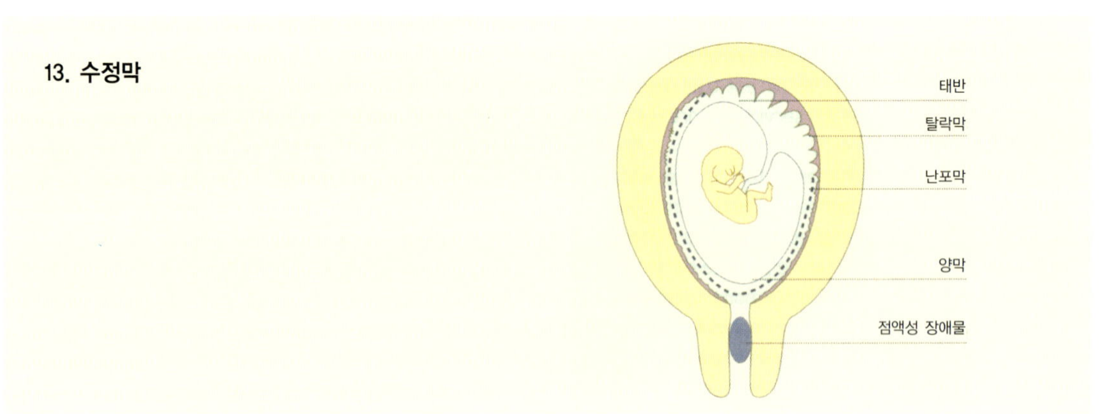

태아와 환경

태아는 특별한 환경 속에서 성장한다. 태아는 모체 안에서 자궁과 양수라는 두 겹의 막에 의해 충격으로부터 보호된다. 엄청난 속도로 성장하기 때문에 어마어마하게 필요한 요구를 충족시키기 위해 태반이라는 영양공장은 꼭 필요한 영양물들을 여과시키고 가공하고 저장하는 등 끊임없이 일을 한다. 태아는 탯줄이라는 파이프라인을 통해 이 영양물과 산소를 공급받는다. 태반 역시 보호막을 형성하여 화학물질과 전염병의 공격을 막아낸다. 하지만 불행하게도 이 보호막은 불완전해서 모든 위험물을 막지는 못한다.

태아는 자신의 성장에 적극적으로 참여하지 못하는 완전히 수동적인 존재일까? 오랫동안 그렇게 생각해왔지만 사실은 전혀 그렇지 않으며 엄마가 제공해준 물질들을 스스로 처리할 수 있는 능력을 가지고 있다는 것을 알게 되었다. 태아는 아주 분명한 유전 성장 프로그램에 따라 태반의 물질들을 스스로 처리함으로써 상당히 많은 수의 필요 자양분들을 서서히 갖추게 된다.

효소의 신비

효소가 바로 그렇다. 단백질로 이루어진 효소는 인체기관 내에서 생겨나서 효소 없이는 생명이 지속될 수 없는 수많은 화학적 반응을 유발하고, 유지할 책임을 맡는 화학물질이다. 각 화학반응에는 거기에 맞는 특별한 효소가 있다. 태아는 수천 가지의 효소들을 스스로 생산해서 필요에 따라 이용한다.

태아는 효소 덕분에 태반이 공급하는 포도당을 사용할 수 있다. 당은 태아의 주요 영양원이지만 성인과는 조금 다르게 사용한다. 온도 조절은 모체에 의해 보장되기 때문에 태아는 체온 유지를 위해 에너지를 낭비할 필요가 없다. 게다가 성인과는 반대로 태아는 근육을 적게 사용한다. 거의 힘을 쓰지 않는데다가 수중에서 움직이기 때문에 에너지 소비가 적다. 그래서 태아는 당의 대부분을 두 가지로 사용한다. 성장하는 데 많이 필요한 단백질로 변화시키고, 임신 말기에는 출생 후의 영양섭취 적응기간에 사용하기 위해 비축해두는 것이다.

태아의 자체 호르몬

태아는 효소와 함께 내분비선이 만들어 내는 호르몬들을 가지고 있다. 이 호르몬들은 호르몬에 민감한 수용체를 가지고 있으며 전달된 명령을 수행할 책임이 있는 각각의 인체기관에 명령을 전달한다. 예를 들면 뇌하수체는 난소의 활동을 명령하는 호르몬들을 분비한다.

상당히 많은 호르몬이 태아의 성장에서 어떤 역할을 해내는 듯하다. 뇌하수체가 분비하는 호르몬들, 갑상선이 분비하는 호르몬들, 그리고 태아의 자궁 내 생활에서 특별히 공간을 많이 차지하는 부신이 분비하는 호르몬들이 있다. 태아의 부신 호르몬은 출산이 시작되도록 하는 데 중요한 역할을 하는 것으로 보인다. 마찬가지로 태아의 췌장에서 만들어진 인슐린은 포도당을 지방으로 변화시킨다. 뼈대의 골화에 중요한 부갑상선은 칼슘의 신진대사를 주관한다. 화학작용이나 전염병에 감염될 수도 있다는 점에서 아직 허약하기는 하지만, 그래도 자신을 방어하는 면역 체계도 갖추기 시작한다.

자기 자신의 효소와 호르몬을 만들어 내고, 당을 단백질로 변화시켜 출생 후를 위해 그중 일부를 저장하고, 자신의 면역 체계를 마련하는 것, 바로 이것이 태아의 고유한 작업이다.

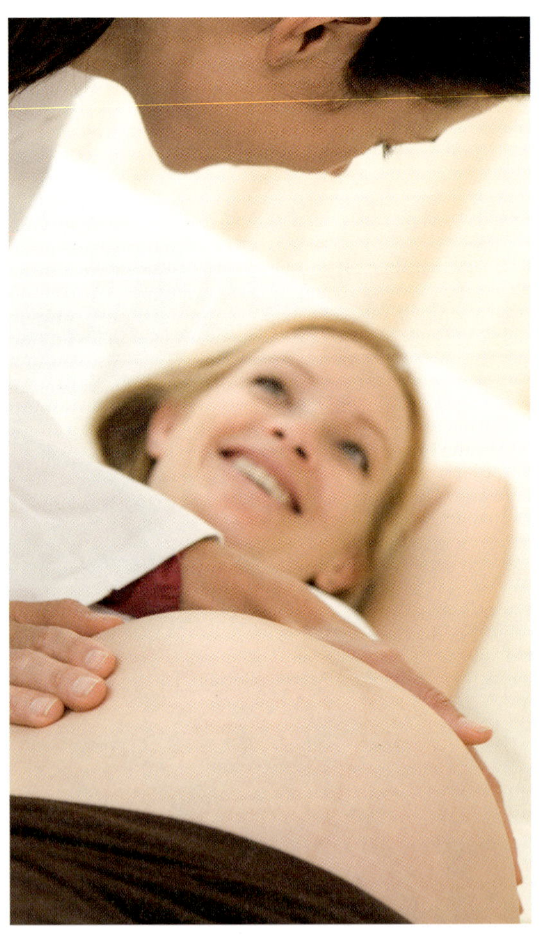

변해가는 엄마의 몸

안 보이던 하나의 점이 어떤 단계들을 거쳐 아홉 달 만에 3kg이 넘는 아기가 되었는지를 보았다. 이제는 그 동안 엄마의 몸이 하루하루 어떻게 변하는지 알게 될 것이다.

4가지 변화

엄마의 몸은 눈에 보일 수도 있고 안 보일 수도 있는 크고 작은 해부학적, 생리학적, 화학적 변화를 감수한다. 임신은 엄마의 심리적, 정신적 상태는 말할 것도 없고 모든 신체조직과 기능, 조직에 영향을 준다.

- 태아가 커감에 따라 자궁도 함께 커진다.

- 수유 준비로 유방이 발달한다.

- 임신 중에 자신과 아기의 영양 섭취를 담당하기 때문에 대부분의 생리적 기능이 바뀐다.

- 임신 말기에는 출산을 위한 준비를 한다.

자궁이 커진다

임신 전의 자궁은 무게는 50g이고 높이는 65mm, 폭은 45mm, 용적은 2~3cm³로 무화과 정도의 크기이다.

임신 초기부터 자궁이 커지기 시작하지만, 임신 4개월에서 5개월 사이가 되어야 커진 것을 외부에서 볼 수 있다. 2개월째의 자궁은 오렌지만한 크기가 된다. 3개월째에는 치골 바로 위에서 자궁을 느낄 수 있다. 4개월째에 자궁의 높이는 배꼽과 치골 중간에 이른다. 5개월 반이 되면 배꼽 높이에 이르고 7개월째에는 배꼽을 4~5cm 넘어서 복강 속으로 점점 더 올라간다. 8개월째에는 흉골의 끝과 배꼽 사이에 위치한다.

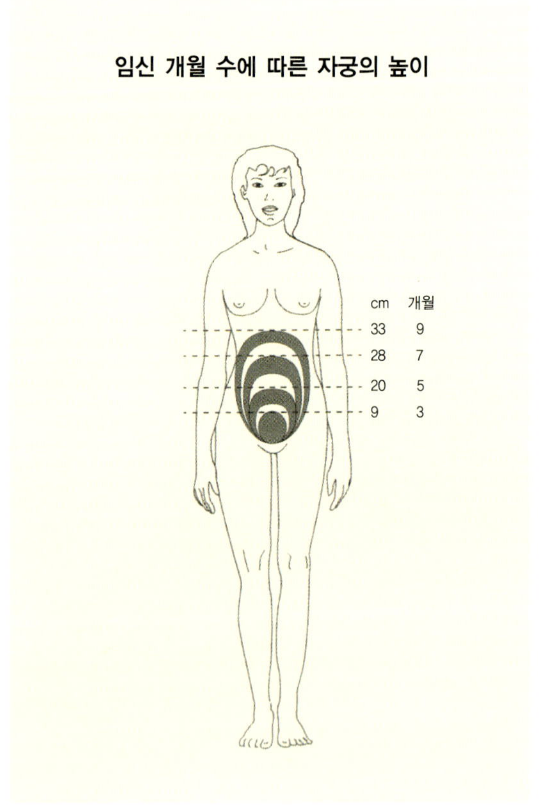

임신 개월 수에 따른 자궁의 높이

자궁은 출산예정일이 가까워지면 정점에 도달한다. 그렇지만 출산 2, 3주 전에 자궁이 다시 내려가기 시작하는 느낌을 가질 수도 있다. 배의 압박이 줄고, 호흡이 더 쉬워지며, 몸이 가벼워지는 게 느껴진다. 아이가 내려와서 출산이 가까워지고 있다는 신호다.

출산이 가까워지면 자궁의 무게는 1,200~1,500g, 용적은 4~5ℓ, 높이는 2~33cm, 폭은 24~25cm가 된다. 물론 이것은 평균 수치로 여성에 따라 다르고 같은 여성의 경우에도 몇 번째 임신이냐에 따라 달라진다. 그렇지만 이 수치는 임신 개월 수를 측정하고 임신이 진행되는 상태를 지켜보는 지표로 쓰일 수 있다.

자궁은 눈에 보이는 것처럼 필요한 자리를 몸 바깥에서도 확보하지만 그와 동시에 몸 안쪽에서도 확보하기 때문에 크기가 커지면서 주변의 위장과 장, 방광 등을 밀어낸다. 대개 복부 벽이 유연하여 잘 늘어나기 때문에 자궁은 별 지장 없이 계속 커질 수 있으며, 신체 조직은 이 새로운 상황에 잘 적응한다.

자궁의 변화에 따른 결과

지금까지는 호흡곤란, 변비, 메스꺼움, 정맥류 같은 여러 가지 임신 장애가 자궁의 압박 때문이라고 여겨져 왔다. 하지만 그런 장애는 자궁이 커지지 않은 임신 초기부터 나타나기 때문에 모든 불편이 설명되지는 않는다.

오늘날에는 이런 장애가 대부분 임신 호르몬이 신체기관에 영향을 미치기 때문이라고 추측한다. 하지만 예외적으로 임신 말기에 소변이 자주 마려운 것은 방광의 압박과 관련이 있는 것으로 봐야 한다. 또 등을 대고 누울 때 느끼는 거북한 증상도 대정맥의 압박과 관련이 있는 것으로 여겨진다. 대정맥이 오른쪽에 있으므로 왼쪽으로 누우면 증세가 사라지기 때문이다.

엄마의 자세도 자궁이 커져감에 따라 변한다. 뒤허리가 움푹 들어가고 상체가 뒤로 젖혀진다. 앞으로 쏠리는 무게를 이기기 위해 몸을 뒤로 젖히려는 경향이 있기 때문이다. 엄마의 모습은 복부 근육의 상태에 따라 다르다. 근육이 단단하다면 자궁을 지지해서 앞으로 기우는 것을 막는다. 반대로 근육이 느슨하면 늘어진 배는 앞으로 기우는 자궁의 압박을 조금밖에 견디지 못한다. 아기를 앞으로 가졌다는 여성들이 있는데 이 경우에는 몸이 가능한 한 덜 젖혀지도록 골반을 흔들어야 한다. 이것은 허리를 풀어주는 역할을 한다.

젖을 먹일 준비

임신 기간 내내 유방은 아기가 먹을 젖을 분비할 준비를 한다. 유방은 임신 첫 달부터 부풀기 시작하여 커지고 무거워진다. 가끔 유두 부위가 따끔거리면서 심한 통증이 느껴지기도 한다. 몇 주 후에 유두는 더 돌출된다. 유두를 둘러싸고 있는 유륜이 손목시계의 유리처럼 튀어나오는

것이다. 8주경이 되면 몽고메리 돌기라고 불리는 작은 돌기들이 유륜 위에 나타난다. 이 피지선들은 비대해져서 아직은 불완전하지만 유선을 형성한다. 이런 유방의 변화로도 임신을 진단할 수 있다.

4개월부터 유두에서 노르스름하고 끈적끈적한 액체가 나오는데, 이것은 젖의 전조격인 초유이다. 5개월에는 유륜 근처에 두 번째 유륜을 형성하는 고동색 얼룩들이 보이기 시작한다. 유방 내부에서 젖을 만드는 젖샘들은 임신이 아닐 경우에는 거의 없다가 임신을 하면 점점 커지며, 젖샘에서 만든 젖을 유두로 보내는 관 역시 크기가 커진다. 왕성한 활동을 하는 이 부분에 영양을 보내주기 위해 정맥이 넓어진다. 그래서 임신 중에는 유방에서 가끔 정맥이 비치기도 한다.

동시에 유두의 크기도 늘어난다. 임신

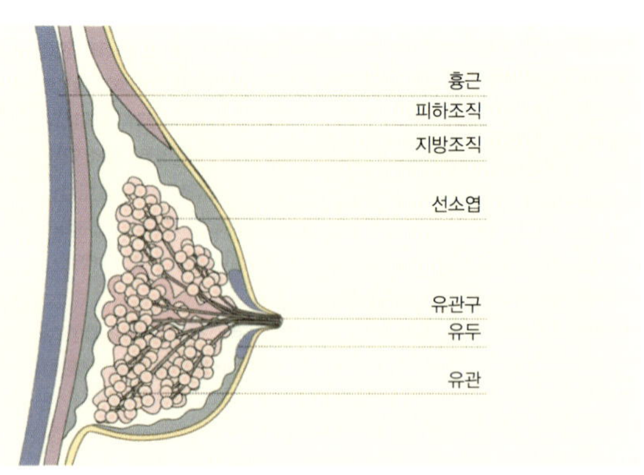

유방과 수유
젖은 선소엽에서 만들어져서
유관을 통해 배출된다.

중기부터 유방은 수유할 준비를 갖춘다. 아기는 태어나서 처음 며칠 동안 초유를 먹는다. 젖의 분비는 프롤락틴이라는 뇌하수체 호르몬의 영향을 받는다.

신체기관 기능의 변화

자궁과 유방이 커지는 것은 임신 중 모체의 가장 뚜렷한 변화다. 그만큼 뚜렷하지는 않지만 역시 중요한 다른 변화들이 있는데, 인체의 중요한 기능인 소화, 순환, 호흡과 관련된 것들이다.

이 변화들은 두 가지 이유 때문이다. 아기는 자신의 뼈와 피부, 근육을 만들기 위해 필요한 칼슘과 철분, 당분, 지방, 염분 등의 물질을 엄마의 피에서 가져온다. 그리고 엄마의 핏속에 자신의 찌꺼기를 배설한다. 그와 동시에 모체의 일부, 주로 자궁과 유방도 발달한다. 이 새로운 조직들을 만들기 위해서는 필요한 영양분을 추가로 더 공급해주어야 한다.

이런 요구를 충족시키기 위해서 모든 인체기관이 강화된다. 더 많은 일을 하기 위해 더 많은 연료를 소비하며 더 빨리 돌아가는 엔진처럼 말이다.

● **심장과 혈액 순환** : 가장 먼저 문제가 되는 것은 심장과 혈액 순환이다. 태반에서 엄마와 아기의 교환이 이루어지기 때문에 더 많은 일을 해야만 한다. 순환하는 혈액의 양이 40% 증가하고 심장은 분당 평균 15박동 이상 더 빨리 뛴다. 혈액의 양도 늘어나서 분당 4ℓ 대신 5.5ℓ를 배출한다. 한 마디로 말해서 심장이 일을 더 많이 하는 것이다. 그래서 심장병이 있으면 임신을 감당하기 힘들 수도 있다. 건강하지 않은 심장은 추가로 요구되는 작업을 완수하기가 더 힘들기 때문이다.

● **호흡** : 임신을 하면 호흡이 더 빨라지는 것은 아니지만, 호흡할 때마다 더 많은 양의 공기를 폐로 지나가게 해서 10~15% 더 많은 산소를 소비한다. 이것이 자궁이 커져서 서서히 위쪽으로 밀려나는 횡격막의 이동과 더불어 임신 말기에 호흡이 가빠지는 느낌이 드는 원인이다. 순환하는 피의 양이 현저하게 늘어나는 만큼 필요 없는 요소와 찌꺼기를 소변으로 배출하기 위해 피를 거르는 신장의 일도 늘어난다.

●호르몬 : 임신 호르몬들, 특히 황체 호르몬은 모체의 몇몇 기능들은 약화시키는데, 그것이 자궁에는 도움이 된다. 자궁이 수축하는 것을 막기 때문이다. 하지만 위나 장, 소포 같은 소화기관들에는 좋지 않은데, 소화 장애나 변비 같은 장애가 빈번하게 발생하는 것이다. 소변을 신장에서 방광으로 보내는 요관과 방관에서도 같은 일이 일어나 요로 감염이 자주 생길 수 있다.

몸이 출산을 준비한다

아기가 태어나기 위해서는 근육으로 이루어진 자궁이 수축하고, 아기는 평소에는 빨대보다 더 좁고 가는 자궁경부를 통과한 후 다시 질을 통과해야 한다. 아기가 태어나기 위해 따라가야 하는 이 길은 벌어지는 뼈들로 이루어진 골반 속을 가로지른다. 임신이 진행되는 동안 여러 신체 조직들이 출산 준비를 한다.

●골반 : 뼈와 뼈를 있는 관절들이 풀어지면서 골반이 몇 밀리미터 넓어진다.

그 때문에 임신 말기에 고통스러울 수도 있다.

●자궁 : 자궁의 섬유질들은 열다섯 배에서 스무 배 이상 길어지고 동시에 더 넓어진다. 이런 변화로 자궁은 더 유연해지고 더 쉽게 수축되어 경부를 열어 아기를 앞으로 밀어내는 엔진의 역할을 해낼 수 있다. 자궁의 혈액 순환은 눈에 띄게 증가한다. 임신 전에 단단한 섬유질이었던 자궁경부는 무르고 부드러워져 출산이 다가오면 별 어려움 없이 열린다.

●질 : 임신 기간 동안 질은 완전히 변해서 임신 말기에는 임신하지 않은 여성의 질과는 전혀 다른 모습이 된다. 질은 길어지고 커지며 내벽이 점점 부드러워지고 늘어나서 아코디언처럼 주름이 잡힌다. 임신 말기에는 아기의 머리가 잘 통과할 수 있도록 준비를 하는데, 아홉 달 전만 해도 이건 생각할 수도 없는 일이었다.

동시에 질의 산성도와 분비물이 급격히 증가한다. 질 분비물은 임신한 여성에게 자주 발생하는 질염의 세균 증식을 돕기도 하지만, 높은 산성도는 많은 세균을 막는 훌륭한 장벽 역할을 한다.

임신 말기에 경부에 보이는 점액성의 장애물은 세균의 두 번째 장벽이 되고, 양막은 세 번째 장벽이 된다.

호르몬의 역할

임신은 아홉 달 동안 활발하게 활동하는 호르몬의 지배를 받는다. 난소 호르몬은 매달 배란을 유발하고 자궁이 수정란을 맞아들이도록 준비시킨 다음 수정란의 이동과 착상을 가능하게 한다. 또 수정란이 자리를 잡는 동안 자궁이 수정란을 배출하지 못하게 한다.

임신 초기에는 황체가 호르몬을 만든다. 그 후 많은 양이 필요해지면 임신기의 호르몬 공장이라고 할 수 있는 태반이 출산 때까지 호르몬을 만들어낸다. 임신기에 활동량이 늘어나는 것은 난소 호르몬뿐 아니라 췌장과 갑상선, 부신 호르몬도 마찬가지다. 또 임신 중에는 옥시토신이라는 새로운 호르몬이 생기는데, 분만 촉진 역할을 한다. 젖을 분비시키는 호르몬인 프롤락틴도 생긴다.

임신기의 주요한 사건들을 주관하는 여러 가지 호르몬들의 제휴 작용이 대부분의 변화를 조절한다. 이 호르몬들은 커지는 자궁의 세포 조직을 강화하고, 태아의 요구에 따라 모체의 저장물들을 끌어내며, 아기의 발육에 너무나 중요하지만 까다로운 영양 교환 작용도 조절한다. 이 호르몬들은 또 모체의 체중을 증가시키고 유선이 발달하게 하기도 한다. 그래서 임신이 순조롭게 진행되는지 알아보기 위한 방법 중 하나가 호르몬의 양을 측정하는 것이다.

임신 개월 수	임신부	태아
1개월	●생리가 며칠 늦어지면 임신 진단 시약으로 임신 여부를 진단할 수 있다.	●첫 달이 끝날 무렵 태아의 키는 5mm, 몸무게는 약 1g이다.
2개월	●임신했다는 사실을 알면 반드시 담배와 술을 바로 끊어야 한다. ●임신부에게 맞는 식이요법을 한다. ●걷기와 수영 등 신체활동은 계속한다.	●태아의 키는 2~3cm, 몸무게는 약 11g이다. ●8주일이 되면 모든 신체기관의 형태가 갖추어진다. 초음파 검사를 해보면 심장이 또렷하게 보이며 심장이 뛰는 소리도 들을 수 있다.
3개월	●정기적으로 체중을 재는 습관을 들인다. ●균형 잡힌 식이요법을 지킨다.	●태아의 모든 신체기관이 보인다. ●키는 10cm, 몸무게는 약 45g이다.
4개월	●체중의 증가와 감소를 관찰한다. ●걷기와 근육 이완 등 신체활동을 계속한다.	●머리카락이 자란다. ●키는 18cm, 몸무게는 약 225g이다.
5개월	●4개월째와 동일.	●손톱이 눈에 보인다. ●키는 25cm, 몸무게는 약 500g이다. ●태아가 움직이는 것을 볼 수 있다.
6개월	●체중이 주당 350~400g 이상 늘면 안 된다. ●산전체조를 게을리 하면 안 된다.	●점점 더 많이 움직인다. ●키는 31cm, 몸무게는 약 1kg이다.
7개월	●체중을 정기적으로 확인한다.	●태아가 듣는다. ●키는 40cm, 몸무게는 1,300~1,700g이다.
8개월	●7개월째와 동일.	●마지막 손질의 달이다. ●키는 45cm, 몸무게는 2,000g 이상이다.
9개월	●마지막 달에 가장 중요한 것은 휴식이다.	●태아는 이제 태어날 준비가 되었다. 성별에 따라 다르지만 키는 약 50cm, 몸무게는 3,000g 이상이다.

딸과 아들, 어떻게 결정될까?

지금은 초음파 덕분에 아이의 성별을 알려고 하면 바로 알 수 있다. 그래도 많은 부모들이 아이가 태어난 후에 아들인지 딸인지를 알고 싶어 한다. 수정되는 순간, 어떤 원리에 의해, 그리고 어떤 생물학 법칙에 의해 아이의 성별이 결정되는지를 이해하기 위해서는 미세한 영역으로 들어가 자세한 설명을 들어볼 필요가 있다.

세포와 염색체

생물체는 세포로 만들어진 여러 조직으로 이루어져 있다. 인간은 약 100억 개의 세포를 가지고 있다. 세포는 모든 생물의 기본 요소다. 세포의 형태는 생물체에서 어떤 역할을 하느냐에 따라 서로 다르다. 적혈구 세포는 원판 모양을 가진 데 비해 신경이나 피부 세포는 정육면체나 평평한 평행육면체 모양이고, 뼈 세포는 별 모양이다.

각각의 세포에는 가장 중요하고 밀도가 높은 핵이 있다. 핵은 염료를 빨아들이는 성질이 있다고 해서 염색질이라고 불리는 물질로 구성되어 있는데, 세포가 증식하고 새롭게 만들어지기 위해 분열될 때 핵의 염색질은 염색체라 불리는 미립자로 분할된다. 염색체의 모양과 수는 동물의 종류에 따라 다르다.

인간에게는 세포마다 46개의 염색체가 23쌍으로 묶여있다. 염색체 한 쌍 중에서 한 개는 아빠로부터 물려받고 또 한 개는 엄마로부터 물려받는다.

X와 Y

22개의 염색체 쌍은 남성, 여성 모두 똑같다. 반면에 23번째 쌍은 남성과 여성이 다른데 바로 성염색체 쌍이다.

여성은 이 쌍이 X염색체라 불리는 2개의 비슷한 염색체로 구성되어 있다. 남성은 두 염색체가 달라서 하나는 X라고 불리며 다른 하나는 Y라고 불린다. 즉, 여성은 세포가 22개의 염색체 쌍과 1개의 XX

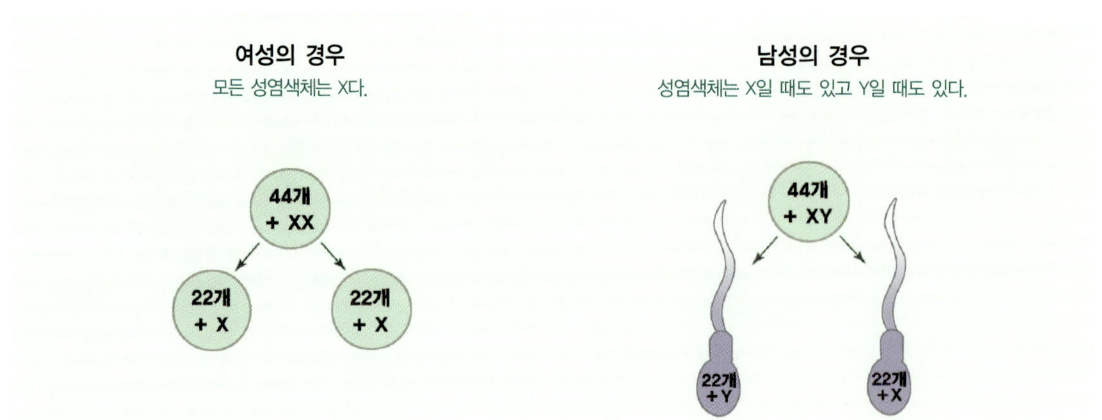

쌍으로 이루어지고, 남성은 22개 쌍과 1
개의 XY쌍으로 이루어진다.

세포 분열

신경 세포를 제외한 생명체의 모든 세포
는 재생된다. 세포 한 개의 수명은 4일에
서 4개월까지로 정해져있다. 세포 생산은
단순분열에 의해 이루어진다. 각 세포는
모세포와 똑같은 수의 염색체를 가진 두
개의 자세포로 분열된다.

성세포

하지만 성세포는 이 분열 규칙에서 벗어
난다. 여성에게서 난자가 만들어지고 남
성에게서 정자가 만들어질 때 세포 분열
은 약간 특이한 성격을 지닌다. 수정을 담
당하게 될 성세포인 난자나 정자는 염색
체의 절반만을, 즉 46개 대신 23개만을 가
지는 것이다. 이렇게 절반의 염색체만을
가진 정자와 난자가 결합하면 인간을 특
징짓는 숫자인 46개의 완전한 염색체를 가
진 하나의 세포, 수정란이 만들어진다.

이렇게 되지 않으면 수정란은 정상적인
인간을 특징짓는 숫자가 아닌 46 + 46개,
즉 92개의 염색체를 가질지도 모른다. 비
정상적인 염색체 수를 가지는 수정란은
유산이나 정상이 아닌 아기의 출생으로
연결된다.

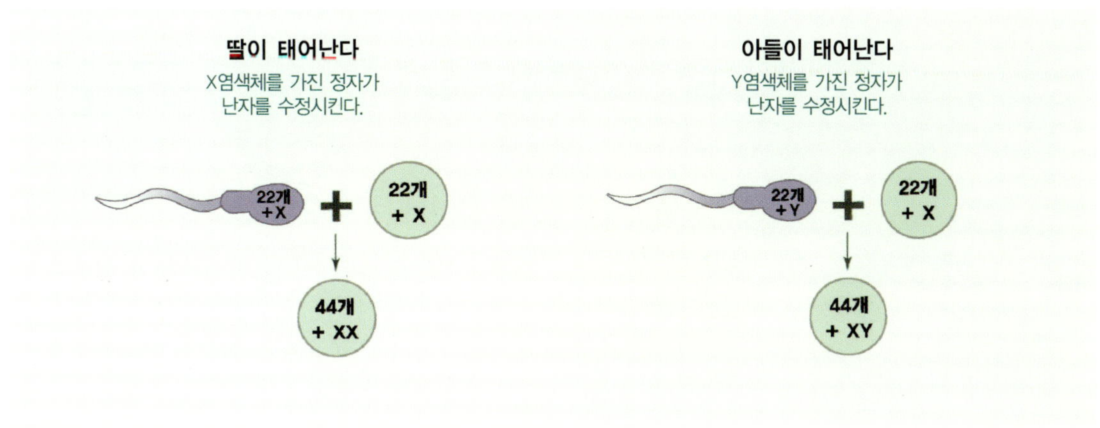

왜 아들이고 왜 딸일까?

우선 이것이 순전히 우연이라는 사실을 인정해야 한다. 그래도 설명은 필요하다. 난소에서 난자가 만들어질 때 여성은 두 개의 성염색체가 X와 X로 똑같으므로 난자는 22개의 보통 염색체와 1개의 X염색체를 받을 것이다. 그래서 모든 난자가 똑같은 염색체 공식을 가진다.

반면에 남성은 정자를 생성하는 모세포가 44개의 염색체와 2개의 다른 성염색체 X와 Y를 가지고 있다. 분열을 할 때 50%의 정자는 22개의 보통 염색체와 1개의 Y염색체를 받을 것이고, 다른 50%는 22개의 보통 염색체와 1개의 X염색체를 받을 것이다. 따라서 모든 정자가 똑같은 염색체 공식을 가지는 것은 아니다. 그래서 하나의 난자와 하나의 정자가 결합하여 수정을 할 때는 확률이 50%인 두 개의 가능성이 나타난다.

딸

난자가 X염색체를 가진 정자에 의해 수정된다. 그 결과 염색체 결합에 의해 44개의 염색체와 XX의 성염색체를 가지는 수정란이 나온다. 이 공식은 여성의 염색체이므로 이 수정란은 딸이 된다.

아들

난자가 Y염색체를 가진 정자에 의해 수정된다. 그래서 염색체의 구성은 44개와 XY의 성염색체가 된다. 이 공식은 남성의 염색체이므로 이 수정란은 아들이 된다.

아이의 성별을 결정짓는 것은 정자다. 즉 정자가 X염색체를 가지고 있을 때는 딸이고 Y염색체를 가지고 있을 때는 아들이다.

그러나 우연만은 아니다

이 분야에는 우리의 상식을 넘어서는 일들이 일어난다. 사실 우연만 개입한다면 동전놀이에서처럼 통계적으로 아들과 딸이 똑같은 비율로 출생해야만 할 것이다.

그런데 딸 100명에 아들 104~ 106명꼴로 딸보다는 아들이 약간 더 많이 태어난다. 한편, 한쪽 성별의 아기들이 놀랄 정도로 많이 태어나는 집안도 있다. 그래서 딸 부잣집과 아들 부잣집이 생기는 것이다. 심한 경우 3대에 걸쳐 72번 임신에서 72명의 딸이 나온 예도 있다. 이런 현상에 대한 설명은 현재로서는 아직 가설 수준을 넘어서지 못한다. 하지만 전 세계에서 수많은 연구들이 진행되고 있으므로 차츰 답을 얻게 될 것이다.

예를 들면 X정자와 Y정자 사이에 차이점이 있다는 사실을 알게 되었다. Y정자는 X정자보다 머리가 더 작으며 더 빨리 움직인다. 또 한편으로는 정액에 무슨 문제가 생겨 X정자나 Y정자가 손상을 입는 것 같기도 하다. 그래서 아들보다 딸을 더 많이 낳는 사람도 있을 것이다. 아직도 모르는 일들이 이 분야에 수없이 남아 있다.

딸과 아들을 마음대로 고를 수 있을까?

대답은 아니오다. 그렇기는 해도 딸이나 아들을 마음대로 갖는다는 것은 인류의 역사만큼이나 오래 된 꿈이다. 그런 꿈이 터무니없고 효과도 없는 충고와 처방을 수없이 만들어냈다. 몇 년 전부터 세계적으로 수많은 연구가 이루어지고 있는데, 딸이나 아들을 갖고 싶은 부모의 욕구를 만족시키기 위해서라기보다는, 성에 관련된 유전병이 내림되는 가족을 돕기 위해서다. 어떤 병은 딸 혹은 아들만 걸린다. 지금 이 분야에서의 과학 연구는 어디까지 진전되었을까?

첫 번째 연구는 아들이 되는 Y정자와 딸이 되는 X정자를 실험실에서 식별하는 것이다. 이 기술은 난착상 이전의 진단(DPI)이라고 불린다.

우선 시험관 수정을 하여 수정란을 얻은 다음 세포를 채취하여 유전병을 보유하지 않은 수정란을 골라 착상한다. 현재 DPI는 염색체수를 정하고 성별을 결정하는 단계를 훨씬 넘어섰다. 태아가 유전병 유전자를 보유하고 있는지 아닌지를 알아낼 수 있는 것이다.

심각한 유전병을 물려줄 위험이 있어서 임신중절을 고려하는 상황에서 DPI는 양수나 융모막, 제대혈을 검사하는 출생 전 진단을 서서히 대신하게 될 것이다. 유전병이나 임신중절의 결과는 쉽게 상상할 수 있듯이 비극이기 때문이다.

출생 전에 아기의 성별을 알게 해주는 방법

지금은 출생 전에 아기의 성별을 알게 해주는 과학적인 방법이 세 가지 있다. 초음파 검사와 양수 검사, 융모막 검사이다.

초음파 검사는 21~22주째에 한다. 이때 실수 없이 아기의 성별을 알 수 있다. 오류를 범할 가능성은 매우 적지만 아기의 위치 때문에 확인을 방해받는 경우는 있다. 이럴 경우 의사는 단서를 붙여 말할 것이다. 보다 확실하게 알기 위해서는 31~32주째 실시되는 초음파 검사를 기다려야 한다. 7주일만 더 기다려 아기가 태어난 다음 알아도 된다.

양수 검사, 융모막 검사는 초음파 검사보다 훨씬 덜 이용된다. 아기의 염색체를 검사해야 될 필요가 있을 경우에만 이루어지기 때문이다. 이 검사는 두 가지 방법으로 행해진다. 즉 10~11주에 태반의 융모를 추출하거나, 16~17주에 양수를 검사하는 것이다.

이 두 가지 기술을 사용하면 성 염색체를 조사하여 딸인지 아들인지 알 수 있다. 이 방법은 확실하긴 하지만, 특별한 경우를 제외하고는 아기의 성별을 아는 용도만으로는 사용하지 않는다.

우리 아이는 누구를 닮았을까?

사람들은 아기가 과연 할아버지의 넓은 이마와 둥근 눈을 물려받을지, 아니면 아빠의 곧은 코와 큰 키를 물려받을지 알고 싶어 한다. 또 할머니의 까다로운 성격은 물려받지 말고 엄마의 음악적 재능을 물려받기를 바란다. 사람들은 신체적, 지적 특징과 재능이 세대를 거쳐 어떻게 유전되는지 궁금해 한다.

신체적 유전

유전적 특성을 전해주는 물질은 염색체, 그 중 유전자다. 염색체에는 각 개인의 특징을 유전시키는 유전자가 들어있다. 수정을 할 때 엄마와 아빠의 염색체 결합, 즉 유전인자 상호간의 조합이 아기에게 아빠와 엄마의 신체적, 심리적 특징을 전달해준다.

논리적으로는 아기가 아빠와 엄마를 반씩 닮기를, 턱은 아빠를 닮고 코는 엄마를 닮기를 기대할 수가 있다. 그러나 그런 일이 자주 일어나지는 않는다. 아기는 아빠와 엄마를 그대로 반씩 빼닮은 모자이크 합성체가 되지는 않는다. 이것은 복합적인 유전 법칙으로 설명된다.

유전 가능성

성세포가 형성될 때 부모의 세포에 포함되어 있는 46개 중에서 23개의 염색체만이 정자와 난자로 넘어간다는 것을 앞에서 보았다. 수정란은 아빠 유전의 반과 엄마 유전의 반만을 받는다. 하지만 이것이 엄마와 아빠 유전의 통합은 아니다.

더 중요한 일은 23쌍의 염색체가 둘로 나뉘는 분리가 전적으로 우연에 의해 이루어지는 것이다. 즉 한 쌍의 각 염색체는 두 자세포의 어느 쪽으로도 갈 수가 있다. 간단한 계산으로도 2의 23제곱, 즉 8,388,608가지의 가능성이 있다는 것을 알 수 있다. 유전의 관점에서 한 남성은 8,388,608가지의 서로 다른, 즉 유전정보가 동일하지 않은 정자를 만들 수 있다. 여성의 난자도 마찬가지다.

또 한 쌍의 똑같은 염색체는 분리되기 전에 여러 가지를 서로 교환하여 유전 재료를 재결합한다. 유전학자들은 이를 크로싱 오버라고 한다. 이런 현상을 고려한다면 8백만 개의 가능성 정도가 아니라 인간의 수보다 훨씬 많은 10^{40}개의 가능성이 존재한다.

그래서 형제자매는 똑같은 엄마와 아빠에게서 태어나도 서로 닮는 정도에 그치는 것이다. 일란성 쌍둥이를 제외하고는 각각의 수정란은 부모, 형제자매와 다른 새로운 개인을 탄생시킨다. 새로운 태아는 인류 역사에서 이전에 있었던 사람들과도 다르고 앞으로 있을 사람들과도 다른 유일한 개체가 되는 것이다.

우성과 열성

아기는 아빠의 유전 인자와 엄마의 유전 인자를 받는다. 예를 들어 아기가 아빠의 갈색 눈 인자와 엄마의 파란 눈 인자를 물려받았다고 가정해 보자. 아기의 눈은 반은 갈색이고 반은 파란색이 아니라 그냥 갈색이다. 갈색 눈의 인자가 파란 눈의 인자보다 힘이 세기 때문이다. 이때 힘이 센 갈색의 인자를 우성, 힘이 약한 파란색의 인자를 열성이라고 부른다. 또 열성 인자는 억압되어 있다고도 말하는데 인자가 유전하는 것을 방해받았기 때문이다.

대체적으로 긴 속눈썹과 넓은 콧구멍, 큰 귀, 주근깨는 우성 인자로, 가느다란 눈과 밝은 색 머리, 근시는 열성 인자로 알려져 있다.

그러나 우성 인자를 받은 아기도 자신의 유전자산 중 염색체 유전자에 열성 인자의 형질을 지니고 있다. 열성 인자는 우성 인자에 억압되어 나타나지 않고 있을 뿐인 것이다. 갈색 눈을 가진 이 아이가 어른이 되었을 때, 열성 인자를 자신의 유전 인자 중 하나에 여전히 간직하고 있기 때문에 후손에게 물려줄 수도 있다. 배우자도 마찬가지여서, 그들의 아기는 아빠나 엄마가 갈색 눈인데도 불구하고 파란 눈을 가질 수도 있는 것이다.

그렇기 때문에 아기는 모든 유전형질을 부모로부터 물려받는데도 불구하고 부모를 전혀 닮지 않을 수도 있다. 그 대신 아기는 모든 그 전 세대들로부터 유전형질을 물려받는다. 신체적인 특징은 유전적이어서, 그 전의 세대들이 가졌던 특징들 중 하나만을 가질 수 있다. 그러나 이런 법칙에도 항상 예외는 있다.

유전 법칙의 첫 번째 예외 : 환경

첫 번째 예외는 유전과는 무관한 요인이 영향을 끼칠 수도 있다는 것이다.

● **체중** : 뚱뚱해지는 체질은 유전이지만 개인의 몸무게는 과식이나 굶주림 등 영양섭취 조건에 따라 달라질 수도 있다.

● **신장** : 미국으로 이민 온 아시아인, 특히 키가 작은 중국인과 일본인들의 후손들이 조상들보다 키가 크다는 사실

이 확인되었다. 이것은 생활 방식, 그중에서도 영양섭취의 영향이라고밖에 설명할 수 없다.

●**피부색** : 피부 색깔 역시 유전에 의해 결정되지만 태양에 어느 정도 노출되었느냐에 따라 피부색이 더 짙을 수도 있고 덜 짙을 수도 있다. 이런 환경의 영향은 한계가 있어서 흑인이 태양에 전혀 노출되지 않는다고 해서 피부가 흰색이 되는 것은 아니며, 백인이 햇빛을 아무리 많이 받아도 피부가 갈색으로 변하지는 않는다. 유전으로 인한 것과 환경으로 인한 것은 끊임없이 상호작용을 한다.

유전 법칙의 두 번째 예외 : 돌연변이

유전 법칙의 두 번째 예외는 돌연변이다. 유전학에서 돌연변이는 유전자를 전하는 과정에서 생긴 오류다. 유전물질의 갑작스런 변이인 것이다.

돌연변이는 대개 중성적이어서 돌연변이가 일어나도 눈에 띄지 않고 그냥 넘어가는 것이 흔하다. 돌연변이를 한 유전자가 열성일 수도 있고, 우성이더라도 눈에 띌 만큼의 발현이나 장애를 일으키지 않기 때문이다. 수많은 돌연변이가 여러 사람을 거쳐 오랜 기간 지속되어야만 눈에 보이는 차이를 얻을 수가 있다. 어찌 보면 돌연변이는 개인보다는 집단의 차원에서 작용한다고 말할 수 있다.

돌연변이는 발전적인 방향으로 진행되기도 한다. 종의 진화에 기여하는 것이다.

식물이나 동물의 종에서는 돌연변이가 많이 일어나는 반면 인간의 경우에는 아직 별로 알려지지 않았다. 그렇지만 두 배 더 산소를 잘 흡착하는 돌연변이를 일으킨 헤모글로빈이 발견되기도 했다. 보통 유전자들보다 네 배 더 일을 잘 하는 당 제조 유전자들이 발견된 남성들도 있다.

천재들이 여러 차례의 돌연변이를 겪어 특별한 능력을 발휘한다고 생각하는 학자들도 있다. 반대로 돌연변이는 때때로 해로운 결과를 가져오기도 한다. 단백질 기능장애를 일으켜 유전병에 걸리게 만들 수도 있다. 돌연변이의 유전은 유전 법칙을 따르기 때문에 열성 질병과 우성 질병, 혹은 성별과 관련되어 남성들만 또는 여성들만 걸리는 질병들도 있다. 상당히 많은 수의 돌연변이는 자연적으로 우연히 발생한다. X선이라든가 방사능, 우주방사 등 돌연변이 유발요인에 의해 돌연변이가 일어날 수도 있다. 많은 화학제품은 돌연변이를 유발할 가능성이 있다. 하지만 인간의 돌연변이 숫자를 알아낸다는 것은 불가능하다.

성격과 지능도 유전된다

신체적인 것만 유전법칙에 따라 전해지는 것은 아니다. 지적, 심리적 형질도 똑같은 방식으로 유전된다. 그러나 그 결과는 그렇게까지 잘 드러나지는 않는다. 한 개인의 지적, 심리적 구조는 생활 방식과 조상들의 행동, 교육 방식, 사회계급 등 여러 가지 영향을 받는다. 아기가 부모로부터 어떤 지적, 심리적 특성을 물려받았더라도 개성은 외부의 영향을 받아 크게 변할 수 있는 것이다. 그래서 '그 아버지에 그 아들'과 '인색한 아버지에 헤픈 아들'처럼 모순되지만 나름 사실인 두 개의 속담이 생기는 것이다.

아이가 엄마를 닮거나 아빠를 닮았더라도 할머니의 눈 색깔이나 증조할아버지의 머릿결을 가질 수도 있다는 사실을 우리는 알고 있다. 그러나 유전 사슬에서 가장 중요한 고리가 되는 것은 어쨌든 엄마다.

성격과 취미에 있어 아기는 엄마의 음악적 재능과 관련된 염색체를 물려받을 수도 있다. 엄마가 음악 취미를 물려주었기 때문에 특히 음악을 좋아할 수도 있다. 하지만 반발심 때문에 음악을 오히려 싫어할 수도 있는 것이다.

우리 아이는 정상일까?

우리 아이는 정상일까? 부모들이 가지는 가장 큰 의문이다. 정상이 아닌 아이는 전체의 3%를 넘지 않는다고 말할 수 있다. 또 자연이 스스로 선택한다고 말할 수도 있다. 이 분야에는 아직도 많은 점들이 모호한 채로 남아 있기 때문이다. 먼저 자주 제기되는 의문들부터 살펴보자.

유전적인 것과 선천적인 것의 차이

이 두 말은 자주 혼동을 일으키지만 엄밀히 말해 같은 말은 아니다. 일반적으로 자궁 속에서 시작되어 출생 때 드러나는 병이나 기형을 선천적이라고 한다. 예를 들어 엄마가 임신 중 풍진을 앓았던 아기는 출생 때 여러 가지 기형을 나타낼 수 있다. 그 기형은 선천적인 것이지만 유전적인 것은 아니다. 엄마가 원래 풍진을 갖고 있었던 것도 아니고, 아기가 그것을 후손에게 물려주지도 않을 것이기 때문이다.

유전자에 의해 전해지는 병을 유전적인 병이라고 한다. 부모들이 유전형질 속에 그 병을 가지고 있고 자식들에게 물려준 것이다. 유전적 원인을 가진 혈우병이나 점액과다증이 그렇다. 대부분의 유전병은 태어났을 때 드러나지만 훨씬 뒤에 나타날 수도 있다.

한 집안에서 반복되어 나타나는 병이 유전일 가능성이 크기는 하지만 반드시 그렇지는 않다. 환경과 관련될 수도 있는데 요오드 부족으로 인한 갑상선종이 그런 경우다.

유전병은 항상 심각하고 치료가 안 될까?

반드시 그렇다고 단정할 수는 없다. 상당히 많은 수의 유전병들은 심각한 기형을 일으키지 않아 정상적인 생활을 할 수 있다. 그 중에는 치유될 수 있는 병도 있다. 치유되더라도 유전병을 일으키는 유전인자를 후손에게 전할 수 있다.

왜 아기에게 이상이 생길까?

왜 어떤 아기들은 신체적, 정신적 장애를 가지고 남들과 다르게 태어나는 것일까? 아직도 의사들은 장애를 보이는 신생아 앞에서 대부분 원인을 찾지 못한다. 해답이 있다면 임신이나 출산 중 외부의 공격, 염색체 이상, 유전자 이상 등 세 가지 이유가 가능하다.

환경적 요인

수정란은 자궁에서 성장하는 동안 전염병이나 화학적, 물리적인 감염으로 공격받을 수 있다. 많은 요인들이 수정란의 정상적인 성장을 방해해서 기형을 만들어 낼 수 있다.

풍진이라든가 시토메갈로 바이러스, 혹은 톡소플라스마처럼 엄마가 감염된 전염병이 이런 경우다. 지금까지는 거의 모든 전염병이나 기생충이 문제가 된다고 여겨졌지만, 그중 많은 경우는 해로운 작용을 한다는 증거가 전혀 없다. 태아가 형성되는 시기인 처음 3개월은 어느 신체기관이 감염되느냐에 따라 차이는 있지만 심각한 기형의 위험이 있으며, 그 후에는 출생 때 감염 사실이 밝혀지더라도 기형이 될 위험은 거의 없다.

태아에게 화학 물질이 침투할 수도 있다. 임신 초기에는 반드시 필요한 치료가 아니면 하지 않는다는 원칙이 있다 해도, 어쩔 수 없이 임신 중에 엄마가 약물 치료를 받을 수도 있기 때문이다. 또 일본의 미나마타에서 일어났던 것 같은 수은 중독이나 이탈리아의 세베소에서 있었던 다이옥신 중독 같은 환경 재해가 문제일

수도 있다. 체르노빌 원자력발전소의 사고가 보여주었던 것처럼 X선이나 방사선의 작용일 수도 있다.

출산 중에 아기는 탯줄의 쇠약, 지나치게 강하거나 밀착된 자궁 수축, 꽉 죄어진 탯줄 때문에 야기되는 산소 부족으로 고통 받을 수도 있다. 이런 요인들은 출산 과정에 아기의 심장활동을 관찰해서 발견해낼 수 있다. 최근까지만 해도 대부분의 뇌 장애가 출산 중에 발생한다고 믿어왔지만 오늘날에는 뇌 장애 중 10%만이 출산 조건과 관련이 있는 것으로 인정된다.

유전적 요인 ①
염색체 이상

외부의 공격이 아니라 염색체나 유전자와 관계된 비정상으로 수정란이 해를 입는 경우이다. 염색체의 비정상이나 변이는 염색체의 수나 구조와 관계가 있다.

●**염색체 수의 이상** : 거의 대부분은 정자나 난자 생성에서 오류가 생겼기 때문이다. 모세포에서 나온 두 개의 정자

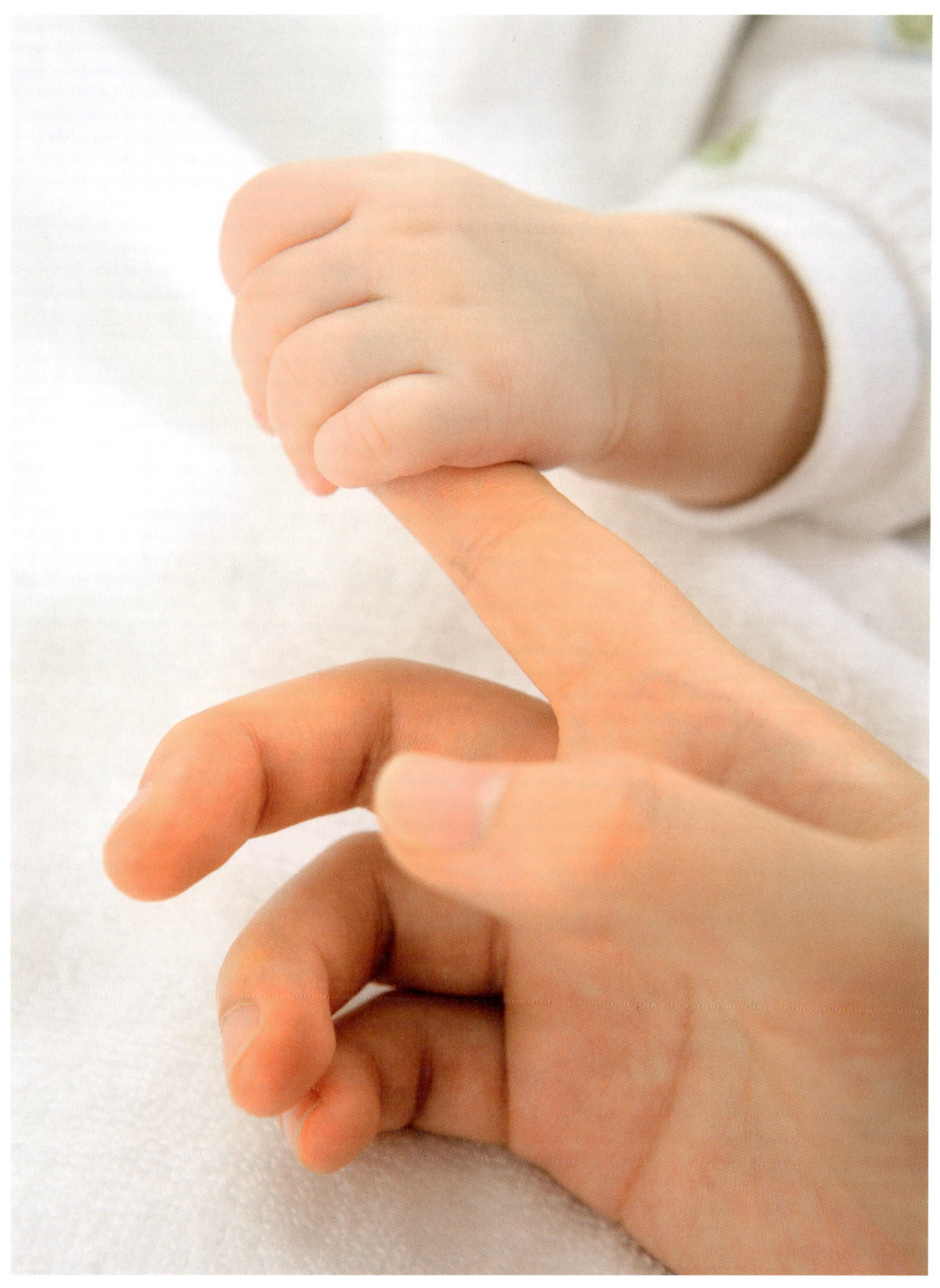

각각이 정상적으로 23개의 염색체를 받지 않고 한 정자는 하나를 더 받고 다른 정자는 하나를 덜 받는 것이다. 염색체 하나를 더 받은 정자의 수정란은 다염색체가 되고 덜 받은 정자의 수정란은 단염색체가 된다. 난자도 마찬가지다. 다운증후군의 원인인 21번 염색체가 다염색체인 것은 95%가 난자의 비정상이라고 알려져 있다.

아주 드물게는 염색체가 분리되지 않는 수도 있다. 정자 혹은 난자가 46개의 염색체를 그대로 가지고 있는 것이다. 그런 정자나 난자는 23개의 염색체가 더해져 69개의 염색체를 가진 수정란이 된다. 이 3배체는 수정란이 아예 성장하지 않는다.

● **염색체 구조의 이상** : 염색체는 약해서 난자나 정자가 만들어질 때 여러 조각으로 깨질 수가 있다. 경우에 따라서 이 깨어진 조각들은 그 자리에 다시 붙거나, 다른 염색체에 붙거나, 심지어는 사라져서 성장할 때마다 심각한 결과를 낳을 수도 있다.

－**손실이 없는 경우** : 염색체 배열이 균형을 이루고 있다고 말한다. 부서진 염색체 조각이 손실되지 않고 원래의 염색체가 아닌 다른 염색체에 붙는다. 이 경우에 일반적으로 이상 보유자에 대해서는 어떤 영향도 미치지 않는다. 약 800명 중의 한 명이 이런 경우라고 여겨지는데 비정상을 보유하고 있는 걸 모르고 있다가 비정상적인 아기를 낳을 수 있다. 21번 염색체 이상의 2~3%는 우연 때문이 아니라 아빠나 엄마의 염색체 배열의 균형 잡힌 비정상 때문이라는 것이 밝혀졌다. 일반적으로 비정상적인 아기가 태어나고 나서 부모들의 염색체 배열 카드를 작성하거나 초기 자연유산을 여러 번 하고 나서야 발견된다.

－**손실이 있는 경우** : 염색체 조각이 손실되거나, 염색체가 하나 적거나 많은 경우 염색체 배열이 불균형이라고 말하는데 이것은 다양한 결과를 낳는다. 우선 태아의 성장을 방해하여 임신 초기 몇 주 안에 유산에 이르게 한다. 또 태아가 상당한 기형을 나타내거나 심지어는 태아가 아예 없는 무정란도 있다. 대부분의 초기 자연유산의 원인이 염색체 이상이라는 것은 잘 알려진 사실이다. 염색체

이상은 5주 이내 유산의 90%, 3개월 이내 유산의 60~70%에 이르는 원인이 된다. 때로는 염색체 불균형으로 신체적인 장애와 지적 장애를 가진 아이가 태어나기도 한다.

가장 흔한 예는 피가 응고되지 않는 혈우병이다. 이 병은 여성에 의해 전해지지만 남성에게만 장애가 나타난다는 특징을 가지고 있다. 바꿔 말하자면, 여성은 병에 걸리지는 않으나 자기 아들들에게는 유전시킬 수 있다는 것이다.

유전적 요인 ②
유전자 이상

유전자 이상은 염색체 이상보다 더 한정되는데, 하나의 유전자, 즉 염색체 조각 하나와만 관련되기 때문이다. 그렇다고 해서 염색체 이상보다 덜 심각하다는 뜻은 절대 아니다.

비정상 유전자의 유전은 정상적인 형질과 똑같이 유전 법칙에 따라 이루어진다. 결함이 있는 유전자가 우성이냐 열성이냐, 혹은 그것이 보통 염색체에 위치해 있느냐 성염색체에 위치해 있느냐에 따라 후손에게 미치는 위험은 클 수도 있고 적을 수도 있다. 열성 유전자의 경우 유전자를 보유하고 있어도 병에 걸리지 않을 수 있다. 그러나 후손에게 그 유전자를 물려줄 수는 있다.

이상을 일으키는 원인

의학이 아무리 발전해도 부모들은 자기 아이가 비정상일지도 모른다는 두려움을 가지고 있다. 그래도 대체로 초음파를 보면 안심한다. 요즘엔 출산 후에야 심각한 비정상을 발견하는 경우가 거의 없다. 별 문제없이 3개월을 넘겼다면 97%는 건강 상태가 좋은 아이가 태어난다.

●**유전병의 존재** : 부모 어느 쪽이든 집안에 유전병이 있다면 비정상아를 가질 위험은 커진다. 물론 이것은 정상아를 가지는 게 불가능하다는 뜻은 아니다.

●**병력** : 이전 임신에서 비정상 인자를 가진 아이의 출산이나 중절수술, 후기 유산 등이 일어났다면 위험하다.

● **엄마의 나이** : 엄마의 나이가 난자의 질과 관계가 있으므로 엄마 나이가 많으면 많을수록 염색체 변이의 위험성은 그만큼 더 커진다. 특히 21번 염색체 이상의 확률은 20세 때는 1/1500, 25세 때는 1/1350, 30세 때는 1/900이던 것이 35세 때는 1/380, 38세 때는 1/187, 40세 때는 1/111, 42세 때는 1/64로 증가한다. 여러 기형의 원인이 되는 다른 염색체 변이로 18번 염색체 이상이나 13번 염색체 이상도 있는데 양수 검사에 의해 발견할 수 있다.

● **아빠의 나이** : 아빠의 나이도 정자의 질에 영향을 미칠 수 있다는 것이 알려지고 있다. 최근 연구 결과에 따르면 아빠의 나이가 많으면 많을수록 태아 기형의 숫자가 약간 증가한다. 그래서 정자은행은 40세 이상 되는 남성의 정자 기증을 거부하기도 한다.

● **근친혼** : 부부가 같은 조상을 가지고 있는 결혼이다. 근친관계 자체가 이상을 일으키는 것은 아니지만, 열성이기 때문에 그 동안 숨어있던 비정상 인자가 아기에게 나타날 위험이 커진다. 부모 모두 열성 유전자를 보유하고 있는 경우, 아이가 부모 모두로부터 열성 유전자를 물려받는다면 그 병에 걸리게 된다. 문제는 주로 사촌과 육촌 사이에서 일어난다. 그러나 세계에는 지극히 건강한 아기를 가진 행복한 사촌, 육촌 간 부부들도 많다.

그러나 집안에 비정상 유전 인자가 있고, 그것이 열성이라고 가정해보자. 예를 들어 청각 장애라는 비정상 유전 인자의 보유자가 있어도 모두들 정상일 수 있다. 개개인의 비정상 인자가 정상 인자에 가려져 있기 때문이다. 그런데 그 집안의 사촌끼리 결혼을 한다. 모르고 있지만 두 사람 다 비정상 인자의 보유자이다. 이런 경우 열성인 청각 장애 인자를 아이에게 유전시킬 위험은 커진다. 아기 하나가 양쪽에서 열성 유전인자를 받는다면 청각 장애인이 될 것이다.

출생 전 진단법 ①
초음파 검사

출생 전 진단의 목적은 태어날 아기에게서 비정상을 발견해내거나 위험을 평가하는 것이다. 출생 전 진단법은 최근 몇 년 동안 특히 혈청 검사와 목덜미 두께 측정 덕분에 크게 발달했다. 초음파 검사는

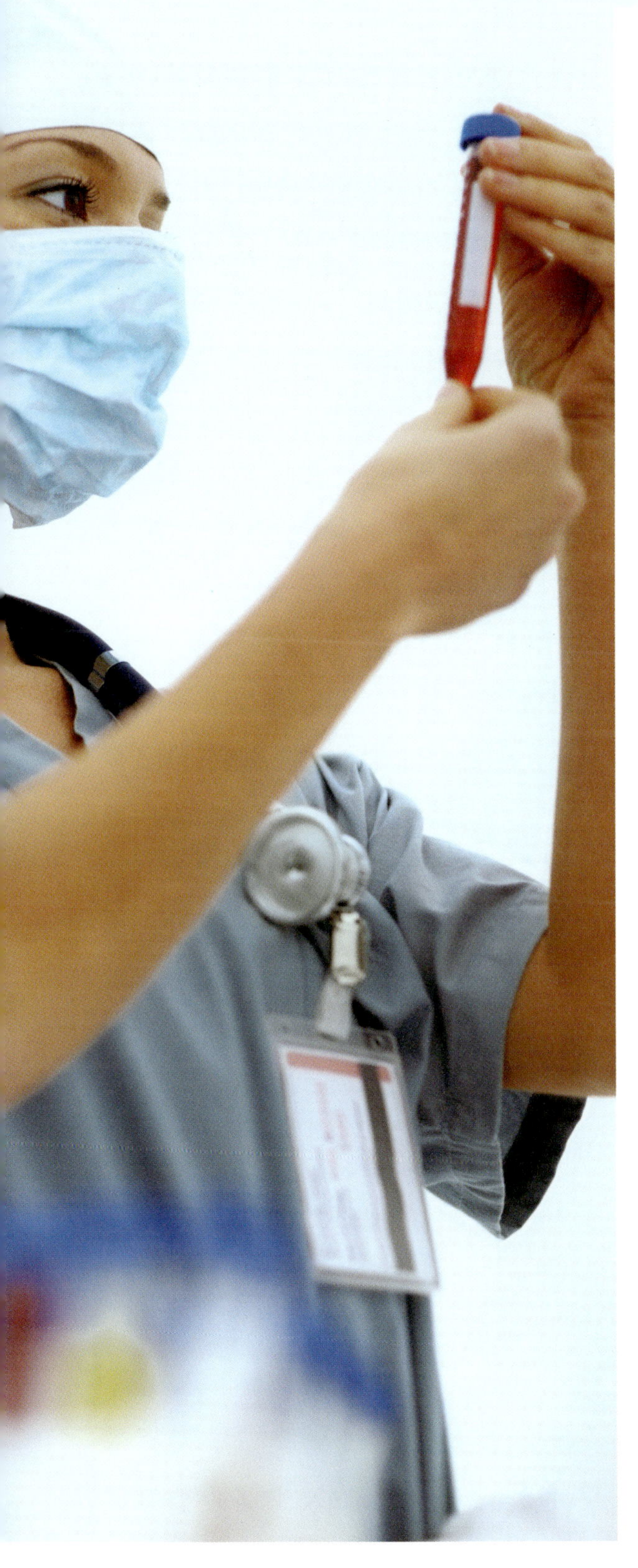

모든 임신부들이 받는 검사이기 때문에 가장 기본이 되는 출생 전 진단법이다.

출생 전 진단법 ②
혈청 검사

혈청 검사는 태어날 아기에게서 21번 염색체 이상의 위험을 찾아내기 위한 것이다. 21번 염색체 이상을 가진 아이들의 태반에 들어있는 ßHCG 호르몬의 비율이 비정상적일 만큼 높다는 사실이 알려지면서 임신 14~18주 사이에 이 호르몬의 양을 측정해볼 것을 권유한다.

이 검사의 신뢰도는 그다지 높지 않아서 목덜미의 두께를 측정하는 1차 초음파 검사 수치와 혈청 검사의 수치를 조합하여 최대한 정확하게 위험도를 측정한 후 양수 검사를 할지 결정한다.

혈청 검사에서 양성반응이 나왔거나 목덜미 두께 측정에서 비정상적이라는 결과가 나왔다고 해서 태아가 염색체 이상을 가지는 것은 아니다. 오직 양수 검사만이 믿을만한 대답을 줄 수 있다.

출생 전 진단법 ③
양수 검사

양수 검사는 보통 임신 16주와 18주 사이에 이루어진다. 그 전에는 검사를 하기에 충분한 양수가 없으며, 병발증의 위험도 더 높다. 이 검사는 더 나중에, 2차 초음파 검사를 한 뒤에 실시될 수도 있다. 임신부는 양수 검사를 해보라는 의사의 제안을 받아들이거나 거부할 수 있다.

양수 검사가 제안되는 경우

- 염색체 이상, 특히 21번 염색체의 이상 위험이 있을 것으로 생각되는 38세 이상 임신부. 초음파로 확인한 목덜미 두께 측정 결과와 혈청 검사 결과를 나이와 함께 고려한다.

- 혈청 검사 이후에 위험성이 있다고 간주된 여성.

- 초음파 검사에서 염색체 이상과 관련된 기형이나 비정상 가능성이 나타난 경우.

- 이미 기형아를 가진 여성이나 염색체 이상으로 연속으로 여러 차례 유산을 한 여성.

- 부부 가운데 한 사람이 염색체 배열에 비정상을 보이는 경우.

양수 검사는 엄마의 배꼽과 치골 사이에 주사기를 꽂아 아기가 들어있는 양수를 채취하여 검사하는 것이다. 바늘을 정확히 조작하기 위해 초음파를 이용해 검사한다. 별로 아프지도 않고 시간도 몇 분밖에 안 걸린다.

양수 검사는 입원할 필요가 없고 채취한 뒤 곧바로 집에 갈 수도 있다. 금식을 할 필요도 없다. 자신이 무슨 혈액형인지는 알고 있어야 한다. Rh−인 임신부는 양수 검사를 한 다음 감마글로불린 주사를 맞는다.

채집된 양수는 전문실험실에서 배양되어 양수 속에 배설된 태아의 세포를 채취하여 염색체 배열 카드를 작성한다. 경우에 따라서는 다른 생화학 검사들이 이루어질 수도 있다. 결과는 약 2~3주 후에 알 수 있다.

초음파 검사 때 발견된 문제와 관련하여 비정상이 있는지 양수 검사로 진단할 수 있다. 가장 빈번한 것이 21번 염색체 이상이다. 양수 검사를 통해 다른 염색체 변이도 발견할 수 있지만, 모두 뇌 장애로 이어지는 것은 아니다.

다만 양수 검사는 0.5~1% 정도의 확률로 유산 위험을 안고 있기 때문에, 몇몇 경우에만 양수 검사가 제안된다. 유산 위험은 검사 후 8~10일 사이가 가장 높다. 유산의 징후는 통증과 하혈, 혹은 양수 배출이다.

출생 전 진단법 ④
융모막 검사

융모막 검사는 점점 발달하는 추세이다. 국부 마취를 하고 초음파로 제어하면서 가느다란 도뇨관을 자궁경부나 복부 내벽으로 통과시켜 태반의 임신 초기 형태인 난포막이나 영양아층에서 채취를 한다. 이 방법은 양수 검사보다 훨씬 이른 임신 9주째부터 가능하고 며칠 만에 결과가 나온다는 장점이 있다. 그래서 검사 결과 필요하다면 훨씬 일찍 임신을 중단시킬 수 있다. 이 검사의 지시 사항은 양수 검사와 동일하다. 게다가 이 방법은 신진대사나 유전에 관련된 혈액 연관 병들을 발견하게 해준다. 유산의 위험도는 약간 높다는 단점이 있다.

출생 전 진단법 ⑤
제대혈 검사

임신 18~20주부터 임신 말기까지 할 수 있는데 초음파에 의해 조종되는 바늘로 탯줄의 혈액을 채혈해 검사한다. 이 검사를 통해 몇몇 혈액에 관련된 병을 진단할 수 있다. 초음파 검사에서 발견된 비정상을 확인하기 위한 염색체 배열 연구도 할 수 있다. 임신 중에 엄마가 톡소플라스마나 풍진 등 전염병에 걸렸을 때, 태아의 감염 유무를 알 수 있다. 태아의 혈액을 채취함으로 자궁 안 태아 치료도 가능하다.

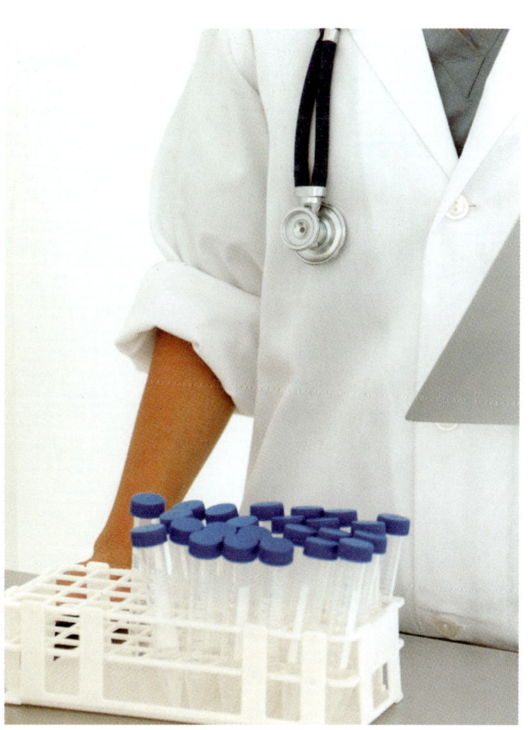

임신 중에 생기는 문제 해결하기

임신 기간 내내 몸이 더할 나위 없이 가뿐했다고 말하는 여성들도 있다. 생리가 멈추었기 때문에 임신 사실을 쉽게 알았고, 출산 때까지 아무런 불편이나 장애도 없었다고 말한다. 하지만 대부분은 임신을 하면 인체가 변화하면서 여러 가지로 몸이 불편하고, 이것저것 걱정도 된다. 놀라서 당황하지 않으려면 일어날 수 있는 문제들을 미리 알고 있는 게 좋다.

입덧

입덧에 시달리면 메스꺼움과 구토, 경련 등이 언제 시작해서 언제 끝날 수 있는 것인지를 정확히 알고 싶어 하지만 그 순간을 정확히 예측한다는 것은 불가능하다. 사람마다 다를 수 있기 때문이다.

입덧을 꼭 거치는 것은 아니다

많은 사람들이 임신은 곧 입덧이라고 생각한다. 구토를 동반하는 메스꺼움을 느끼는 경우가 많긴 하지만, 입덧은 임신부의 50%에게만 일어나는 증상이다. 임신을 했지만 아주 편안하고 전혀 메스껍지 않을 수도 있다. 입덧은 일반적으로 3주경에 나타나는데, 4개월 이상까지 계속되는 경우는 드물다.

입덧은 흔히 아침에 공복 상태에서 일어나고, 식사 후에는 사라진다. 그러나 때로는 아침 내내, 심지어는 하루 종일 계속되기도 한다. 아무 이유 없이 메스꺼워지기도 하지만 담배나 몇몇 음식 때문에 참을 수 없게 메스꺼워지기도 한다. 또 어떤 음식들은 구역질은 일으키지는 않고 단지 입맛만 떨어지게 하기도 한다.

입덧이 나타났다가 금방 사라져 버리는 사람도 있고, 뭔가를 토하고 난 뒤에야 겨우 속이 가벼워지면서 입덧을 멈추는 사람도 있다.

입덧할 때 효과적인 방법

메스꺼워질 때는 어떻게 해야 할까?

입덧을 줄이는 방법

- 조금씩 자주 천천히 먹는다.
- 일어나면 바로 당분이 든 음식을 먹는다.
- 시장을 보거나 요리하는 일을 가능한 직접 하지 않는다.
- 밥, 토스트, 바나나, 국수 등 당분이 풍부하게 든 음식을 먹는다.
- 커피를 줄인다.
- 요구르트를 먹는다.
- 박하차와 레몬차, 생강차를 마신다.
- 레몬즙을 탄 물을 마신다.
- 기름지거나 튀긴 음식은 피한다.
- 마늘 같은 향료가 많이 들어간 음식은 피한다.
- 진한 냄새는 피한다.
- 흡연과 음주를 하지 않는다.

이렇게 조심했는데도 메스꺼움과 구토가 가라앉지 않으면 의사를 만나본다. 효과 있는 약이 있긴 하지만 의사의 처방 없이 복용해서는 안 된다.

입덧은 3개월 말쯤에 저절로 사라진다. 이 기간이 지나도 계속되면 임신 외의 다른 원인이 있을 수도 있으니 의사의 진찰을 받는 게 좋다. 때로는 임신 말기에 메스꺼움과 구토가 다시 나타나는 수가 있는데 초기와 마찬가지로 걱정할 필요는 없다.

전혀 먹을 수 없을 때

입덧이 너무 심해서 단단한 것이든 음료든 음식물을 전혀 삼킬 수 없는 사람도 가끔씩 있다. 임신부의 건강 상태에 확실히 영향을 끼쳐서 체중이 줄고 탈수증에 빠지기도 한다. 혀와 피부도 건조해진다. 그 정도면 병원에 가야하는데 의사가 임신부와 가족을 놀라게 할 처방을 내리는 경우도 있다. 병원에 입원하라는 것이다. 입원을 하면 정맥 내 주입 같은 효과적인 영양 보충을 할 수 있다. 하지만 입원은 잠시나마 가족에게서 단절, 고립시켜서 오히려 역효과를 낼 수도 있다. 심각한 입덧은 대부분 심리적 요인을 가지고 있기 때문이다.

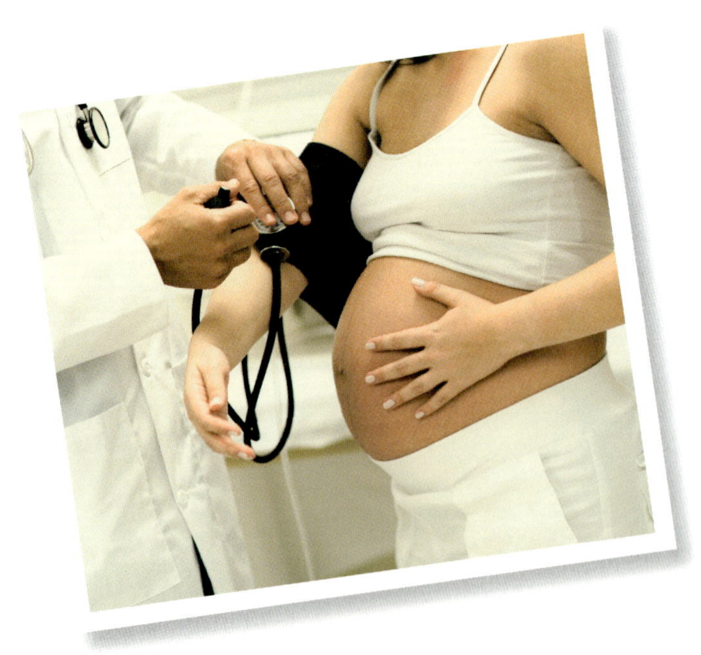

트림, 위의 통증과 쓰라림

대부분 소화불량에 걸리고, 식사 후 더부룩하고 헛배가 부르며, 소화관에 가스가 찬 것 같은 느낌을 갖는다. 왜 그런 것이며 어떻게 대처해야 할지 알아보자.

왜 속이 쓰릴까?

임신은 위든 장이든 담낭이든 모든 소화 기관의 기능을 떨어뜨린다. 그와 동시에 소화 작용에서 중요한 역할을 하는 간과 췌장의 분비도 달라진다. 그래서 신트림이 올라오고 위가 따끔거리며 통증이 느껴지기도 한다.

어떻게 먹을까?

이런 증상은 당연히 불편할 뿐만 아니라 불쾌하기도 하다. 고통을 덜기 위해서 제일 중요한 것은 너무 많이 먹지 않는 것이다. 그 다음엔 다음과 같은 음식들을 피해야 한다.

피해야 할 음식
- 지나치게 기름기가 많은 음식
- 신 음식
- 삭힌 음식
- 소화하기 힘든 음식
- 양념이 많이 들어간 음식

구운 고기나 생선, 볶지 않고 삶아서 버터나 기름을 넣은 녹색 채소와 과일 등을 먹는다. 조금씩 여러 번 천천히 먹는 것이 좋다.

증상이 심한 경우

위에서부터 식도를 따라 목구멍과 입으로 거슬러 올라오는 신트림과 쓰라림을 호소하는 경우도 있다. 증상이 심할 경우엔 몸을 앞으로 숙이거나 완전히 눕는 자세는 좋지 않다. 식사 후에 길게 드러눕는 것은 피해야 한다. 잠자리에 누울 때는 거의 앉아서 잔다싶을 정도로 보조 베개를 두 개 베는 것이 좋다. 위의 쓰라림이 정말 고통스러울 때에는 약을 처방받는다.

변비와 치질

한 번도 변비에 걸려 본 적이 없는 여성이라도 임신 중에는 변비가 자주 생기거나 항문 기능에
이상이 생길 수 있다.

변비

변비는 일반적으로 생각하는 것같이 자궁이 커지면서 장을 압박하기 때문에 생기는 것은 아니다. 자궁이 압박을 가할 정도로 커지기 전인 임신 초기부터 변비가 흔히 나타난다. 변비는 장의 기능저하로 생기는데 불편할 뿐 아니라 비뇨기의 감염 우려가 있으므로 맞서 싸워야 한다. 변비와 싸우는 방법에는 여러 가지가 있다.

변비 없애는 법

- 우선 운동을 한다. 하루에 30분씩 걸으면 장 기능이 정상화된다.

- 음식을 조심한다. 녹색 채소와 과일, 특히 자두와 포도, 배를 충분히 먹고, 치즈와 요구르트 같은 유제품, 통곡식을 먹으며, 설탕을 꿀로 대신한다.

- 가고 싶을 때까지 기다리지 말고 규칙적으로 화장실에 간다.

- 아침에 일어나 신선한 과일주스나 물을 한 잔 마신 다음 15분 뒤에 치커리와 함께 아침식사를 하는 것도 효과가 좋다. 오렌지와 토마토, 포도주스가 특히 효과적이다.

- 귀리를 꿀과 섞어 먹어도 탁월한 효과를 발휘한다.

- 하루에 여러 번, 특히 아침 공복과 식사 사이에 큰 컵으로 물을 마신다.

- 회음부를 수축시키고 숨을 크게 들이마신 후에 배 마사지를 하는 것도 효과적이다.

- 약을 쓰려면 글리세린 관장약을 쓴다. 변비 완화제는 의사 처방 없이는 복용해서는 안 된다. 너무 강력해서 장에 염증을 일으키는 것도 있다.

치질

치질은 직장과 항문에 생기는 정맥류다. 약간 딱딱하고 만지면 아픈 피부돌기들이 생겨 참을 수 없을 정도로 가렵고, 대변을 볼 때 피가 날 수도 있다. 특히 임신 중기에 많이 나타난다. 치질에 걸리면 의사에게 알려 치질이 악화되는 것을 막아줄 간단한 치료를 받는 것이 좋다. 필요하면 항문과 의사나 위장 전문의에게로 보낼 것이다.

치료를 잘 한다 하더라도 치질은 출산 후 며칠 동안에 악화될 위험이 있다는 것을 알아두자. 그 후에는 거의 대부분 사라진다.

치질 치료 방법

- 치질을 악화시키는 변비 치료를 잘 한다.

- 소독제를 이용한 국부치료를 한다.

- 루틴과 헤파린, 히드로코르티손을 주성분으로 하여 만든 연고와 좌약 등을 사용한다.

정맥류

혈관이 피부 밖으로 돌출되어 보이는 정맥류는 정맥의 벽이 비정상적으로 늘어나서 생긴다. 특히 임신 중기에 많이 나타나고, 다시 임신할 때마다 악화되는 경향이 있다.

정맥류

정맥류는 다리가 묵직해지는 느낌과 열, 부어오름, 다소 고통스러운 팽창감 등 다양한 장애를 동반할 수 있다. 때로는 개미가 기어 다니는 듯 근질거리는 느낌이 들기도 하고 경련이 일어나기도 한다. 서 있는 자세나 피로, 열 등에 의해 더욱 심해진다. 또 저녁 무렵에 확실하게 심해진다.

하지만 임신 중의 정맥류가 아주 심해지는 경우는 드물다. 정맥의 궤양이나 피부색의 변화는 아주 오래 된 정맥류에서만 나타나므로 임신부에게는 예외이다. 정맥염 역시 매우 드물다.

조금 보기 싫다는 것만 제외하면 대개의 경우 정맥류는 그리 심각한 문제는 아니다. 출산 후에는 부분적으로라도 사라진다. 그러나 다시 임신하면 또 나타나는 경향이 있으며, 임신이 거듭될수록 출산 후 사라지는 부분이 점점 줄어든다.

정맥류를 예방할 수 있을까?

다리 정맥의 혈액 순환을 돕기 위한 몇 가지 사항을 준수하면 어느 정도까지는 정맥류를 예방할 수 있다.

- 양말을 신고, 너무 높은 구두를 피하고, 자주 걷는 습관을 가진다. 굳이 정맥류의 위험을 생각하지 않더라도 걷기는 임신 중의 가장 좋은 운동이다. 수영도 역시 권장된다.

- 정맥을 압박할 수 있는 너무 꽉 죄는 양말이나 부츠를 피한다.

- 다리 밑에 베개나 쿠션을 괴고 다리를 약간 올리고 잔다.

- 시간이 있으면 낮에도 다리를 올리고 누워있는 것이 좋다. 누워있으면 정맥이 덜 부푼다. 잠시 휴식을 취할 때에도 양말이나 스타킹을 벗는 게 좋다.

- 세게 문지르는 마사지나 수압이 센 샤워로 하는 마사지는 절대 하지 말아야 한다.

- 온돌방이나 라디에이터, 스토브, 벽난로 같은 뜨거운 곳 가까이에 있으면 안 된다. 정맥이 열기를 받아 부풀어 오르기 때문이다. 일광욕과 뜨거운 밀랍으로 털을 뽑는 것도 금한다.

- 너무 뜨겁거나 차가운 목욕을 피한다. 체온과 비슷한 37℃의 물에 씻는 것이 가장 좋다.

사소해 보이지만 중요한 사항이 한 가지 있는데 양말을 누워서 신거나 벗는 것이다.

약을 쓰는 경우

정맥류 자체에는 약이 거의 듣지 않는다. 대신에 비타민P와 밤 추출물로 만든 약이 정맥류에 의해 유발되는 묵직함과 열, 둔함 등의 장애에는 효과가 있다.

정맥류를 적극적인 치료하기 위한 국부 주사나 수술 같은 것은 임신 중에는 하지 말아야 한다. 이런 치료가 위험할 수도 있지만, 임신 중의 정맥류는 출산 후에 거의 사라지기 때문이다. 출산 후에도 사라지지 않는다면 그때 의사와 상담한다. 수술은 일반적으로 출산 후 3~6개월 사이에 한다.

모세혈관의 팽창

임신 중 모세혈관이 팽창하면서 정맥류보다 훨씬 더 가늘게 분홍빛이나 붉은빛, 혹은 보라색이 섞인 푸른빛의 팽창이 나타날 수 있다. 정맥류와 함께 나타나기도 하고 정맥류가 생기기 전에 먼저 나타나기도 한다. 가느다란 그물 모양이나 반점을 만드는 이 팽창은 출산 후 대부분 사라진다.

외음부 정맥류

일부 여성의 경우 정맥류가 외부생식기에 나타나기도 한다. 크기가 아주 큰 이 외음부 정맥류는 걸을 때나 성관계 때 통증을 일으키기도 한다. 국부치료를 하면 어느 정도 통증이 사라지기는 하지만, 특별한 치료법은 없다. 그래도 차가운 물에 좌욕을 한 후 문지르지 말고 톡톡 치면서 말리거나 연고를 처방받아 바르면 도움이 된다. 외음부 정맥류는 출산 후에 후유증을 남기지 않고 완전히 사라진다.

소변 장애

신장의 기능은 임신 중에도 거의 달라지지 않지만, 태아의 존재가 신장의 부담을 가중시킨다. 그래서 임신 전에는 몰랐던 신장의 기능부전이 이때 밝혀질 수도 있다. 규칙적으로 소변 검사를 하는 것이 중요하다.

빈뇨

임신 초기와 말기에 방광 때문에 괴로움을 겪는 일이 흔하다. 소변이 마려운 느낌이 임신 전보다 훨씬 더 자주 느껴지는 것이다. 임신 초기에는 상당한 양으로 분비되는 호르몬의 영향을 방광이 받기 때문에, 임신 말기에는 아기의 머리가 방광을 누르기 때문에 일어난다.

소변이 자주 마려운 것을 피하려고 물을 덜 마시려 하고, 특히 밤중에 일어나기 귀찮아서 저녁에 물을 덜 마시려 하는 임신부가 많다. 자연스러운 반응이긴 하지만 매일 최소한 1.5ℓ의 물이나 음료를 마셔야만 한다. 임신 중에 너무나 흔한 비뇨기 감염을 막는 가장 좋은 방법도 물을 많이 마시는 것이다.

소변이 자주 마려운 것이 정말로 너무 힘들다면 의사에게 말한다. 의사가 효과적인 진정제를 줄 것이다.

요실금

임신 중에는 요실금도 이따금 나타난다. 소변 참는 게 조금 어려울 정도로 가벼울 수도 있고, 기침이나 재채기를 하거나 힘을 쓸 때 도저히 참을 수 없을 정도로 심각할 수도 있다.

요실금이 임신 6개월 이내에 나타나면 의사나 조산사의 지도에 따라 회음 훈련을 시작한다.

요실금이 마지막 3개월 동안에 나타나는 것은 그냥 아기가 방광을 아주 세게 누르기 때문에 일어나는 현상이므로 훈련을 받을 필요는 없다. 회음과 괄약근을 오므리는 운동을 하는 것만으로도 충분하다.

가려움증

피부가 트거나 건조해지는 것 외에도 임신 중에 자주 나타날 수 있는 피부 트러블이 바로 가려움증이다. 때로는 외음부가 가렵거나 화끈거리는 경우도 나타나는데, 어떻게 대처할지 살펴보자.

피부 가려움증

임신 중반 이후, 특히 8개월째부터 가려움증에 시달리는 경우가 있다. 전신에 나타나기도 하지만 대부분은 배가 많이 가렵다. 일반적으로 가려움증은 발진을 동반하지 않지만, 매우 심할 수도 있고, 자신도 모르게 긁어서 상처를 낼 수도 있다. 이럴 경우에는 반드시 의사를 만나봐야 한다.

간 기능이 비정상적이면 가려움증이 생길 수 있는데, 임신으로 담즙 분비가 중지되었을 때 가려움증이 나타난다. 단순히 임신 때문에 피부병에 걸린 경우라면 의사가 적절한 처방을 해줄 것이다.

대하

피부는 여러 층으로 배열된 세포로 이루어져 있으며, 일생 동안 끊임없이 표층세포들이 늙어서 떨어져나가고 젊은 세포로 대체된다. 표피 탈락이라고 불리는 이 현상은 피부가 햇볕에 탔을 때 잘 볼 수 있다.

질의 점막도 다른 피부처럼 끊임없이 세포들이 분열되고 떨어져나온다. 임신 중에는 난소와 태반이 분비하는 호르몬의 양이 많아 세포의 표피 탈락이 훨씬 심해진다.

세포들은 불쾌한 냄새 없이 덩어리 진 희끄무레한 유액을 만들어내는데, 정상적인 것이므로 걱정할 필요 없다. 대하나 질 분비물의 양이 많아서 팬티나 팬티라이너를 적실 수도 있는데 이런 과다 질 분비가 위험하지는 않다.

평범한 대하와 달리 가려움증과 화끈거림을 동반하며 흔히 누르스름하거나 푸르스름한 식으로 색깔이 다르고 양도 더 많은 대하는 질염이나 외음질염에 감염되었다는 증거다. 병원에서 감염 여부를 확인하기 위해 대하를 채취할 수도 있다. 채취된 대하에서는 흔히 곰팡이균이나

기생충이 나타난다. 자주 일어나지만 심
각하지는 않은 질염은 주로 좌약이나 알
약으로 치료한다. 재발하는 경우가 종종
있다.

B연쇄구균으로 인한 질 감염

이것은 전혀 차원이 다르다. 출산 때 감염
되면 신생아에게 뇌막염, 패혈증을 일으킬
위험이 있기 때문이다. 감염되어도 엄마에
게서는 징후가 거의 나타나지 않기 때문에
진단하기가 어렵다. 그래서 B연쇄구균을
찾기 위해 임신 8개월째 자궁과 질 분비물
검사를 실시하는 병원들이 늘고 있다. 양
성반응이 나오면 출산 때 항생제를 처방하
고 아기를 특별히 관찰해야한다.

통증

임신으로 모든 신체기관이 변화하면서 통증이 생길 수 있는데, 통증의 정도도 다르고 아기의 성장 단계나 임신 연령, 임신 횟수, 그 전에 받은 수술 등에 따라 서로 다른 때에 느껴진다. 몸이 임신에 적응하고 출산에 대비하는 데 모든 일들이 조용히 치러지지만은 않는 법이다.

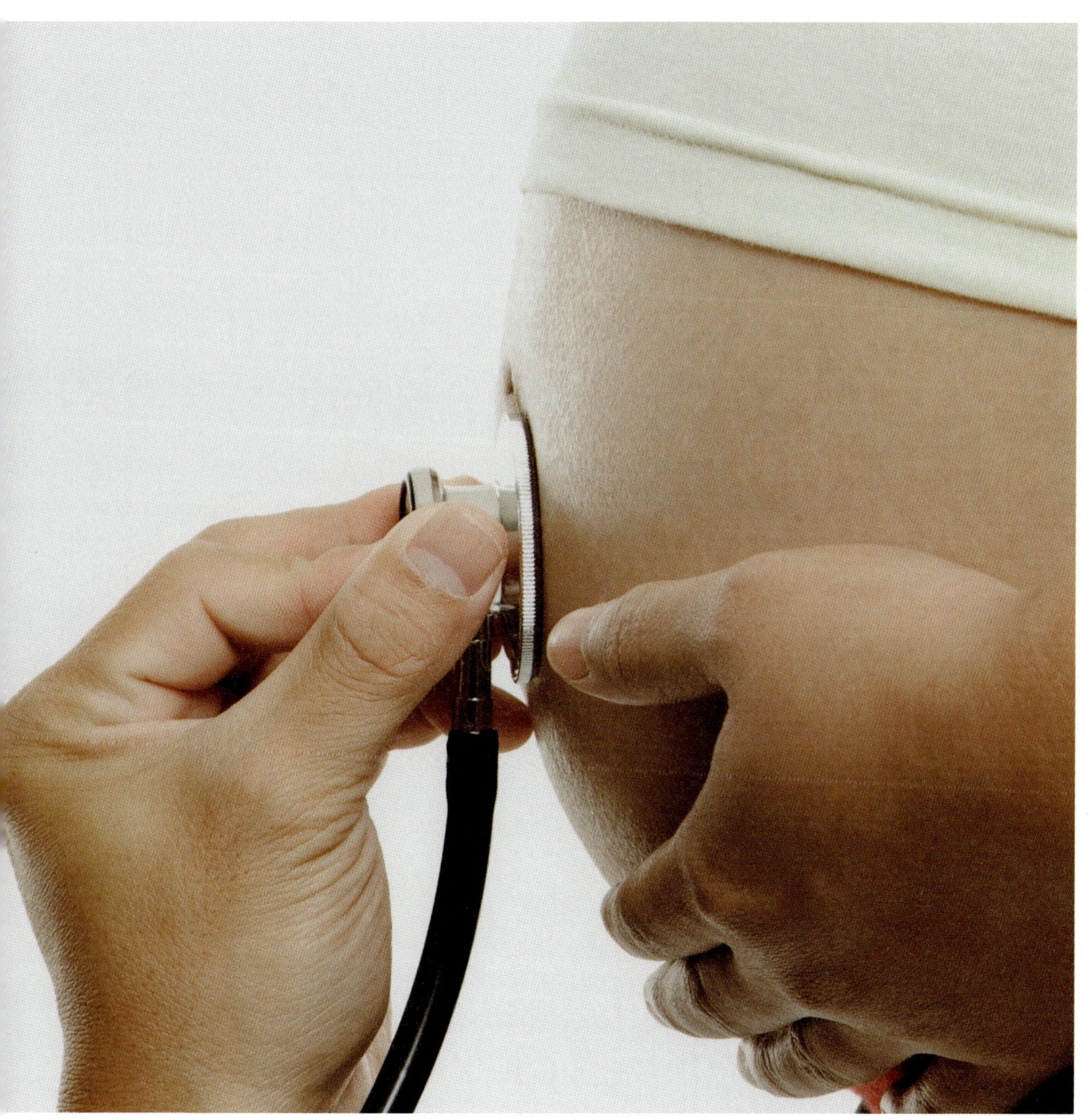

배와 골반

임신 초기에 생리 때와는 달리 골반과 아랫배 부분이 마구 잡아당겨지거나 묵직한 느낌을 경험하는 경우도 있는데, 이 느낌은 자궁이 뒤쪽으로 휘었을 때, 즉 직장 쪽으로 움직였을 때 더 강하게 느껴진다. 이 통증은 매우 자주 느껴져 불안감을 주기도 있는데 유산되는 게 아닌가 겁이 나기 때문이다. 사실은 자궁이 적응 초기에 자리를 잡는 과정에서 일어나는 현상이다.

임신 말기에는 골반이 출산에 대비하면서 관절들이 조금씩 느슨해지는데 이 과정에서 때로는 통증이 느껴진다. 특히 힘을 줄 때나 걸을 때 통증이 느껴진다. 통증이 방광과 직장까지 퍼져나가 불쾌해질 수도 있다. 통증을 덜기 위해서는 휴식을 취하는 게 좋다. 의사의 처방을 받아 진통제를 맞을 수도 있다.

신장

신장이 아프다고 하는 경우가 많은데 대부분 임신 말기에 몸이 휘는 것과 연관된 척추 통증이 문제다. 몸이 휘는 것 때문에 골반 부위의 좌골 통증이 느껴질 수도 있다. 이 통증은 저녁에나 피곤할 때, 혹은 오래 서있을 때 더 심해진다. 직업에 따라서 통증이 더 자주 느껴지기도 한다. 이 통증은 그다지 심각하지 않아서 배영 같은 운동이나 촉진만으로 나아질 수도 있다. 배가 딱딱해지면서 비뇨기의 수축 때문에 생기는 경우도 있으니 병원에서 확인하는 것이 좋다.

다리

다리의 통증은 흔하다. 정맥류가 있으면 물론 통증이 더 심해진다. 넓적다리의 뒷면에서 느껴지는 통증은 좌골 신경통처럼 느껴지기도 한다. 이 통증은 끈질기고 가라앉히기도 힘들다.

경련은 5개월부터 다리에 거의 밤에만 일어난다. 경련이 너무 심해서 잠을 깨기도 한다. 고통을 느낄 때는 일어나서 다리를 마사지한다. 옆에 누가 있으면 다리를 들어서 아주 높이 올려달라고 부탁한다. 다리를 잡고 있는 사람에게 발이 다리와 직각이 되도록 잡아당기게 하고 임신부는 반대로 발을 펴도록 힘을 쓴다. 경련이 지나가면 몇 걸음 걸어 본다. 경련은 흔히 비타민B가 부족해서 일어나므로, 비타민B와 마그네슘을 주성분으로 하는 치료를 하면 효과가 있다.

이상하게 불편한 느낌이 들면서 다리를 움직이고 싶어질 때가 있다. 쉬지 않는 다리 증후군이라고 하는데 불면증의 원인이 될 수도 있다. 경련과 똑같은 방법으로 치료한다.

팔

임신 말기에 팔에 통증이 느껴질 수 있다. 팔이 무겁고 수축되는 것 같으며, 혹은 개미가 기어 다니는 듯 근질거리는 느낌이 들기도 한다. 특히 새벽에 팔을 머리나 베개 밑에 놓고 잘 때 자주 나타난다. 임신으로 척추가 변형된 데에서 비롯되는 신경 압박 때문이다.

의사가 처방하는 진통제를 먹으면 심한 통증을 줄일 수 있다.

TiP

손목관 증후군
손바닥에 개미가 기어 다니는 듯 근질거리는 느낌이 드는데, 주로 밤중에 느껴지고 아주 심할 수도 있다. 손목에 있는 신경이 압박을 받아서 그런 것인데 출산하고 나면 없어진다. 증상이 너무 심하면 류마티스 전문의를 찾아가 부신피질호르몬 주사를 맞도록 한다.

불면증과 신경과민

임신 기간 동안 성격이 예민해지거나 신경질적이 되는 경우가 많다. 심할 경우 불면증이 오기도
하는데, 어떻게 대처해야 할지 살펴보자.

불면증

임신 중에는 잠을 제대로 자지 못한다. 초기에는 잠을 자고 싶은 욕구에 도저히 저항하지 못해서 낮에도 자느라 일상이 방해를 받는다. 그러다가 말기가 되면 반대로 새벽에도 잠을 자지 못한다. 아기가 점점 더 움직이고, 갖가지 종류의 경련과 통증이 빈번하게 일어나기 때문이다.

임신 말기를 더욱 피곤하게 하는 불면에 어떻게 대처해야 할까?

불면증 대처법

- 저녁식사를 가볍게 한다.
- 차나 커피 같은 흥분제를 피한다.
- 눕기 전에 미지근한 물에 목욕을 한다.
- 잠자리에 들기 전에 설탕을 넣은 우유나 보리차, 오렌지주스를 약간 섞은 설탕물을 한 잔 마신다.
- 식물 성분의 약한 수면제를 복용할 수도 있다.

잠을 잘 못 자고 위에서 소개한 방법도 효과가 없을 경우에는 의사에게 약을 처방해 달라고 부탁한다. 신경안정제 중 일부는 불면증에 효과를 발휘하지만 의사 처방 없이 복용해서는 안 된다.

불면증은 때로는 출산이 다가오는 것에 대한 두려움에서 비롯되기도 한다. 두려움이 있다면 주변 사람들과 이야기해보자. 대화를 나눈다는 것은 늘 좋은 일이고 혼자 끙끙거려봤자 불안감만 더 커질 뿐이다.

신경이 예민해진다

많은 여성들이 임신 중에 성격이 변하는 것을 경험한다. 신경질적이며 안절부절 못하거나 극도로 감정적이 사람이 되는 것이다. 임신을 행복해하면서도 가끔 자신도 놀랄 정도로 우울한 생각을 한다. 이런 성격 변화에는 여러 가지 이유가 있다. 아기의 출생으로 온 가족이 겪게 될 변화가 두렵기도 하고, 비정상인 아기가 나오지 않을까 걱정되기도 하며, 분만에 대한 두려움도 느껴지는 것이다.

임신부의 불안은 충분히 이해할만한 일이며, 첫 번째 임신이라면 더더구나 그렇다. 몸과 마음속에서 일어나는 모든 것이 처음 겪는 일이고 궁금하기 때문이다.

이럴 때는 남편과 대화를 나누다 보면 불안을 극복할 수 있다. 가까운 사람과 나누는 대화의 효과가 얼마나 큰지 잘 모르는 사람이 의외로 많다. 남편이 아니면 친구나 언니, 동생과 얘기해보자. 그들 역시 똑같이 불안했다는 것을 알고 위안을 받을 것이다.

어쨌든 임신 초기에는 신경이 날카로워지고 쉽게 흥분해도 일단 아이가 배 속에서 움직이고 존재가 확실히 느껴지면 차츰 진정이 될 것이다.

기타 증상들

임신 중에는 어지러움이나 혈당 부족, 시력장애, 숨가쁨 등의 현상이 나타날 수 있다. 각 경우에 대해 알아보자.

어지러움

임신 중에는 혈액 순환이 변한다. 혈액의 전체 양이 증가하고, 태반에 영양물을 공급하기 위해 새로운 순환이 만들어지며, 심장의 박동이 빨라진다.

정상적으로는 심장이 이 추가 작업을 무리 없이 해낸다. 그러나 임신부들이 심장 때문이라고 믿는 불편한 증상들이 나타나는 경우도 있다. 어지럽다는 단순한 느낌부터, 식은땀을 흘리며 금방이라도 의식을 잃을 것 같은 심한 증상까지 있다.

이 장애들은 사실 심장이 아니라 혈관과 연관된 것이라 심각한 것은 아니다. 임신이 신경계의 상태에 영향을 미치기 때문이다. 이런 종류의 불편함은 슈퍼마켓의 계산대에서 기다릴 때처럼 움직이지 않고 오랫동안 서있고 난 후에 흔히 느껴진다. 이런 증상이 느껴진다면 즉시 앉고, 집에 있다면 피가 머리로 몰리도록 발을 올리고 눕는다.

어지럼증을 피하기 위해서는 아침에 굶지 말고, 오랫동안 꼼짝 않고 서있는 일을 피해야 하며, 갑작스런 기온 변화 혹은 지나치게 난방이 잘 된 방에 머무르는 것을 피한다. 운전을 할 때 그런 느낌이 오면 그 자리에서 바로 차를 멈추는 것이 신중한 행동이다.

> **TiP**
>
> **바로 누웠을 때의 대정맥 압박**
>
> 임신 말기에 자리에 등을 대고 누웠을 때 기절 일보직전까지 갔다고 느끼는 경우도 있다. 놀랍기는 하지만 심각하지는 않은 이 증상이 사라지도록 하려면 왼쪽으로 눕거나 베개를 받치고 반쯤 앉는 것으로 충분하다. 매우 특이한 이 증상은 자궁이 몸 아랫부분에 있는 대정맥을 압박했기 때문에 일어난다. 무릎 밑에 쿠션을 대도 좋다. 골반이 뒤로 움직이고 신장이 바닥에 닿으면 대정맥은 더 이상 압박을 받지 않는다. 이 증상은 놀랍기도 하고 불쾌하기도 하지만 전혀 아무 영향도 미치지 않는다. 그러나 너무 자주 일어나면 의사에게 말해야 한다.

혈당 부족 증상

거의 항상 점심 무렵에 나타난다. 식은땀을 흘리며 메스껍고 배가 고픈 증상으로 알 수 있다. 아침 식사로 커피나 차 같이 씹히는 게 거의 없는 음식만 먹었거나 설탕이나 잼, 꿀처럼 빨리 흡수되는 당분을 먹었을 때 나타난다. 당분은 인슐린 분비를 촉진시키고, 이 인슐린 분비는 약 2시간쯤 후에 혈당감소를 야기한다. 이 증상에 민감한 여성들은 식사를 여러 번 나누어서 하고, 아침 식사 때 빵이나 달걀, 치즈 또는 약간의 고기를 먹는 것이 좋다. 경우에 따라서는 10시경에 간식으로 사과 한 개나 요구르트 한 개를 먹는 것도 좋다. 마찬가지로 오후 4~5시에도 가벼운 간식을 한다.

시력장애

임신 중에는 시력이 감소하고 원래 있던 근시가 심해지는 등 시력장애가 일어날 수 있다. 이런 장애는 대개 심각하지 않고 일시적이다. 각막 수화가 변하여 더 이상 콘택트렌즈를 낄 수 없는 경우도 종종 있는데 콘택트렌즈 대신 안경을 써야 한다. 근시가 심한 여성들은 망막이 박리될 위험이 있기 때문에 출산 때 과도하게 힘을 쓰지 않도록 해야 한다.

호흡 곤란

흔히 임신 중반 이후에 숨을 몹시 헐떡인다. 계단 한 층 오르는 것도 고역이다. 이 호흡 곤란은 자궁이 커지면서 배를 위로 밀어 올려 흉부가 압박을 받기 때문에 일어난다. 숨 쉴 자리가 줄어들면서 숨이 막히는 것 같은 느낌이 든다. 이런 느낌은 아기가 골반으로 들어가기 위해 내려올 즈음 사라진다.

출산 전 2개월 동안 특히 심해지는 이 증상에 시달리지 않으려면 가능한 한 육체노동을 줄여야 한다. 호흡 곤란이 너무 심해지면 의사의 진찰을 받는다. 의사는 심장을 검사하고, 진정제를 처방할 것이다. 진정제는 진정 작용을 하므로 더 쉽게 숨을 쉴 수가 있다.

J'ATTENDS
UN ENFANT

Laurence PERNOUD

임신, 건강하게 관리하기

임신은 여성의 삶에서 일어나는 자연적인 사건이다. 난자가 정자를 만나 수정란이 만들어지고, 9개월 만에 아기가 태어나도록 자연에 의해 예정되어있다. 그러나 자연적이라는 말이 모든 과정이 아무런 충돌 없이 항상 순조롭게 진행된다는 것을 의미하지는 않는다. 자연도 때로 실수를 한다. 유산을 할 수도 있고, 조산을 할 수도 있으며, 만산을 할 수도 있는 것이다. 그것은 곧 임신에 대한 의학적 관찰이 얼마나 중요한지를 말해준다. 이 장에서는 건강한 임신을 위한 의학적 도움에 대해 이야기해보자.

임신 중에 받아야 하는 정기 검진

첫 번째 검진은 임신 3개월이 끝나기 전에 한다. 나머지 검진은 4개월째부터 분만 때까지 매달 이루어진다. 검진 사이사이에 비정상적인 징후가 있으면 다음 정기 검진 때까지 기다리지 말고 의사의 검진을 받아야 한다.

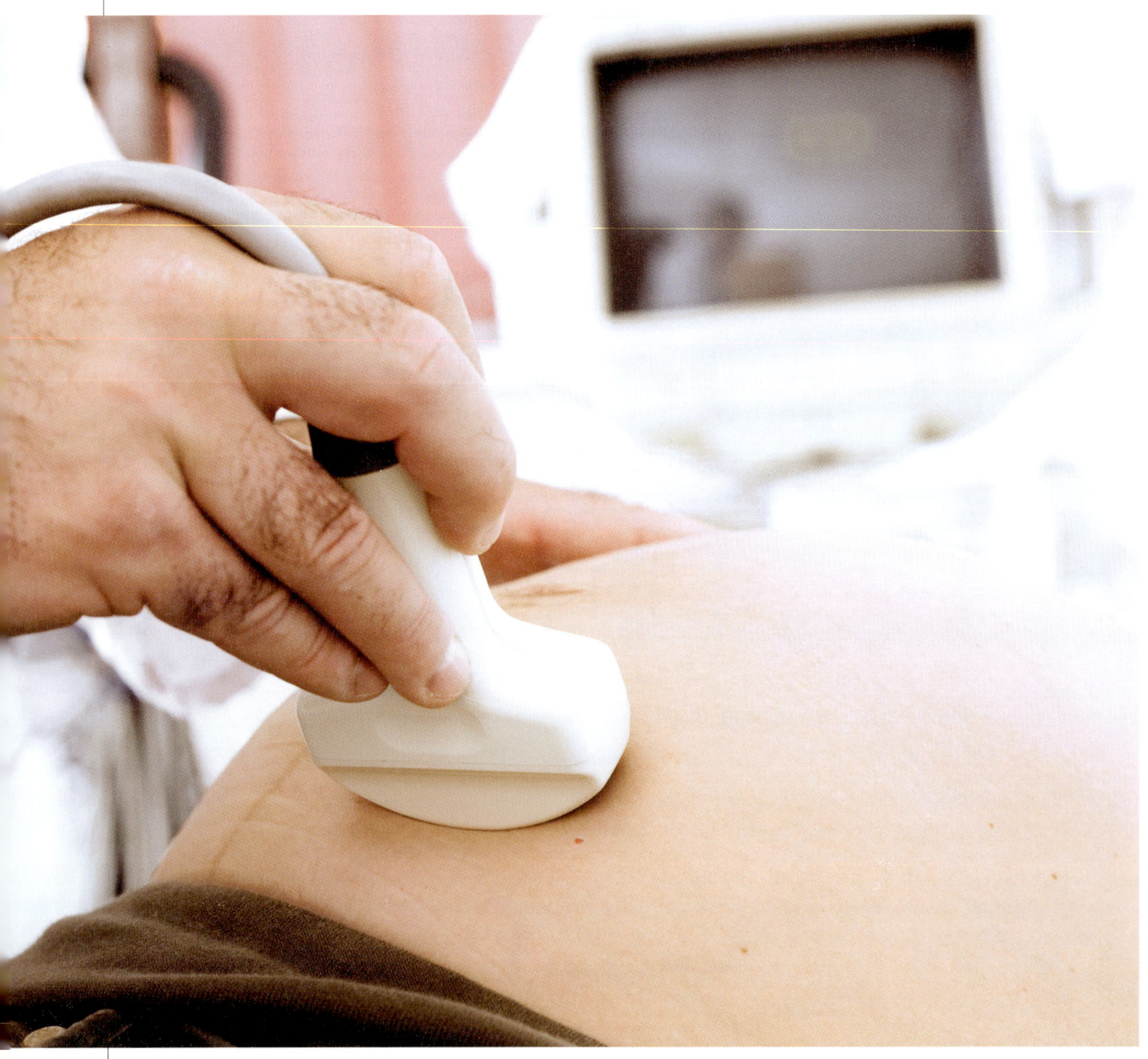

1차 검진

보통은 의사가 1차 검진을 하지만, 조산사가 할 수도 있다. 1차 검진에서는 임신 상태를 확인하고 임신 일자와 출산예정일을 정한다. 또 하혈은 없었는지, 자궁은 확장되고 있는지 등 임신이 정상적으로 진행되고 있는지 확인한다. 다른 위험 요인들이 있는지도 확인한다. 의사는 많은 정보를 얻기 위해 여러 가지 질문을 할 것이다.

● **나이가 중요하다** : 임신에 알맞은 나이는 대략 만 20세에서 35세 사이다. 18세 이하의 어린 여성은 조산 가능성이 더 높고 38세 이후부터는 몇 가지 위험이 증가한다. 다행히도 이제 아주 어린 여성이나 나이가 아주 많은 여성들은 양질의 의료혜택과 도움을 받을 수 있게 되었다.

● **병력을 정확히 밝혀야 한다** : 이전에 걸렸던 모든 병에 대해 얼마나 심각했는지, 아직도 치료 중인지를 의사에게 알려야 한다. 가족에게 유전병이 있다면 반드시 이야기해야 한다. 병력이 있으면 임신 진행 상황을 더 주의 깊게 관찰해야 할 수도 있다.

● **사회적, 경제적, 심리적 조건들** : 이 조건들은 확실히 임신의 진행에서 큰 역할을 한다. 의사는 직책, 근무 시간, 직장까지의 거리, 교통수단 등 근무 조건에 대해서도 질문할 것이다.

● **생활습관** : 의사는 식사와 생활습관에 대해 질문할 것이다. 담배를 피울 경우에는 금연을 강력히 권할 것이며, 니코틴 패치를 처방해주거나 전문가와 상담하도록 권장할 것이다.

● **기본 검사들** : 문진이 끝나면 기본적인 의학 검사들이 이루어진다.

－ **일반 검사** : 키와 몸무게, 혈압을 재고 심장을 검진하며 유방을 검사한다.

－ **산부인과 검사** : 임신 초기에 질을 촉진하여 자궁의 크기가 어느 정도인지 알아본다. 자궁경부암 검사를 한 지 1년 이상 되었다면 검사를 위해 각막 표본을 추출할 것이다.

－ **분석 검사** : 당뇨병을 확인하는 당과 임신 중독증을 확인하는 알부민을 조사하는 소변 검사와 혈액 검사를 한다.

4개월 검진

주로 혈압과 몸무게, 자궁 높이, 심장 소리 등을 측정하는 일반검진이다. 21번 염색체 이상을 발견하기 위한 혈청 검사도 한다. 알부민을 확인하는 소변 검사도 한다.

5개월 검진

4개월 때와 같은 일반 검사와 알부민 검사를 한다.

6개월 검진

자궁경부에 특별히 관심을 기울인다. 조산 위험이 있다면 자궁경부를 측정할 수도 있다. 자궁이 정상적으로 발달하고 있는지 확인하기 위해서 자궁의 높이를 측정하여 정상 수치와 비교한다. 자궁의 높이를 측정하는 것은 태아가 차지하고 있는 부피를 측정하여 태아가 임신 기간에 맞추어 제대로 성장하고 있는지 확인하는 것이다. 태아는 한 덩어리로 뭉쳐져 있기 때문에 정확한 키를 측정하는 것은 불가능하다.

심장박동 소리가 잘 들리는지도 확인한다. 일반 청진기나 초음파 청진기로 확인할 수 있는데, 덕분에 예비 엄마는 아기의 심장이 뛰는 소리를 들을 수가 있다.

일반 검사의 주요 목적은 혈압과 체중을 관찰하는 것이다.

7개월 검진

혈압에 특별한 관심을 기울인다. 이 기간에 임신 중독증이 나타날 수 있기 때문이다.

알부민을 찾는 소변 검사는 보름에 한 번 정도 더 자주 하는 것이 좋다.

Rh-일 경우에는 여러 가지 위험에 대비하기 위해 백신을 맞는 것이 좋다.

8개월 검진

태아의 부피를 측정하고, 아이의 머리가 아래로 가 있는지 아니면 엉덩이가 밑으로 가 있는지를 보고, 골반의 특징을 파악하는 등 앞으로 출산이 어떻게 진행될지를 예측하는 것이 목적이다. 골반 검사는 자궁이 출산에 필요한 크기에 도달하는 마지막 몇 주일 동안에 한다.

이상이 의심되어 골반의 X선 촬영이나 단층촬영을 해 보자고 하더라도 안심해도 된다. 아기에게는 아무 위험이 없다.

9개월 검진

의사나 조산사와의 마지막 진단으로 8개월 때와 같은 항목을 검사한다. 이 검진 때 경막 외 마취가 가능한지 물으면 된다. 회음부 절개에 대해서도 일률적으로 해야 하는 것인지, 피할 수 있는 것인지 물어본다. 아직 결정이 되지 않았다면 누가 분만을 도와 줄 것인지 물어 볼 수도 있다. 그 동안 자신의 임신을 쭉 보아왔던 담당 의사인지 아닌지 알아보고 원하는 요구를 할 수도 있다. 또 출산 후에 아기를 엄마 옆에 두어도 되는지도 알고 싶을 것이다.

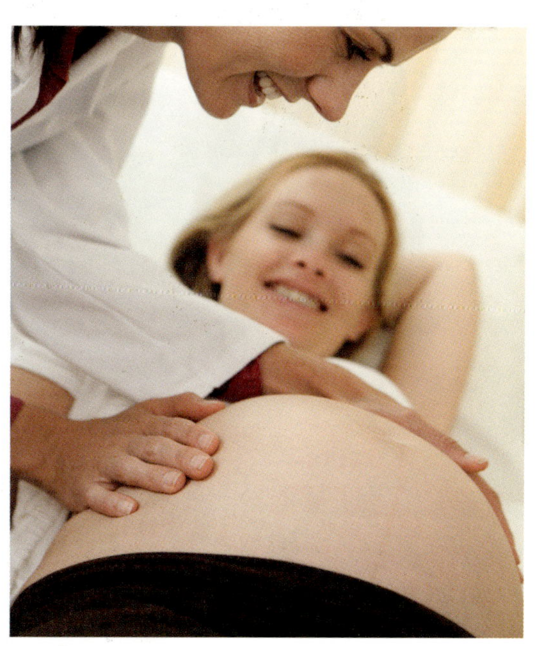

초음파 검사 바로 알기

초음파 검사는 의학적 임신 관찰에서 특별한 위치를 차지한다. 초음파는 초기 단계에서부터 태아가 보이도록 함으로써 산과에서 하는 일이 달라졌다. 초음파는 또 배 속에 있는 아이에 대한 엄마의 시선을 변화시키기도 했다. 이전에는 태아를 느끼고 만지고 심장 소리를 들을 뿐이었는데 초음파 덕분에 태아를 보게 된 것이다.

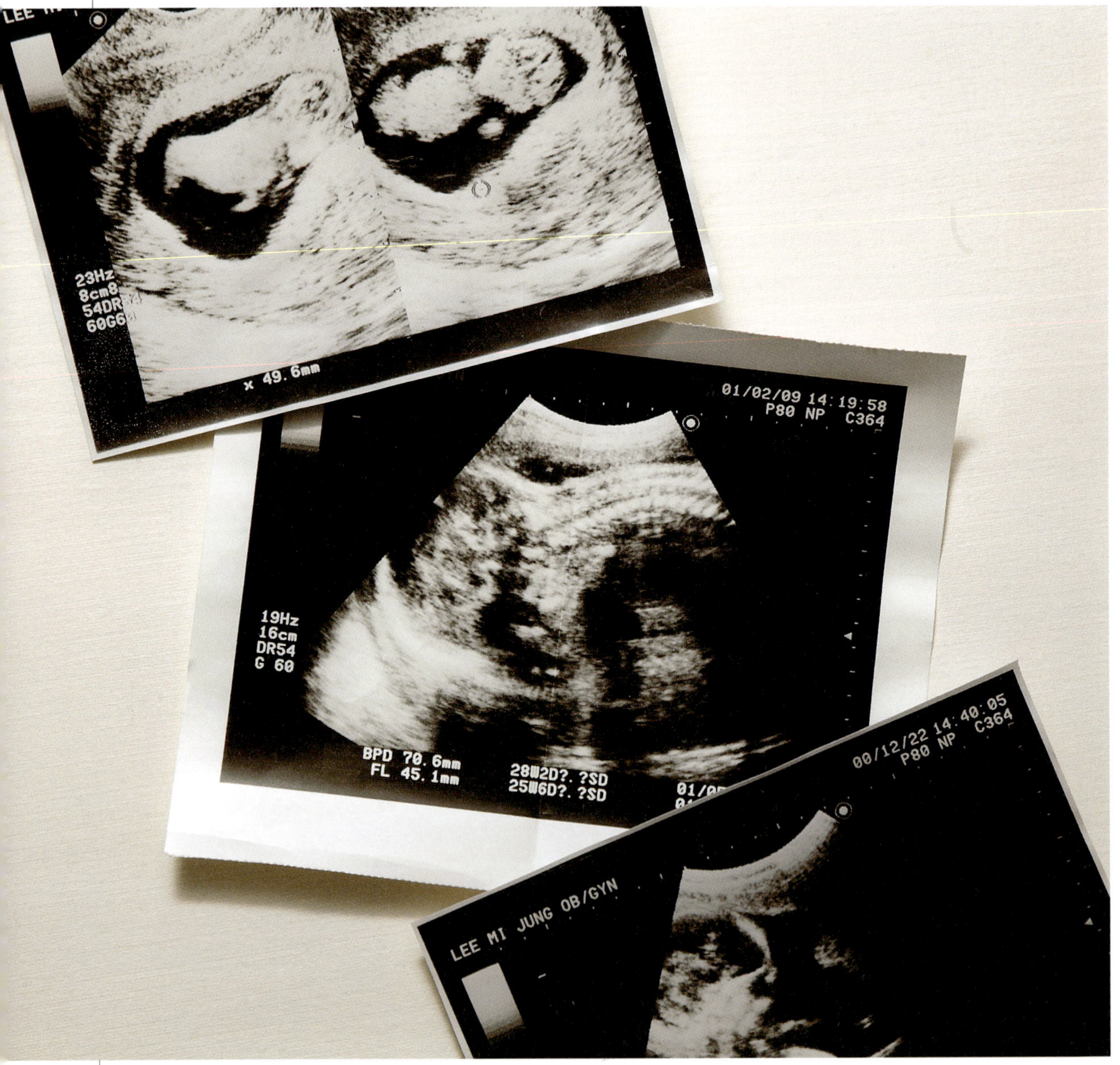

초음파란 무엇인가?

인간의 귀로는 들을 수 없는 소리를 초음파라고 부른다. 초음파는 어떤 음원에서 발사되었다가 장애물에 부딪치면 메아리처럼 그 음원으로 되돌아가는 성질을 가지고 있다.

초음파가 의학에서 어떻게 이용되는지 보자. 석영 결정체가 전기 충격을 받으면 진동하며 초음파를 보내고, 이 초음파는 반사된 후 포착되어 정보처리시스템에 의해 변환된다. 이 시스템은 태아와 인체 기관의 영상을 화면 위에 정확하게 재현한다. 의사는 필요하다고 판단되면 이 영상을 녹화한다. 대개는 이 영상들을 사진으로 찍어 검사보고서와 함께 보관한다.

초음파 검사에서 주의해야 할 점

- 제때 초음파 검사 약속을 잡아야 한다. 임신 기간 중 언제 초음파 검사를 하는지가 중요하기 때문이다. 초음파 검사는 보통 임신 12주째와 22주째, 32주째에 이루어진다.
- 검사 일주일 전부터는 배에 크림이나 기름, 젤을 바르지 않는다.
- 검사 전에 물을 마시는지는 지시에 따른다. 거의 대부분의 경우에 물을 마실 필요는 없다.
- 좋은 영상을 얻기 위해 의사가 피부에 젤을 바른 다음 배 위에 굽은 막대 모양의 기계를 지나가게 하는데, 이것은 초음파를 발사하고 수신하는 기계다.
- 1차 초음파 검사 때 의사는 일회용 콘돔을 씌우고 젤을 바른 질 초음파를 사용하기도 한다. 이 기술은 임신 초기에 더 정확한 영상을 볼 수 있도록 해준다. 이 검사는 고통스럽지도 않고 위험하지도 않다.
- 정상적인 임신 중에는 세 번의 초음파 검사가 시행된다.

1차 초음파 검사

임신 11주째와 13주째 사이에 검사한다. 1차 초음파 검사를 통해 태아가 얼마나 활력이 넘치는지 알아보고 쌍둥이가 아닌지 진단할 수 있다. 이 초음파 검사에서는 태아의 길이를 측정함으로써 임신이 된 날짜를 정확히 알아내고, 그것을 토대로 이론상의 출산예정일을 계산해낸다. 또 목덜미의 두께를 측정할 수도 있

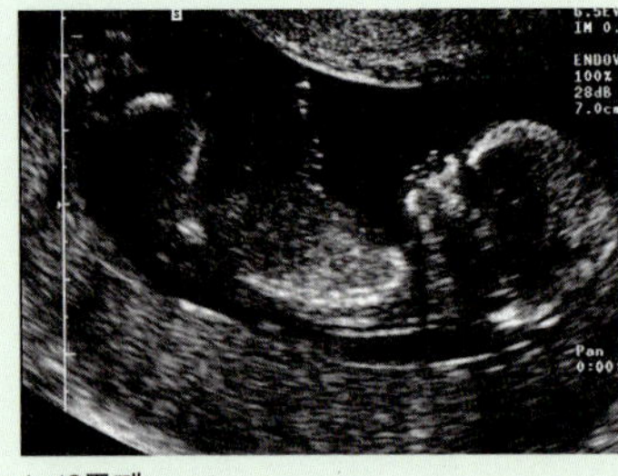

1. 12주째

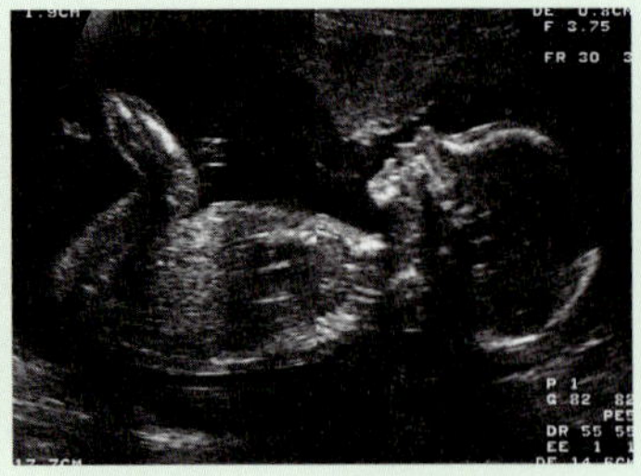

2. 22주째

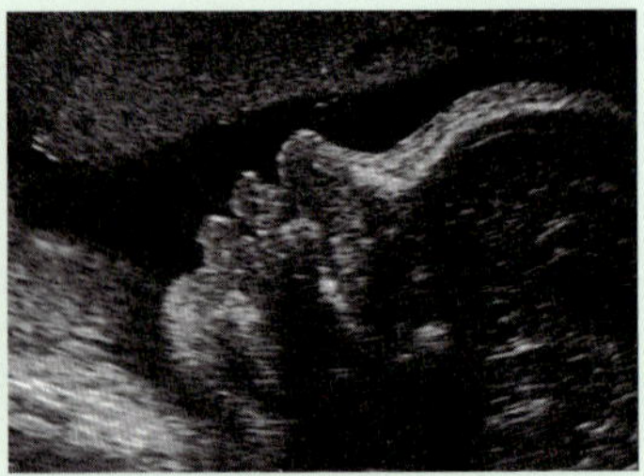

3. 32주째

다. 목덜미 두께 측정은 다운증후군을 일으키는 21번 염색체 이상을 발견해내는 방법 중 하나이지만 발견이라기보다는 위험의 정도를 평가하는 방법이라고 해야 할 것이다. 21번 염색체 이상을 발견해내는 가장 확실한 방법은 양수 검사다.

초음파 검사를 더 일찍 하기도 하는데, 생리 불순이 심하거나 하혈을 하는 여성, 혹은 인공수정으로 임신을 한 여성들의 경우다. 이 조기 초음파 검사는 임신이 정상적으로 진행되고 있다는 것을 확인시켜 주거나, 아니면 임신이 중단되었다는 것을 보여준다. 임신이 중단되었다면 얼마 지나지 않아 유산이 될 것이다. 1차 초음파 검사에서 자궁 외 임신도 진단할 수 있다.

2차 초음파 검사

임신 20~22주 사이에 검사한다. 이 기간에는 태아가 완전히 형성되어 있으므로 태아를 상세히 관찰하여 혹시 있을지도 모르는 성장 장애와 비정상을 발견할 수가 있다. 2차 초음파 검사 때 아기의 성별을 진단할 수가 있다.

3차 초음파 검사

임신 34주째에 검사한다. 아기의 위치와 크기, 태반의 부착 등 모든 것이 출산을 위해 정상으로 진행되고 있는지 확인시켜 준다. 아기의 건강이 좋은지, 아기가 잘 자라고 있는지 확인할 수 있다.

초음파 검사의
네 가지 관찰

초음파 검사는 네 가지 영역에서 이루어지는데, 각각의 중요성은 임신 기간에 따라 달라진다.

● **일반 검사** : 아기와 인체기관에 대한 일반 검사. 인체기관의 모양을 확인하는 것은 몇 가지 병, 특히 21번 염색체 이상 같은 염색체 이상을 발견해내는 데 유용하다. 신장과 뇌, 내장, 팔다리 길이, 코뼈의 길이를 분석한다. 비정상일 경우에는 정밀검사와 양수 검사를 한다.

● **자궁 내 태아 측정** : 아기의 일부분을 측정하는 것. 뇌와 대퇴골 길이, 복부 직경을 측정하면 아기가 얼마나 성장했는지 관찰할 수 있다.

● **활력 검사** : 심장 운동과 팔다리의 움직임, 호흡 운동, 삼킴 등 아기의 활력도 중요하게 관찰한다.

● **환경 검사** : 양수의 양과 태반의 위치 등 아기가 사는 환경을 관찰한다.

경우에 따라서는 혈액 순환 속도를 측정할 수 있다. 이 검사를 통해 엄마 자궁 동맥과 아기의 탯줄 혈관, 뇌동맥의 혈관 순환을 분석하고 삼킴 같은 몇 가지 태아 운동을 검사할 수가 있다.

세 차례의 초음파 검사를 통해 모든 요인들을 취합하여 일종의 태아 건강 종합 평가서를 작성한다. 다른 방법으로는 이 평가서를 만들 수가 없다. 이 평가서는 현재의 상태뿐만 아니라 나중에 나타날 수도 있는 병에 대한 정보도 알려준다.

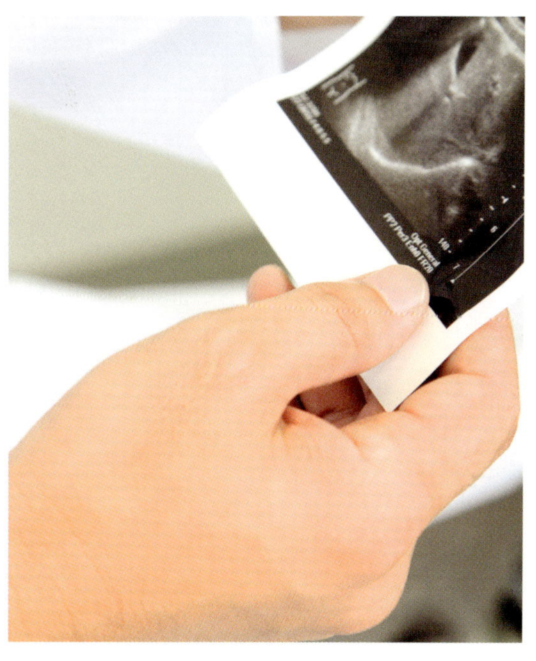

태아의 위험 신호를 감지하는 법

의학적 임신 관찰에서는 임신부가 관찰하고 느끼는 것 역시 매우 중요하다. 임신이 제대로 진행되는지를 알고 하혈이나 통증, 열 등의 위급한 징후가 나타나는 것을 알아차리기 가장 좋은 사람은 바로 자신이다. 관찰해야 될 몇 가지 세부사항에 대해 알아보자.

휴식이 부족하지 않은가?

지나친 일과 스트레스, 운동, 이동은 배와 허리에 통증과 묵직한 느낌을 유발하고 심지어는 근육이 수축될 수도 있다. 이런 위급한 징후들이 나타나면 반드시 휴식을 취해야 한다. 일을 마치고 돌아오면, 낮에라도 가능하다면 주저하지 말고 드러누워라. 정말 피곤하게 느껴진다면 다음 검진 때까지 기다리지 말고 의사나 조산사를 찾아가야 한다.

자궁 수축이 잘 이루어지고 있는가?

출산은 자궁경부를 열어 아기를 밀어내는 자궁 수축에 의해 이루어진다. 임신기간 중에도 자궁 근육은 매일 조금씩 수축한다. 자궁이 연습하고 순비하는 것이라고 말할 수도 있다. 수축은 임신 기간 내내 일어나는 정상적인 현상으로 임신 6개월째부터 느껴지기 시작하며 출산 때까지 점점 더 강해질 것이다. 때로는 태아의 움직임이 수축을 촉발시키기도 한다.

자궁이 수축할 때 만져보면 꼭 아기가 동그렇게 몸을 움츠리기라도 한 것처럼 단단해지는 것을 느낄 수 있다. 실제로는 자궁이 죄어지는 것일 뿐, 태아는 양수로 잘 보호받고 있다.

수축이 일어날 경우 배 근육을 이완시키기 위해 다리를 구부리고 머리에 쿠션을 괸 채 최소한 30분은 누워있어야 한다. 두 손을 배에 올려놓으면 아기가 엄마의 존재를 느낄 것이다.

이런 수축은 일반적으로 통증이 없고 짧다. 배가 단단해지는 것은 30~40초 동안이다. 밤낮을 가리지 않고 통증이 찾아오는데 시간 간격이나 지속되는 시간은 일정하지 않다. 수축이 이삼 회 계속 이어지다가 그 뒤로 몇 시간씩, 심지어는 며칠씩 아무 일이 안 일어나기도 한다. 눕기만 하면 수축은 중단된다. 그래도 다음 검진 때 이 사실을 의사에게 알려야 한다.

자궁이 평소보다 더 오랫동안 단단해져 있거나, 수축이 더 자주 더 강하게 일어나거나, 누워도 중단되지 않는다고 느껴지면 지체 말고 의사와 상담해야 한다. 의사나 조산사는 자궁경부가 변화되었는지를 초음파 검사 등을 통해 확인할 것

이다. 조산의 위험을 의미할 수도 있어서
입원해야 될지도 모른다.

아기가 잘 움직이고 있는가?

5개월째가 되면 아기가 활발하게 움직이
는 것을 느낄 수 있다. 그것은 태아의 생
명력을 반영해 주는 것이다. 마지막 3개
월 동안에 움직임이 몇 시간 동안 감소하
거나 사라지면 진찰을 받아야 한다. 예전
에는 위험 임신이라면 급한 경우에 빨리
의사에게 알릴 수 있도록 스스로 하루에
도 여러 번씩 태아의 움직임을 점검해 보
아야만 했다. 요즘에는 이 방법이 임신부

들을 너무 불안하게 만든다고 생각하고 강요하지 않는다.

중에 체중이 거의 늘지 않는 여성도 있고 많이 느는 여성도 있지만 둘 다 규칙적인 곡선을 그린다면 정상이고, 이 곡선의 균형이 깨지는 것은 경계해야 한다.

알부민 검사를 해 본다

알부민의 비율을 알아보기 위한 소변 검사를 꼭 해야 한다. 이 검사는 병원에서 정기 검진을 할 때 함께 이루어진다. 아니면 약국에서 색깔 있는 검사용지를 사서 스스로 검사해 볼 수도 있다. 이 검사는 6개월까지는 3주마다, 그 후로는 10일마다 하는 것이 좋다. 자국만 나는 정도라도 알부민이 있다면 그 다음날 몸을 깨끗이 한 후 다시 해보고, 그래도 자국이 있다면 의사를 찾아간다. 알부민의 존재는 임신 중독증의 첫 번째 징후일 수 있다.

궁금한 건 참지 않는다

진찰 받으러 가기 전에 묻고 싶은 질문 목록을 만든다. 안 그러면 잊어버릴 수 있다. 궁금한 것에 대해 말하지 못하는 경우가 많이 있는데 우습게 보일까 봐 두려워하지 말고 조금이라도 의심스러운 것은 모두 의사에게 말한다.

체중을 관찰한다

체중도 반드시 관찰해야 하므로 매주 체중을 잰다. 비정상적으로 체중이 늘면 의사나 조산사의 진찰을 받아야 한다. 임신

늦은 나이에 출산할 때 주의할 점

38~40세 이후에 아기를 갖는 것이야말로 우리 시대의 특징이라고 생각하지만 사실 만산은 늘 존재해왔다. 늦은 나이에 출산하는 것은 분명 어느 정도의 위험이 더 따르는 일이지만 충분히 주의를 기울이면 불가능한 일은 아니다.

진짜 위험

40세 이후에는 임신 초기에 임신을 중단시키는 경우가 더 많아져서 30%를 넘는다. 거의 대부분은 태아의 염색체나 조직의 이상으로, 대체로 임신 3개월 이전에 이루어진다. 조기 초음파 검사, 특히 12주째의 초음파 검사 덕분에 임신이 정상적으로 진행되지 않는 것을 빨리 알 수 있다.

비정상, 특히 21번 염색체 이상의 위험은 임신부의 나이가 많으면 많을수록 더 커진다. 의학적 임신중절이 더 자주 이루어져 심리적인 고통을 겪게 되는데 첫 번째나 마지막 아이인 경우 특히 힘들다.

피할 수 있는 위험

고혈압이나 당뇨병 같은 병이 임신 이전부터 있었다면 나이는 더욱 중요하다. 몸이 20세 때와 40세 때에 똑같이 반응하지는 않기 때문이다. 그래서 38~40세 이후에 아이를 가진 여성의 경우는 임신 중독증과 자궁 내 발육부진, 당뇨병에 걸릴 확률이 더 높아진다.

그러나 이 나이 때의 임신은 더 잘, 더 자주 관찰하고, 필요하다면 더 일찍, 더 빨리 치료가 들어가기 때문에 실제로 그렇게까지 위험하지는 않다. 결국 출생 전 진단과 엄밀한 관찰로 신중을 기하기만 한다면 40세의 여성도 아무 문제없이 임신하고 출산하여 인생의 선물이 될 아이의 탄생을 맘껏 즐길 수 있을 것이다.

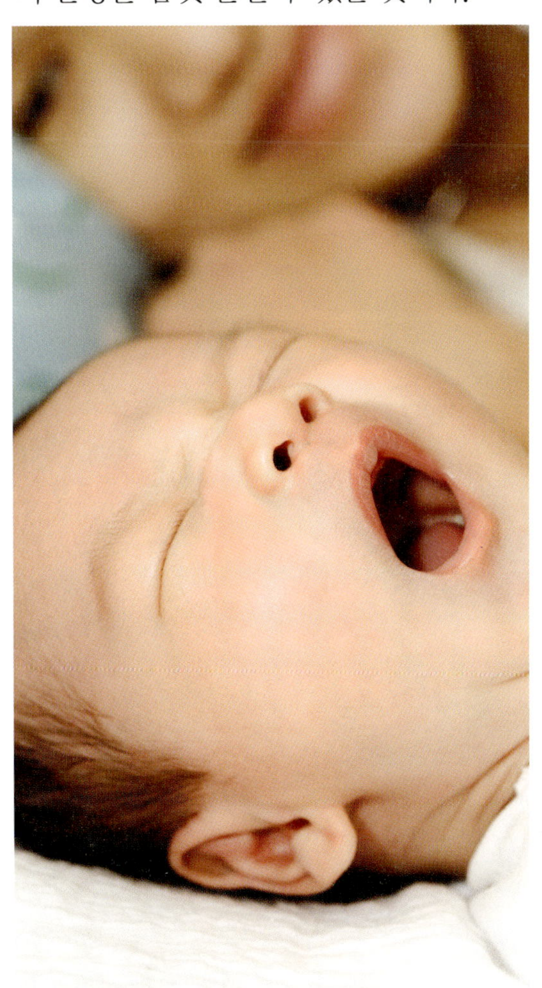

약, 예방접종, X선 촬영

약과 예방접종, X선 촬영 때문에 아기가 혹시 무슨 위험한 일을 당하지는 않을지 의사에게 자주 묻는다. 기형아를 가질지도 모른다는 두려움이 자주 들기 때문이다. 임신 15일 이전에는 약 같은 외부의 유해 요인이 아무 작용을 하지 않거나, 작용을 한다면 수정란이 죽는다. 또 3개월 후에는 기형이 아주 드물다. 그래서 위험은 임신 15일째부터 3개월 말 사이에 있다.

약

여러 가지 모양의 수백 가지 약을 일일이 훑어볼 필요는 없지만 문제가 생기는 것을 막기 위해서는 큰 원칙에 대해서 분명히 알아야 한다. 우선 임신 중에는 절대 의사 처방 없이 임의로 약을 복용해서는 안 된다. 필요한 약은 의사가 처방해줄 것이다.

약 상자 안에 들어있는 설명서에는 '임신이나 수유 기간 중에는 복용이 금지되어 있는 약품'이라고 쓰인 것을 볼 수 있을 것이다. 그렇다고 해서 이 약을 먹으면 아기에게 특별한 위험이 있다는 것은 아니다. 문제가 생길 경우 제약회사가 자신들의 책임을 면하려고 써놓은 것에 불과하다. 이것이 바로 사전 예방 원칙으로, 확실한 증거가 없더라도 위험 가능성이 있는 문제는 피하는 것이다. 일상생활의 다른 분야에도 적용된다.

아주 오래 전부터 처방되어 왔고 무해성이 증명된 일반 약들은 위험하지 않으므로 가벼운 증상을 치료하기 위해 복용할 수 있다. 소화제나 아스피린같이 보통 가정의 약장에서 볼 수 있고 의사의 처방 없이 살 수 있는 약들은 위험하지 않으므로 평소대로 먹어도 된다. 그러나 조금이라도 걱정이 되고 의문이 생긴다면 의사에게 물어본다. 임신 초기와 말기에 아스피린을 먹지 못하게 하는 의사도 있다.

예방접종

임신 중 예방접종의 위험은 종류에 따라 다르다.

백신	임신 중 접종	설명
BCG	금지	비활성화된 형태 제외
콜레라	금지	무해성이 입증되지 않음
A형 간염	금지	무해성이 입증되지 않음
B형 간염	가능	전염의 위험이 있을 때
감기	가능	
일본뇌염	금지	
뇌막염	가능	전염의 위험이 있을 때
홍역	금지	
유행성 이하선염	금지	
소아마비	가능	적응증 지시가 있을 때
광견병	가능	적응증 지시가 있을 때
풍진	금지	출산 후 접종. 접종 후에는 피임을 권장
디프테리아	금지	심각한 발열반응을 불러일으킴
파상풍	가능	적응증 지시가 있으면 가능
장티푸스	금지	무해성이 입증되지 않음
천연두	금지	
수두	금지	
백일해	금지	출산 후 접종
황열	가능	위험이 높을 경우에는 피할 것

X선과 방사선

방사선은 돌연변이를 일으키고, 아기에게 암, 특히 백혈병과 갑상선암을 야기하며, 기형을 조장한다고 비난받았다.

다량의 방사선 투여 후에 이런 위험이 존재한다는 것은 두말할 나위도 없다. 원자폭탄의 폭발 후에 이루어진 관찰이 이를 잘 증명하였다. 반대로 진단의 수단으로 사용되는 X선에 대해서는 최소한의 주의를 기울인다면 일반적인 방사선과 다르게 생각할 수 있다.

오늘날에는 초음파에 의한 특수촬영이 발달하면서 임신부에게 X선 촬영을 요구하는 경우는 드물다. 하지만 X선 검사가 필요하다면 방사선과 의사는 아기가 방사선에 노출되는 일이 없도록 특별히 주의할 것이다. 대부분 납으로 된 보호막을 둘러 준다.

임신 초의 여성이 임신했다는 것을 아직 모르는 상태에서 복부 X선 촬영이나 요도 정맥 내 X선 촬영을 하는 일이 있을 수 있는데 이런 X선 촬영이 아기에게 아무 영향도 미치지 않는다는 것이 증명되었다. 이 X선들이 퍼뜨리는 방사선은 고도가 높은 산에서의 방사선과 별로 다르지 않다.

필요할 경우 골반의 크기를 알기 위해 임신 말기에 X선 검사를 하는 경우도 있다. 이 검사는 태아에게 위험하지 않지만 방사선을 덜 방출하는 X선 진단 장치로 대체되고 있다.

아주 드물게 초음파 검사 때 발견된 이상에 대해 정확히 알아보기 위해 자기공명영상촬영장치(MRI)로 검사를 해야 될 경우도 있다. 이 검사는 X선을 사용하지 않기 때문에 위험하지 않다.

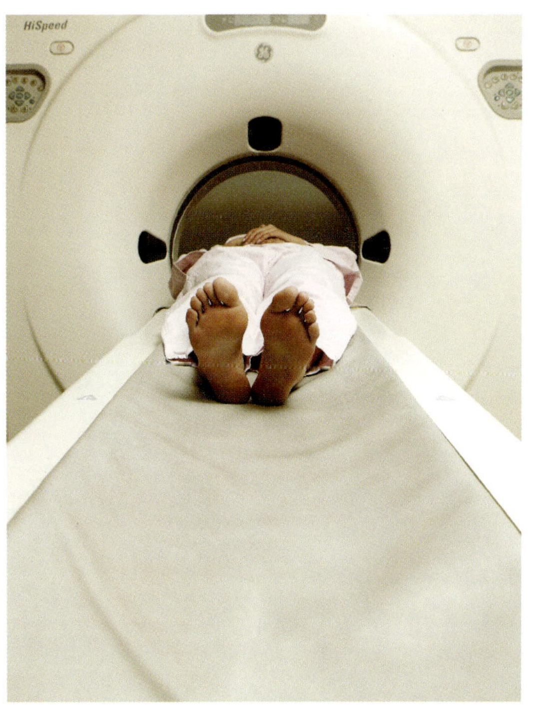

특별한 주의가 필요한 위험 임신

위험 임신이라는 표현은 임신부나 아기가 엄청난 위험을 무릅쓸 것이라는 뜻은 아니다. 이런저런 이유로 보다 더 주의 깊게 관찰하고 때로는 특별검사를 해야 하는 임신을 가장 정상적이고 평범한 임신과 구분하기 위해 의사들이 쓰는 표현에 불과하다.

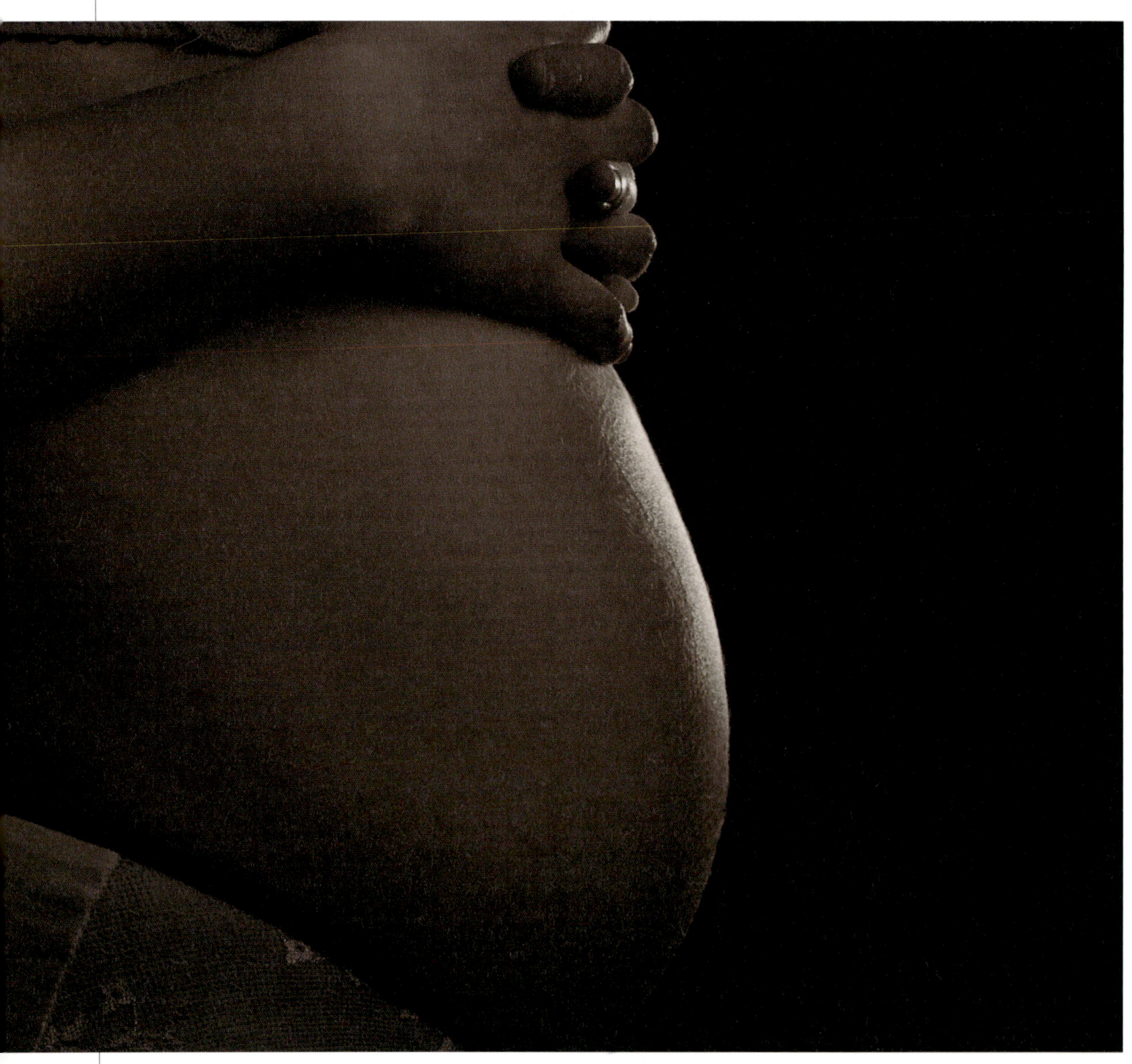

어떤 경우가
위험 임신일까?

위험 임신으로 분류되는 이유는 다양하다. 여러 가지 위험이 한 사람에게 중복되어 나타날 수도 있다. 예를 들면 습관성 유산이나 오랜 불임 끝에 첫아기를 가진 40세의 여성의 경우다. 위험을 평가한다는 것은 어려운 일이고 의사에 따라 견해가 달라지기도 한다. 정상적인 임신 중에도 느닷없이 증상이 나타나서 위험 임신이 될 수도 있다.

위험 임신

- **임신 전에 걸렸던 병** : 위험 임신의 중요한 이유로, 고혈압과 당뇨병, 심장병뿐만 아니라 간질이나 낭창, 비만증, 혈전색소증처럼 자주 안 걸리는 병도 해당된다.

- **이전 임신 때의 사고** : 이전의 임신이나 출산에서 위험이 있었다면 의사가 더 주의 깊게 관찰하는 것은 당연한 일이다. 습관성 유산과 조산, 임신 중독증, 출혈, 제왕절개를 해야 했던 난산, 사산, 기형아, 자궁 내에서 성장이 부진해서 체중이 정상 체중보다 모자라게 태어난 아기들에 대해서도 마찬가지다.

- **임신 횟수** : 여러 명의 아이를 출산한 경우에도 특별한 관찰이 필요할 때가 있다. 네 번째 출산부터는 비정상적인 태위와 난산의 위험이 늘어난다. 자궁의 힘과 수축력이 약해지기 때문이다. 마찬가지로 후산 때 출혈이 더 심해진다. 이런 위험에다 나이가 많아진 것이 또 위험으로 덧붙여진다. 게다가 지금까지 아이를 낳는데 별 문제가 없었다면 네 번째, 다섯 번째 때는 생활위생과 검진에 주의를 덜 기울이는 경향이 있다.

- **임신부의 나이** : 매우 중요하게 고려해야 할 요소다. 38~40세 이후의 임신은 특별한 관찰을 필요로 한다.

- **임신 중 발병** : 톡소플라스마병, 리스테리아증 등의 전염병이 해당된다.

- **골반 비정상** : 골반의 기형이나 키가 150cm 이하인 여성처럼 체질적인 것일 수도 있고, 골반 골절 같은 사고의 결과일 수도 있다. 골반 이상은 출산의 정상적인 진행을 방해할 수 있다.

위험 임신의 관찰

실제로 위험 임신은 무슨 의미일까? 우선 정상적인 경우보다 더 밀접하게 관찰하고 검사도 더 자주 하는 의학적 관찰을 뜻한다.

일반적으로 위험 임신은 진찰과 초음파 검사가 더 자주 이루어진다. 진찰 횟수는 특히 임신 말기부터 증가해서 한 달에 두 번 이상 의사를 만나야 한다. 임신부가 이동할 수 없거나 이동하는 것이 금지되면 의사는 조산사를 임신부에게 보낼 수도 있다. 짧은 기간 병원에 입원하여 추가검사를 하게 할 수도 있다.

태아의 발육 부진이나 발병이 의심될 때는 도플러 검사를 하기도 한다. 초음파 검사와 함께 혈관의 혈액 유입량을 측정할 수가 있다. 이 검사로 자궁 동맥과 태아의 탯줄, 뇌동맥을 지나가는 혈액의 양이 정상인지 불충분한지 확인할 수 있다.

유산의 징후를 파악하는 법

유산은 임신의 자연적인 중단을 말한다. 유산이 가장 많이 되는 것은 처음 3개월 동안이다. 임신 22주까지는 유산이 문제이고, 그 후에는 조산이 문제다.

유산의 위험은 어떻게 나타날까?

임신이 정상적으로 시작되는 것 같았으나 갑자기 아랫배에 통증이 느껴지면서 하혈이 된다. 겁을 내기 전에 우선 생리가 아닌지 날짜를 생각해 본다. 임신 2~3개월 동안에 약간의 하혈을 하는 수가 있는데 그건 전혀 문제가 없다. 그러나 이런 경우가 아닌 하혈은 경계 신호로 간주되어야 하며, 지체 없이 병원에 가야 한다. 의사만이 하혈의 원인을 찾을 수 있다. 즉시 원인을 찾는 것은 어려우며, 대부분의 경우 초음파 검사와 함께 임신호르몬(ßHCG) 수치 검사를 해 보라고 권할 것이다. 이 두 검사의 결과에 따라 임신이 정상인지 아닌지 정확하게 알 수 있다.

무엇을 해야 할까?

일반적으로 유산의 위험을 당장 예측하기는 어렵다. 그때까지 뭘 어떻게 해야 할까? 유산인지 아닌지를 알기 위해서는 기다리는 것 말고 달리 할 일이 없다. 이런 상황은 초음파 검사를 다시 할 때까지 며칠 동안 계속될 수도 있다.

몇 년 전까지는 유산의 위험이 있으면 바로 호르몬 치료를 했지만 지금은 그렇게 하지 않는다. 호르몬 치료는 더 이상 자라지 못하는 수정란을 자궁 안에 정체시키는 시간만 늘일 뿐 아무 효과도 없다는 것이 확인되었기 때문이다. 하혈이 있는 경우에는 정확한 진단이 내려지기까지 활동을 중단하고 병원에 가야 한다. 임신이 중단될 위험이 자궁이 기형이거나 자궁경부가 열린 것 때문이라면 치료가 가능하다.

무슨 일이 일어날까?

어떤 경우에는 모든 것이 순조롭게 진행된다. 하혈이 줄고, 자궁경부가 닫히며, 자궁이 계속 커진다. 초음파 검사는 임신이 계속 진행된다는 것을 확인시켜 준다.

이런 경우는 보통 수정란이 자궁에 착상하기 어려울 때 발생하는 것이다. 태반 부분박리라고 불리는 이 상황은 점점 나빠져 자연 유산이 되는 경우도 있지만 대부분은 치료를 하지 않아도 낫는다. 그래도 의사가 유산의 위험이 사라졌다고 할 때까지 활동을 하면 안 된다.

보통 유산의 위험을 넘기고 나면 기형아를 낳지 않을까 하는 두려움을 갖는다. 하지만 유산의 위험을 극복하고 임신이 계속 진행되고 있다는 것은 정상 분만에 이르는 길을 정상적으로 가고 있다는 것을 의미하기 때문에 근거 없는 두려움일 뿐이다.

니다. 그러나 빨리 의사나 조산사를 찾아가는 것이 좋다.

병원에서는 수정란이 완전히 배출되었는지 확인한다. 그렇지 않을 경우에는 수정란을 흡입기로 제거한다. 이 수술은 마취 상태에서 시행되며, 짧은 기간의 입원이 필요하다. 요즘은 약으로 자궁을 수축시킴으로써 문제가 있는 수정란을 배출시킬 수 있다.

● 심한 출혈이 있다면 큰 병원 응급실로 가야 한다.

유산이 일어나면

반대로 위험이 조금씩 분명해질 수도 있다. 자궁이 더 이상 커지지 않으며 아랫배 통증과 함께 많은 양의 하혈이 계속되면 초음파 검사를 통해 유산이라는 것을 확인할 수 있다. 사궁이 수축하어 수정란을 밀어내면 아랫배에 통증이 느껴질 수 있다.

● 심한 출혈이 없다면 곧바로 큰 병원으로 갈 필요는 없다. 유산은 즉시 종합병원으로 달려가야 하는 응급질환은 아

왜 유산이 일어날까?

유산을 겪은 여성은 다음을 위해 왜 유산이 일어났는지 궁금해 한다. 다시 유산되는 것을 막기 위해 원인이 무엇인지, 어떤 조치를 취해야 하는지 알아두려는 것이다.

우선 중요한 점은, 유산은 거의 대부분의 경우 우연한 사고라는 것이다. 유산이 되고 나서도 다시 정상적인 임신을 할 수 있다.

자연 유산의 대부분은 염색체 이상에서 비롯된다. 염색체의 수와 형태 혹은 배열

의 이상은 거의 살아남을 수 없는 불완전 수정란을 낳는다. 자연 유산은 이런 불완전 수정란을 밀어냄으로써 스스로 자연의 실수를 바로잡는 것이라고 말할 수 있다. 이런 불완전 수정란들 가운데는 태아가 없는 것도 있다. 태아는 없이 수정란의 부속물을 형성할 부분만 발육한 것이다. 염색체 이상에 의해 유산했을 경우에는 그 이후에 얼마든지 다시 임신할 수가 있으므로 불안해할 필요가 없다.

염색체 이상이 아닌 유산은 아직 그 원인이 다 밝혀지지 않아 습관성 유산을 일으킬 위험이 있다.

습관성 유산

습관성 유산을 일으킬 수 있는 원인으로는 자궁의 부분적 이상, 엄마의 병, 면역적 요인 등 여러 가지가 있다.

●**자궁의 부분적 이상** : 가장 흔하다. 자궁이 선천적으로 제대로 형성되지 못하고 충분히 발달하지도 못했다. 자궁 내막은 착상을 방해하고 수정란의 올바른 영양 섭취를 어렵게 하며 정상적인 성장을 방해하는 상처나 감염이 생길 수 있는 곳이다.

자궁과 맞닿아 있는 경부 윗부분은 임신 기간 내내 정상적으로 닫혀 있어야 한다. 그래야 수정란이 압력을 받아 밖으로 배출되는 일이 생기지 않는다. 그러나 자궁경부의 협부가 더 이상 빗장 역할을 하지 못하고 열릴 때가 있다. 이런 자궁경관무력증은 선천적인 것일 수도 있고, 난산이나 인공 유산, 소파수술 등 상해의 결과일 수도 있다.

●**엄마의 병** : 감염이 습관성 유산의 원인이 되는 경우는 드물다.

●**면역적인 요인** : 수정란이 자궁에 착상하는 아주 특별한 이식이 정상적으로 이루어지고 수정란이 발육하도록 만드는 메커니즘이 제대로 작동하지 않아 유산을 일으키는 경우가 있다. 불행하게도 이것을 진단하기도 어려운 일이며 치료하기도 쉽지 않다.

앞으로의 대책

자연 유산은 다양한 원인이 있을 수 있다. 첫 번째 유산 후 의사가 추가 검사를 하는 경우는 드물지만 여러 차례 습관성 유산을 했다면 초음파 검사와 자궁 X선 촬영, 감염이나 기생충을 찾는 혈액 검사, 부모의 염색체 배열 검사 등 더 복잡한 검사들을 권할 것이다.

이 검사들은 아무리 철저히 해도 기대했던 결과를 항상 안겨주지는 않는다. 20~25%의 경우는 원인이 발견되지 않는다.

검사들을 다 마치려면 몇 주가 필요하고, 밝혀진 원인에 대한 치료나 수술을 하기 위해서도 역시 시간이 필요하다 그러니 임신을 너무 서두르거나 초조해하면 안 된다. 어떤 경우라도 유산 후 2, 3개월 안에 다시 임신하는 것은 피해야 한다. 신체와 정신의 균형을 되찾기 위해서는 시간이 필요하다.

자궁 외 임신이라면?

수정란이 자궁에 착상하지 않고 나팔관에 그대로 붙어있을 수도 있다. 성장할 자리가 없으므로 수정란은 대부분 3개월 안에 죽는다. 그러나 그 전에 나팔관의 벽을 부식시켜서 갈라지거나 터지게 하는 등 심각한 사고를 일으킨다. 즉시 수술을 할 수 있도록 최대한 빨리 진단을 하는 것 외의 해결책은 없다. 더 이상 진행될 수가 없는 자궁 외 임신은 1~2%의 확률로 나타난다.

어떻게 해야 할까?

자궁 외 임신은 생리 예정일 전에 나타나는 거무스름한 출혈로 알 수 있다. 그래서 여성들이 생리로 잘못 생각하기 쉽다. 아랫배에 통증이 일어나기도 하는데, 통증이 매우 심할 때도 있다.

진단은 임신 여부를 보여주는 ßHCG 호르몬 함량 검사를 하고, 초음파 검사로 자궁은 비어 있고 나팔관에 비정상적인 모양이 있는지 찾고 복강경 검사로 진단 결과를 확인한다. 전신 마취 상태에서 배꼽 부분을 작게 절개한 다음 조명장치와 미니 비디오카메라가 장착된 관을 집어넣는 것이다. 배 안쪽을 모니터로 보면서 자궁 외 임신이 되었는지 확인할 수 있다.

자궁 외 임신이라면 수술을 해야 하는데, 손상된 나팔관을 절개하여 수정란을 제거하거나, 나팔관의 상처가 너무 심각할 경우에는 나팔관 전체를 제거한다. 출혈이 심할 때는 복부절개 수술을 한다.

복강경 없이 초음파로만 자궁 외 임신 검사가 가능할 때도 있다. 이 진단이 확실하다면 약으로도 치료가 가능하다. ßHCG 호르몬 함량을 여러 번 검사하면서 몇 주일 동안 엄격하게 관찰하고 이 약을 주사하여 나팔관에 자리 잡은 수정란을 없앤다.

자궁 외 임신은 최대한 빨리 진단해야 한다. 임신 초기에 통증을 동반한 심한 출혈이 있을 때는 지체하지 말고 의사의 진단을 받아야 한다. 이미 자궁 외 임신을 한 적이 있거나, 피임기구를 질 내에 삽입하고 있는 여성은 재발하는 경향이 있다.

자궁 외 임신 이후

재발되는 경향이 있지만 이후에 별 문제 없이 임신할 수 있다. 이미 자궁 외 임신을 한 적이 있다면, 생리가 조금이라도 늦어지고 임신이 되었다는 확신이 드는데 조금이라도 비정상적인 징후가 나타나면 주저하지 말고 의사와 상담해야 한다.

임신 중독증이라면?

이름이 가리키는 것처럼 임신 때만 생기는 병이다. 임신 고혈압이라고도 부른다. 임신부 스스로 발견할 수 있는 드문 병들 중 하나다. 임신 중독증의 특징은 소변 속에 알부민이 나타나고 동맥 혈압이 상승하며 부종이 빨리 나타나는 것이다.

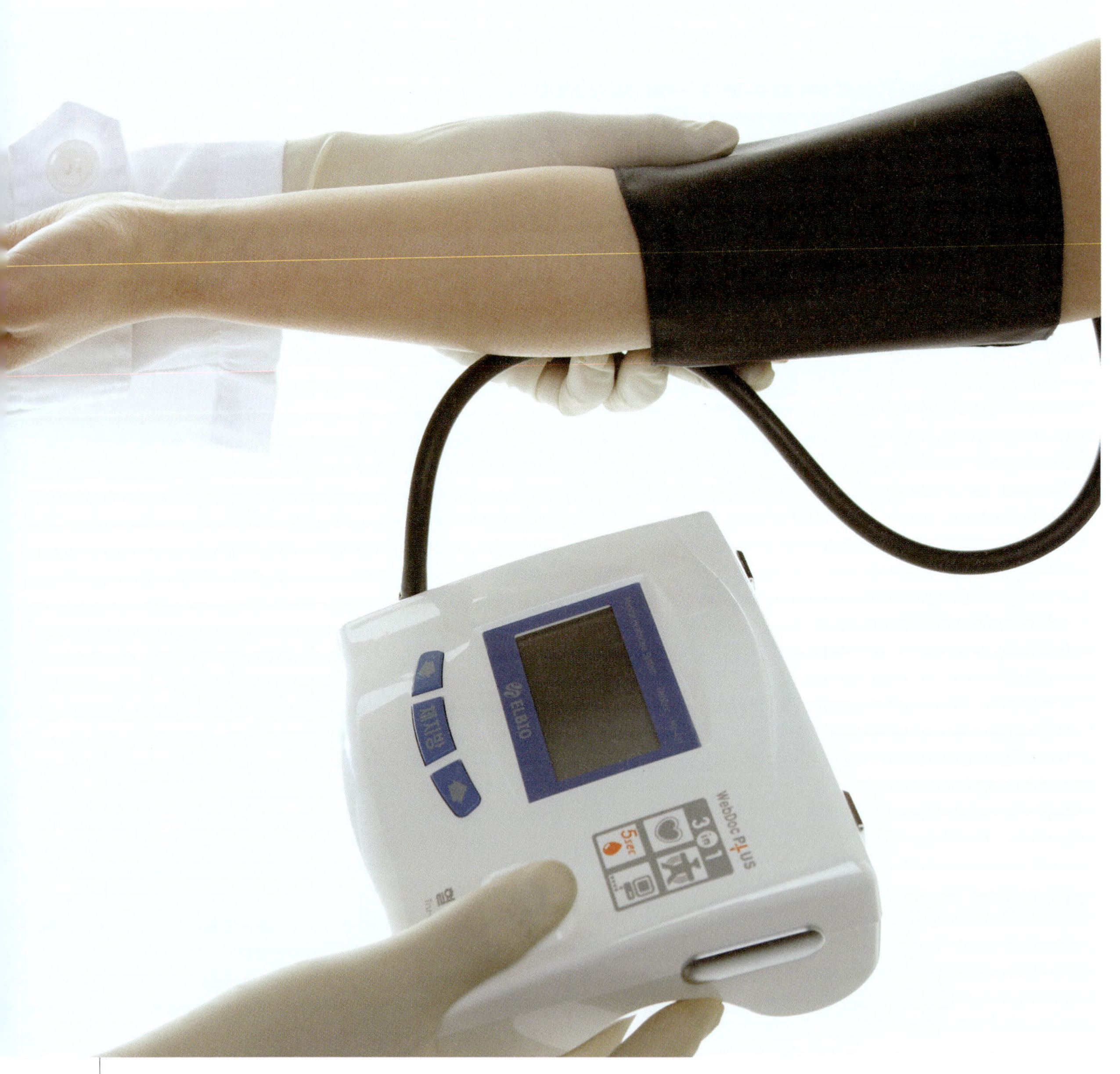

소변 속 알부민 출현

소변 속에 알부민이 있다는 것은 전혀 정상이 아니며, 임신 중에 비뇨기가 감염되었거나 임신 중독증 초기라는 것을 증명한다. 임신 6개월 때까지는 3주일에 한 번씩, 그 후에는 열흘에 한 번씩 정기적으로 소변 검사를 해야 한다. 많은 여성들이 한 달에 한 번만 검사하면 될 거라고 생각하는데, 알부민의 존재가 확인될 경우에는 더 자주 소변 검사를 해야 한다.

알부민은 혼자서 쉽게 검사할 수 있다. 검사용지의 색깔이 변하면 소변 속에 알부민이 있는 것이다. 이 경우 알부민의 양을 측정하기 위해 24시간 동안 깨끗한 용기에 소변을 모아놓았다가 병원에 가져가야 한다.

혈압의 비정상적인 상승

머리가 계속 아프고, 귀가 울리는 것 같은 느낌이 들며, '왠지 몸이 안 좋아'라는 생각과 함께 몸이 전반적으로 불편하다. 의사가 검진 때 혈압 상승을 확인할 것이다. 140/90 이상이면 비정상으로 간주된다. 특히 중요한 것은 최소 수치다.

부종

발목이 붓고, 반지를 뺄 수 없을 정도로 손가락이 굵어지며, 얼굴도 부어오를 수가 있다. 부종이 생겼다고 해서 모두 임신 중독증에 걸렸다는 뜻은 아니다. 정상적인 임신 중에도 발목이 부을 수 있다. 그러나 갑자기 부종이 나타나서 순식간에 심해지거나 체중도 갑작스럽게 늘면 경계 신호로 여기고 지체 없이 의사의 진찰을 받아야 한다.

임신 중독증에 걸렸다 해도 적절한 치료를 받으면 혈압이 내려가고 태아가 정상적으로 성장하면서 임신부는 안정을 되찾는다. 첫 번째 임신 때 이미 임신 중독증에 걸린 적이 있다면 임신 15~35주 사이에 소량의 아스피린을 복용함으로써 예방 효과를 볼 수도 있다.

불행하게도 병발증은 갑작스럽게 나타나면서 병이 시작되는 것을 알리는 신호가 되기 때문에 피할 수 없는 경우가 있다. 이 병발증들은 엄마에게 경련 발작, 태반박리로 나타날 수도 있고, 태아에게 성장 부진, 태아의 고통, 자궁 내 사망으로 나타날 수도 있다. 병발증은 임신을 중단시키고 태아를 제왕절개 수술로 꺼내야 할 만큼 긴급한 일이 될 수도 있다.

빈혈

임신 중에는 철분이 아주 많이 필요하다. 필요한 철분의 일부는 음식물을 통해 공급되고, 나머지는 모체의 저장분에서 얻어온다. 모체의 저장분이 충분하지 않을 경우 철분 부족으로 빈혈을 일으킬 수 있다. 빈혈은 비정상적인 피로와 숨가쁨, 창백함 같은 증후로 나타나지만, 전혀 드러나지 않다가 혈액검사로 드러날 수도 있다. 빈혈은 의사가 철분을 처방해주면 대부분 아무 영향도 미치지 않고 해결된다.

병에 걸렸을 때 대처법

임신 중에 병이 나면 불안하다. 대부분 특별한 영향을 미치지는 않지만 그래도 때로는 유산과 조산, 태아 기형 등의 심각한 병발증을 일으킬 수가 있다. 다른 징후 없이 그냥 체온이 잠시 올라가기만 해도 일단 의사의 진단을 받아야 한다. 아기에게 영향을 미칠 위험이 있는 병에 대해서 이야기해보자.

열이 날 때

열이 나는 것은 하찮게 생각될지 모르나 임신 중에는 결코 가볍게 넘기지 말아야 한다. 체온이 오르면 의사의 진단을 받아야 하며, 감기나 위장염, 계절에 따른 바이러스성 전염병과 연관될 수 있는 다른 징후 없이 그냥 열만 나는 것이라면 꼭 병원에 가야 한다. 체온을 상승시킬 수 있는 모든 전염병을 다 열거할 수는 없지만, 열이 날 경우 누구보다도 먼저 태아가 위험해지므로 원인을 반드시 찾아내야 한다.

임신 6개월이 넘었을 경우에는 필요한 조처들을 취하기 위해 병원에 입원하는 것이 좋다. 추가 검사의 결과를 기다리지 말고 항생제 치료를 시작해야 하는 것이다.

톡소플라스마 감염

이 병은 고기, 특히 양고기와 돼지고기 속에 있는 톡소플라스마라는 기생충에 의한 것이다. 피가 흐르는 고기를 먹으면 이 기생충을 옮길 위험이 있으므로 고기를 잘 구워 먹어야 한다. 고양이는 이 병의 매개동물인데, 고양이 똥 속에서 이 기생충이 발견된다.

톡소플라스마 감염의 증후는 목의 결절종이나 미열, 피로, 근육이나 관절의 통증 등 대체로 매우 가볍다. 증상이 매우 평범하기 때문에 55~65%에 달하는 많은 여성들은 자기도 모르는 상태에서 면역이 되어 있다. 하지만 면역이 없는 여성들은 임신 중에 이 병에 걸리면 아기에게 전염시켜 심각한 결과를 가져올 수도 있다.

TiP

톡소플라스마 예방법

영양 섭취에 신중을 기해야 한다. 날고기와 덜 구운 고기를 피한다. 텃밭에서 기른 샐러드와 과일을 먹는다면 고양이가 더럽혀 놓았을 수도 있으니 깨끗이 씻는다. 밭을 가꿀 때도 흙이 더럽혀졌을 수 있으니 장갑을 낀 상태에서 일을 하고 손을 잘 씻어야 한다. 집에서 고양이를 키울 때는 조심해야 한다. 고양이를 쓰다듬어 주었다면 손을 씻고 식사를 하는 것이 좋다.

리스테리아증

풍진이나 톡소플라스마증과 마찬가지로 리스테리아증 역시 흔히 태아에게는 무서운 병인데도 임신부에게는 증세가 가볍거나 안 나타나기도 한다. 발병 가능성은 출산된 만 명의 아이 중 1~2명이다.

이 병은 개와 고양이 같은 반려동물이나 소나 양, 말, 토끼, 닭 등의 가축에 의해 전염된다. 그래서 농촌이나 일부 직업 환경에서 더 많이 발생하기는 하지만, 고기, 달걀, 우유, 치즈 등의 동물성 음식물이나 감염된 동물과의 접촉, 음식물이 동물의 분비물이나 배설물과 접촉했을 경우에도 걸릴 수가 있다.

이 병을 일으키는 세균은 태반을 통과하여 태아에게 해를 끼친다. 대부분의 경우 조산의 원인이 되고, 이렇게 태어난 아기는 절반 이상 며칠 내에 사망한다. 태아가 자궁 안에서 죽을 수도 있다.

이 균은 항생제에 매우 민감하므로 임신부에게서 이 병을 발견하는 것은 중요하다. 그런데 불행하게도 이 병에 감염된 것이 감기나 요로감염 등 심하지 않은 병에 가려지기 때문에 이 병을 발견해내기가 어렵다. 임신부의 경우 체온이 올라가는데도 확실한 원인을 가려낼 수 없을 때는 혈액과 목구멍, 질 분비물에서 균을 찾아내야 한다. 이것이 진단을 하고 치료법을 정할 수 있는 유일한 방법이다. 일찍 치료를 시작하면 태아는 아무 피해도 입지 않는다.

가장 효과적인 예방법은 익히지 않은 조개류와 게살 등 위험할 수도 있는 음식물을 먹지 않는 것이다. 생으로 먹을 채소는 잘 씻어야 한다. 고기와 생선도 충분히 익혀 먹어야 한다.

냉장고는 자주 청소하고 소독해야 하며, 온도는 3~7℃ 도가 유지되도록 해야 한다.

파보바이러스 B19

제5의 병이라고도 불리는 파보바이러스 B19에 의한 감염은 대체로 봄철에 전염에 의해 눈에 잘 안 띄게 이루어진다.

징후는 감기와 비슷해서 체온이 약간 오르고 근육통이 있으며 꼭 얼굴에 선탠을 한 것처럼 피부 발진이 나타난다. 1/3의 경우에는 징후가 없다.

태아 감염의 위험은 10%다. 바이러스가

태아의 적혈구를 공격, 빈혈이 일어나면서 임신 중기나 말에 초음파 검사를 해보면 부종 같은 것이 나타난다. 임신 초기에서는 5% 이하로 유산할 가능성이 있다.

파보바이러스에 의한 손상이 의심되면 엄마의 혈청검사를 통해 진단을 해야 한다. 1/3 정도는 이 혈종을 사라지게 만드는 것이 가능하다. 병이 심각해지면 태아에게 수혈을 한다. 거의 대부분 치료할 수 있고 파보바이러스에 의한 감염은 기형을 유발하지 않는다.

풍진

임신부가 풍진에 걸리면 신생아가 백내장, 청각장애, 심장 기형 등이 생길 위험이 크며, 임신 첫 3개월 동안에 감염되었을 때 특히 위험하다. 다행스럽게도 임신 여성들 중 95% 이상이 이미 예방 접종을 했거나 어렸을 때 풍진을 앓아서 이 병에 면역이 되어 있다.

임신 초기에 혈청 진단을 해서 혈액 속에 풍진 항체가 있는지 찾으면 면역이 되었는지를 알 수 있다.

면역이 되었다면 걱정할 필요가 없다. 매우 드물지만 면역이 안 되어 있을 경우, 감염에 더 노출되는 직업인 교사, 육아전문가, 간호사 등은 임신 3개월이 끝날 때까지 15일 간격을 두고 계속 혈청 진단을 받아 감염 여부를 확인한다. 그 이후로는 기형의 위험이 매우 낮아진다.

면역이 안 된 여성은 출산 후에 접종을 받고, 접종 후 3개월 안에는 효과적으로 피임을 해서 임신을 하지 않는 것이 좋다.

전염병들

임신부들, 특히 다른 아이들이 있을 경우 전염병으로부터 안전한 상황이 아니다. 문제는 태어날 아기가 그 질병들에 걸릴 수 있는지 아는 것이다.

●감기 : 특별히 지독한 유행성 감기에 걸렸을 때를 제외하고는 일반적으로 영향을 미치지 않는다. 그래도 예방접종을 하는 것이 좋으며, 감기가 유행할 때는 특히 그렇다.

●시토메갈로 바이러스 감염 : 임신부

의 40~50%는 자연적으로 면역이 되어 있지 않으며, 그중 1~3%는 임신 중에 이 병에 감염될 수가 있다. 어린아이들의 침과 눈물, 소변, 똥을 통해 이루어진다. 지금으로서는 주로 위생과 관련된 예방조처밖에는 제안할 수가 없다. 아이들과 식사를 나눠먹거나, 아이들이 남겨놓은 음식을 마저 먹거나, 아이들의 수저나 그릇을 빨아서는 안 된다. 아이의 입을 맞춘다거나, 흐르는 눈물이나 콧물과 접촉하는 것도 피해야 한다. 장난감을 만지거나 기저귀를 갈고 난 뒤에는 손을 씻어야 한다. 예방 백신은 없고 출산 후에 아이에게 효과적이지만 독성이 매우 강한 약을 처방할 수는 있다. 이 약을 사용할 것인지는 의사가 결정할 것이다.

● **홍역** : 기형을 일으키지는 않는 것으로 알려졌지만 엄마가 출산 전에 홍역에 걸리면 아이는 심각한 폐 병발증을 일으키는 선천성 홍역을 가지고 태어날 수도 있다. 그래서 이 병에 면역이 없는 임신부가 홍역에 감염되었다고 의심되면 72시간 내에 감마글로불린을 주사 맞아야 한다.

● **성홍열** : 엄마가 조기에 제대로 치료

하면 아기에게 심각한 영향을 끼치지 않는다.

●대상포진 : 임신 중에는 드물다. 대부분 엄마에게도, 아기에게도 아무 영향을 미치지 않는다.

비뇨 감염

임신 중에 소변을 자주 보고 싶어 하는 것 말고도 방광의 통증을 느끼거나 소변 볼 때 따끔거리는 느낌이 드는 것은 누구에게나 있을 수 있는 일이다. 그러나 때로는 방광보다 위에 있는 복부나 신장 높이에서 통증을 느낄 때도 있다. 이 통증을 자궁 수축으로 착각하기도 한다.

방광염의 원인은 비뇨 감염이며 때로는 핏빛을 띤 소변 장애를 동반한다. 물론 의사에게 진단을 받아야 한다. 의사는 소변의 세포세균학적 검사를 해 보라고 할 것이다. 검사를 통해 대장균 계통의 세균을 발견할 수 있다.

이 병은 빨리 치료받으면 쉽게 낫지만, 흔히 재발하는 경향이 있다. 그렇기 때문에 비뇨 감염 후에는 주의 깊게 관찰해야

한다. 치료를 하지 않거나 충분히 하지 않으면 비뇨 감염은 신장까지 퍼질 위험이 있고, 특히 임신에 영향을 미쳐 태아의 영양불량과 조산에 이를 수 있다.

임신성 담즙분비중지

임신으로 인한 간 기능 부전으로 대부분 임신 말기에 나타난다. 최초의 징후는 임신성 소양증이다. 이 가려움증은 서서히 전신으로 퍼져, 긁어서 생긴 상처와 수면장애를 만들기도 한다. 혈액검사를 해보면 간이 정상적으로 기능하지 않는다는 것을 알 수 있다.

가려움증, 수면장애, 이상 증후가 얼마나 심각한가에 따라 인위적 출산도 고려된다. 아기가 위험할 수도 있기 때문에 더욱 그렇다.

바이러스성 간염

전신의 심한 가려움증을 동반한 황달로

나타나지만, 최소한의 징후만을 보이거나 아니면 모르고 지나갈 수도 있다. 바이러스성 간염은 여러 가지다. A형 간염은 특히 게나 조개류처럼 바이러스를 보유한 음식물을 통해 감염된다. B형 간염은 혈액을 통해 감염된다.

간염은 임신 중반 이후에 발생하면 심각한 결과를 가져올 수 있다. 조산될 수도 있고 태반을 통해서, 혹은 출생 시 엄마로부터의 전염에 의해 아기가 간염에 걸릴 수도 있다.

B형 간염의 경우에는 엄마의 간염이 오래 전에 완치되었더라도 아기에게 위험할 수도 있다고 최근에 알려졌다. 또 환자 중 10%는 표면상 완치된 후에도 바이러스가 핏속에 남아 있다. 이런 상황은 임신부의 약 1%와 관련되어 출생 때 아기에게 전염될 우려가 있다. 그러나 이런 위험은 출생 즉시 아기에게 항간염 감마글로불린 주사를 놓고 예방접종을 하면 사라진다. 이런 이유 때문에 임신 24~28주 사이에 일률적으로 엄마의 혈액 속에 있는 간염의 항체 검사를 한다. 양성 반응일 경우 아이는 출생 후 접종을 해야 한다.

또 다른 간염으로 D형이 있다. 특징과 예방법은 B형 간염과 비슷하다.

C형 간염은 혈액을 통해 전염된다. 1990년 이래 수혈을 통한 C형 간염의 전염은 없었고 주로 마약 중독자들과 관련이 있다고 보아야 한다. C형 간염이 에이즈와 연계되어 있을 때를 제외하고는 아기에게 전염될 위험은 매우 약하다.

외상성 상해

외상성 상해가 미치는 영향은 충격의 강도와 임신 개월 수에 따라 달라진다. 처음 4개월 동안 자궁은 골반 속에 보호되어 있다. 고정관념과는 달리 외상성 상해를 입은 후에 유산되는 경우는 매우 드물다. 대신 후기에 자궁은 커지면서 점점 더 약해져 태반박리나 조산의 위험이 있다.

단순한 추락은 종종 일어난다. 80%가 임신 32주 이후에 발생하는데, 자궁이 커지면서 몸의 무게중심이 이동하여 균형을 잡기 어렵기 때문이다. 가장 심각한 상처는 교통사고 이후에 발생하므로 반드시 안전벨트를 착용해야 한다.

크게 미끄러졌거나 사고를 당한 뒤에는

반드시 병원에 가야 한다. 임신부가 RH-인데 충격을 받아 아기의 적혈구가 임신부의 혈액 속으로 흘러들어갈 경우 의사는 감마글로불린을 주사할 것이다.

스트레스

오랫동안 사람들은 스트레스는 임신에 해로운 영향을 미칠 수 없다고 믿었지만 최근의 연구는 그 반대라고 보여준다. 임신부의 만성불안이나 가까운 사람을 잃었을 때 같은 감정적 충격과 연관된 큰 스트레스는 조산을 유발할 위험이 있다. 드문 경우이기는 하지만 아이가 과도하게 활동적이고 쉽게 흥분하는 성격이 될 수도 있다.

자신의 근심걱정과 슬픔을 잊고 스트레스의 원인을 해소하는 것은 어려운 일이다. 주위에서 도움을 받지 못한다고 해서 어려움에 휩싸인 채 혼자 있어서는 안 된다. 의사에게 말하면 필요할 경우 전문가를 소개시켜줄 것이며, 전문가는 임신부의 불안에 대해 함께 대화를 나누고 심리적으로 안정되도록 도와줄 것이다. 스트레스나 불안, 우울증을 치료하는 약은 의사의 처방 없이는 복용하지 말아야 한다.

임신 전부터
병을 앓고 있었다면?

병을 앓고 있는 여성의 임신은 문제를 일으킬 확률이 크다. 병이 임신의 진행을 위협하고, 출산을 방해하며, 아기의 상태에 영향을 미칠 수 있다. 또 임신이 신체기관에 추가적인 노력을 요구하기 때문에 병이 악화되기도 한다. 어떤 병들이 임신에 문제를 일으키며, 어떻게 하면 병을 가지고도 무사히 임신을 진행시킬 수 있는지 자세히 살펴보자.

당뇨병

음식물이 공급하는 당분의 신진대사에 관련된 당뇨병은 췌장이 분비하는 호르몬인 인슐린이 부족해서 생긴다. 혈당이 비정상적으로 높고 소변에서 당이 검출된다. 옛날에는 당뇨가 엄마와 태아 모두를 매우 위험하게 만들었으나 지금은 의학의 발달로 그 위험이 상당히 줄어들었다. 몇 년 전부터 사산이 많이 줄어 정상 임신 수준에 가까워진 것이다. 그래도 고혈압과 양수 과다, 임신 말기의 태아 성장 지체 같은 몇 가지 병발증은 여전히 자주 발생한다. 당뇨를 제대로 조절하지 못하면 유산과 태아 기형, 심지어는 임신 마지막 주의 태아 사망 같은 문제들이 발생할 수도 있다.

임신 내내 이런 주의를 기울인다면 병세는 상당히 호전될 것이다. 대개 산기를 다 채우지만, 38~39주일째 출산하는 경우도 드물지 않다. 제왕절개가 필수이지는 않지만, 다른 임신부보다는 비율이 높다. 비만아인 신생아는 종종 혈당 부족 때문에 처음 며칠간 치료를 받아야 한다. 정맥 주사나 음식을 통해 지속적인 당분

섭취가 필요하다.

임신 당뇨

당뇨병이 임신 중에 발견될 때도 있는데
이를 임신 당뇨라고 부른다.

임신 당뇨 가능성이 높은 경우

- 과체중인 여성
- 가족 중에 당뇨병 환자가 있는 경우
- 비만아나 사산아를 낳은 여성
- 피임약을 복용하는 중에 혈당치가 높
  아졌던 여성

임신 24~28주 사이에 채혈을 통해 체계
적으로 당뇨 검사를 하는데, 공복 상태와
설탕을 섭취한 이후에 혈당치를 따로 측
정한다. 임신 당뇨 환자는 일반 당뇨병 환
자와 똑같이 신중하게 관찰되어야 한다.
거의 대부분은 식이요법을 통해 혈당치
를 조절할 수 있다. 드물게는 인슐린 치
료를 함께 해야 되는 경우도 있다. 임신
당뇨는 출산 후에 사라질 수 있지만, 그

다음 임신 때나 40~50세 때부터 다시 나
타날 가능성이 있다.

고혈압

고혈압과 임신이 결합되는 일은 약 10%
로 드물지 않고 위험 임신에 이르는 경우
가 빈번하다. 임신 검진 때 정기적으로
혈압을 측정해야 한다.

- 고혈압이라는 사실을 임신 전에 알았
  다면 대체로 치료된다.
- 고혈압이라는 사실을 임신 중에 알고
  단백뇨와 수종과 결합되었다면 임신 중
  독증일 가능성이 매우 높으므로 특별한
  관심을 기울여야 한다.

심장병

모든 심장병이 심각한 것은 아니지만, 임
신은 심장에 더 큰 부담을 준다. 혈전방
지제 같은 몇 가지 약은 기형의 위험이

있어서 임신 초기와 말기에는 복용이 금지된다. 심장수술은 임신 시기에 따라 가능할 수도 있다.

심장병이 있는 임신부의 생활

- 가능한 한 완전한 휴식

- 염분이 적은 식이요법

- 흥분하거나 피로하게 만들지 않는 조용한 생활

- 규칙적인 검진

비만

신체질량지수(미터로 환산된 키의 제곱으로 체중을 나눈 수치)를 계산하여 과체중인지 아닌지, 얼마나 과체중인지 평가한다. 정상 지수는 18에서 25 사이다. 25~30은 과체중이고 30 이상은 비만이다.

비만 여성의 임신

- 고혈압과 임신 당뇨, 임신 중독증 등 병발증을 앓게 될 가능성이 더 높으므로 규칙적인 검진이 필요하다.

- 아기들도 엄마와 같이 무게가 늘어나므로 출산 때 난산의 위험이 있고 제왕절개 가능성도 더 높다.

임신이 되기 전에 이미 비만이었던 여성은 다른 임신부들보다 체중이 더 늘어나는 경향이 있어서 엄격한 식이요법을 따라야만 한다. 그래도 아기의 성장은 보장되어야 하기 때문에 섭취량이 하루 1500~1800kcal 이하여서는 안 된다.

비만 여성의 임신 식이요법

- 지방을 제한해서 하루 30g 이상의 지방은 금물이다.

- 탄수화물은 지나치지 않도록 적당한 양을 섭취해야 한다.

- 영양 섭취는 구운 고기와 달걀, 생선 등 단백질 식품과 녹색 채소, 무지방 치즈, 유제품, 과일 등으로 이루어져야 한다.

- 식이요법에 칼로리가 부족하면 부족할수록 반드시 철분과 비타민, 칼슘을 추가로 보충해야 한다.

일부 연구에 따르면 과체중은 엄마의 수유를 어렵게 만들 수 있다고 한다. 반대로 모유 수유는 임신 이후의 체중 감소에 유리하게 작용한다.

아이를 원하는 비만 여성은 임신 전에 체중을 줄이기 위한 치료를 받아야 하고 임신 중에 체중이 6~7kg 이상은 늘리지 않아야 한다. 이 목표를 달성하는 것은 어려워 보이지만 태아가 엄마의 비축량에서 영양을 취하면서 엄마가 체중의 균형을 잡도록 도와주기 때문에 충분히 할 수 있다.

알레르기

알레르기 환자는 10~15%로 추정된다. 임신 중이라고 해서 예외가 아니다. 알레르기는 특히 호흡기와 피부에 나타난다.

알레르기 천식

임신 중 가장 빈번하게 나타나는 호흡 장애다. 코르티손 계열의 약품을 포함하여, 임신 이전에 사용했던 거의 모든 약이 임신 중에도 복용 가능하다. 그러나 임신 기간 중에 알레르기 치료를 시작하는 것은 좋지 않다.

알레르기성 비염

알레르기성 비염은 자주 발생한다. 코가 막힌 것 같은 느낌이 들고 콧물이 흐르는 것이 증상이다. 거의 대부분 호르몬 불균형과 관련되어 있으며 점막이 충혈된다. 코에 직접 분사하는 국부 치료를 하면 대체로 좋은 결과를 얻을 수 있다.

피부 트러블(두드러기, 습진, 소양증 등)

평소처럼 치료받을 수 있다. 그러나 항히스타민제 약품이 확실히 무해한지에 대해서는 의견이 일치하지 않는다. 항히스타민제의 국부 치료는 문제없이 허용된다. 의사는 경우에 따라 적당한 항히스타민제를 처방해줄 것이다.

음식물 알레르기

태어날 아기의 부모나 형제들 중 누군가가 이미 알레르기 환자라면 아기가 알레르기에 걸릴 위험을 줄이기 위해서 임신기와 수유기 때 음식물에서 땅콩을 빼는 것이 좋다. 땅콩은 가장 위험한 알레르겐 중의 하나이고, 땅콩을 안 먹는다고 해서 영양 불균형이 일어나는 것은 아니다. 출산 이후에 가장 좋은 예방법은 처음 6개월 동안 엄마가 아이에게 모유를 먹이는 것이다.

자궁기형

2~4%의 여성은 선천성 자궁기형이다. 이 기형은 모르고 있거나 전혀 눈에 띄지 않은 채 지내다가 흔히 유산이나 불임 판정 때 알게 된다. 일부 자궁기형은 산도를 통해 자궁을 관찰함으로써 외과적으로 치료할 수 있다. 치료할 수 있든 없든 자궁기형은 조산을 유발할 위험이 있기 때문에 조산을 방지할 조처가 취해져야 한다.

자궁근종과 임신

자궁근종은 자궁 근육에서 발달하는 양성 종양이다. 자궁근종이 임신과 함께 나타나는 일은 드물며, 주로 35세 이상 여성과 관련되어 있다. 이 자궁근종은 거의 대부분 별다른 부작용이 없어 단순히 자궁 수축을 더 자주 일으킬 뿐이다. 자궁근종이 후기유산이나 성장지연, 조산, 후산 출혈을 유발하는 일도 드물다. 자궁근종이 병발증을 일으켜 임신 중에 수술로 절제해야 하는 경우가 드물게 있다.

난소 낭종과 임신

임신 초기의 초음파 검사는 난소 낭종이 생각보다 많이 생긴다는 사실을 보여준다. 거의 대부분 기능성이라고 불리는 낭종으로 임신 3개월 말 무렵에 저절로 없어진다. 체질성이라고 불리는 다른 낭종들은 없어지지는 않지만 대부분 임신에 아무 영향도 미치지 않는다. 간혹 난소 낭종이 병발증을 일으켜 응급 수술을 해야만 하는 경우도 있다.

간질

임신은 간질을 악화시키고, 일부 간질 치료제는 기형을 야기할 수도 있다는 양쪽의 문제가 있다. 다행스럽게도 조심만 한다면 90%의 임신이 정상적으로 진행된다.

간질을 앓는 임신부의 주의 사항

- 임신하기 2개월 전에 오직 한 가지 약만으로 간질을 안정시키려 애쓰는 한편, 최소한 임신 12~14주 때까지 엽산을 처방받아 복용한다.

- 임신 기간 내내 비타민D를, 9개월째에는 비타민K를 복용한다.

- 기형을 발견하기 위해 정기적으로 초음파 검사를 한다.

결핵

세상에서 사라져가던 결핵이 불행히도 다시 나타나고 있다. 신경절이나 뼈의 결핵은 임신 진행에도 별 문제가 없고 분만도 정상적으로 이루어지지만, 폐결핵의 경우에는 신생아가 호흡기 병발증을 갖고 조산하는 경우가 자주 일어난다. 자궁 내에서 감염되는 선천성 결핵은 드물다.

엄마가 결핵을 보유하고 있고 아기에게 감염시킬 위험이 있다면, 매정해 보이겠지만 엄마에게서 아기는 떼어내야 한다. 대부분의 의사들은 모유 수유를 말린다. 신생아는 첫 주부터 BCG 접종을 받아야 한다.

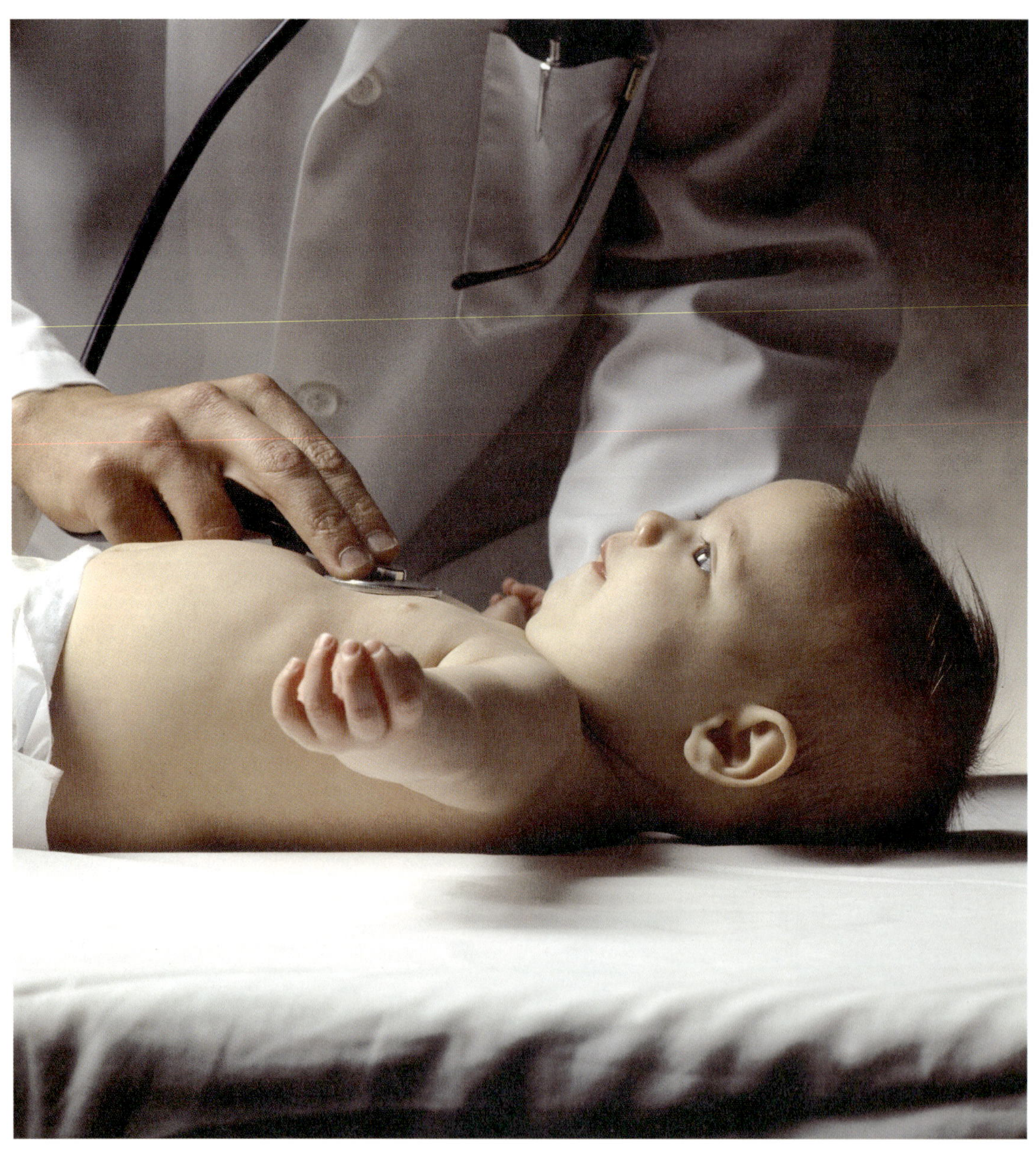

임신 중의 이상 증세

증상	가능한 병발증
양은 적지만 출혈이 있고 특히 출혈이 되풀이된다. 통증은 있을 수도 있고 없을 수도 있다.	초기 : 유산 위험, 자궁 외 임신 말기 : 조산 위험, 태반 혈종
체중이 1주일에 400g 이상 급격하게 늘어난다. 발과 발목, 손이 붓는다. 소변에 알부민이 있다.	임신 중독증 요로 감염
눈 속에 반점이 있거나 시력장애가 생긴다. 특히 위경련과 두통이 동반된다.	임신 중독증
자주 소변을 누고 소변을 눌 때 따끔거리는 느낌이 들며 배와 허리 통증이 있거나 열이 난다.	요로 감염
다른 증상이 동반되거나 동반되지 않은 상태에서 열이 난다. 목에 멍울이 선 것이 느껴진다. 발진이 생긴다.	전염병 톡소플라스마 리스테리아증
임신 6개월째부터 자궁 수축이 규칙적으로 되풀이된다. 통증은 느껴질 수도 있고 느껴지지 않을 수도 있다.	조산 위험
질을 통해 물이 나온다.	양막 파열 조산 위험
비정상적으로 피곤하고 숨이 차며 의식을 잃기도 한다.	빈혈
추락이나 교통 사고 등 심각한 외상을 당했다.	조산의 위험
온몸을 긁어댄다.	임신 중 담즙 분비 중지
마지막 몇 달 동안 아기의 움직임이 느려지고 활기도 없어지는 것을 느낀다.	아기의 건강에 이상

J'ATTENDS
UN ENFANT

Laurence PERNOUD

어떻게 출산을
준비해야 할까?

출산을 어떻게 준비해야 하나? 이 책의 목적은 아기를 맞아들일 준비를 하고, 아기가 무사히 세상에 태어나도록 돕는 것이니 이제 신체 훈련에 대해서도 알아보자. 신체 훈련은 사람들이 생각하는 것만큼 출산 준비의 핵심은 아니다. 하지만 임신 기간 동안 좋은 컨디션을 유지하기 위해, 상황을 알고 출산에 임하기 위해, 그리고 긴장을 푸는 습관을 가지기 위해 반드시 필요하다. 앞으로 무슨 일이 일어날지를 미리 안다고 해도 약간은 긴장하게 마련이니 말이다.

01 출산예정일 계산하는 법

임신을 했으니 임신 기간을 정확하게 알고 싶을 것이다. 임신 기간은 정확히 아홉 달일까? 그렇다면 어느 날짜부터 계산을 해야 할까? 수정된 날짜, 즉 임신 첫날과 정확한 임신 기간을 알고 있다면 대답하기가 쉽지만 대부분 그렇지 않다.

수정 날짜

난자는 수정되지 않으면 겨우 몇 시간밖에 살지 못하기 때문에 수정 날짜는 배란일과 일치한다. 28일마다 규칙적으로 생리를 한다면 배란은 생리 13일째와 15일째 사이로, 14일째에 가장 많이 된다.

수정 날짜가 확실한 경우에는 수정 날짜에 아홉 달을 더하면 이론상의 출산예정일이 된다. 예를 들어 마지막 생리일이 1월 1일이고 1월 14일에 수정이 되었다면 출산예정일은 10월 14일이 된다.

하지만 대부분의 경우에 상황이 이렇게 확실하지가 않다.

수정 날짜가 확실하지 않은 경우

- 생리 주기가 28일이 아닌 경우. 28일보다 짧은 주기라면 배란이 14일 이전에 이루어진다. 주기가 더 긴 경우는 14일 이후다. 주기가 불규칙적일 때는 더욱 불확실하다.

- 기후 변화나 감정적인 쇼크, 병 등 배란일을 바꿀 수 있는 요인들이 발생했을 때

- 마지막 생리일을 잊어버렸을 때

- 피임약을 끊은 직후에는 배란일이 보통 늦추어진다.

- 출산에서 회복되기 전에 다시 임신이 되었을 때

이런 어려움 때문에 일반적으로 수정 날짜보다 더 잘 알고 있는 날, 즉 마지막으로 한 생리의 첫날부터 시작해서 출산예정일을 계산하기로 결정했다. 의사들은 개월이 아니라 주로 임신을 계산한다.

이런 방식으로 계산하면 출산예정일은 마지막 생리 첫날부터 41주가 되는 날이다. 임신 기간은 9개월이므로 36주일 것이라고 생각했다면 조금 이상할 것이다. 생리 첫날에서 배란일인 14일째 사이의 2주일이 추가되었고, 거기에 한 달은 정확히 4주가 아니라 2월을 제외하고는 달에 따라 4주에 2~3일이 더 있기 때문이다.

TiP

우리나라에서 세는 임신 10개월

출산예정일 계산은 문화나 의사, 생리 주기에 따라 조금씩 달라지는데 우리나라에서는 대부분 마지막 생리 첫날부터 40주가 되는 날을 출산예정일로, 4주를 1개월로 묶어 임신 10개월로 계산한다.

임신 기간

수정 날짜를 정확히 알더라도 출산 날짜를 정확히 예상하기는 어렵다. 임신에는 정확히 정해진 기간이 있는 것이 아니라 수정으로부터 266~273일, 마지막 생리일로부터 280~287일인 평균 통계기간만 있기 때문이다.

지금까지의 경험을 통해 대체로 다음 사항을 알 수 있다.

- 50~60%는 예정일 며칠 내에 출산한다.
- 20~25%는 예정일 10~15일 전에 출산한다.
- 20~25%는 예정일 4~8일 후에 출산한다.

출산예정일을 정확히 정한다는 것은 어

렵다. 실제로 가장 확실한 방법은 다음 두 가지다.

- 수정일에 9개월을 더한다.
- 마지막 생리일에 41주를 더한다. 다음 페이지의 도표를 참조하기 바란다.

하늘의 달이 출산에 영향을 미칠까?

민간에 유포되는 이런 생각은 과학적으로도 진지하게 연구되고 있는데 달의 주기를 넷으로 나누어 하현과 초승달 사이에 아기가 훨씬 더 많이 출생하고, 상현에는 적게 출생한다는 것이다. 이 연구는 다른 두 가지 리듬도 밝혀냈다. 주 단위로 보면 일요일에 출생 수가 가장 적고 화요일에 가장 많다는 것과, 연 단위로 보면 5월에 출생이 가장 많고 9~10월에 가장 적어진다는 것이다.

임신 개월과 무생리 주일의 일치

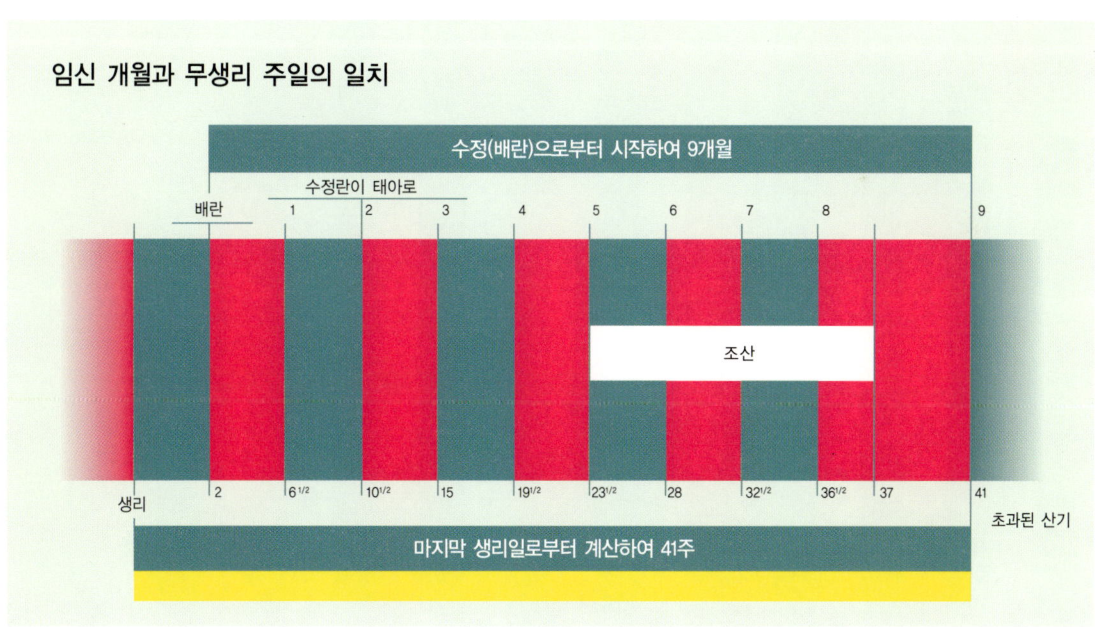

언제 출산을 하게 될까? 출산예정 일정표

도표 읽는 법

마지막 생리 첫날과 일치하는 초록색 날짜의 오른쪽 흰색이나 보라색 날짜가 출산예정일이다

1월	10월	2월	11월	3월	12월	4월	1월	5월	2월	6월	3월	7월	4월	8월	5월	9월	6월	10월	7월	11월	8월	12월	9월
1	14	1	14	1	12	1	12	1	11	1	14	1	13	1	14	1	14	1	14	1	14	1	13
2	15	2	15	2	13	2	13	2	12	2	15	2	14	2	15	2	15	2	15	2	15	2	14
3	16	3	16	3	14	3	14	3	13	3	16	3	15	3	16	3	16	3	16	3	16	3	15
4	17	4	17	4	15	4	15	4	14	4	17	4	16	4	17	4	17	4	17	4	17	4	16
5	18	5	18	5	16	5	16	5	15	5	18	5	17	5	18	5	18	5	18	5	18	5	17
6	19	6	19	6	17	6	17	6	16	6	19	6	18	6	19	6	19	6	19	6	19	6	18
7	20	7	20	7	18	7	18	7	17	7	20	7	19	7	20	7	20	7	20	7	20	7	19
8	21	8	21	8	19	8	19	8	18	8	21	8	20	8	21	8	21	8	21	8	21	8	20
9	22	9	22	9	20	9	20	9	19	9	22	9	21	9	22	9	22	9	22	9	22	9	21
10	23	10	23	10	21	10	21	10	20	10	23	10	22	10	23	10	23	10	23	10	23	10	22
11	24	11	24	11	22	11	22	11	21	11	24	11	23	11	24	11	24	11	24	11	24	11	23
12	25	12	25	12	23	12	23	12	22	12	25	12	24	12	25	12	25	12	25	12	25	12	24
13	26	13	26	13	24	13	24	13	23	13	26	13	25	13	26	13	26	13	26	13	26	13	25
14	27	14	27	14	25	14	25	14	24	14	27	14	26	14	27	14	27	14	27	14	27	14	26
15	28	15	28	15	26	15	26	15	25	15	28	15	27	15	28	15	28	15	28	15	28	15	27
16	29	16	29	16	27	16	27	16	26	16	29	16	28	16	29	16	29	16	29	16	29	16	28
17	30	17	30	17	28	17	28	17	27	17	30	17	29	17	30	17	30	17	30	17	30	17	29
18	31	18	1	18	29	18	29	18	28	18	31	18	30	18	31	18	1	18	31	18	31	18	30
19	1	19	2	19	30	19	30	19	1	19	1	19	1	19	1	19	2	19	1	19	1	19	1
20	2	20	3	20	31	20	31	20	2	20	2	20	2	20	2	20	3	20	2	20	2	20	2
21	3	21	4	21	1	21	1	21	3	21	3	21	3	21	3	21	4	21	3	21	3	21	3
22	4	22	5	22	2	22	2	22	4	22	4	22	4	22	4	22	5	22	4	22	4	22	4
23	5	23	6	23	3	23	3	23	5	23	5	23	5	23	5	23	6	23	5	23	5	23	5
24	6	24	7	24	4	24	4	24	6	24	6	24	6	24	6	24	7	24	6	24	6	24	6
25	7	25	8	25	5	25	5	25	7	25	7	25	7	25	7	25	8	25	7	25	7	25	7
26	8	26	9	26	6	26	6	26	8	26	8	26	8	26	8	26	9	26	8	26	8	26	8
27	9	27	10	27	7	27	7	27	9	27	9	27	9	27	9	27	10	27	9	27	9	27	9
28	10	28	11	28	8	28	8	28	10	28	10	28	10	28	10	28	11	28	10	28	10	28	10
29	11			29	9	29	9	29	11	29	11	29	11	29	11	29	12	29	11	29	11	29	11
30	12			30	10	30	10	30	12	30	12	30	12	30	12	30	13	30	12	30	12	30	12
31	13			31	11			31	13			31	13	31	13			31	13			31	13
1월	11월	2월	12월	3월	1월	4월	2월	5월	3월	6월	4월	7월	5월	8월	6월	9월	7월	10월	8월	11월	9월	12월	10월

조산을 하는 경우

마지막 생리일로부터 계산해서 37주가 못 되어 아기가 태어난 경우를 조산이라고 부른다. 조산은 최근 몇 년 동안 눈에 띄게 증가하는 추세다. 이처럼 수치가 증가하는 것은 대부분 조산아인 쌍둥이의 수가 늘어났기 때문이고 쌍둥이들의 절반 정도는 불임치료의 결과다. 그러나 조산의 원인이 쌍둥이 임신만은 아니다.

왜 분만이 빨리 일어날까?

분만이 빨리 이루어지는 데는 여러 가지 이유가 있는데 크게는 의학적 원인과 사회·경제적 원인으로 나눌 수 있다.

조산의 의학적 원인들

●자궁경부와 질의 감염은 양막을 약화시켜 양수 주머니가 열리게 만든다. 이 양막 파열이 조산의 가장 빈번한 원인이다.

●태반의 비정상적인 부착이나 임신 말기의 출혈도 조산의 원인이다.

●임신 말기의 감염, 특히 밖으로 잘 드러나지 않는 요로 감염은 조산으로 이어질 수 있기 때문에 조금만 의심이 가도 의사는 요로의 세포세균학적 검사를 한다.

●자궁의 기형과 자궁경부의 비정상은 조산을 유발할 수가 있다. 자궁이 너무 일찍 수축하거나, 자궁경부가 더 이상 자물쇠 역할을 못하기 때문이다.

●임신과 관련된 병, 특히 당뇨병과 패혈증이 있으면 아기가 고통을 받기 전에 예정일보다 일찍 태어나게 결정을 내리기도 한다. 조산아의 미숙성이 더

위험한지, 아이가 자궁 안에 있는 것이 더 위험한지 가늠이 잘 안 되기 때문에 이 결정을 내리기는 어렵다. 지금은 자궁 내에서 받는 고통의 정도를 측정할 수 있는 방법으로 초음파, 도플러, 태아의 심장리듬 기록 등이 있다.

●흡연은 조산의 위험을 두세 배 증가시킨다.

●교통사고 같은 사고에 의한 외상이나 충수염 등의 외과 수술이 조산으로 이어질 수도 있다. 다행스럽게도 이런 이유는 많지 않다.

조산의 사회·경제적 요인

피로가 조산의 위험을 높이는 것이 확실하다. 신체적으로 고통스러운 작업 여건과 피곤하게 만드는 집안일이 원인이다. 통계에 의하면 사회적 경제적 수준이 낮을수록 조산이 더 빈번하다. 그러므로 출산 전후 휴가는 반드시 지켜야 한다.

지금까지 살펴본 모든 원인들이 조산을 야기할 수 있지만 항상 그런 것은 아니니 위 경우들 중 하나라 하더라도 불안해할 필요는 없다. 주의만 기울이면 마지막 주까지 가는 것은 전혀 불가능한 일이 아니

다. 다른 한편으로, 조산을 야기하는 모든 원인이 다 알려진 것은 아니다. 최소한 30%의 경우에는 아직도 원인을 알지 못한다. 조산의 1/3은 미리 예측할 수가 없는 것이다.

조산의 위험

조산의 위험은 주로 비정상적인 자궁 수축에 의해 나타난다. 배가 딱딱해지는 것을 느끼는데, 수축하면서 통증이 올 수도 있다. 이런 경우에는 즉시 휴식을 취하고, 의사에게 알리거나 병원으로 가야 한다.

의사는 자궁경부가 줄어들었는지, 열리려는 경향이 있는지를 검사할 것이다. 자궁경부의 길이와 열림을 잘 보여주는 자궁경부 초음파가 자주 이용된다. 이 자궁경부 초음파 검사를 반복하면 자궁경부가 변화되었는지를 알 수 있다. 자궁경부가 줄어드는 것과 열리기 시작하는 것은 출산이 예정보다 빨리 이루어질 위험을 나타내는 두 가지 증상이다.

미숙아는 정말 위험할까?

미숙아로 태어난 아기는 예정일에 태어난 아기와 겉모습이 다르다. 일반적으로 피부가 더 빨갛고 더 여리다. 정맥이 뚜렷하게 보인다. 아직도 솜털이 많으며 몸을 보호하는 크림빛의 분비물로 덮여 있다. 반대로 머리카락은 드물고, 손톱은 거의 자라지 않았으며, 숨구멍이 넓고 물렁물렁하다.

미숙아를 정상아와 분명히 구분 짓는 것은 미숙아라는 말 그대로 정상적인 성장 단계에 도달하지 못했다는 점이다. 모든 신체 기능이 불완전할 수 있어서 미숙아를 키우는 것은 어렵다. 미숙아는 제대로 성장할 수도 있지만, 예정일보다 빨리 태어났기 때문에 심각한 고통을 받을 수도 있다.

미숙아의 유형

- 35~37주에 태어난 미숙아 : 대부분 위험하지 않다. 단지 약하기만 한 경우가 많지만, 의사의 관찰을 받으며 병원에 남아있을 수도 있다.

- 33~35주에 태어난 미숙아 : 거의 대부분 출생 후 신생아 중환자실로 옮겨져

특별치료를 받는다.

- 33주가 안 되어 태어난 미숙아 : 반드시 신생아 중환자실로 옮겨져 치료를 받아야 한다. 숨쉬기가 힘들므로 인공으로 보조호흡을 시켜야 하고, 체온을 조절할 능력이 없으므로 인큐베이터 안의 온도를 계속 체크해야 한다.

다행히도 요즘은 입원으로 부모와 아기가 단절되지는 않는다. 아기를 보고 만지고 말하러 갈 수 있어서 아기와 부모의 관계가 멀어지지 않고 잘 유지된다. 미숙아를 낳은 부모들은 항상 다소 죄책감을 느끼는데 아기와 접촉을 하고 자주 찾아가다보면 이런 죄의식을 극복할 수 있다.

조산에 어떻게 대비해야 할까?

첫 번째 할 일은 정기 검진을 받았던 의사나 조산사와 상의하는 것이다. 그들의 충고에 따라 주저하지 말고 출산 계획을 바꾸어야 한다. 미숙아 전문 분야가 있는 병원에서 출산하는 것이 가장 좋다.

옮겨가는 것이 불가능해서 처음에 예정했던 병원에서 출산한다면 의사는 아기가 병원에 그대로 있어야 할지 미숙아 전문 기관으로 옮겨야 할지 출산 후 바로 결정할 것이다. 아기에게는 집중적인 관찰과 각별한 보살핌이 필요하고, 특히 영양을 잘 공급받아야 한다.

조산을 피할 수 있을까?

조산을 예측하는 것은 의사들의 가장 큰 관심사 중의 하나다. 출산 이후에 사망하는 신생아들의 거의 대부분은 32주 전에 태어난 심각한 조산아이거나 28주 전에 태어난 매우 심각한 조산아이기 때문이다. 장애도 마찬가지다.

물론 의학은 크게 발전해서 옛날 같으면 사망했을 신생아들도 신생아 중환자실에서 치료를 받아 살아남게 되었다. 그러나 불행하게도 후유증은 심각하기 때문에 현재 조산을 치료하는 가장 좋은 방법은 출산예정일이 최대한 가까워질 때까지 임신을 지속시키는 것이다. 아기에게 가장 훌륭한 인큐베이터는 엄마이다.

임신 진행 상황을 더 잘 관찰하고 생활 위생도 더 나아진 덕분에 상황을 개선할 수 있게 되었다.

요즘의 조산은 의학적 도움으로 생성된 쌍둥이 임신의 증가와 직접적으로 관련되어 있어서 의사들은 다수임신을 피하려고 최대한 애쓴다.

수술에 의해 고칠 수 있는 자궁기형이나 자궁경부 결제술에 의해 고쳐지는 자궁경관무력증 등 의료 처치로 조산을 방지할 수 있는 확실한 경우들도 있다.

자궁경부 결제

자궁경부가 제대로 닫히지 않아 자궁 하부에서 자물쇠 역할을 더 이상 하지 못하는 자궁경관무력증을 치료하는 방법이다. 선천적인 것일 수도 있고, 소파수술 같은 자궁경부의 확장에 의한 것일 수도 있다. 자궁경부 결제는 2개월 반에서 3개월 사이에 이루어지며, 마치 주머니를 봉합하듯 자궁경부의 열린 부분을 질긴 실로 꿰매는 것이다. 자궁경부 결제는 전신 마취 상태에서 이루어진다. 며칠 동안 입원을 해야 한다. 자궁경부 결제를 했더라도 임신 말기까지 조심해야 하고 주로 휴식을 취해야 한다. 임신 9개월이 넘거나 출산할 때가 되면 실을 제거한다. 임신부가 Rh-일 경우에는 감마글로불린을 주사한다.

과숙 분만을 하는 경우

과숙 분만은 조산에 비하면 드물지만, 역시 심각하며 까다로운 문제를 야기한다. 임신이 비정상적으로 오래 연장될 때 아기는 심각한 손상을 입을 수 있으며, 심하면 자궁 속에서 죽을 수도 있다.

예정일보다 늦게
태어날 때

엄마와 아기 간에 교환이 이루어지는 공장인 태반은 출산 때까지 태아에게 영양분과 산소를 공급한다. 출산 시기가 지나면 태반은 노후하여 제대로 기능하지 못하는데 태아에게 공급되는 것들이 부족해져 태아 정체의 위험이 생긴다.

하지만 실제로는 임신이 정말로 연장되는 것인지를 알기가 어렵다. 임신 예정일을 정확히 계산하기가 어렵고, 출산 예정일 전후로 며칠씩 빨라지거나 늦어지는 것은 일반적이기 때문이다. 그래서 마지막 생리 후 42주를 며칠 정도 넘기는 것은 그다지 불안한 것이 아니라고 할 수 있다.

출산 시기를 넘긴 것은 아기의 활발한 움직임이 눈에 띄게 감소하는 것으로 나타날 수 있다. 의사는 매일, 최소한 이틀에 한 번씩 태아의 심장 박동 검사를 통해 태아가 위험한지 알려고 애쓴다. 이틀에 한 번씩 하는 초음파 검사로는 양수의 양이 줄어드는지 확인하는데 태아의 저산소증을 가리키기 때문이다.

검사 후에 의사는 분만 결정을 내릴 수 있다. 과숙 분만의 아기는 출생 때 흔히 특이한 모습을 보인다. 피부는 제때 태어난 아기보다 더 쪼글쪼글하고 기름 층 자국이 전혀 없다. 피부가 표층을 제거해버린 것이다. 껍질을 벗었다고 말하기도 한다. 또 손톱이 매우 길다. 그러나 대부분은 특별한 치료가 필요 없다.

유도 분만

출산 예정일 전에 인위적으로 분만 작업을 시작하는 것은 가능하다. 젤리 형태의 프로스타글란딘과 함께 자궁을 수축시키는 뇌하수체 후엽 호르몬을 분만 촉진제로 주입하기도 한다. 임신부들은 여러 가지 이유로 유도 분만을 시도한다. 의사들도 호의적이다. 밤보다는 모든 의료진이 자리에 있고 일하기 좋은 낮에 출산하는 것이 더 낫기 때문이다.

그러나 모든 유도 분만은 몇 가지 위험을 안고 있다.

- 필요한 조건들이 갖춰지지 못한 경우, 특히 자궁경부가 충분히 물러지고 방긋이 열려있어야 하는데 그렇지 않을 경우 실패로 끝나버릴 위험이 있다.

- 분만 작업이 일단 개시된 후에 분만이 너무 오래 계속되고 어려워져 엄마와 아기가 충격을 받을 수 있다. 그래서 결국 하지 않아도 될 제왕절개를 해야 되는 상황에 이를 수도 있다.

- 임신 날짜를 알 수 있는 초음파 검사 덕분에 이제 미숙아를 낳을 위험이 줄어들었지만 완전히 사라진 것은 아니다.

이런 의학적인 이유 외에는 되도록이면 예정일에 가까워야 하고 자궁경부가 유연하고 열리기 시작하는 등 최소한의 조건이 충족되었을 때에만 유도 분만을 생각해보아야 한다. 안 그러면 유도 분만이 잘 이루어지지 않아 자연 분만에 실패하고 제왕절개로 끝나게 될 것이다.

가장 좋은 것은 아기가 마음에 드는 시간과 날, 달의 모양을 선택해서 태어나도록 기다리는 것이다. 왜 자연이 알아서 하도록 내버려두지 않는단 말인가?

유도 분만이 반드시 필요한 경우

아기가 엄마의 자궁에서 너무 오래 있을 때는 분만을 촉진하는 것이 필요하다. 출산예정일이 되기 전에 분비물이 유출될 때는 유도 분만이 절대적이다. 태아는 더 이상 양막의 보호를 받지 못하여 감염의 위험에 노출된다. 고혈압과 당뇨병, 자궁 내 성장 지체 혹은 산기 초과 같은 경우에도 안전을 위해 반드시 분만을 촉진해야 한다.

출산에 대비하는 호흡법

호흡 훈련은 자궁이 벌어지는 단계에서부터 아기가 나오는 단계까지 분만을 하는 동안 계속 이용된다. 임신 4개월째부터 출산 때까지 호흡 훈련을 할 수 있는데 훈련을 통해 편안함을 느끼고 긴장도 풀 수 있다.

호흡 연습

누워서 무릎을 구부리거나 의자 위에 다리를 올려서 약간 벌린 채 호흡 훈련을 하는 것이 좋다(그림 1, 3). 책상다리를 하고 앉아서 하는 것이 더 쉽다면 그렇게 해도 된다(그림 7).

별다른 노력을 하지 않고 호흡을 할 때 사람들은 공기가 어떻게 자신의 인체기관 속으로 들어가는지에 주의를 기울이지 않는다. 가슴과 배가 따로 약간 올라가거나, 아니면 함께 올라간다.

다음과 같이 하면 호흡하는 방식을 의식할 수 있다. 눕든 앉든 편안하게 자리를 잡는다. 그리고 한 손은 가슴 위에, 다른 한 손은 배 위에 올려놓고 자연스럽게 호흡을 할 때 배나 가슴 어느 쪽이 더 많이 들어 올리는지 본다. 가슴으로 호흡을 하는지, 배로 호흡을 하는지, 아니면 가슴과 배 모두로 호흡을 하는지 보는 것이다(그림 1, 2, 4). 감기에 걸린 게 아니라면 입을 다물고 호흡한다.

깊은 호흡

어떤 식으로 호흡을 하는지 알았으면 숨을 깊게 내쉰다. 그리고 나서 코로 숨을 깊이 들이쉬면서 가슴을 부풀린다. 두 손

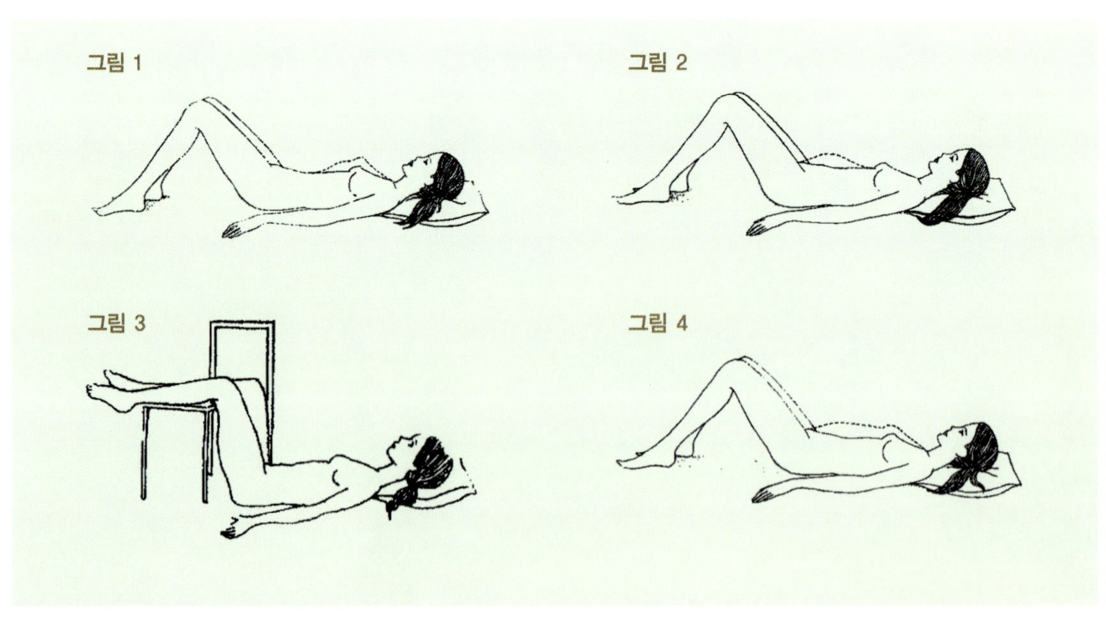

을 배에 올려보면 배가 어떻게 부풀어 오르는지 느낄 수 있다(그림 2). 이제 입으로 숨을 내쉬면서 배가 내려가도록 내버려둔다. 이 동작을 아주 천천히 해본다. 연속해서 몇 번 되풀이한다.

이 깊은 호흡이 효과를 거두려면 다음 충고를 따르는 것이 좋다. 공기가 자궁을 따라, 아마도 배 위에 나타나 있을 노란 선을 따라 올라간다고 상상하라. 숨을 거의 다 들이마시면 호흡이 정지되지 않도록 척추를 따라 아래 쪽 회음과 자궁경부 쪽을 향해 호흡한다고 상상하며 숨을 내쉬기 시작한다. 이렇게 하면 호흡이 자궁과 태아를 둘러싼 원 속에 위치한다. 원을 연상하면 날숨과 들숨이 연속으로 이어질 수 있다.

처음에는 갈비뼈가 죄어지는 것 같은 느낌이 들 수도 있는데 조금씩 사라진다. 며칠 지나면 호흡이 점점 더 쉬워지면서 동시에 더 느려지고 더 깊어진다. 그러면 걸으면서나 다른 자세로 이 훈련을 시작한다.

자궁 수축이 시작될 때부터 이 깊은 호흡을 새로운 리듬에 따라 할 수가 있다.

자궁과 태아를 둘러싸고 있는 원을 상상해보라. 이 깊은 호흡의 목표는 자궁 수축 때마다 자궁경부를 열고 아기를 밀어내도록 돕는 것이다. 계속 움직이고 이동해도 되는데 임신부로서는 그게 더 편하고, 자궁경부가 열려 아기가 내려가도록 도와주기도 한다.

아기가 나오는 순간에 복부 근육을 누르는 것이 중요한데 깊은 호흡은 복부 근육에도 좋은 훈련이다.

얕은 호흡

숨을 들이쉬었다가 소리 나지 않게 가볍고 빠르게 다시 내쉰다. 가슴 윗부분만 움직이고 배는 거의 움직이지 않아야 한다(그림 1). 이 호흡은 박자에 맞추어 규칙적으로 이루어져야 한다. 점점 더 세게 호흡하는 것이 아니라, 빠르고 규칙적인 박자에 맞추어 점점 더 오래 호흡하는 것이 중요하다. 숨을 잘 내쉬어야 한다. 눈을 감고 하면 더 잘 할 수 있다.

조산사들은 입을 다물고 얕게 호흡하거나 입을 벌리고 헐떡거리며 호흡하는 것

을 연습하라고 권한다. 연습하다 보면 어떻게 하는 것이 자신에게 가장 쉬운지 알게 될 것이다. 이 호흡법은 자궁 확장기에 일어나는 강한 수축에 많은 도움이 된다. 또 힘을 주고 싶지만 참아야 할 때, 즉 자궁 확장이 끝날 무렵과 아기가 나올 끝무렵에도 도움이 된다.

연습은 매일 한다. 우선 긴장을 풀고 숨을 잘 내쉬어야 한다. 이 호흡법은 최대한의 공기를 허파 속으로 들어가게 하기 때문에 때로는 현기증과 손이 저리는 느낌을 일으킬 수도 있다. 근육의 경련 발작 증상이 일어나는 것이다. 호흡을 너무 빨리 하면 이런 증상이 나타난다. 임신부를 매우 불안하게 하고 불쾌감을 주지만 심각한 것은 아니다. 호흡을 중단하면 증상은 몇 분 안에 사라진다.

힘을 줄 때의 호흡 ①
멈추는 호흡

이 호흡법은 출산 마지막 단계에 아이가 내려가서 배출될 때와 관련되어 있는데 전통적인 들이쉬고 멈추고 힘주기 기

술이다. 깊이 숨을 들이쉰다. 호흡의 절정에 이르면 숨을 참고 배를 부풀린 다음 숫자를 5까지 센다. 그러고 나서 입으로 공기를 내뱉는다. 숨을 참는 시간을 늘이면 10이나 20까지, 심지어는 30까지도 셀 수 있게 될 것이다. 30초 동안 숨을 참고 배가 부풀어 오르도록 할 수 있는 것이다.

힘을 줄 때의 호흡 ②
억제된 날숨

최근에 발달하고 있는 새로운 기술이다. 배를 부풀리며 깊은 복식호흡을 하고 난 다음 다시 배를 집어넣으며 입으로 아주 천천히 공기를 내쉰다. 복부 근육이 최대한 수축된다. 깊은 호흡과 원칙은 같지만, 아기가 빠져나가도록 돕기 위해 복부 근육을 수축시키는 것이 요점이다. 풍선을 불며 훈련하면 쉽다.

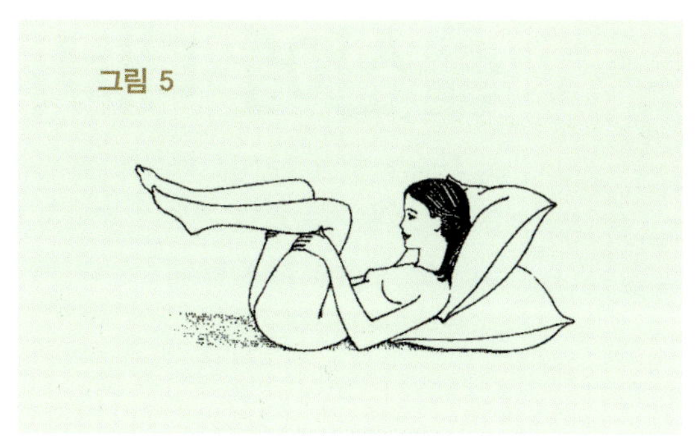

임신 9개월이 되기 전에는 이 두 가지 호흡을 연습할 필요가 없다. 출산 시 기분이 어떤지, 의사가 어떤 방법을 쓰라고 조언하는지, 어떤 방법이 더 효과적인지에 따라 멈추는 호흡법이나 억제된 날숨법을 쓸 수가 있다. 어떤 방법을 쓰든지 간에 자궁의 위치를 제대로 잡으면 아기를 밀어내는 것이 더 쉬워진다. 두 다리를 발판에 올려놓고 무릎을 가슴 위로 끌어올린 다음 등을 평평하게 해야 한다. 두 손은 무릎 위나 무릎 안쪽에 올려놓을 수 있으며(그림 5), 팔꿈치는 바깥쪽으로 쳐든다. 경막 외 마취 상태라면 이런 자세를 취하는 데 어려움이 있을 수도 있다. 남편에게 도와달라고 부탁하자.

출산에 대비하는 근육 훈련

이 훈련은 임신 기간을 편하게 하면서 출산을 준비하고, 몸매를 빨리 회복시키기 위한 것이다. 규칙적인 훈련을 통해 근육의 활력과 탄성을 유지시킬 수 있기 때문에 임신 6개월 전에도 할 수 있다. 또 긴장을 풀며 움직여 컨디션이 나아지는 것을 몸이 느끼게 하고, 기다림의 몇 달을 평온히 보내도록 도와준다.

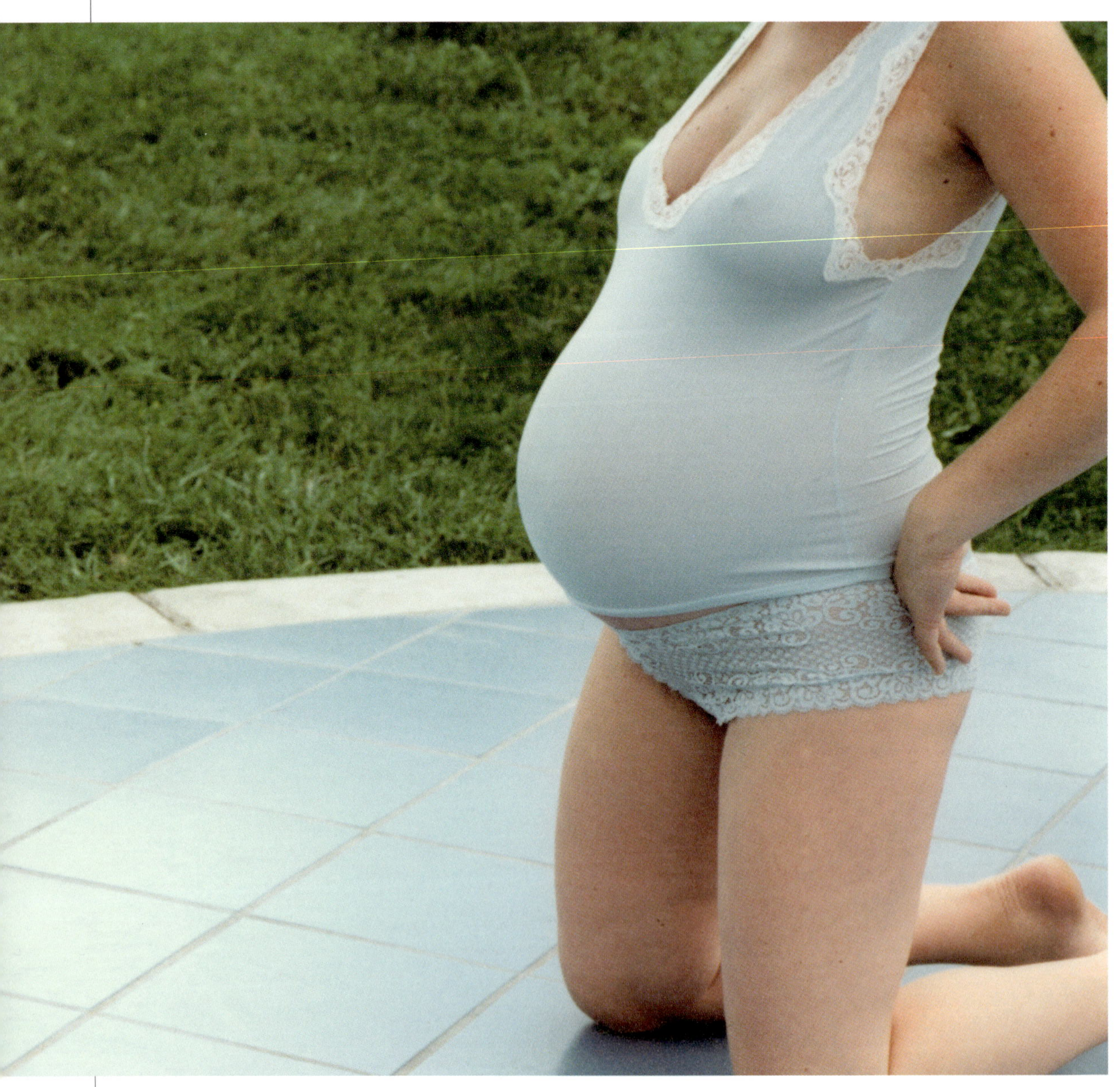

허벅지 근육의 이완과 골반 관절의 유연성

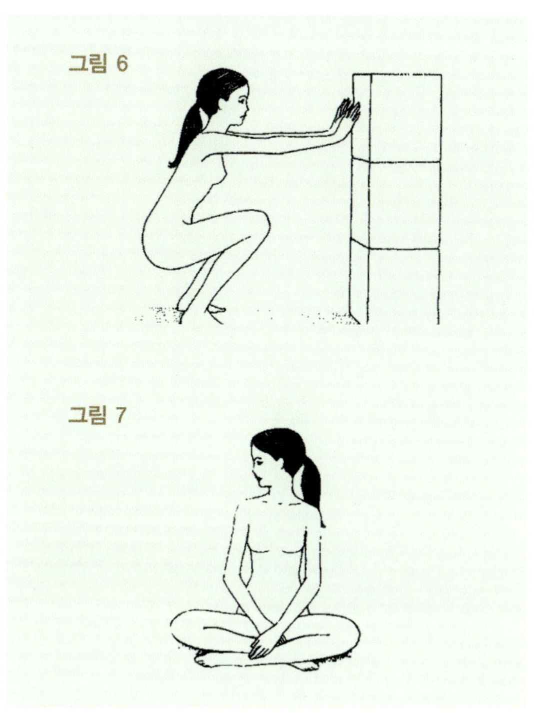

그림 6

그림 7

특히 상체를 뒤로 젖히지 않도록 해야 한다. 훈련을 할 때는 깊은 호흡을 하고, 숨을 내쉬면서 몸을 일으킨다.

● 그림 7 : 책상다리를 하고 앉는다. 등을 곧게 세워야 한다. 처음에는 금방 지칠 것이다. 휴식을 취하려면 다리를 앞으로 쭉 뻗는다. 허벅지 근육을 이완시키고 골반 관절을 유연하게 하는데 도움이 되는 이 자세에 익숙해지면 책을 읽거나 텔레비전을 볼 때도 이 자세를 취하도록 한다.

● 그림 6 : 쭈그리고 앉는다. 처음에는 발을 바닥에 평평하게 유지시키기가 힘이 들 것이다. 장딴지와 허벅지의 근육이 고통스럽게 팽팽히 당겨지는 것도 느낄 것이다. 너무 오래 할 필요는 없다. 며칠이면 별 어려움 없이 할 수 있기 때문이다. 몸을 굽혀야 할 때마다 앞으로 몸을 숙이는 대신에 이 자세를 취하는 습관을 들인다. 벌어진 무릎을 추켜세우고 등을 곧게 하는 법을 익히고,

회음부의 탄력성

회음부는 분만을 하는 동안 강하게 팽창하는 근육이다. 먼저 회음부의 정확한 구조를 안 후에 회음부를 강화시키고 유연하게 하기 위한 훈련을 해야 한다.

다음과 같이 하면 회음부를 의식할 수 있다. 소변이 마려워 방광을 비우고 싶은 욕구가 느껴질 때 회음부를 수축시키면 욕구가 억제된다. 대변을 보고 싶을 때도 마찬가지로 해본다. 앞뒤로 수축시킨 근육은 회음부를 단련시킨다. 바로 이 근육

들을 유연하게 만들어야 하므로 비뇨관을 막는 근육과 직장을 막는 근육을 동시에 수축시켜야 한다.

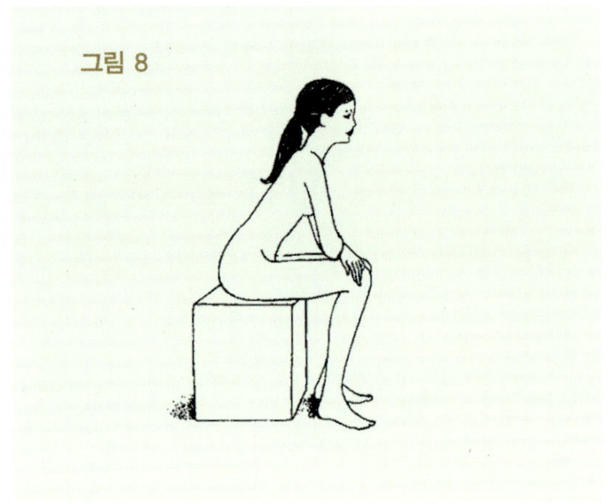

그림 8

●그림 8 : 앉아서 몸을 앞으로 약간 숙이고 양 무릎을 벌린 채 팔뚝과 팔꿈치를 허벅지에 올린다. 천천히 부드럽게 회음부를 수축시킨 후 몇 초 동안 있다가 두 배의 시간에 걸쳐 풀어준다. 이 훈련은 서서 해도 되고 앉아서 해도 되며, 하루에 두세 번씩 12회 반복하면 된다. 분만 때까지 별 어려움 없이 움직일 수 있을 것이다.

회음부 근육을 잘 발달시키려면 힘을 주었을 때 적어도 5초는 유지되도록 훈련해야 한다. 이미 조금씩 소변이 흐르는 증세가 있었다면 탈이 없도록 조심스럽게 훈련을 해야 한다.

이런 훈련은 지루할 수도 있지만, 매우 유용하므로 충분히 해볼 만하다. 회음부가 탄력이 있으면 출산이 더욱 쉬워지고, 특히 출산 후에 요실금 같은 비뇨기의 문제도 줄일 수 있다. 그래서 출산 후에도 적극 권장된다.

복부 근육

흔히 다리와 몸통을 동원하는 고전적인 복부 근육 훈련법은 권장되지 않는다. 복부의 내벽을 늘어나게 하고 직장 탈수와 요실금 증상을 일으킬 위험이 있기 때문이다.

아랫배를 안으로 잡아넣는 훈련은 복부 근육의 조직을 좋은 상태로 유지시키고, 힘주는 것을 용이하게 하며, 출산 후 불룩한 배를 빨리 평평하게 복원시킨다. 또 아랫배의 묵직한 느낌을 줄이고 변비 문제를 개선시킨다. 근육 수축을 일으킬 위험은 없다.

숨을 깊이 들이쉬었다가 내쉬면서 무리하지 말고 배를 약 10초 동안 잡아넣고 몸을 편안하게 한다. 이 동작을 반복한다.

하루에 여러 번 해도 좋다.

요통을 방지하는 골반 시소 운동

태아가 성장함에 따라 아기의 무게 때문에 상반신이 점점 더 뒤로 젖혀지고 허리 부분의 근육이 지속적으로 수축되는 것이 느껴진다. 누구나 겪는 등과 허리 통증의 주요 원인이다. 통증을 덜기 위해 골반을 상하로 움직이면서 반대로 몸을 휘게 하는 동작을 해야 한다.

●첫 번째(그림 9) : 서서 배를 앞으로 내밀고 허리가 들어가게 해서 왼손을 배 위에, 오른손을 엉덩이 위에 올려놓는다. 숨을 들이쉰다.

●두 번째(그림 10) : 천천히 복부 근육을 수축시키고 엉덩이를 앞쪽과 아래쪽으로 밀면서 조인다. 숨을 내쉰다. 이 동작을 잘 하기 위해서는 힘을 주면서 오른손을 아래로, 왼손을 위로 뻗는다. 이렇게 하면 골반이 상하로 흔들린다. 동작을 정확하게 할 수 있게 되면 손은 쓰지 않아도 된다.

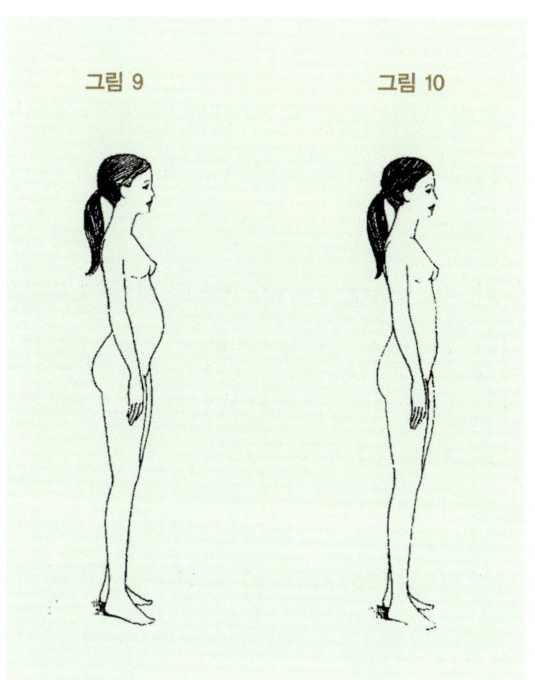

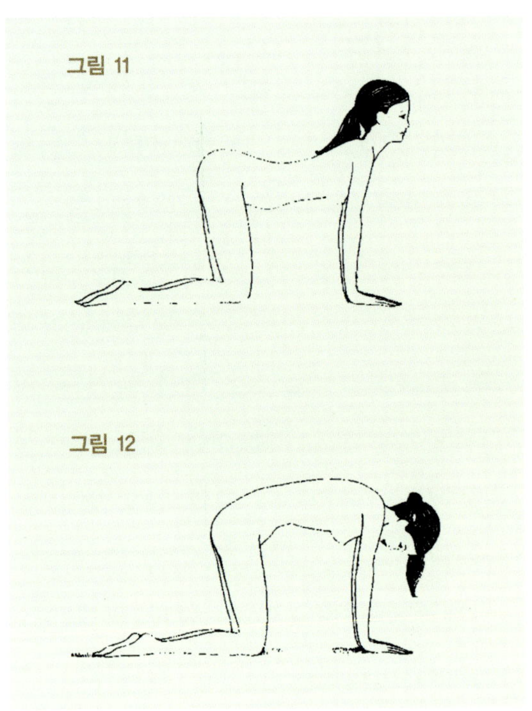

그림 11

그림 12

이제 같은 동작을 기는 자세로 해 보자. 팔을 수직으로 뻗고 양손을 30cm 간격을 두고 벌리며, 허벅지도 똑같이 수직으로 세우고 무릎을 20cm 정도 벌린다.

● 첫 번째(그림 11) : 등을 가볍게 밀어 넣고 머리를 꼿꼿이 세우고 엉덩이를 가능한 한 높이 들어올린다. 이 동작을 함과 동시에 배를 이완시키면서 숨을 들이쉰다.

● 두 번째(그림 12) : 등을 고양이처럼 둥글게 하고 배를 수축시키며 엉덩이를 바닥으로 내리면서 최대한 조인다. 그

리고 머리를 두 팔 사이로 가볍게 숙인다. 이 동작을 하면서 숨을 내쉰다.

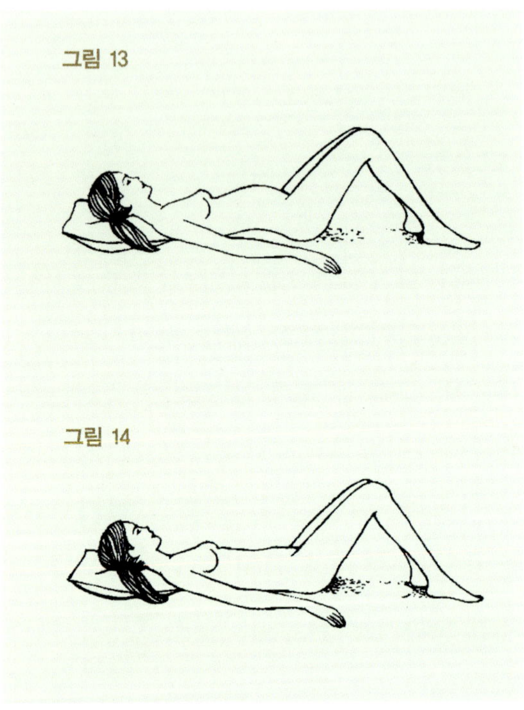

그림 13

그림 14

골반 시소 운동은 누워서 할 수도 있다 (그림 13, 14). 등을 대고 누운 채 두 다리를 세우고 골반을 교대로 움직여 허리 부분을 바닥에 붙였다가 뗀다. 경우에 따라서는 한 손을 허리 아래로 집어넣는다. 근육을 억지로 수축시키기보다는 감각을 느끼며 동작을 부드럽게 하는 것이 중요하다.

이 운동은 임신 기간 동안 지치지 않도록 할 뿐 아니라 골반과 척추 관절을 유

연하게 하고, 복부 근육이 늘어나는 것을 방지하는 중요한 운동이다. 서서 여섯 번, 기는 자세로 여섯 번, 누워서 여섯 번 천천히 반복한다.

예쁜 가슴을 간직하기 위해서

무엇보다도 어깨를 뒤로 고정시킨 채 곧은 자세를 유지해야 한다. 그리고 나서 가슴을 받쳐주는 근육을 규칙적으로 훈련시켜야 한다.

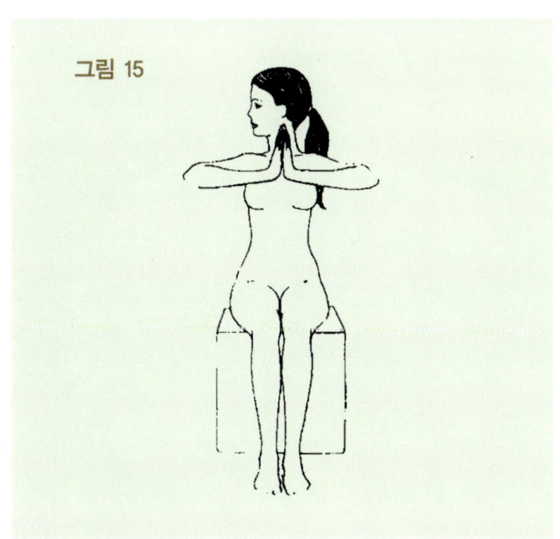

● 첫 번째 훈련(그림 15) : 팔꿈치를 어깨 높이까지 들어 올리고 손가락을 벌린 채 손은 손가락의 첫 번째 관절까지 서로 맞댄다. 그리고 양손에 최대한 힘을 주어 서로 민다. 힘주기를 멈추되 양손을 떼지 않고 팔꿈치를 내린다. 이 동작을 다시 처음부터 시작한다. 10회 반복.

● 두 번째 훈련 : 팔을 수평으로 들어올렸다가 가능한 한 뒤로 멀리 떨어뜨리면서 뻗친다. 다시 몸통을 따라서 팔을 제자리로 가져온다. 10회 반복.

● 세 번째 훈련 : 팔을 수평으로 뻗어 가능한 한 크게 완전한 원을 그린다. 10회 반복.

출산에 대비하는 이완법

이 훈련은 임신 4개월째부터 시작해서 출산 때까지 계속해야 한다. 이완하는 것, 신체적으로나 정신적으로 완전하게 긴장을 푼다는 것은 쉬운 일이 아니다. 이 훈련을 제대로 하기 위해서는 무엇보다도 조용하고 평온한 분위기가 만들어져야 한다. 숙달이 되면 분위기가 다소 어수선하더라도 긴장을 풀 수 있다.

편안한 환경 만들기

처음에는 소음을 피하기 위해 방문과 창문을 닫는 것이 좋다. 커튼도 친다. 너무 강한 빛은 이완을 방해하기 때문이다. 또 방광을 비운다. 안 그러면 회음부 근육을 적절하게 이완시킬 수 없다. 안경을 끼고 있다면 벗는다.

매트가 많이 푹신하지 않으면 침대에 누워도 좋고 바닥에 담요를 깔고 누워도 된다. 쿠션을 머리 밑에 하나, 무릎 아래에 하나, 발 밑에 하나 받치면 몸의 모든 부분이 잘 받쳐지고, 자세를 유지하는데 힘을 들이지 않아도 된다.

이완 1단계

이 훈련은 신체의 모든 근육을 동시에 이완시키는 것을 목적으로 한다. 그러기 위해서는 무엇보다도 근육의 수축과 이완의 차이를 이해해야 한다. 먼저 신체의 여러 근육들을 차례차례로 수축시켰다가 다시 이완시킨다. 정신을 집중해야 하며, 동작 하나하나를 아주 천천히 해야 한다.

먼저 오른손부터 시작한다. 경련이 일어나지 않을 정도로 주먹을 쥔다. 몇 초 동안 긴장을 유지한 채 그대로 있다가 손을 조금씩 느슨하게 한다.

이완 2단계

이번에는 팔의 근육을 천천히 수축시킨다. 몇 초 동안 긴장을 유지하다가 천천히 힘을 푼다. 왼쪽 손과 왼쪽 팔에도 똑같은 동작을 한다. 그리고 다음에는 다리로 넘어간다. 발가락과 장딴지 근육, 허벅지 근육을 연속적으로 수축시키다가 이완시킨다. 근육의 수축과 이완을 잘 구분할 수 있도록 매번 수축을 몇 초 동안 유지시켜야 한다. 수축을 할 때는 항상 숨을 들이쉬고 이완을 할 때는 숨을 내쉰다.

이완 3단계

이제 팔다리에서 신체의 다른 부분으로 옮겨간다. 엉덩이와 배, 회음부 등의 근육을 수축시킨다. 얼굴이 마지막이다. 얼굴은 60개 정도의 근육을 가지고 있기 때문에 처음에는 안면 근육을 완전히 이완시키는 데에 매우 힘이 들 것이다. 따라서 처음에는 동시에 안면 근육 전부를 수축시키도록 해본다. 눈을 감고 입을 다물고 턱을 꽉 조인다. 이마도 잊으면 안 된다. 이런 상태를 몇 초 동안 유지한 후 완전히 긴장을 푼다. 세 번 혹은 네 번 정도 훈련을 반복한다.

이완 4단계

이완법의 첫 단계에서는 모든 근육 상태를 인식하는 데 주력한다. 다음 단계에서는 신체의 각 부분을 따로따로 이완시키는 훈련을 한다. 하루는 팔, 다음날은 다리, 그 다음날은 얼굴 등. 아주 작은 근육들까지 이완시킬 수 있을 때에야 긴장 풀기 요법을 완전히 익혔다고 할 수 있다. 긴장을 풀기 위해서는 모든 근육을 스스로 통제해야 하기 때문이다. 팔을 완전히 이완시킨 다음 누군가에게 그것을 들어 올려 달라고 부탁한다. 그 사람이 아무

저항도 없이 팔을 들어 올린다면, 그리고 그가 팔을 놓았을 때 팔이 완전히 힘없이 떨어진다면 완벽하게 이완된 것이다. 발이나 다리도 같은 방법으로 해 본다.

이제는 신체의 모든 근육이 동시에 이완될 수 있도록 해 본다. 세 번 혹은 네 번 심호흡을 한 후 숨을 들이쉬면서 팔과 다리, 배, 회음부, 얼굴의 근육을 수축시킨다. 이런 상태를 3~4초 동안 유지한다. 그리고는 숨을 내쉬면서 완전히 근육을 이완시킨다. 얼마 후에 몸의 힘이 완전히 빠지면서 침대 속에 몸이 파묻히는 듯한 기분이 들 것이다. 완전히 이완되면 눈꺼풀이 반쯤 감기고 입이 약간 벌어지면서 턱이 매달려있는 듯한 기분을 느낄 수 있다. 차츰차츰 아주 만족스런 상태가 되면서 호흡이 고르고 평온하게 될 것이다. 이런 자세를 10분에서 15분 정도 유지한다.

이완법 훈련을 하고 난 후에는 현기증이 날 위험이 있으니 갑자기 몸을 일으키지 않는다. 두세 번 심호흡을 하고 팔과 다리를 쭉 뻗은 후 일어나 앉고 그 다음에 천천히 일어난다.

하루 5분 이완 훈련

완전히 긴장을 풀려면 분명 며칠이 걸리니 처음에 어려워 보인다고 실망할 필요는 없다. 완전히 이완하는 것은 상당한 노력을 기울여 집중하지 않으면 얻을 수 없으므로 처음에는 하루에 5분씩만 훈련한다. 너무 오래 연습하면 이완시키기는커녕 지쳐버린다. 얼마 후면 매일매일 이완 훈련을 하지 않고서는 지낼 수 없을 것이다. 그만큼 이 훈련을 하면 피로가 풀리고, 임신으로 신경이 날카로워질 때도 도움이 된다.

이완 훈련이 처음에는 지겹게 느껴진다고 이 훈련 대신 15분 잠을 보충하는 것이 낫겠다고 생각해서는 안 된다. 수면이 몸과 마음의 완전한 이완을 의미하지는 않기 때문이다. 자면서도 팔과 다리를 움직이고 자세를 바꾸며, 걱정거리로 애를 태우기도 하고, 꿈을 꾸기도 한다. 밤의 숙면을 위해 잠들기 전 저녁 시간에 이완 훈련을 하도록 권하는 것이 바로 이 때문이다. 이완법은 가장 좋은 수면 준비법이다.

임신 6개월이나 7개월째 아기가 자라면서 몸이 무거워지고 거추장스럽게 느껴지면 등을 대고 편안하게 누워서 자는 것이 불편해진다. 그 자세로 호흡하기가 어렵기 때문이다. 이때부터는 아기의 무게를 요가 받칠 수 있도록 옆으로 누워 자는 훈련을 해야 한다. 오른쪽 무릎 아래에 쿠션을 두어도 좋다.

> **TiP**
>
> ### 수중 출산 준비법
>
> 이 준비법은 등과 골반의 통증, 변비, 정맥류 등 많은 임신부들이 증상을 호소하는 몇 가지 장애에 상당한 효과를 낼 수 있다. 출산 후에도 수중 운동을 하면 근육과 신체의 회복에 큰 도움이 될 것이다. 임신부들은 물속에서 함께 집단 운동을 하고 걷는 것을 좋아한다. 수영장의 수온은 임신부들이 사용할 때는 더 높아야 한다.
>
> 체온과 같은 온도의 물이 담긴 욕조 속에서 자궁이 벌어지도록 하는 병원도 있는데, 정말로 물속에서 아기를 낳을 수 있다고 생각하는 산부인과 의사는 잘 없다.

마취 상태의 출산에 관하여

각자 정도의 차이는 있지만 출산 준비의 목적은 고통을 줄이거나 최소한 억누르는 것이다. 통증을 완화시키거나 없앨 수 있는 여러 가지 가능성들을 자세히 검토해보자.

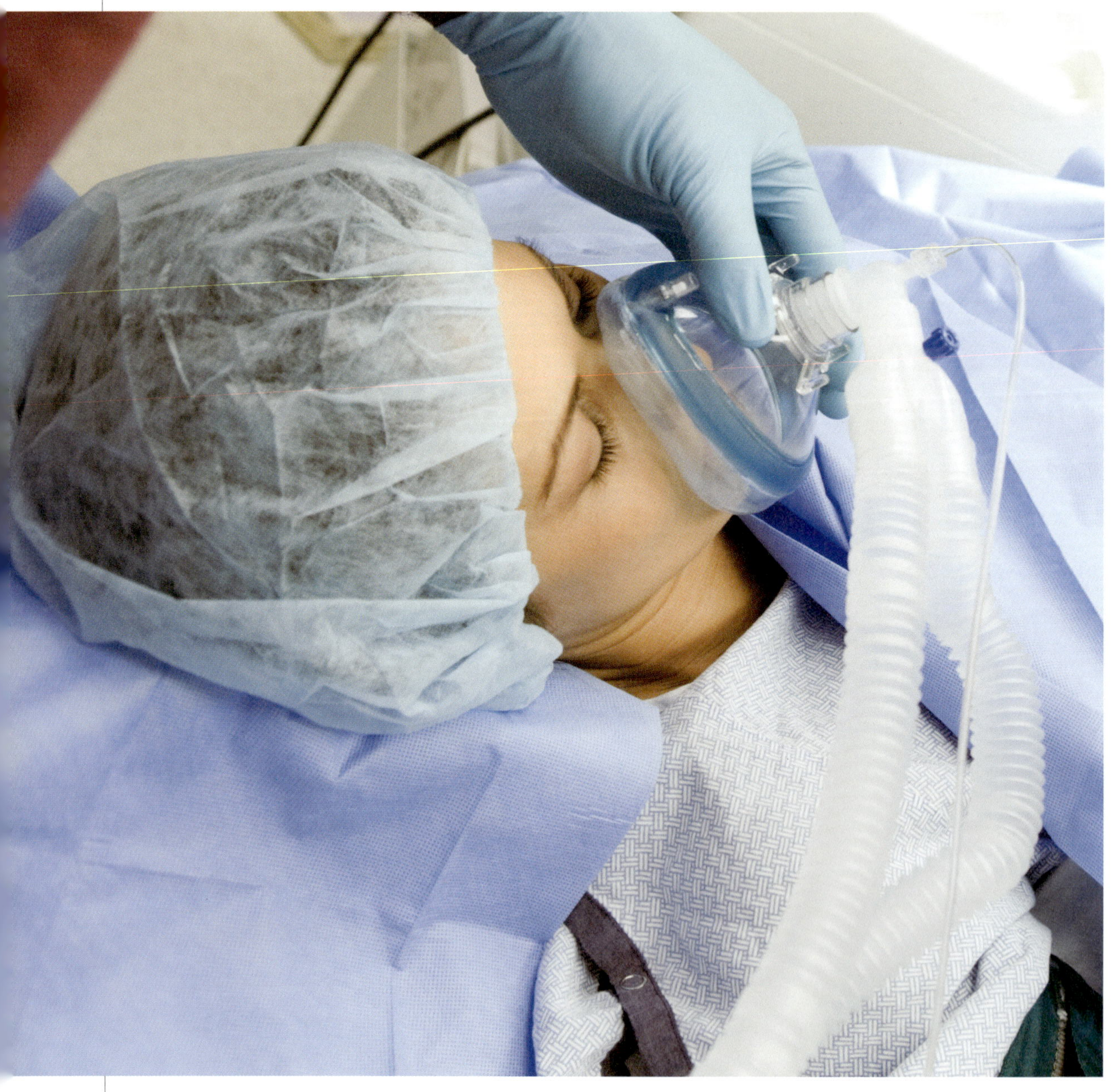

경막 외 마취

경막 외 마취는 혁명이었다. 통증에 맞선 싸움의 영역에서 획기적인 발전이었던 것이다. 경막 외 마취는 의식이 깨어있는 채로 통증을 느끼는 하반신만 무감각하게 만든다. 경막 외 마취는 개발된 지 얼마 지나지 않아 임신부들에게 큰 성공을 거두었다.

하반신 전체를 무감각하게 만들기 위해 허리 부근의 척추뼈 두 개 사이에 마취제를 주사하면 마취제는 척수막 주변으로 퍼져 나가며 경막에서 나오는 신경에 작용한다.

이 주사는 국부 마취 하에 시술되므로 아프지 않고 여느 주사와 마찬가지로 한 번이면 된다. 정해진 자리에 고정되어 있는 작은 관에 주사함으로써 필요할 때 새로 주사를 놓지 않고 마취제를 재투입할 수 있다. 마취제를 주사한 후 5분에서 10분이 지나면 통증이 없어진다.

그 전에 정맥주사도 놓는다. 경막 외 마취가 불러일으킬 수도 있는 혈압 변화를 빠르게 조절하고 치료할 수 있도록 해주기 때문이다. 특히 자궁 수축을 조절하고 강화할 수 있도록 약품들을 투약하는 목적을 가지고 있다.

그런데 경막 외 마취를 하면 아기가 나을 때 임신부가 힘을 주려는 욕구를 덜 느낀다는 사실에 주의해야 한다. 그렇기

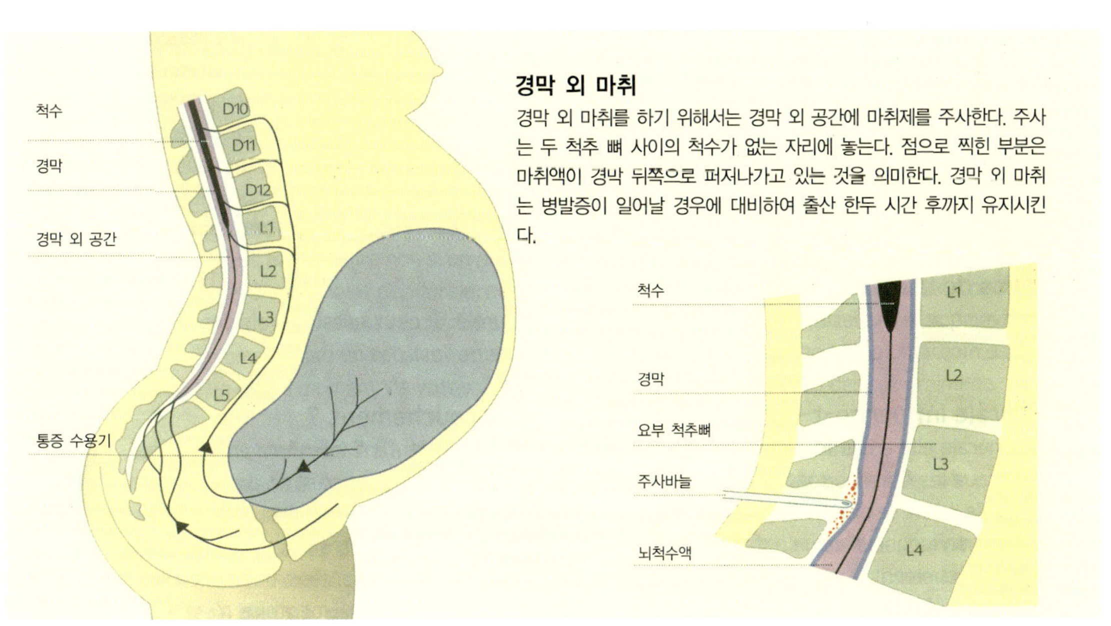

경막 외 마취
경막 외 마취를 하기 위해서는 경막 외 공간에 마취제를 주사한다. 주사는 두 척추 뼈 사이의 척수가 없는 자리에 놓는다. 점으로 찍힌 부분은 마취액이 경막 뒤쪽으로 퍼저나가고 있는 것을 의미한다. 경막 외 마취는 병발증이 일어날 경우에 대비하여 출산 한두 시간 후까지 유지시킨다.

때문에 출산 준비법 강좌를 받아두는 것이 더욱 더 필요하다. 분만 후 여섯 시간이 지나서야 적응 검사를 위해 몸을 움직이는데 처음에는 부축을 받거나 도움이 필요하다.

경막 외 마취 Q&A

다음은 임신부들이, 특히 초산인 임신부들이 궁금해 하는 여섯 가지 질문이다.

1. 아무나 마취를 할 수 있을까?

마취과 진단은 임신 말기에 의무적으로 실시해한다. 경막 외 마취나 전신 마취를 해야 될 경우 금기사항은 없는지 확인한다. 특히 혈액 응고 사태를 평가하는 혈액검사가 출산 이전에 실시된다. 천자 부위에 문신을 했을 경우 마취과 의사가 경막 외 마취를 거부할 수 있다.

2. 분만이 진행되는 동안 언제든지 경막 외 마취를 할 수 있는가?

가장 좋은 것은 자궁경부가 2~6cm 정도 벌어졌을 때 마취하는 것이다. 또 너무 늦게 하면 아기가 나올 때 마취가 소용없게 된다.

3. 금기 사항이 있는가?

피부 감염과 현저한 척추 변형, 외과 치료 병력, 신경 장애, 혈액 응고 장애 등이 있는 경우는 하면 안 된다. 열이 날 때도 금지된다.

아기가 느끼는 격통, 출혈, 혈압의 변동 등의 징후들은 진통을 하는 동안, 혹은 분만이 진행되는 동안에 나타나기도 한다.

4. 경막 외 마취는 산모나 아기에게 위험한가?

경막 외 마취는 산부인과에서 가장 널리 행해지는 의료행위다. 산모의 혈액 속에 아주 소량 퍼지는 국부 마취이기 때문에 아기에게는 전혀 위험하지 않다. 임신부에게는 현기증과 두통, 다리가 저린 느낌, 요통 등 사소한 지장이 생길 수 있으나 대개 2~3일 안에 누그러진다.

5. 경막 외 마취는 분만의 진행에 영향을 미치는가?

일반적으로 경막 외 마취는 분만 시간을 단축시키고 분만을 더욱 쉽게 해준다. 아기에게도 도움이 된다. 실제로 너무 불안해하여 진통이 더 이상 진전되지 않을 때 경막 외 마취를 하면 자궁경부가 잘 벌어지고 수축이 조절되는 것이 확인된다. 출산이 너무 길어지거나 오랜 진통으로 아기가 괴로워하는 것을 피할 수 있다.

게다가 분만이 진행되는 동안에 겸자 사용이나 인공 분만, 회음 절개 후 봉합이나 심지어는 제왕절개 후 봉합 등 갑자기 조처를 취해야 할 때 추가로 마취를 할 필요가 없다. 쌍둥이 임신이라든지 태아가 엉덩이부터 나오는 분만 등 몇 가지 경우에는 경막 외 마취가 권장된다.

6. 모든 임신부들이 경막 외 마취를 할 수 있는가?

모든 임신부들은 원한다면 경막 외 마취의 혜택을 받을 수 있다. 물론 의학적 금기 징후가 없어야 한다.

척추 마취

이것 역시 경막 외 마취와 마찬가지로 하반신의 감각을 마비시키는 이른바 국부마취다. 주사는 같은 곳에, 즉 허리 부근의 두 척추 사이에 놓는데, 뇌막 주변이 아니라 그 안에 마취제를 주사해야 한다.

기술적으로 척추 마취는 경막 외 마취보다 쉽고 마취제도 적은 양으로 가능하다. 또 경막 외 마취의 효과가 나타나는 데에 10~15분이 걸리는 데 반해 척추 마취는 주사를 놓자마자 거의 즉시 작용한다. 반면, 척추 마취는 혈압 저하 사고를 더 많이 일으킨다. 또 다시 주사를 놓는 것이 불가능하고, 두통이나 현기증 같은 분만 후의 고통이 더 크다. 척추 마취는 보통 미리 계획된 제왕절개의 경우에 시행된다.

국부 마취

회음부 근육에, 혹은 조금 더 깊게 마취제를 주사하는 것이다. 국부 마취는 고통을 주지 않고 회음 절개를 하거나 봉합할 수 있게 해 주지만, 자궁 수축 시의 통증을 완화시키지는 못한다.

전신 마취

전신 마취는 수술을 할 때처럼 완전히 잠들게 하는 마취다. 경막 외 마취 이전에는 이것이 통증을 거부하는 임신부들에게 보조 마취로서 시술되었다. 현재 전신 마취는 오직 경막 외 마취에 금기 징후가 있거나, 진통이 끝나 갈 무렵 긴급하게 마취를 해야만 할 때, 경막 외 마취가 작용할 시간이 없을 경우에만 시술된다.

전신 마취는 분만을 지켜볼 수가 없고, 세상에 태어난 아기의 울음소리를 듣지 못한다는 단점이 있다. 아기가 태어나는 것을 보지도 느끼지도 못하고 완전히 잠들었던 임신부는 흔히 오랜 시간이 지난 후에서야 출산이 자기 밖에서 일어난 것 같고 자신이 참여하지 않았다는 기분이 남은 이 일을 재구성해보려 애를 쓴다. 아홉 달 동안이나 두려워하면서도 초조하게 기다려왔고, 또 수도 없이 상상해왔던 이 분만이라는 일이 자기도 모르게 진행되었을 때 상실감을 느끼고 결핍을 메우려 드는 것은 당연한 일이다. 이런 반응을 보일 것이라고 미리 얘기하는 것은 그렇게 느껴도 실망하지 말라는 뜻에서다.

선택의 시간

산통을 줄이거나 없앨 수 있는 여러 가지 방법을 알았으니 이제 선택과 결정만 하면 되지만 여기에 대답하기는 어려운 일이다. 너무나도 개인적인 선택으로서, 생활방식과 욕구, 통증을 견디는 방식, 지금까지의 체험, 분만하게 될 병원에서 제공하는 가능성, 사는 장소에 따라 달라진다.

어떤 선택을 하든지 간에 출산 준비를 해야 한다. 제대로 준비를 한다면 컨디션이 가장 좋은 사태에서 출산을 하게 될 것이다. 마취를 한다 하더라도 호흡 훈련을 하면 경막 외 마취가 되기를 기다리며 자궁 수축을 견뎌내는 동안 도움이 된다. 마지막 순간에 경막 외 마취에 대한 금기 징후가 나타나서 경막 외 마취를 못한다 해도 출산 준비를 해놓은 것이 소중한 도움이 될 것이다.

출산 준비가 전혀 아무 효과를 보지 못하는 여성들도 있다. 아무리 충실한 내용의 출산 준비 교육을 받았다 하더라도 경막 외 마취만이 유일하게 효과적인 해결책이 될 수도 있다.

고통 없는 출산을 위하여

1950년대에 들어서 출산의 혁명이 이루어졌고, 그 결과 "준비만 잘 하면 아무 고통 없이 출산할 수 있다."라는 대담한 주장이 나왔다. 통증에 맞서 싸우며 새로운 방식으로 출산을 하기 위한 여러 가지 준비법들이 만들어지고 제안되었다. 모든 산모가 같은 방식으로 느끼는 것은 아닌 출산 통증에 대해 보다 상세히 알아보자.

출산은 항상 고통스러운가?

자궁이 출산을 위해 수축하기 시작할 때는 통증이 느껴지지 않는다. 산모가 자궁이 수축한다는 것을 느끼지 못한다면 출산이 시작되었다는 것도 모를 것이다.

산통은 분명히 존재한다. 그러나 산통은 사람마다 다르다. 대부분은 통증을 느끼지만, 약품의 도움을 받지 않고도 거의 고통 없이 아기를 낳는 사람들도 있다. 아무 통증 없이 생리를 하는 여성이 있는 반면 고통스러운 생리 때문에 녹초가 되는 여성들도 있는 것과 마찬가지다. 이 두 극단 사이에는 통증을 느끼기는 하지만 그래도 그럭저럭 견뎌내는 여성들이 있다. 출산을 하는 내내 통증을 느끼는 여성들이 있는가 하면 또 출산이 끝날 무렵에야 통증을 호소하는 여성도 있다. 출산의 고통은 개인에 따라 다르다. 언제 출산을 하느냐에 따라 달라지기도 한다. 초기의 자궁 수축은 더 느껴지기도 하고 덜 느껴지기도 한다. 자궁이 세게 수축한다고 느끼는 경우도 있고, 출산 초기에는 자궁이 수축하는 것을 깨닫지 못하는 경우도 있다. 출산을 하는 동안 자궁 수축은 대체로 더 강해지지만, 자궁이 다 벌어지고 나서야 통증이 느껴지기도 한다.

아기를 배출할 때의 통증은 더 지속적이며 흔히 더 강렬하다. 회음부에서 더 느껴지는 이 통증은 자궁 확장에 비하면 짧기 때문에 금방 끝난다.

통증을 완화시키는 요인들

출산의 순간에 인체기관은 통증을 완화시키는 베타 엔도르핀 호르몬을 분비한다. 스트레스와 두려움, 피로는 이 호르몬이 작용하는 것을 방해한다. 반대로 안심시키고 긴장을 풀어주는 모든 것은 호르몬의 작용을 돕는다. 의사들에 따르면 출산에 대해 마치 곧 일어날 자연스러운 사건처럼 얘기하는 평온한 가정의 임신부들은 훨씬 쉽게 긴장을 풀고 출산을 맞이한다고 한다. 의사를 신뢰하는 임신부들도 통증을 덜 느낀다.

통증은 신체적 요인에 따라 달라질 수도 있다. 아기의 머리가 골반 쪽을 향해 있으면 허리의 통증이 더욱 견디기 어려울 수도 있다.

그러나 통증이 어떻게 느껴지는지를 알기는 어렵다. 산모들이 자기 어머니에게 극심한 고통을 호소하면서 다시는 아기를 낳지 않을 것이라고 선언하는 것을 종종 듣곤 한다. 그러나 얼마 지나면 사실은 그다지 고통스럽지 않았으며, 또 아기가 생겨서 정말 기쁘다고 말하는 것을 듣는다. 그런가 하면 분만 때는 아무 말도 하지 않다가 다음날 지독하게 아팠다고 불평하는 경우도 있다.

어떤 산모들은 소리를 지르고 싶었지만 그렇게 하지 못했다고 말한다. 소리를 지르면 출산이 가까워진 다른 산모들에게 겁을 주거나 의료진을 당황하게 만들 수도 있다. 하지만 비명이 지독한 고통의 표현만은 아닐 수도 있다. 과도한 긴장을 덜어줄 수단이 될 수도 있는 것이다.

리드 박사의
두려움 없는 출산

이제는 두려움과 통증이 없는 출산의 탄생에 관한 이야기를 간단하게 해보자. 이것은 거의 같은 시기에 꽤 멀리 떨어진 런던과 레닌그라드, 파리에서 일어난 오래 된 이야기로 오늘날 여성들에게도 도움이 될 만한 정보가 담겨 있다.

첫 번째 이야기는 단 하나의 문장으로 한 산부인과 의사인 리드 박사를 유명하게 만든 이름 모를 여성에 관한 이야기다.

추운 겨울날, 런던에서 가장 가난한 구역인 화이트채플의 한 오두막집. 젊은 여인이 차가운 바닥에 놓인 침대에 누워 있었다. 나는 찰스 디킨스의 소설에 등장할 듯한 가난한 집안과 대조를 이루는 평화로운 분위기에 놀랐다.

아기는 지극히 정상적으로 태어났다. 큰 소리도 나지 않았고 곤란한 일도 일어나지 않았다. 모든 것이 예정된 계획대로 진행되는 듯하였다. 아주 사소한 사건이 하나 일어났을 뿐이었다. 나는 아기의 머리가 보이고 분만이 시작되면 클로로포름을 몇 번 흡입하도록 하겠다고 산모에게 말했다. 그 부인은 그 제안을 듣고 언짢아하는 듯하더니 정중하지만 단호하게 거절했다. 얼마 안 되는 의사 생활에서 클로로포름으로 마취를 하겠다고 제안했다가 거절당하기는 처음이었다. 떠날 채비를 하면서 그녀에게 이유를 물어보았다. 그녀는 수줍게 대답했다. "별로 아프지 않았거든요. 그렇게 아플 리 임신에서 두려움이라는 단어를 사용한 것은 리드 박사가 처음이며, 그의 방법론인 두려움 없는 출산의 토대가 되었다. 통증을 극복하기 위해서는 두려움을 이겨내야 한다. 어떻게? 그녀의 몸속에서 무슨 일이 일어나고 있는지, 아기가 어떻게 아홉 달 동안 엄마의 몸속에서 사는지, 어떻게 태어나는지를 산모에게 설명해주어야 한다. 근육과 신경과 정신의 긴장을 푸는 법을 가르쳐 주어야 한다. 또 출산에 대비하는 호흡법과 체조를 하도록 해야 한다. 한마디로 말해서 출산에 대한 정보를 주어야 하는 것이다.

1945년, 그랜틀리 딕 리드 박사는 영국과 미국에서 대성공을 거둔 책, 《두려움 없는 출산》을 써냈다. 이후로 산통에 맞서 싸우고자 한다면 두려움을 없애야 한다는 생각이 서서히 퍼져나갔다.

벨보스키 박사의 두려움 없는 출산

그로부터 몇 년 뒤, 런던에서 수천 킬로미터 떨어진 소련에서 의사인 벨보스키 박사가 리드 박사의 방법과 비슷하지만 이 영국 의사의 보다 자연적인 방식과 대조를 이루는 과학적인 접근법을 발견하였다.

벨보스키 박사는 먼저 임신부는 언어에 의해 통증을 느끼도록 조건 지어지기 때문에 산통을 겪는 것이라고 주장했다. 즉 사람들은 '최초의 수축을 느낄 때'라고 말하지 않고 '최초의 통증을 느낄 때'라고 말한다는 것이다. 그 결과 여성의 머릿속에는 이미 임신하기 전부터 수축과 통증이라는 두 단어가 결합되었다는 것이다. '출산 = 통증'이라는 등식을 없애려면 무엇보다도 대대로 물려받는 두려움으로부터 벗어나게 해야 한다. 그렇게 하기 위해 벨보스키 박사는 임신부들에게 출산의 메커니즘을 상세히 설명하고 주위 사람들에게 그녀를 불안하게 하지 말라고 권한다. 그는 다음과 같이 단언했다.

> "나는 마취시키지도 않고 환상으로 속이지도 않는다. 그러기는커녕 임신부가 더욱 명료한 의식을 갖도록 한다."

벨보스키 박사는 뇌에 작용하는 해로운 반사적 행동에 맞서 싸우도록 한 뒤에 신체에 영향을 미치는 유용한 반사적 행동을 하도록 한다. 분만에 필요한 신경과 근육을 단련시키는 것이다. 이런 작업 전체가 주로 파블로프가 설명한 조건 반사 이론에 근거를 둔 심리 예방법의 토대를 이룬다.

라마즈 박사의
고통 없는 출산

프랑스의 산부인과 의사 라마즈 박사는 소련을 여행하다가 레닌그라드의 한 병원에서 어떤 임신부가 마취를 하지 않아 정신이 맑은 상태에서 미소를 머금은 채 아기를 낳는 것을 목격하였다. 라마즈는 다음과 같이 이야기했다.

> "나는 그 부인에게서 눈을 뗄 수가 없었다. 그녀의 다리와 팔을 만져 보았다. 모든 근육이 이완되어 있었다. 마치 출산 행위와 무관한 듯이 완전히 이완되고 긴장이 풀린 신체 속에서 오직 자궁 근육만 활동하고 있는 것 같았다. 그녀의 이마에는 작은 땀방울 하나 맺히지 않았고 안면 근육의 수축도 전혀 없었다. 때가 되자 그녀는 완전한 평온 속에서 아기를 밀어내려고 힘을 주었다."

화이트채플의 산모와 달리 레닌그라드의 산모는 벨보스키 박사의 방법에 따라 과학적으로 준비를 갖추고 있었다.

라마즈 박사는 경탄을 금치 못했다. 프랑스로 돌아온 그는 심리 예방법, 즉 정신 현상에 작용함으로써 통증을 예방하는 라마즈 분만법을 창안했다.

몇 년 만에 리드 박사와 라마즈 박사의 가르침이 널리 보급되고 결합되었다. 의사들은 계속해서 라마즈 분만법이라고 말하지만, 일반인들은 고통 없는 출산이라는 매력적인 명칭을 찾아냈다.

고통 없는 출산은 진정한 혁명이라 할 수 있다. 출산이 준비될 수 있다는 것을, 출산이 그저 감내할 수밖에 없는 수수께끼 같은 사건으로 남아있어서는 안 된다는 것을, 출산에 대해 알면 알수록 훨씬 익숙해진다는 것을, 그리고 훈련을 통해 출산의 분위기를 조금씩 변화시킬 수 있다는 것을 보여주었다. 고통 없는 출산법은 점차 더 간단하고 정확하게 출산 준비법이라고 불리게 되었다.

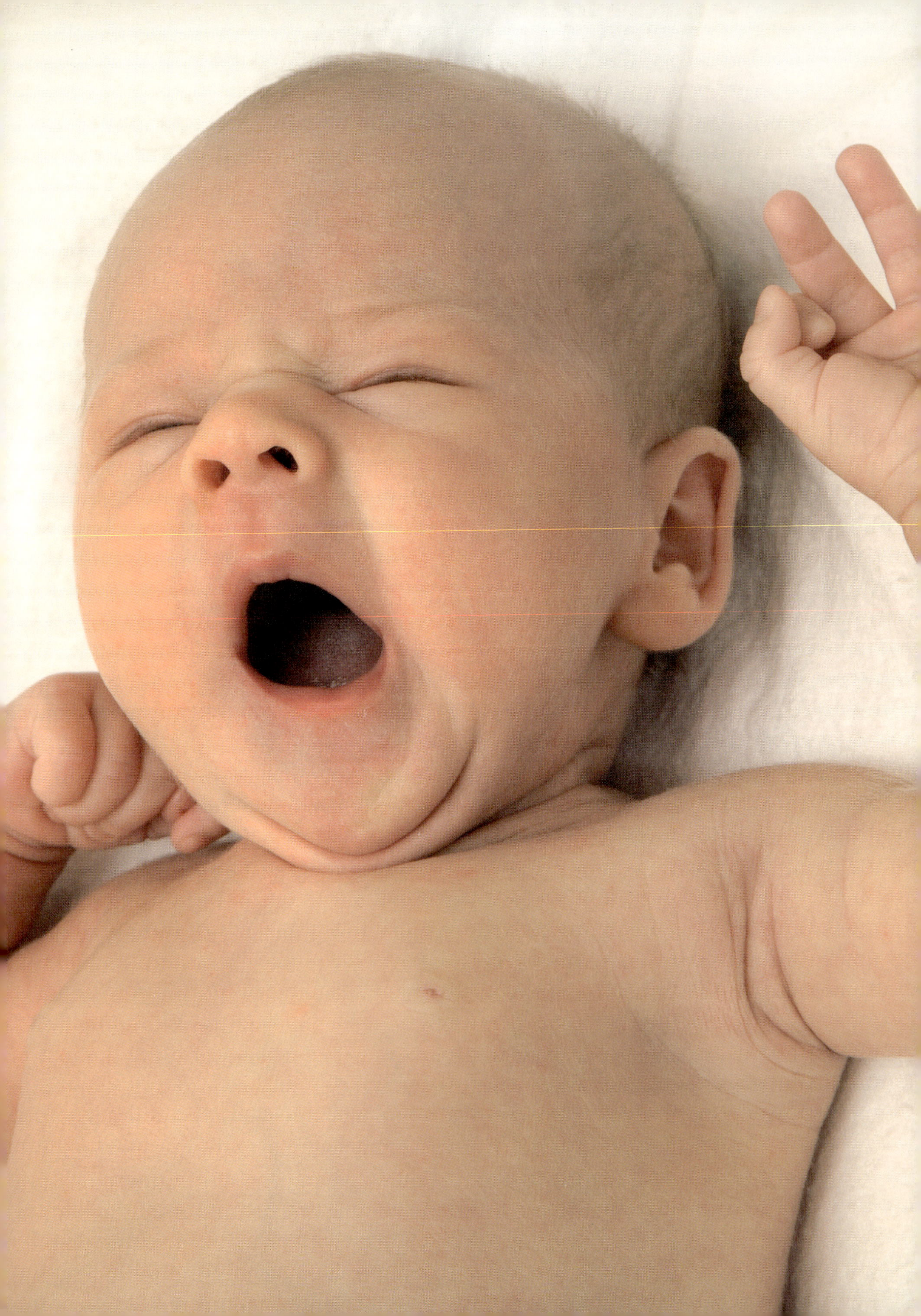

J'ATTENDS UN ENFANT

Laurence PERNOUD

출산과 탄생, 그 감동의 순간

자, 이제 출산의 시간이 다가왔다. 미래의 엄마는 출산을 알리는 징후는 어떤 것인지, 어떻게 출산이 시작되는지, 분만 시간은 얼마나 걸리는지, 그리고 진통이 얼마나 힘겨운지, 병원에는 언제 가야 하는지 등 출산에 대한 모든 것을 알고 싶어 한다. 이 장에서는 출산의 메커니즘을 이해할 수 있도록 해부학적 차원의 설명에서부터 시작해서 모든 질문에 대답하도록 노력할 것이다.

출산 전에 알아야 할 것들

출산은 두 개의 힘이 맞선 결과라고 생각할 수 있다. 한쪽은 적극적으로 아기를 밖으로 밀어내려고 자궁이 수축하는 힘이며, 다른 한쪽은 아기가 밀려나가지 못하게 저항하는 산도의 힘이다.

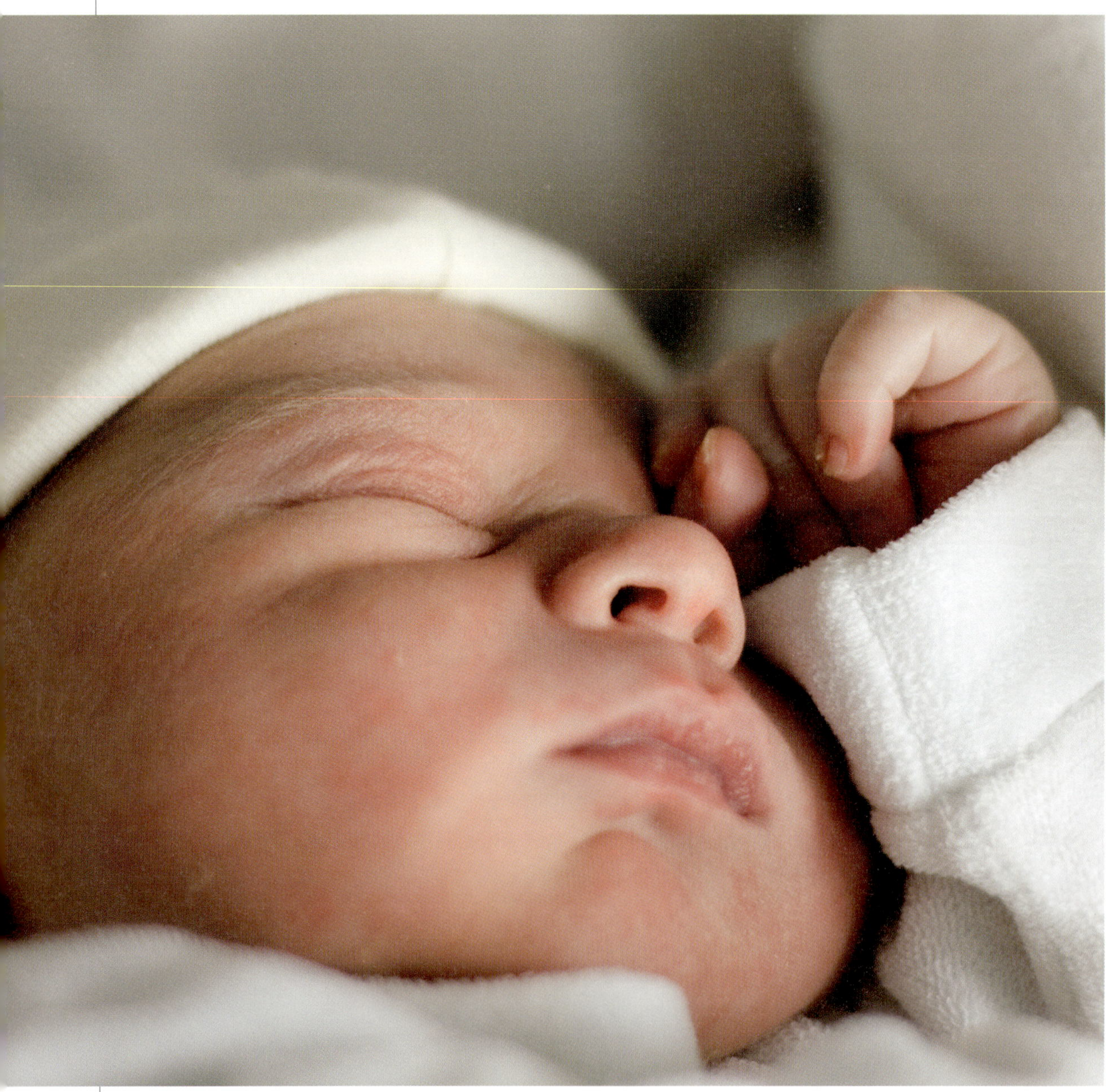

모터 : 자궁

자궁은 이두근 같은 근육이다. 하지만 이두근과 달리 속이 비어있고 주머니 모양이어서 아기가 그 안에 자리 잡는다. 모든 근육이 그렇듯이 자궁은 수축할 수 있는 힘을 가진 섬유질로 되어 있다.

자궁의 수축은 자율적으로, 자동으로 이루어진다. 개인의 의지로 조절할 수 없는 것이다. 인위적으로 자궁의 수축을 강하게 하거나 약하게 할 수 없다. 그렇다고 해서 산모가 출산 내내 수동적으로 자궁의 수축을 감내해야 된다는 얘기는 아니다. 자궁 수축은 임신 후반부부터 나타나지만, 진짜 아기를 내보내기 위해 활동하는 것은 출산 때다.

어느 날 모터가 움직이기 시작한다

어떤 이유로 어느 날 갑자기 자궁이 수축되기 시작하는 것일까? 지금으로서는 이 질문에 정확히 대답하는 것이 불가능하다. 하지만 여러 가지 요인이 관여하는 것으로 짐작된다.

태아가 가장 중요한 역할을 하는 것으로 추정된다. 출산이 이루어지기 며칠 전부터 태아의 부신이 과도하게 활동하기 시작한다. 그러나 우리는 이런 영향이 어떻게 이루어지는지 알지 못한다. 또 다른 호르몬이 수축을 유발하고 유지하는 것으로 알려져 있는데, 바로 뇌하수체가 분비하는 옥시토신이다. 출산 중에 자궁 수축을 강화하고 조절하기 위해 이 호르몬을 정맥 내로 주입하기도 한다. 임신 말기에는 엄마와 태아의 뇌하수체가 동시에 이 호르몬을 분비한다.

몇 가지 요인은 순전히 기계적이다. 우선 자궁은 임신 말기부터 긴장하기 시작하여, 자궁경부가 점차 열린다. 또 자궁이 긴장하면 수축을 일으키는 프로스타글란딘이 자궁 근육에 분비된다. 자궁에서 만들어진 이 호르몬의 비율은 임신 말기에 현저히 높아진다.

반사신경 같은 신경 역시 개입하는데 출발점은 자궁경부인 것으로 추정된다. 출산예정일이 가까워진 여성의 질을 만지기만 해도 24시간 내에 출산을 촉발하는 경우가 빈번하다. 이 반사 작용의 정확한 성질에 대해서는 알려진 바가 없다.

이런 여러 가지 요인들 중 그 어느 것도 한 가지만의 힘으로는 출산을 촉발하지 못한다. 이 요소들이 아직까지 밝혀지지 않은 어떤 메커니즘에 의해 서로 결합하여 자궁의 수축을 일으키고 유지하고 강화시키는 것이다.

자궁 수축의 효과

자궁 수축이 시작되면 위에서 아래로, 즉 자궁 안쪽에서 경부 쪽으로 힘이 가해져서 자궁경부에 변화가 일어난다. 그림에서 보듯이 자궁이 수축할 때마다 자궁 내막이 경부를 위쪽으로 잡아끌고 그 힘에 의해 자궁경부가 조금씩 열린다. 아기가 자궁 밖으로 나오기 위해서는 그림 a, b, c, d가 보여주는 것처럼 자궁경부가 열려야 한다. 임신 기간 중에 자궁경부는 점차 부드러워져 쉽게 열리지만 자궁경부가 열리기 위해서는 먼저 자궁이 수축되어야만 한다.

자궁경부의 확장

처음에는 자궁경부가 조금씩 줄어들다가 결국 없어지면서 자궁의 일부가 되어버린다. 이것을 경부가 사라진다고 말한다. 하지만 그 후에도 경부는 여전히 닫혀 있다(그림 b). 그 다음 시기가 되면 경부가 수축의 영향을 받아 열린다. 이것을 자궁경부가 확장된다고 한다(그림 c).

경부 확장은 센티미터로 표시된다. 자

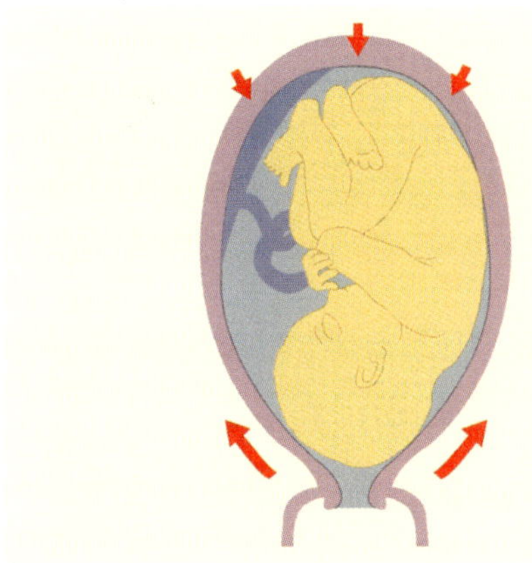

자궁 수축의 효과
자궁은 수축하면서 길이가 짧아진다. 근육이 수축하면 그림의 화살표가 나타내는 것처럼 오그라든다. 자궁 안쪽 부분이 위에서 밑으로 당겨지면서 경부는 조금씩 밑에서 위로 당겨진다. 그러면 자궁경부가 열리고 아기가 나온다.

궁경부는 직경 10cm가 열리면 완전히 확
장된 것이다. 자궁경부의 변화는 벌어지
는 동안 계속 질을 만져봄으로써 측정할
수 있다.

초산부의 경우 자궁경부가 사라지는 것
과 자궁이 벌어지는 것은 따로 구별되는
두 가지 현상으로 경부가 사라지고 난 후
에 확장된다. 그러나 출산 경험이 있는
다산부의 경우에는 대부분 두 가지가 동
시에 진행된다. 자궁경부가 사라지는 동
시에 자궁이 벌어지는 것이다. 자궁이 수
축되어야만 경부 확장이 이뤄지고, 자궁
경부가 완전히 벌어져야만 아기가 나올
수 있다.

아기를 아래로 밀어내다

자궁 수축은 경부에 작용하여 경부를 열
기도 하지만 그와 동시에 아기에게 영향
을 미치기도 한다. 아기를 조금씩 아래로
밀어내는 것이다.

아기가 서서히 내려감과 동시에 자궁
경부가 확장된다. 자궁경부가 완전히 확
장되어야만 아기가 자궁 밖으로 나올 수
있다.

자궁 수축의 영향을 받아 약간의 양수
가 아이의 머리와 양막의 아래쪽 돌출부
사이에 축적된다. 이것을 물주머니라고
부른다(그림 c). 이 물주머니는 자궁압축
의 압력이 자궁경부 주변에 분산되도록
하는 역할을 한다. 그래서 엄마의 통증이

자궁경부의 소멸과 확장

아기의 머리, 양수(청색), 양막(회색)과 경부가 아래쪽에서 질을 향해 열려있는 자궁 내부이다.

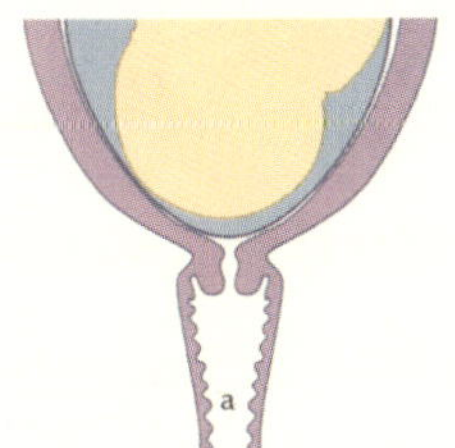

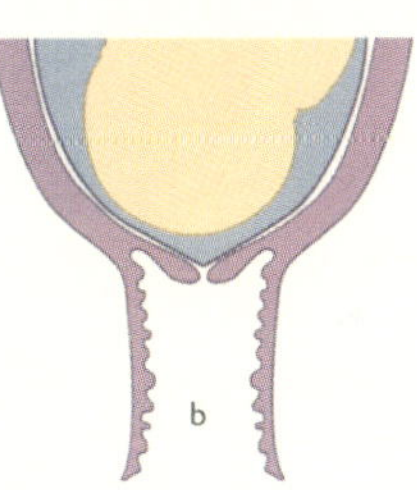

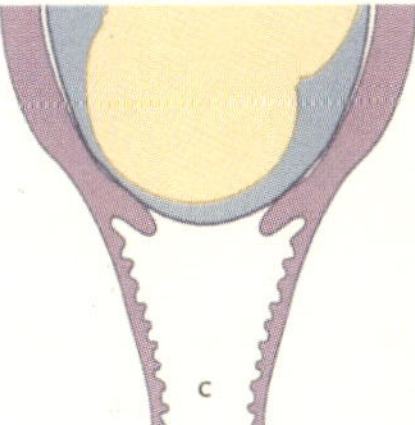

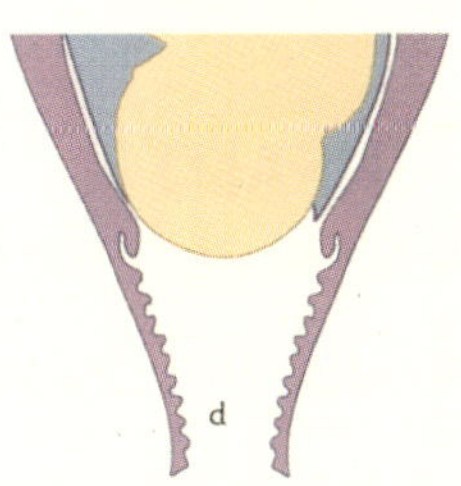

출산 초기에는 자궁경부가 닫혀있다.

수축의 영향을 받아 조금씩 경부가 짧아진다. 자궁경부가 사라진다고 말한다. 그러나 여전히 닫혀있다.

경부가 열리는 중이다. 양막에 아직 약간의 양수가 남아서 경부를 향해 내밀어진 주머니 모양을 하고 있다. 이것을 물주머니라고 부른다.

경부가 열리고 주머니가 터져 아기의 머리가 자궁 밖으로 나오기 시작한다. 아기의 머리는 질과 최대한 확장된 외음부를 통과할 것이다.

완화되고 아기의 머리가 보호받는 것이다.

자궁의 수축으로 자궁경부가 열리면 아기는 역시 수축의 힘으로 골반의 산도를 지나간다.

아기가 빠져나와야 할 터널 : 골반

아기가 지나가야 하는 산도는 골반-생식도라고 부른다. 이 터널을 지나는 동안 아기는 여러 가지 장애물과 만난다.

이 산도에는 우선 골반 뼈(그림 2)가 있다. 골반은 네 개의 뼈로 이루어져있다. 뒤쪽에는 선골과 미저골이 있고, 양 옆에는 장골이 있으며, 좌우의 장골이 만나 앞쪽에 치골을 이룬다.

임신 기간 중에 아기는 치골 위쪽에 자리 잡지만 출산이 시작되면 골반을 통과해야 한다. 아기가 들어가는 자궁 입구의 구멍은 상부 협로라고도 불리며, 하트 모양과 비슷하다. 아기가 나가는 구멍은 하부 협로라고 한다. 골반 아래쪽에는 근육이 있는데, 그 근육은 회음과 외음부라는 연부로 덮여 있다. 이 전체가 딱딱한 골반뼈와 달리 매우 부드러운 골반을 이룬다. 아기는 출산 중에 이런 장애물을 단계적으로 통과해야 한다(그림 3).

회음에 관해서는 좀 더 자세히 알 필요가 있다. 안쪽 골반의 바닥 부분이고, 따라서 출산 중에 상당한 팽창되기 때문이다. 회음은 치골과 미저골까지 질을 둘러싸고 있는 근육으로 매우 유연하며 요도와 질, 직장에 걸쳐 있다(그림 4).

아기

임신 말기에 이르러 출산이 시작되면 아기는 밖으로 나갈 준비를 마친다. 일반적으로 태아는 머리가 아래로 가 있는 수직 자세를 취하고 있으며, 양막과 양수에 둘러싸여 보호받고 있다(그림 1).

장애물을 통과하기 위해 아기의 머리는 연속된 회전으로 산도의 모양과 크기에 맞춰져야 한다. 가장 먼저 아기의 머리가 골반의 위쪽 구멍, 즉 상부 협로를 지나간다. 그 경우 머리가 산도에 들어섰다고 말한다.

1. 출산 전 아기의 상황

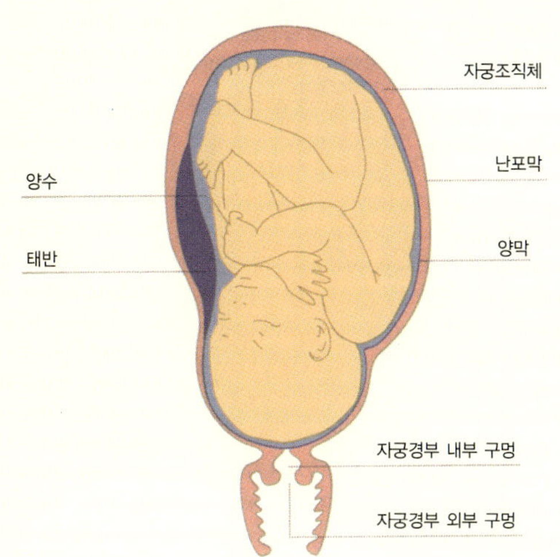

2. 여성의 골반뼈를 위에서 본 모습

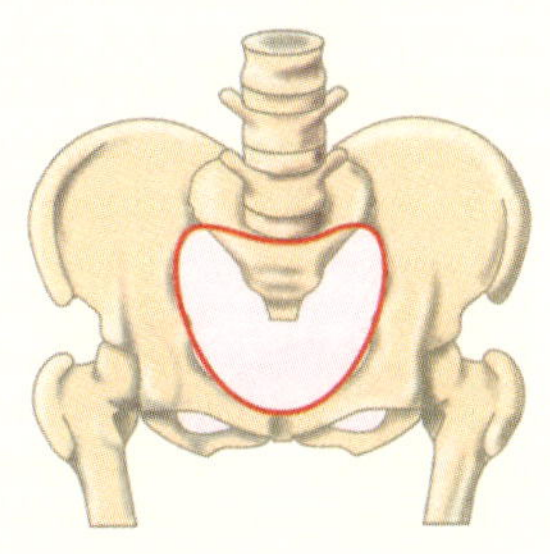

상부 협로와 요부 척추뼈, 오른쪽과 왼쪽의 장골뼈 (넓은 표면), 치골뼈(앞쪽), 선골(척추 아래쪽), 그리고 미저골(선골 끝부분)이다.

자궁경부에는 두 개의 구멍이 있다. 질 쪽으로 나 있는 구멍은 외부 구멍이며, 아기 쪽으로 나 있는 구멍은 내부 구멍이다. 출산 경험이 있는 여성의 경우 임신 말기에 외부 구멍이 열려 있는 것이 정상이다. 내부 구멍은 출산이 시작될 때 열린다.

3. 통과해야 될 몇 개의 통로

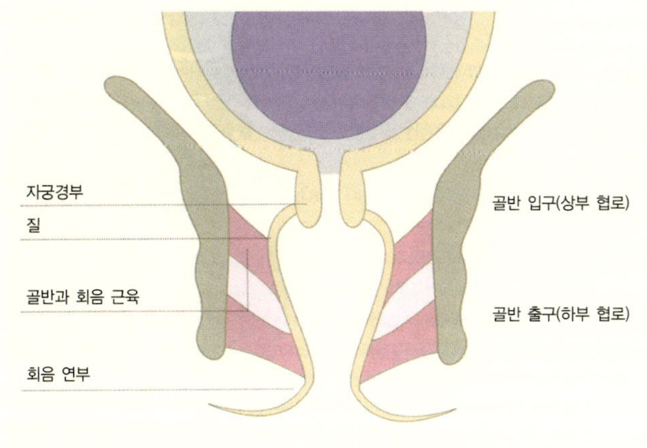

4. 회음

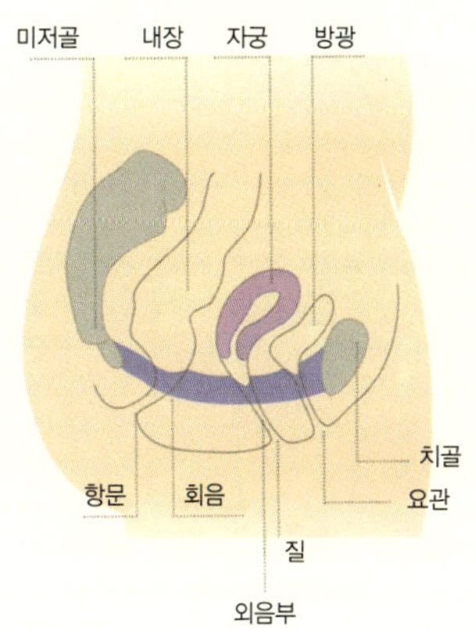

분만의 전조

아기는 몇 시간 뒤면 태어날 것이다. 왼쪽 그림에서는 아기의 자세와 아기가 모체에서 차지하고 있는 자리를 볼 수 있다. 오른쪽 그림에서는 자궁이 닫혀있기는 하지만 아기의 머리는 골반 속으로 들어가려 하고 있다. 분만을 알리는 전조로서, 엄마는 최초의 수축이 일어나기 며칠 전, 혹은 몇 시간 전에 무거운 것이 아랫배에 있는 것처럼 느낀다.

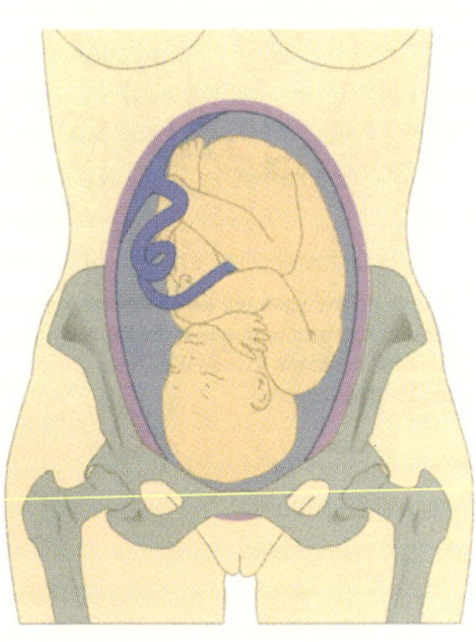
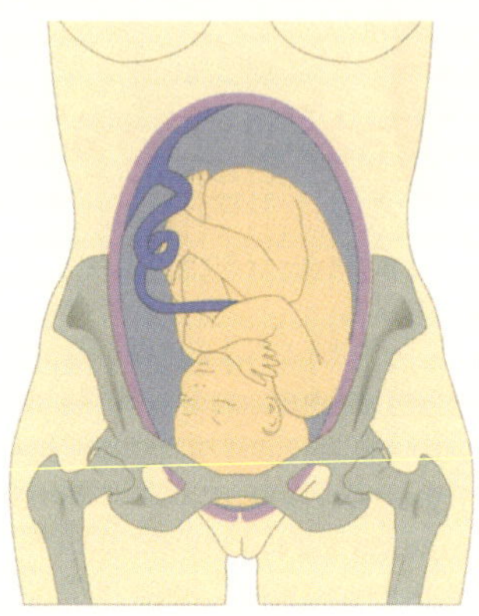

아기의 방향 잡기와 진입

태어나는 아기는 똑바로 나오는 것이 아니다. 아기는 방향을 두 번 바꾼다.
왼쪽 그림은 누워있는 때이고 오른쪽 그림은 서있을 때이다.

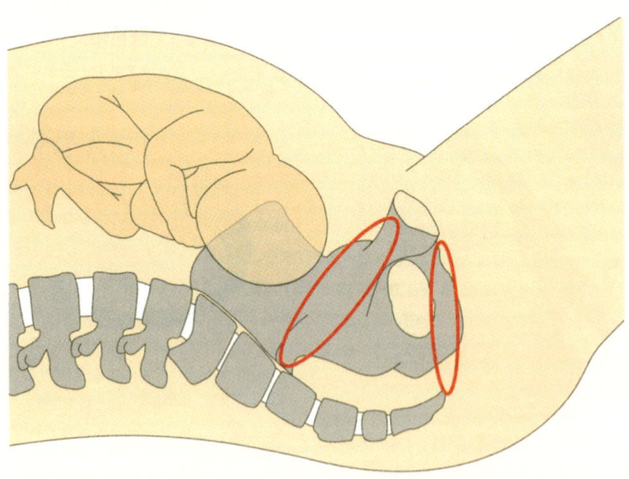
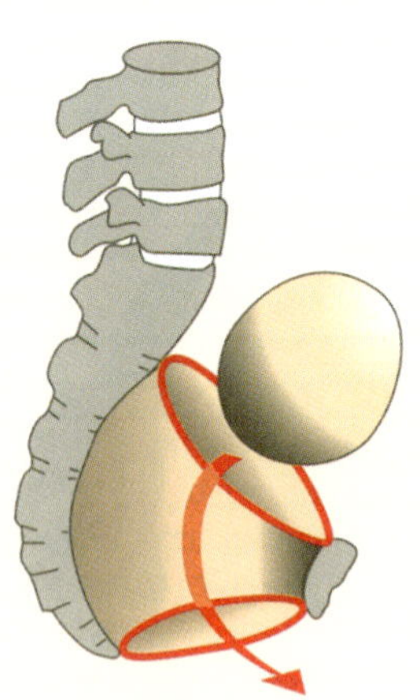

산도에 들어서는 것과 동시에 아기의 머리는 비스듬히 방향을 튼다. 산도의 위쪽 구멍은 비스듬히 지나가야 자리가 더 넓기 때문이다. 머리를 똑바로 하고 들어가는 것보다는 오른쪽이나 왼쪽으로 돌리고 아래쪽으로 구부리고 들어가는 것이 더 쉽다. 그래서 아기는 머리를 비스듬하게 돌리는 동시에 아래쪽으로 구부리는 것이다. 이 과정을 이해하기 위한 고전적 예는 고리에 통과시켜야 하는 달걀이다. 수직으로 놓인 달걀은 고리를 통과하지만 수평으로 놓인 달걀은 통과할 수 없다(그림 5). 초산의 경우에는 이런 진입이 임신 말기, 출산 전 몇 주일 동안 이루어질 수 있다. 이런 진입에 때로 통증을 느끼기도 한다.

상부 협로를 일단 지나면 아기의 머리는 서서히 골반 속으로 내려간다. 아기의 머리는 하부 협로에서 회음 근육을 만나면 두 번째 회전을 하여 큰 전후방 축 속으로 들어간다. 골반의 출구 구멍, 혹은 하부 협로에서 가장 넓게 열려 있는 부분은 상부 협로 같은 기울어진 직경 속에 있는 것이 아니라 앞뒤 방향으로 있다. 여기서 다시 아기의 머리는 구멍의 최대 크기를 가장 잘 이용하기 위하여 방향을 잡는다.

5. 머리의 통과

아기의 머리는 수평으로 고리를 통과할 수가 없다.

아기의 머리는 수직으로 고리를 통과할 수 있다.

골반을 지나는 동안 태아는 두 번 머리의 방향을 바꾼다. 골반에 진입할 때는 자기의 왼쪽 혹은 오른쪽 어깨를 보는 자세이다가 골반을 벗어날 때는 바닥을 내려다보는 자세가 되는 것이다.

하부 협로를 빠져나가기 위해 아기의 머리는 회음과 외음부를 늘이는데 아기가 태어날 수 있을 만큼 충분히 탄성이 있다. 이때를 배출기라고 부른다. 이 시기는 엄마의 밀어내고 싶은 욕구와 맞아떨어진다. 아기가 머리로 회음 근육을 누름으로써 엄마의 밀어내고 싶은 반사적 행동이 촉발된다. 때로는 성적 쾌감과 연관되기도 하지만 거의 대부분은 통증을 유발한다. 산모는 이 놀랍거나 고통스러운 감각에 저항하기 위해 자신도 모르는 사이에 근육을 수축시킨다.

　이 배출기의 지속시간은 팽창 단계와 비교하면 짧아서 최대 30분이다. 산모가 덜 저항할수록 배출 시간은 더 짧아진다.

아기는 도움을 받는다

세 가지 요소가 아기의 머리가 서서히 내려가서 산도를 통과하도록 도와준다.

- 골반 뼈들은 관절로 연결되어 있는데 임신 말기에 이 관절이 느슨해지면서 골반이 몇 밀리미터 가량 넓어진다. 때로는 고통스러울 수도 있다.

- 아기의 머리뼈는 아직 완전히 결합되

지 않은 상태로, 생후 몇 개월이 지나야만 완전히 고정된다. 이런 아기의 머리뼈는 어느 정도 유연성이 있어서 좁은 산도를 통과할 때 잘 적응할 수 있다.

- 골반의 연질부인 질과 회음은 자연적인 탄성을 갖고 있다. 머리가 일단 장애물을 통과하면 몸은 어려움 없이 따라오는 것이다. 출산 도중에 이뤄지는 아기의 여러 가지 움직임은 자궁 수축의 결과일 뿐만 아니라 아기가 골반 속에서 적응한 결과이기도 하다.

출산의 주요 원동력은 자궁의 수축이다. 자궁이 수축함으로써 자궁경부가 조금씩 벌어지고 동시에 아기가 내려간다. 자궁 수축이 규칙적이고 효과적으로 이루어지지 못하면 정상적인 출산이 불가능하다.

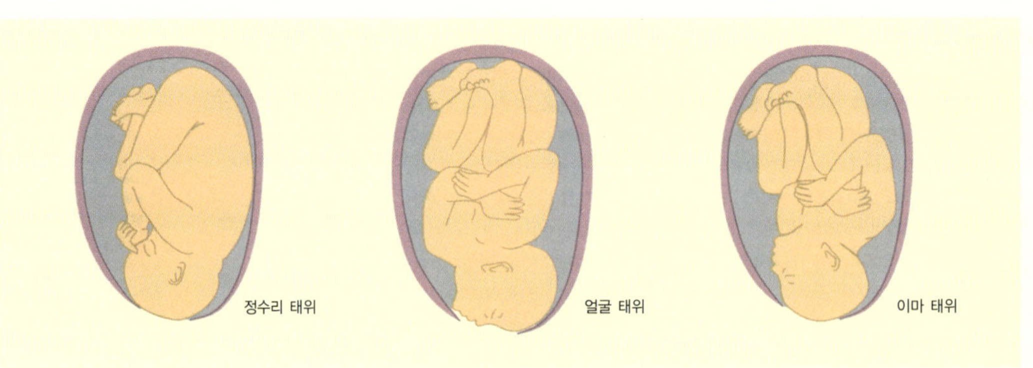

태위

출산 때 아기의 머리는 거의 대부분 아래로 가 있다. 머리가 완전히 굽혀지고 턱이 흉곽 위에 놓인 채 정수리가 골반 속으로 들어간다. 가장 먼저 골반 속으로 들어가는 아이의 신체 일부가 어디냐가 중요하다.

여러 가지 태위

- 정수리 태위 : 가장 흔한 태위다.

- 얼굴 태위 : 이 경우 머리는 완전히 구부러져 뒤로 젖혀져 있다. 자연 분만이 가능하긴 하지만 어려우며, 초산인 산모라면 특히 어렵다. 거의 대부분은 제왕절개를 한다.

- 이마 태위 : 머리가 얼굴과 정수리의 중간 위치에 있다. 산도를 통한 출산은 불가능하다. 제왕절개를 해야 한다.

- 가로 태위 : 어깨 태위라고도 불린다. 아기가 등을 아래나 위에 댄 채 수평으로 자리를 잡고 있다. 제왕절개를 해야 한다.

- 엉덩이 태위 : 여기서는 아기의 엉덩이가 아래에 있고 머리는 자궁 안쪽에 위치해 있다. 2/3는 엉덩이가, 1/3은 발이 먼저 나온다.

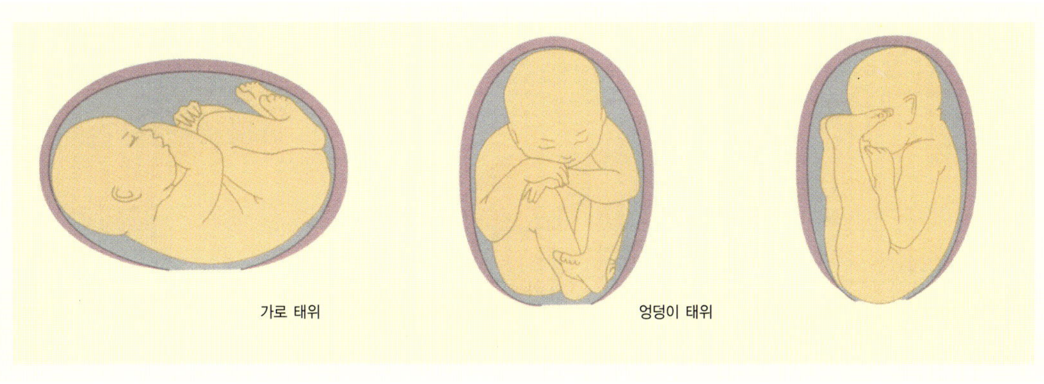

태아가 엉덩이 태위를 취하고 있을 경우 의사가 몇 가지 예방책을 취하더라도 놀라서는 안 된다. 골반에서 가장 나중에 나오게 될 머리가 방향과 크기에 따라서는 골반 속에서 걸릴 수도 있어서 태아에게는 위험한 상황이다. 그렇기 때문에 다음의 두 경우를 구분해야 한다.

● 체중이 정상적인 아기를 이미 출산한 경험이 있고 골반도 정상적인 임신부의 엉덩이 태위는 정상적인 출산과 그다지 다르지 않다.

● 초산 임신부의 엉덩위 태위는 출산 전에 반드시 최대한의 진단 자료를 수집해야 한다. 특히 초음파로 잰 태아의 체적과 X선 골반계로 잰 골반의 크기를 정확히 계산해야 한다. 조금이라도 의심이 갈 경우 대부분의 의사들은 제왕절개를 선택한다.

태아가 출산 3, 4주일 전에도 여전히 엉덩이 태위를 유지하고 있다면 의사는 초음파로 확인하면서 임신부의 배를 손으로 만져 태아를 돌려놓으려는 시도를 해볼 수 있다. 외부조작에 의한 전위라고 불리며, 이미 출산 경험이 있는 여성들의 경우 성공률이 높다.

자연 분만의 경우 아기를 밀어내는 시간이 더 길므로 팽창이 시작되면 바로 경막외 마취를 한다. 엉덩이 태위는 허리의 탈구를 일으킬 수도 있다.

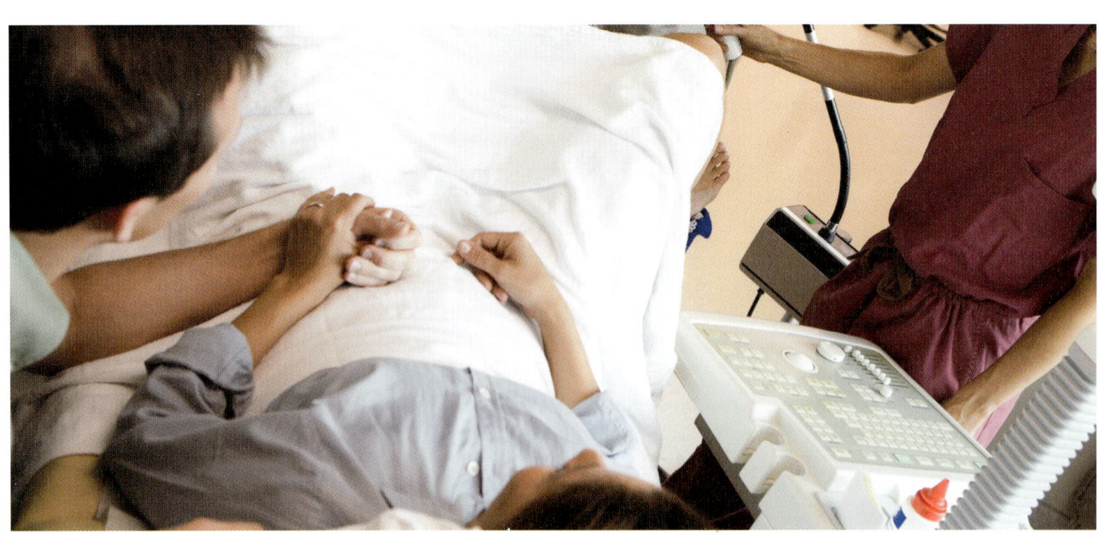

아기의 길

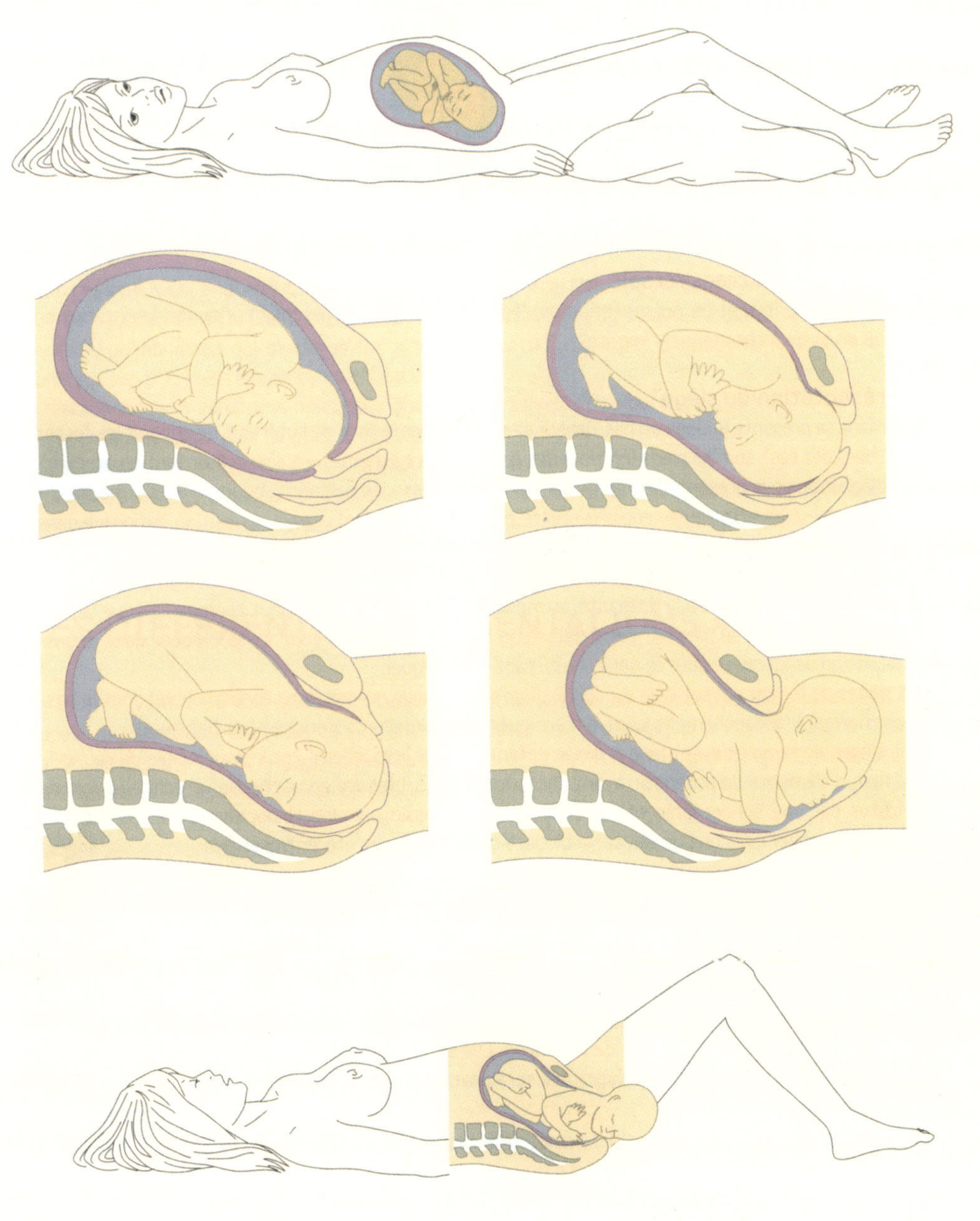

출산, 한 편의 드라마

출산이 언제나 명확하게 정해진 틀에 맞추어 시작되는 것은 아니다. 특히 초산의 경우에는 병원에 가야할 때가 된 것인지 아닌지 몰라 망설일지도 모른다. 이론상으로는 자궁경부를 막고 있는 점액질 마개가 배출되고 통증을 동반하는 규칙적인 자궁 수축과 함께 출산이 시작된다.

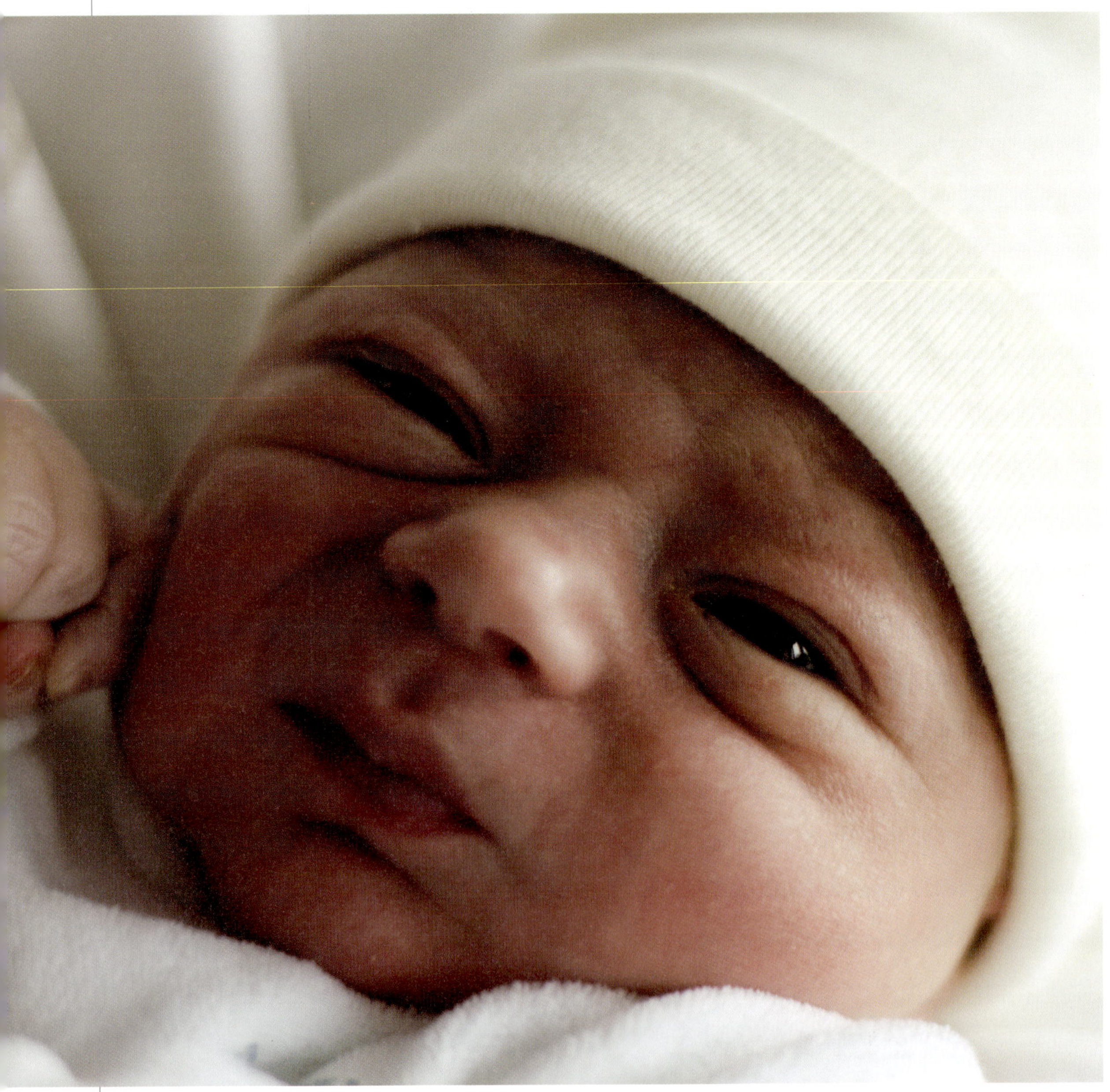

이슬이 비친다

이슬은 임신 기간 중에 자궁경부를 막고 있는 끈끈하고 투명한 분비물 마개를 말한다. 출산을 기다리는 산모는 이 마개가 몸 밖으로 나오면 즉시 병원에 가야 한다. 그래도 이것이 결정적인 기준은 아니다. 때로는 출산 24시간이나 48시간, 혹은 훨씬 전에 이슬이 비칠 수도 있기 때문이다. 또 때로는 눈에 띄지 않고 배출될 수도 있다. 이슬의 배출은 자궁경부가 변화를 시작했다는 표시다. 출산의 시작을 알리는 진짜 표시는 자궁 수축이다.

통증을 수반하는 오랜 시간의 규칙적인 자궁 수축

임신 말기, 마지막 몇 주 동안에 자궁이 수축할 수도 있다. 손을 배 위에 얹어 보면 때때로 배가 딱딱해지는 것을 알 수 있다. 하지만 이때의 수축은 정확한 리듬이 없고 주기적이지도 않다. 무질서하고 짧으며 배도 별로 안 아프면 출산이 시작되는 게 아니다.

묵직한 느낌이 오거나 뼈가 늘어나는 듯한 느낌이 있을 수 있는데, 이 역시 출산의 시작과는 무관하다. 아마도 머리가 골반으로 진입하거나 골반이 변형되면서 오는 느낌일 것이다. 이런 통증은 자궁 수축을 동반하지 않는다.

자궁 수축이 이처럼 짧고 무질서하거나, 자궁 수축 없이 통증만 느껴지면 출산이 시작되는 게 아니다. 1분 이상으로 길고 규칙적인 자궁 수축만이 출산을 알리는 진짜 신호이다.

통증은 거의 대부분 찾아오지만, 그 정도는 사람에 따라 다르다. 그 순간 특별한 감각을 느껴서, 현실에서 벗어나 다른 곳에 가 있는 느낌과 잠을 자고 싶은 욕구를 동시에 느꼈다는 산모도 있다. 이런 느낌은 인체가 분비하는 진통 호르몬인 베타 엔도르핀 호르몬의 배출과 연관된 것으로 추측된다.

수축은 보통 배에서 느껴지지만 때에 따라 허리에서 느껴질 수도 있다. 처음에는 그저 약하게 꼬집는 듯한 느낌, 혹은 생리 때와 비슷한 느낌이어서 별로 강렬하지가 않기 때문에 알아차리기 어렵다.

느낌이 약해서 자궁 수축에 의한 것인지 판단할 수 없을 때는 배에 손을 얹어 본다.

배가 딱딱해지는 느낌이 있으면 자궁이 수축하는 것이다.

자궁의 수축으로 출산이 시작될지도 모른다고 생각되면 다른 특징들로 확실하게 판단해야 한다.

- 수축이 규칙적으로 이루어지면서 정확한 리듬에 따른다. 한 번 수축이 지나간 뒤 다음 번 수축이 올 때까지의 시간을 측정할 수 있다.

- 그 간격이 점점 더 좁아진다.

- 수축이 점점 더 길어진다.

- 수축이 점점 더 강렬해지고 통증이 커진다.

- 수축이 계속되면서 호흡이 점점 더 거칠어진다.

통증은 마치 파도처럼 밀려와 엄습한다. 등 가운데서 생겨난 전파처럼 퍼져나갔다가, 엉덩이를 둘러싼 두 가지로 나뉘어졌다가, 허리띠처럼 몸을 감싸면서 배 위에서 만나는 것 같다.

처음의 약한 수축과 살짝 꼬집는 듯한 느낌이 마침내 규칙적이고 점점 더 짧은 간격으로 이어지며 차츰 길어지고 조금씩

더 강해지며 고통스러워지면서 위급함을 알리면 이제는 정말 아기가 태어날 준비가 갖추어진 것이다.

이 통증이 사람마다 다르고 출산 중에도 한결같지는 않다는 사실을 알아야 한다. 특히 자궁 수축이 점점 강해지고 있다는 것을 알고 나면 그 순간부터 산모의 태도에 따라 통증이 어느 정도 감소하거나 증가할 수 있다.

출산이 시작되었다는 것을 어떻게 확신할 수 있을까?

여전히 확실하지 않다면 뜨거운 물에 목욕을 해도 된다. 의사나 조산사가 이미 처방해주었다면 경련 진정제 좌약을 10분 간격으로 넣어도 된다. 먹는 약도 있다. 출산이 정말 시작된 것이 아니라면 수축이 약해지다가 사라져버릴 것이다. 하지만 진짜 출산이 시작된 것이라면 목욕도, 약도 효과를 발휘하지 못하고 자궁 수축이 계속될 것이다.

경련 진통제가 없거나 목욕을 할 수가 없다면 앞에서 설명한 자궁 수축의 특징

으로 가부를 알 수 있다. 위의 설명과 달리 수축이 불규칙적이고 그 빈도와 지속시간, 강도가 증가하지 않는다면 진짜 출산이 아닐 확률이 높다. 몇 시간 뒤면 수축은 시작될 때처럼 사라질 것이다. 진짜 출산은 며칠 후 혹은 심지어 몇 주 후에나 예고될 것이다.

이런 경우가 자주 일어날까? 100건 중 10~15건이 이에 해당되며, 아기의 머리가 자궁 내에 진입하는 경우는 그보다 훨씬 더 흔하다.

병원으로 떠나기 전에 간단한 관장을 하거나 좌약을 삽입해도 된다. 그러면 몇 시간 후에 힘을 주고 싶거나 화장실에 가고 싶을 때 참느라고 몸에 힘을 주지 않아도 된다. 분만대 위에서 화장실이 가고 싶으면 어쩌나 하는 걱정 없이 편안히 회음을 이완시킬 수 있다. 병원에서 관장할 수도 있다. 그렇지만 좌약이 효과를 발휘하지 않아 분만 때 대변이나 소변이 나온다고 해도 거북해할 필요는 없다. 아기가 직장을 누르고 있기 때문에 이런 일은 빈번하게 일어난다. 그러니 의사나 조산사들에게는 흔한 일인 것이다. 아기 아빠로 말하자면 침상 머리맡에 있으니 보지 못할 것이다.

양수가 터진다

양수가 터지는 것이 출산을 알리는 첫 신호라고 생각하는 사람이 많다. 그런데 사실 양수가 터지는 것은 일정하지 않아서 출산이 시작되지도 않았는데 터질 수도 있다.

양수는 일반적으로 자궁경부가 벌어질 때 터진다. 저절로 터지지 않으면 자궁이 5~7cm 쯤 열렸을 때 자궁 팽창을 촉진하고 태아가 더 빨리 내려오도록 의사나 조산사가 일부러 터뜨린다.

옛날에는 일부러 양수를 터뜨리지 않았고, 자궁이 완전히 열리면 아기는 머리에 양막을 덮어쓰고 태어났다. 그래서 모자를 쓰고 태어났다는 표현이 생겼고, 행운의 징표로 생각되었다.

언제 병원으로 가야 할까?

처음 수축이 시작되면 바로 병원으로 가야할까? 이슬이 비치면 가야할까? 양수가 터지면 가야
할까? 출산이 시작되었다는 것이 거의 확실해질 때까지 기다려야할까? 이에 대한 답은 초산부
인가, 아니면 둘째 아이인가, 그것도 아니면 셋째 아이인가에 따라 달라진다.

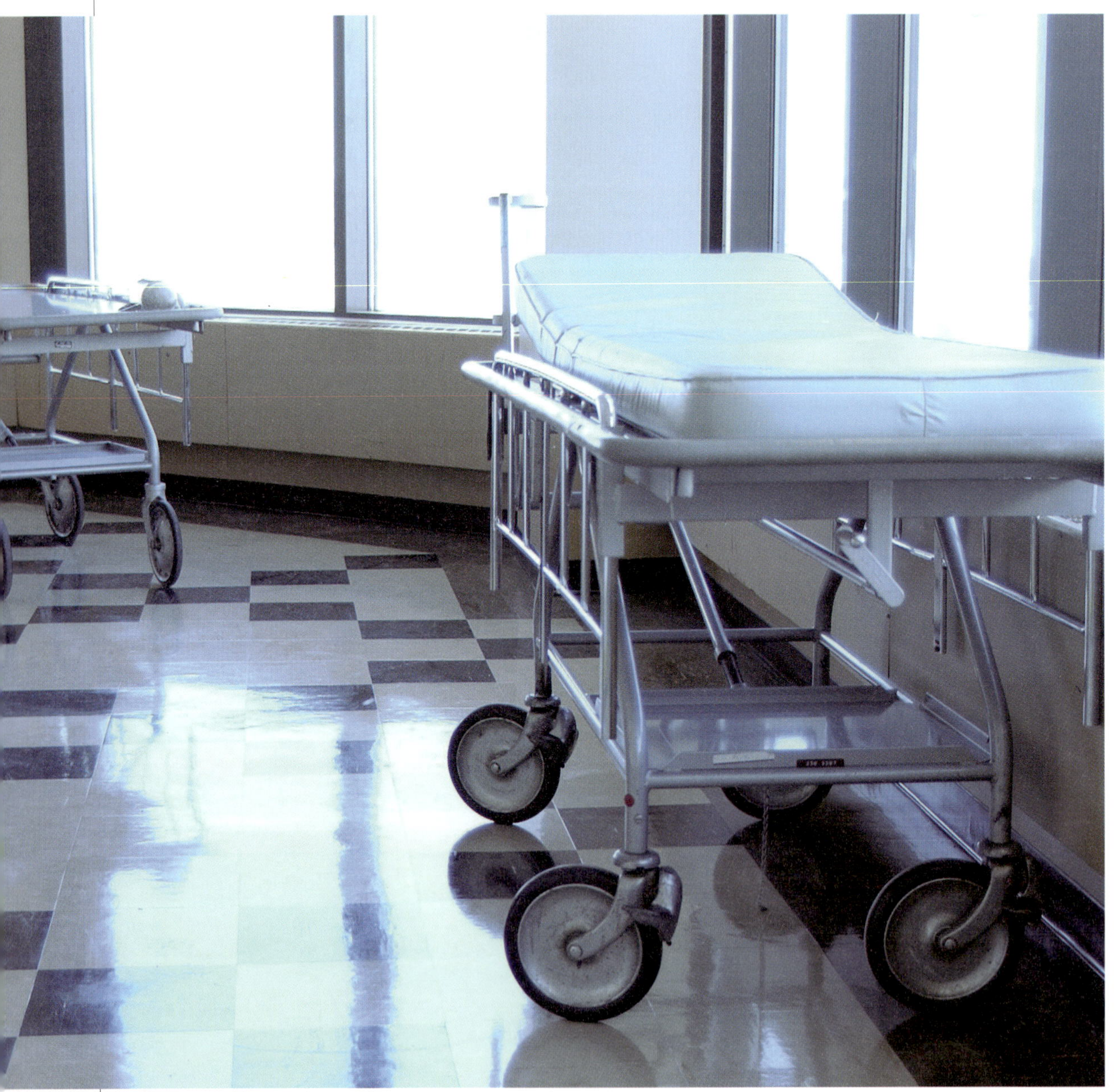

기본적인 상황

초산의 경우라면 오래 걸린다. 따라서 자궁 수축이 처음으로 이루어진 후 자궁이 완전히 벌어질 때까지는 몇 시간이 걸리므로 어느 정도 여유가 있는 셈이다. 좀 더 정확을 기하기 위해서는 자궁 수축의 리듬을 측정하는 것이 좋다. 자궁이 거의 10분에 한 번씩 수축하고 수축 시간이 최소 1분 동안 계속되기 전에 괜히 병원으로 갈 필요가 없다. 하지만 다산인 경우에는 자궁이 보다 빨리 벌어지므로 수축이 규칙적으로 일어나면 간격에 상관없이 바로 병원으로 가는 것이 좋다.

물론 언제 병원으로 갈 것인가를 정하는 데는 낮인가 밤인가, 병원이 얼마나 떨어져 있는가, 어떤 지역을 통과해야 하는가 등의 다른 요인들을 고려해야 한다. 밤중에 첫 아기를 위해 병원에 가는 것보다 한낮 도심에서 셋째 아기를 위해 병원으로 가는 것이 훨씬 더 급하다는 것은 말할 나위가 없다.

병원에 가야할지 계속 망설여질 때는 일단 병원으로 가서 의사의 검진을 받는 것이 좋다. 그 결과에 따라 병원에 남아있기도 하고 아니라면 집으로 돌아오기도 한다.

양수가 일찍 터질 때

일반적으로는 출산 중에, 즉 이미 병원에 가 있을 때 양수가 파열된다. 하지만 출산이 시작되기 전 아직 집에 있을 때 양수가 터질 수도 있다. 희끄무레한 색깔의 양수는 양이 꽤 많으므로 양수가 터졌다는 것을 확실히 알 수 있다. 그냥 양수주머니에 균열이 생겼을 수도 있지만 양수의 양이 아무리 적고 출산 시작을 알리는 다른 표시가 없더라도 곧 병원으로 가야한다. 가능하면 차에 눕거나 의자 등받이에 기대어 가야한다. 걸어가면 안 된다. 병원이 아무리 가까워도 필요하면 구급차를 부른다. 물론 별다른 문제는 생기지 않을 것이다. 그러나 일단 양수가 터지면 특히 탯줄이 자궁 밖으로 나오는 태반 탈수 같은 합병증의 우려가 있으므로 신중을 기해서 바로 병원으로 가야한다.

병원에 도착

이제 병원으로 가야할 때가 되었다. 산모의 짐과 아기의 짐이 든 가방은 이미 준비되었을 것이다. 이제 와서 혹시 빠진 게 없나 찾아서는 안 된다. 잊은 것이 있다 하더라도 남편이나 어머니가 가져다줄 수 있는 시간이 충분히 있다. 또 운전하는 사람에게 빨리 가 달라고 해도 안 된다. 다시 한 번 말하지만 시간은 아직 얼마든지 있다.

병원에 도착하면 간호사가 초진실로 안내할 것이다. 그러고 나면 조산사가 이전의 산전 검사 때처럼 몸무게와 혈압, 소변을 검사하고, 자궁 높이를 측정하고, 아기의 심장 소리를 듣고, 태아의 심장 박동과 자궁 수축을 기록하기 위해 모니터 검사를 할 것이다. 그러면 다음 두 가지 중 하나로 판별된다.

- 아직 출산이 시작되지 않았다. 이 경우에는 집으로 돌아가는 수밖에 없다.
- 출산이 시작되었다고 판단하면 자궁 경부를 검진한다. 자궁이 벌어지기 시작했다면 이미 출산이 시작된 것이다. 출산의 첫 단계는 바로 자궁이 벌어지는 것이다.

이때 자궁이 얼마만큼 벌어졌는지 알려 준다. 앞에서 말했듯이 자궁경부의 팽창은 여러 단계에 걸쳐 진행되며, 각 단계마다 센티미터로 표시한다. 예를 들면 "자궁이 3cm 벌어졌습니다." 라고 말하는 것이다. 충분히 벌어지면 분만대기실로 옮겨진다.

자궁의 확장

수축이 일어나 이미 집에서부터 시작된 첫 번째 출산 단계, 자궁 확장은 계속 진행될 것이다. 자궁이 완전히 벌어지는 데 얼마나 시간이 걸리는지는 여러 가지 요인에 따라 달라지기 때문에 정확히 말할 수 없다. 자궁이 벌어지는 동안 조산사나 의사가 상태를 알아보기 위해 규칙적으로 검진을 할 것이다. 이 검진은 다음 사항을 알아보기 위해 필요하다.

- 자궁 수축이 효과적으로 이루어지고 있는가.
- 자궁경부가 점진적이고 규칙적으로 벌어지고 있는가.
- 아기의 머리가 골반의 산도로 진입하고 있는가.
- 아기의 심장 박동 소리에 문제가 없는가.

자궁이 벌어지는 동안 다음과 같은 일이 있을 수도 있는데, 놀라거나 경계심을 가질 필요는 없다.

- 몇 가지 약을 주사할 수도 있다. 출산이 원활하게 이뤄지도록 하고 너무 오래 걸리지 않게 하기 위한 것이다. 또는 혈관주사를 놓을 수도 있다.

- 마찬가지로 양수가 저절로 터지지 않을 경우 분만 중에 인위적으로 터뜨린다. 아무런 통증 없이 그저 따뜻한 물이 흐르는 느낌이 들 뿐이다.

- 수축이 제대로 되고 있는지, 아기의 심장 박동에 문제는 없는지 살펴본다.

자궁경부가 완전히 열리면 출산의 새로운 단계로 아기가 밖으로 나온다. 배출 단계, 아기가 이 세상에 태어나는 것이다. 자궁이 확장되는 동안 물이나 차 같은 걸 마셔도 괜찮다.

자궁이 확장되는 순간,
어떻게 해야 할까?

산모는 자궁 수축이 자신의 의지와는 상관없이 진행된다는 것을 곧 알게 될 것이다. 수축 속도를 마음대로 낼 수도 줄일 수도 없으며, 리듬을 변화시킬 수도 없다. 출산이 한창 진행될 때는 자궁 수축이 3~5분 간격으로 최소한 1분씩 이루어진다. 그래도 산모가 수동적이기만 해서는 안 된다. 산모가 어떤 태도를 취하고 어떻게 행동하느냐에 따라 출산 진행에 큰 영향을 미칠 수 있다. 출산은 임신부가 침착하고 긴장을 풀수록 빨리 진행된다. 이제 출산을 준비하면서 배워둔 것을 실천에 옮길 때가 되었다. 호흡을 조절하고 몸의 긴장을 풀며 자세를 바꾸는 것이다.

호흡을 조절한다

근육이 긴장하면 산소를 소모한다. 따라서 자궁이 수축하면 할수록 더 많은 산소가 필요하다. 자궁은 지금 엄청난 일을 하고 있는 중이라 특별히 많은 양의 산소를 필요로 한다. 게다가 태아에게도 계속 산소를 보내주어야 한다. 그러기 위해서 가장 좋은 방법은 규칙적으로 호흡을 하는 것이다.

몸의 긴장을 푼다

자궁의 수축은 의지와는 무관하다. 하지만 산모 스스로 수축을 일으킬 수는 없다 해도 통증을 어느 정도 조절하는 것은 가능하다.

자궁은 경부가 조금씩 열리도록 규칙적으로 수축하고 있다. 정상적인 상황에서라면 자궁경부는 차츰차츰 벌어져 결국에는 완전히 열린다. 그러나 이때 산모가 긴장하면 그렇지 않아도 확장에 저항하는 경향이 있는 자궁경부는 더더욱 저항해서 통증이 심해진다.

저명한 산부인과 의사 리드 박사는 이때의 통증을 방광에 비교하여 설명했다. 자궁과 마찬가지로 방광도 경부에 의해 닫혀 있다. 방공의 경부는 평소에는 수축되어있어 소변이 흐르지 않게 한다. 하지만 방광을 비워야 할 때가 되면 방광을 닫고 있던 경부가 느슨해지면서 방광 내벽이 수축되어 소변이 배출된다. 그런데 바로 그 순간 소변을 참아야 한다면 몸에 힘을 줌으로써 방광을 닫고 있는 경부가 열리지 못하게 한다. 이런 노력은 처음에는 조금 불편한 정도이지만 얼마 지나면 고통스러워지고, 더 오래 계속되면 참을 수 없을 정도가 된다. 이 고통은 경부가 열리고 방광이 비워져야만 사라진다.

그러니 자궁이 벌어지는 동안 자연스러운 현상을 억제하지 않으려면 몸의 긴장을 풀어야 한다. 그러려면 우선 편안한 자세를 취해야 한다.

자궁이 벌어지는 동안 어떤 자세가 좋은가?

베개나 방석을 괴고 옆으로 눕는 것이 가

장 좋다. 하지만 서있든 앉아있든 누워있든 가장 편한 자세를 찾아낸다.

자궁이 확장되는 동안에 자세를 바꿔보는 것도 좋다. 그렇게 하면 관절이 움직이면서 아기가 움직일 공간이 생겨 쉽게 내려갈 수가 있다. 자세를 바꾸면 통증도 완화된다. 앉아있다가 팔꿈치나 손을 괴고 앞으로 몸을 숙일 수 있다. 이렇게 하면 등의 아래 부분에 있는 근육이 이완되고 이곳에 집중되었던 통증이 완화된다. 움직일 수 있도록 운동기구를 주는 병원도 있다. 큰 공 위에 앉아 가볍게 굴리면 골반이 움직인다. 아니면 앉거나 서서 봉을 잡고 손발을 길게 뻗을 수도 있다.

무릎을 꿇고 앉아 팔꿈치와 팔뚝을 분만용 침대의 들어 올려진 등받이 위에 올려놓은 다음 무릎을 충분히 벌려서 배가 압박을 받지 않도록 하는 병원도 있다. 이 자세는 머리를 팔뚝 위에 올려놓음으로써 수축 사이사이마다 몸의 긴장을 풀 수 있도록 해준다. 자궁이 수축하는 동안 아기는 골반 속에서 자리를 충분히 차지하여 쉽게 내려갈 수 있다. 아기가 나올 때까지 이런 자세로 있을 수 있다. 배출 때가 되면 의사가 옆으로 눕거나 등을 대고 누우라고 요구할 것이다.

편하게 느껴진다면 왔다 갔다 할 수도 있다. 간단히 말해서 자궁이 확장되는 동안 자기 마음대로 움직일 수 있는 것이다. 아기의 심장 박동을 기록하면서 계속 의학적 관찰을 해야 될 필요가 있을 경우는 제외하고 말이다. 그렇지만 특수픽업 장치를 사용하여 산책을 하면서도 아기의 심장 박동을 기록할 수 있다.

편한 자세를 취한 다음에는 모든 근육의 힘을 빼고 몸의 긴장을 완전히 풀어야 한다. 자궁 수축이 시작되는 것이 느껴지면 긴장을 늦추어야 한다. 자궁이 수축하기 시작하면 일종의 반사적인 자기 보호로 몸이 굳어진다. 그래도 이 반사적 반응에 따르지 말고 오히려 그 반대로 몸의 긴장을 풀어야 한다. 링 위의 권투 선수는 몸을 움츠리고 상대방의 공격으로부터 몸을 보호한다. 산모는 반대의 자세를 취해야 한다. 저항하는 대신 자궁 수축에 몸을 맡기면 자궁 수축은 더 친밀해지고 덜 공격적이며 덜 고통스러워질 것이다. 그래야 자궁이 문제없이 잘 수축되며 통증도 줄어든다. 리드 박사는 말한다.

"산모가 긴장하면 자궁도 긴장한다. 반대로 산모가 긴장을 풀면 자궁경부도 긴장을 푼다."

이것은 아주 중요한 말이기 때문에 잘 기억해 두어야 한다. 자기 자신과 의사를 믿고 옆에 남편이 있는 것에 안심을 하면 자궁 수축은 더 잘 이루어진다.

아직 집에 있다면 미지근한 물에 목욕을 하면서 몸의 긴장을 풀면 자궁경부가 열리는 데 도움이 된다. 하지만 한 가지 조건이 있는데 양수가 터지지 않았어야 한다. 병원에 있다 하더라도 목욕 시설을 갖추었다면 목욕을 하는 것이 여러 모로 좋다.

숨을 어떻게 쉴까? 언제 긴장을 풀까?

자궁 수축이 가까워지면 호흡의 리듬이 달라지고 더 길어진다. 이 새로운 리듬에 따라 숨을 깊게 쉬는 것이 좋다. 수축이 지나갔다고 느껴지면 다시 평소처럼 호흡하며 최대한 긴장을 풀어야 한다. 그래야 다음 번 수축을 잘 제어할 수 있다. 수축이 다시 찾아올 때마다 깊은 숨을 쉰다.

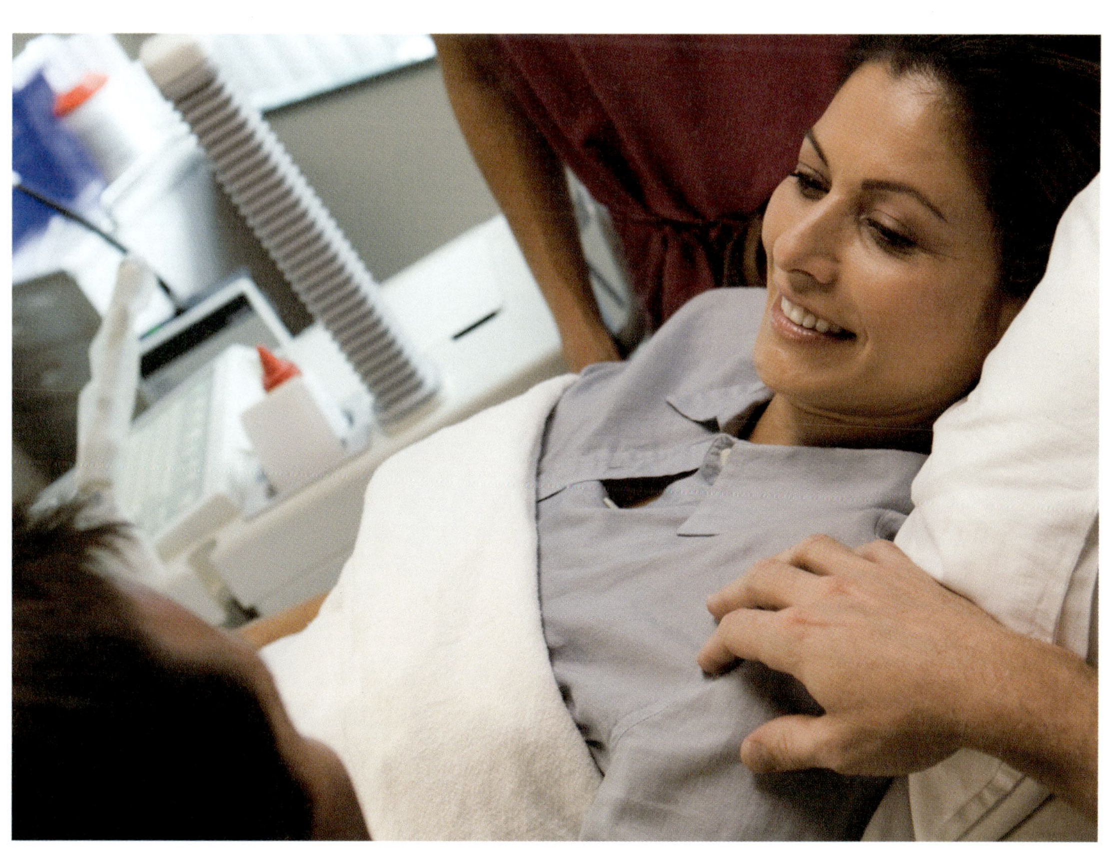

진통이 지속되는 동안, 자궁이 벌어지는 주기가 끝날 무렵에, 특히 아이의 머리가 골반에 진입할 때면 산모는 자궁이 수축할 때 힘을 주고 싶을 수도 있다. 하지만 이 단계에서 힘을 주는 것은 분만에 아무런 도움도 주지 못하고 통증만 더 심해지게 할 뿐이다. 게다가 시간도 전혀 단축되지 않고 오히려 지체시키기만 한다. 자궁경부가 완전히 벌어지지 않았을 때 힘을 주면 자궁이 벌어지는 것을 방해하며 결국 출산에 더 많은 시간이 걸린다. 또 미리 힘을 주며 애쓰면 산모가 지쳐서 정작 온몸의 근육 에너지를 동원하여 적극적으로 아기의 탄생에 참여해야 할 순간에는 지쳐버린다. 힘을 주고 싶어지면 의사에게 말하라. 의사는 힘을 주지 않도록 도와줄 자세를 보여줄 것이다. 예를 들어 무릎을 꿇고 머리를 구부린 상태에서 두 팔에 힘을 주는 자세가 있다. 얕은 호흡이나 헐떡거리는 듯한 호흡을 하면 자기도 모르게 힘을 주는 것을 피할 수 있다.

자궁이 수축되는 동안에는 왜 숨을 가볍게 쉬어야 할까?

횡격막이 자궁을 누르지 않도록 하기 위해서이다. 자궁이 눌리면 아기가 너무 강하게 아래쪽으로 밀려나가기 때문이다.

횡격막은 가슴과 배 사이에 있는 근육이다. 숨을 들이쉬면 횡격막은 수축하여 밑으로 내려간다. 호흡이 깊어질수록 횡격막은 더 밑으로 내려간다. 반대로 호흡이 얕고 가벼우면 횡격막은 거의 움직이지 않는다.

때로는 출산 중에 팔다리에 꼭 개미가 기어 다니는 듯 근질거리는 느낌과 함께 경련이 일고 몸이 전체적으로 불편한 것 같은 느낌이 들 때도 있다. 그럴 경우 의사에게 알려야 한다. 이런 증상은 칼슘을 주사하면 금방 사라진다.

아기를 세상에 내보내기

자궁이 벌어지는 동안에는 자궁이 수축되는 것을 감내하면서 온몸의 힘을 빼고 자궁이 알아서 하도록 내버려두었다. 하지만 이제는 반대로 아기가 태어나는 데 적극적으로 참여해야 한다. 즉 아기를 밀어내기 위하여 자궁이 하는 일을 도와야 하는 것이다.

배출 단계에서
임신부가 해야 하는 일

이 단계에서 자궁이 하는 일을 돕기 위해서는 어떻게 해야 할까? 횡격막을 낮추고 복근에 힘을 주어야 한다. 그러면 자궁이 횡격막에 의해 위에서 아래로 눌리고, 복근에 의해 앞에서 뒤로 눌려 아기에게 더욱 압력을 가하게 된다. 중요한 것은 자궁이 수축되는 순간에 힘을 주어 회음이 늘어나고 외음부가 열리도록 해야 한다는 것이다. 그 방법을 알아보자.

수축이 시작될 때

아기를 배출하는 자세를 취한다. 즉 등을 들고 다리를 벌리며 수술용 발받침에 얹는다. 혹은 두 다리를 받침대 위에 올려놓고 그 위에 무릎과 장딴지를 기댄다. 이것이 일반적인 출산 자세다. 회음에 힘을 주지 말고 숨을 깊게 쉬는 것이 좋다.

수축이 진행될 때

입을 다물고 숨을 깊이 들이쉬어야 한다. 그래야 횡격막을 최대한 낮출 수 있다. 숨을 다 들이마신 순간 호흡을 멈춘다. 그리고 나서 명치부터 시작해서 복근에 강하게 힘을 주면서 동시에 회음은 충분히 이완시키려고 애쓰면 아기는 그 힘에 눌려 밑으로 내려가게 된다.

이것이 바로 그 유명한 〈숨을 들이쉬고 멈추어 힘주기〉다. 힘을 주려면 발받침을 연결하는 대를 양손으로 잡고 앞으로 당기는 것이 좋다. 그러다 보면 어깨가 침대에서 들어 올려진다. 그 자세에서 등을 굽히고 머리를 가슴 쪽으로 숙인다.

수축이 진행되는 내내 숨을 멈추지 못했다고 걱정할 필요는 없다. 사실 어려운 일이다. 폐 속의 공기를 입으로 내뱉고 빨리 새로 숨을 들이쉰 뒤 다시 숨을 멈추고 계속해서 수축이 끝날 때까지 힘을 주면 된다.

수축이 지나간 뒤

아주 힘든 일을 하고 난 다음이므로 숨을 가득 들이쉬고 내쉬면서 깊은 호흡을 하도록 한다. 다음 수축이 있기까지 근육을 이완시키면서 기운을 회복하고 정상적인 호흡으로 돌아온다. 의사의 지시가 없으면 수축과 수축 사이에 힘을 주지 않는다.

힘을 줘야 할 때와 긴장을 풀어야 할 때

위의 내용을 읽다 보면 과연 힘을 주어야 할 때와 긴장을 풀어야 할 때를 잘 구별할 수 있을까 하는 생각이 들 것이다. 걱정할 필요 없다. 의사나 조산사가 곁에 있다가 아기가 어느 정도 왔는지를 지켜보며 산모를 이끌어 줄 것이다.

산모들이 흔히 걱정하는 것과는 달리 이 배출 단계는 출산에서 가장 힘든 단계가 아니다. 자궁경부가 완전히 열려 더 이상 저항하지 않기 때문이다. 자궁이 수축될 때의 통증은 자궁이 확장될 때보다 덜하다. 아기의 머리가 지나갈 자리가 없을

까 봐 무서워서 힘을 주지 못하는 산모들도 있다. 그것은 임신 상태가 아닐 때의 질을 생각하기 때문이다. 임신 중의 질의 상태는 전혀 다르다. 아기가 지나가도록 준비가 되어있는 것이다.

머리가 나오면 힘을 빼고 아기를 맞는다

산모가 힘을 주면 열려진 음부로 아기의 머리가 나타나기 시작하고 머리카락도 보인다. 수축이 있을 때마다 음부는 조금씩 더 벌어지고 머리가 거의 다 나타난다. 이때는 더 이상 힘을 주지 말라는 말을 듣게 될 것이다. 의사나 조산사는 천천히 조금씩 아기의 머리를 음부 밖으로 꺼낸다.

이 단계에서 머리를 들지 말고 침대에 대고 있어야 힘을 주지 않게 된다. 이때는 자궁 확장이 끝날 때처럼 헐떡거리며 얕은 숨을 쉬는 것이 좋다. 이런 호흡을 하면서 힘을 줄 수는 없다. 잡고 있던 침대의 대를 놓는다. 이제는 더 이상 힘을 주지 않아도 된다. 쓸데없이 힘을 주면 아기의 머리가 갑자기 밖으로 나오면서 회음이 파열될 수

도 있다.

자궁이 강하게 수축되다 보면 아기의 존재를 잊어버릴 수도 있다. 하지만 아기는 이제 곧 세상에 나올 것이다. 아기를 맞이할 준비를 하자.

힘을 주는 여러 가지 방법

〈숨을 들이쉬고 멈추어 힘주기〉는 고전적인 방법으로 아기를 배출하는 단계에서 가장 흔히 권장된다.

얼마 전부터는 새로운 방법이 제안되었는데, 회음을 더 잘 보호할 수 있고 직장 탈수도 피할 수 있다고 한다. 이것은 출산 전문가인 베르나데트 드 가스케 박사의 제안으로, 〈숨을 제어하며 내쉬면서 힘주기〉다.

숨을 제어하며 내쉬면서 힘주기

반사적으로 힘을 주고 싶어지면 복근이 저절로 죄어져 아기를 앞으로 밀어낸다. 이때 산모는 일부러 아기를 아래쪽으로 밀어내지 않아도 된다. 산모는 아기로부터 떨어져 나와 아기가 자기 앞에 열려진 회음을 지나가도록 내버려두는 것이다.

숨을 억제하면서 내쉬려면 산모가 몸을 웅크리거나 앉은 자세에서 몸을 쭉 뻗치는 것이 좋다. 남편의 목이나 침대 손잡이에 매달리거나 겨드랑이를 잡게 하면 된다. 이렇게 기지개를 켜듯이 몸을 뻗치면 복근이 더욱 죄어지면서 회음이 열린다. 아니면 전통적인 자세를 약간 조정할 수도 있다. 누워서 무릎을 가슴으로 올린 자세에서 무릎을 손으로 밀어낸다. 이렇게 하면 복근의 압력이 커진다.

호흡하고 힘주는 방법의 차이점들이 복잡하게 느껴질 수도 있겠지만 굳이 얘기하는 것은 출산 때에 옆에 있는 사람이 처음 이 책에 설명된 것과 다른 것을 주문하더라도 놀랄 필요가 없음을 말해 주기 위해서이다. 어쨌든 산모는 혼자 있는 것이 아니라 언제나 의사가 곁에 있다. 의사는 출산이 진행되는 데 따라 산모를 안내하고 도와줄 것이다.

탄생의 감동

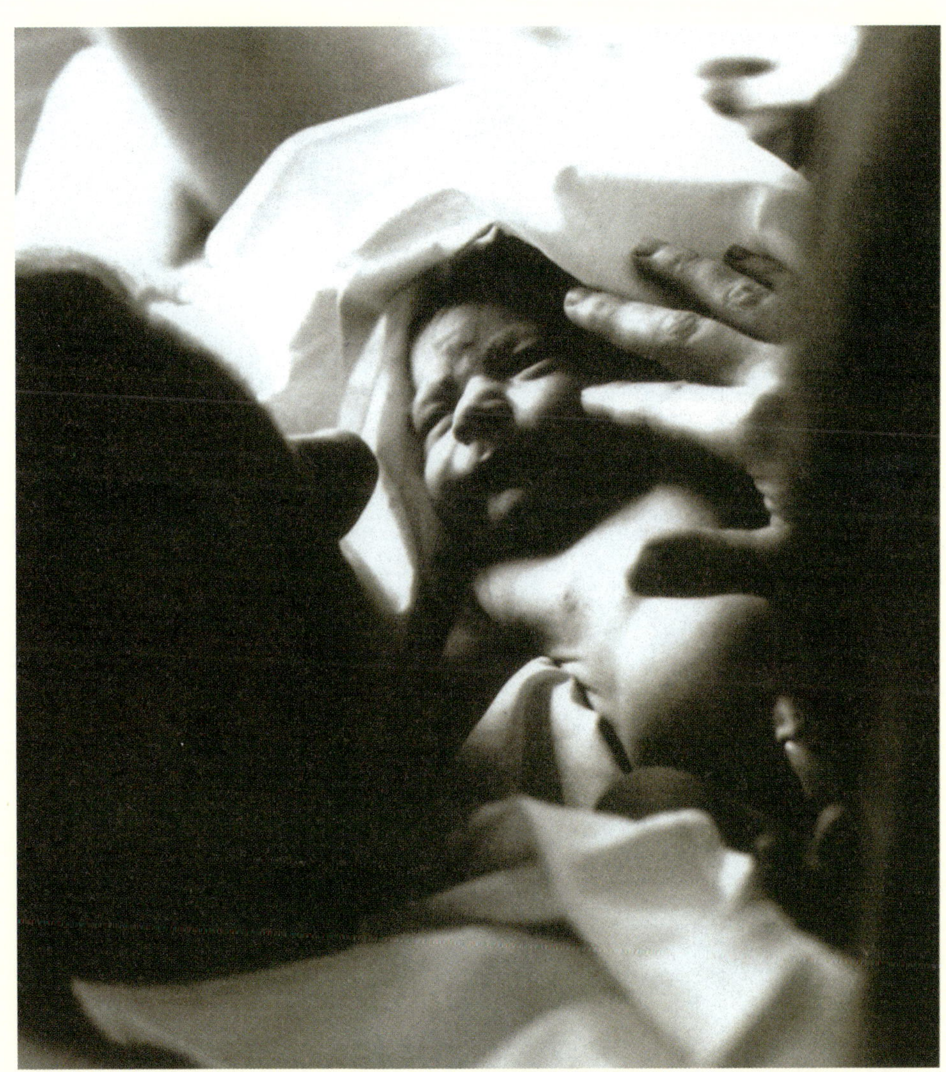

단 몇 초 사이에 가족이 탄생한다

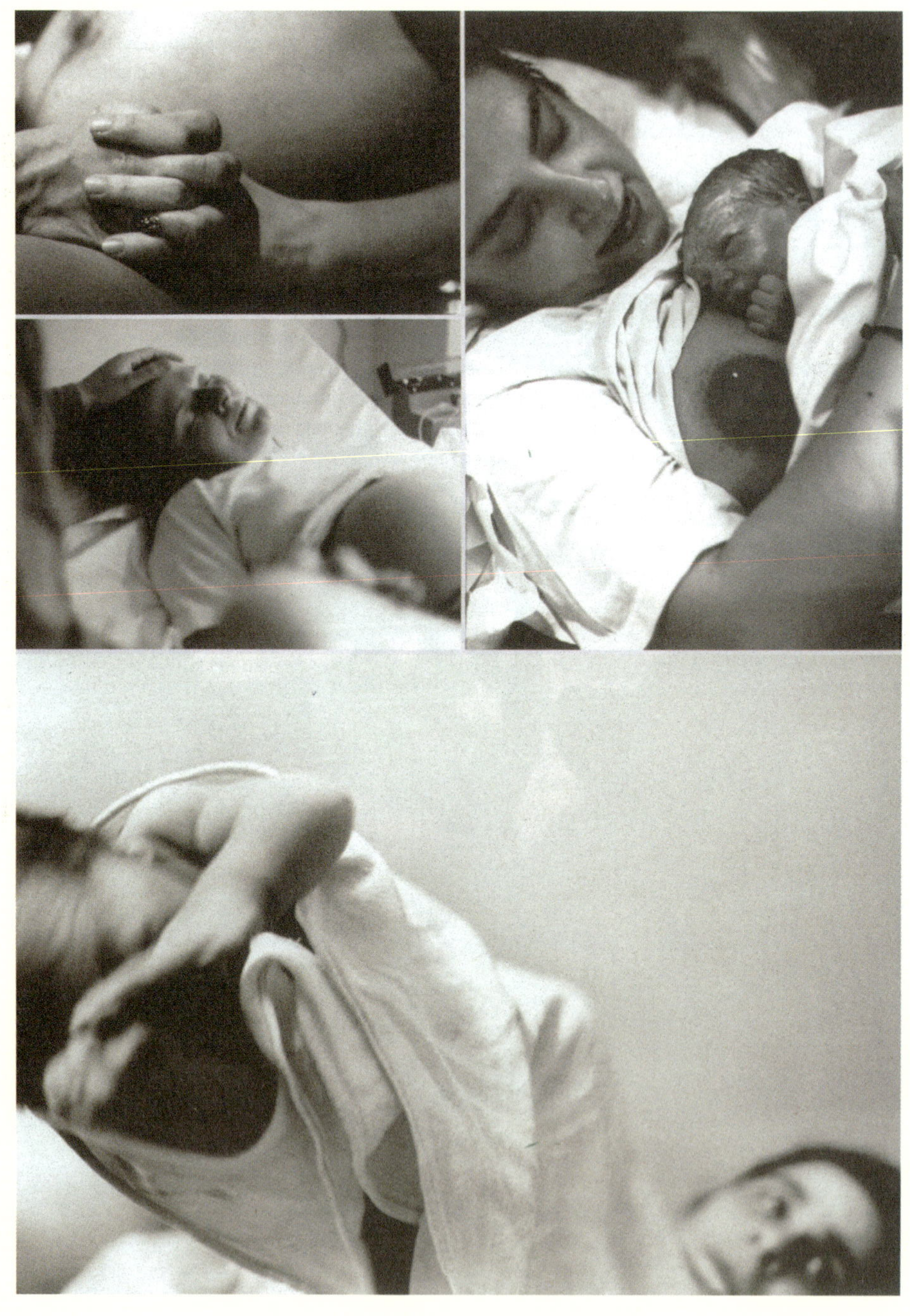

회음 절개

아기가 크거나, 음부가 너무 좁거나, 회음이 너무 단단하거나 반대로 비정상적으로 약할 때는 아기의 머리가 음부 밖으로 나오는 것이 쉽지 않을 수도 있다. 이렇게 회음이 약한 것은 선천적일 수도 있고 후천적일 수도 있다. 임신 중에 체중이 증가하면서 세포 조직이 침윤되었을 때도 회음이 약하다. 그 경우 회음이 찢어지는 것을 피하기 위해 의사는 회음을 절개한다.

회음을 절개하면 요실금을 피할 수 있다고 생각하는 의사들도 있다. 실제로 회음을 절개하면 음부와 요도(요도관과 괄약근)에 가해지는 긴장을 약화시킬 수 있다.

회음을 절개하면 아프지 않을까 걱정하는 사람들이 있는데, 물론 아프다. 그러나 실제로는 절개를 해도 거의 통증이 느껴지지 않는다. 아기의 머리가 회음의 신경말단을 압박하여 무감각하게 만들기 때문에 거의 통증이 없다. 또 산모가 경막 외 마취를 해도 통증을 느끼지 못한다.

06 자연 분만을 돕는 방법

대부분의 경우 분만은 아무 문제없이 이루어진다. 하지만 아기가 잘못된 태위로 있거나, 골반이 너무 좁아 아기가 쉽게 지나갈 수 없거나, 회음과 외음부가 단단해서 정상적인 출산이 방해를 받는 경우가 있다. 이럴 경우에는 산모와 아기가 피해를 입지 않도록 겸자를 사용하든지 아니면 제왕절개를 해야 한다.

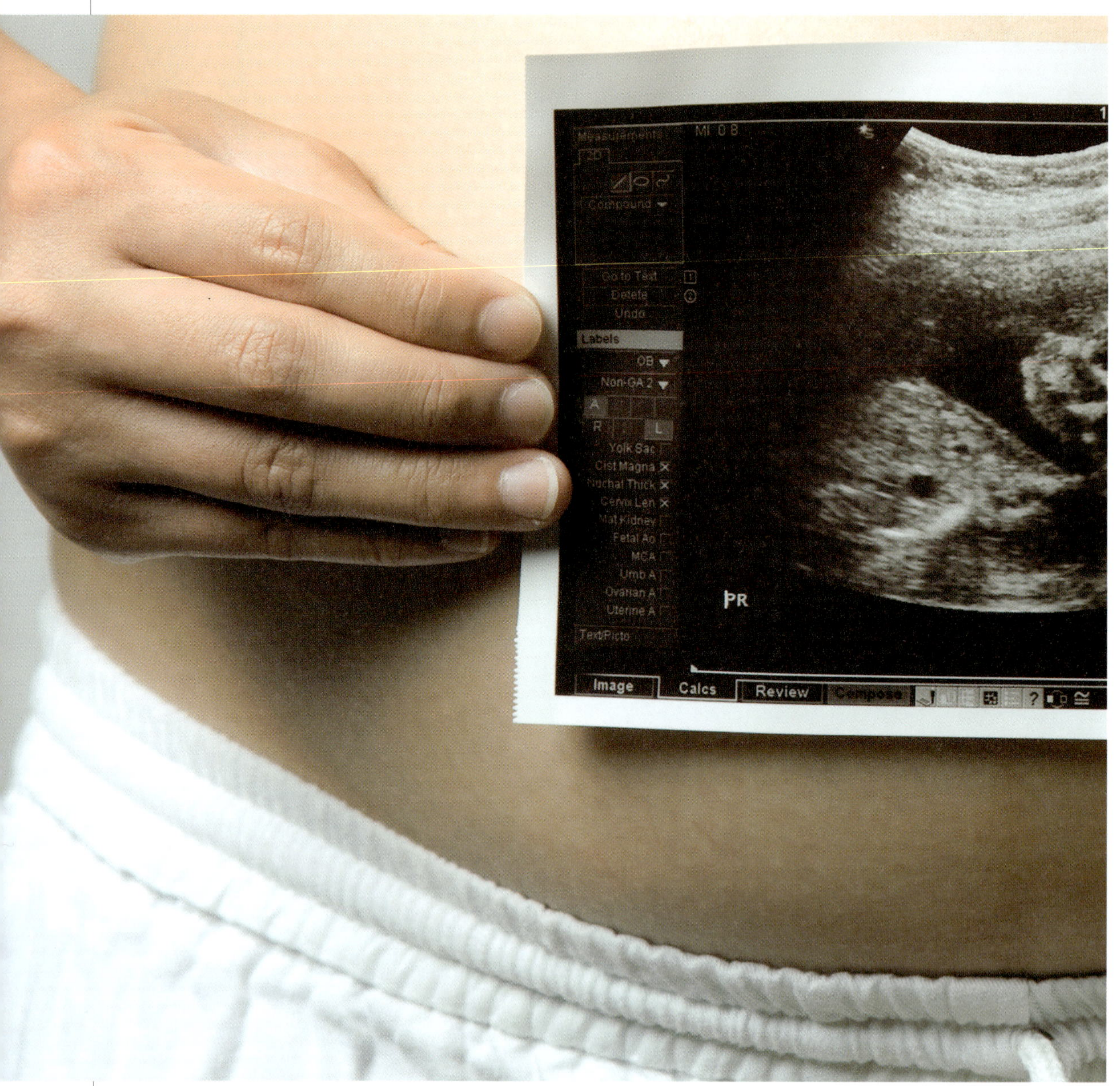

겸자

겸자는 두 개의 숟가락 모양으로 이루어진 기구로 아기의 다리를 잡아서 밑으로 내리고 꺼내는 데 사용되는 기구이다.

사실 아직까지도 사람들은 겸자를 별로 좋아하지 않는다. 이런 생각은 아기가 아직 골반 내의 아주 높은 곳에 있을 뿐 머리가 진입하지 않았을 때 겸자를 사용했던 시대에서 비롯되었다. 하지만 그 당시에는 달리 도리가 없었고 물론 지금은 그렇게 하지 않는다. 머리가 더 이상 앞으로 나아가지 않고 골반에 진입하지 않으면 장애물을 통과하려 애쓰지 않고 돌아간다. 즉 제왕절개를 하는 것이다. 이런 상황에서 겸자를 사용하여 충격을 주는 일은 이제 잘 없다.

겸자를 사용할 때는 전신 마취를 할 수도 있고, 경우에 따라서는 그냥 국부마취를 할 수도 있다. 출산 때 겸자를 사용해야 한다 하더라도 임신부나 아이의 미래에 문제가 생기는 것은 아니므로 조금도 걱정할 것 없다.

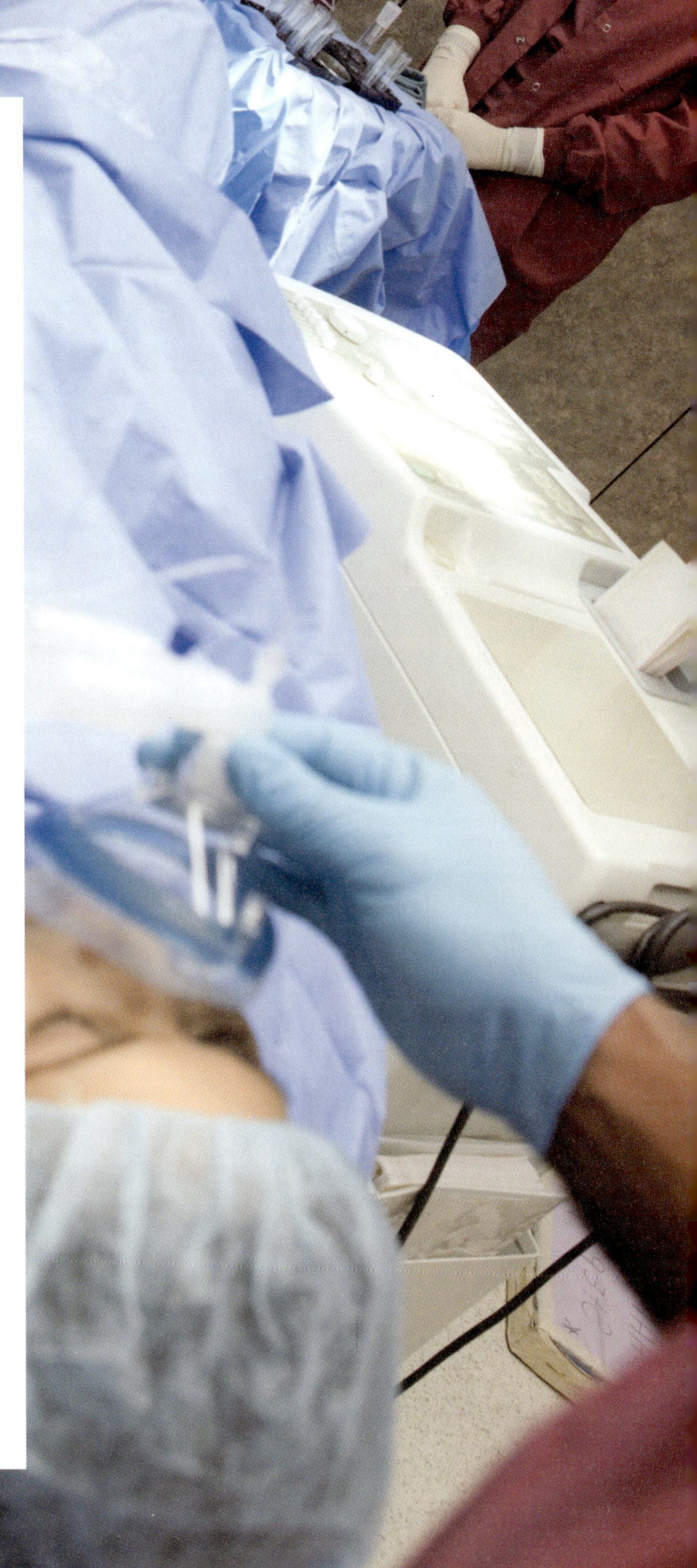

진공배출기

공을 통해 끌어내는 이 기구는 부드러운 소재나 금속으로 만들어져 자궁이 수축하는 순간에, 즉 태아를 밀어내는 것과 동시에 아기의 머리 아래 놓는 도구다. 이 도구는 아기가 머리를 숙여 보다 쉽게 통과할 수 있도록 해준다. 진공 배출기의 사용법은 겸자와 같다. 둘 중에 어느 것을 사용하느냐는 의사의 습관에 달려 있다.

겸자를 사용하면 아기의 뺨에 자국이 남을 수도 있지만 금방 사라진다. 진공배출기도 마찬가지여서 이 기구를 갖다 댄 머리 꼭대기에 작은 혹이 생기지만 24시간 이내에 없어진다.

태반이 저절로 떨어지지 않을 때

태반은 보통 아기가 태어난 뒤 이어지는 자궁의 수축으로 저절로 떨어진다는 것을 앞에서 보았다. 그런데 여러 가지 이유로 태반이 안 떨어지거나 일부만 떨어질 수가 있다. 이 경우 출혈이 있을 수 있는데, 때로는 위험해서 전혀 예기치 못한 상황을 맞을 수도 있다. 이런 이유 때문에 집에서의 분만을 권장하지 않는 것이다. 태반이 남아있으면 의사가 자궁으로 손을 넣어 인위적으로 떼어내야 한다. 이 수술은 흔히 전신 마취나 경막 외 마취 상태에서 시행된다.

출산 후 출혈

출산이 끝나고 태반이 배출된 이후에 출혈이 있는 경우가 있다. 의사는 그 원인을 찾아내야 한다. 일반적으로 태반이나 양막의 일부가 자궁 내에 남아있기 때문이다. 태반을 꺼낼 때와 마찬가지로 의사는 전신 마취나 경막 외 마취 상태에서 자궁 안에 손을 넣어 확인해본다.

제왕절개 수술

제왕절개는 흔한 수술이다. 어떤 경우에 제왕절개를 결정하는지, 수술은 어떻게 하는지, 수술 후의 상황은 어떤지 살펴보자. 제왕절개를 해야 하는 이유는 여러 가지가 있으나, 여기서 모두 다 열거할 수는 없다. 가장 흔한 경우를 세 가지 부류로 묶어 설명한다.

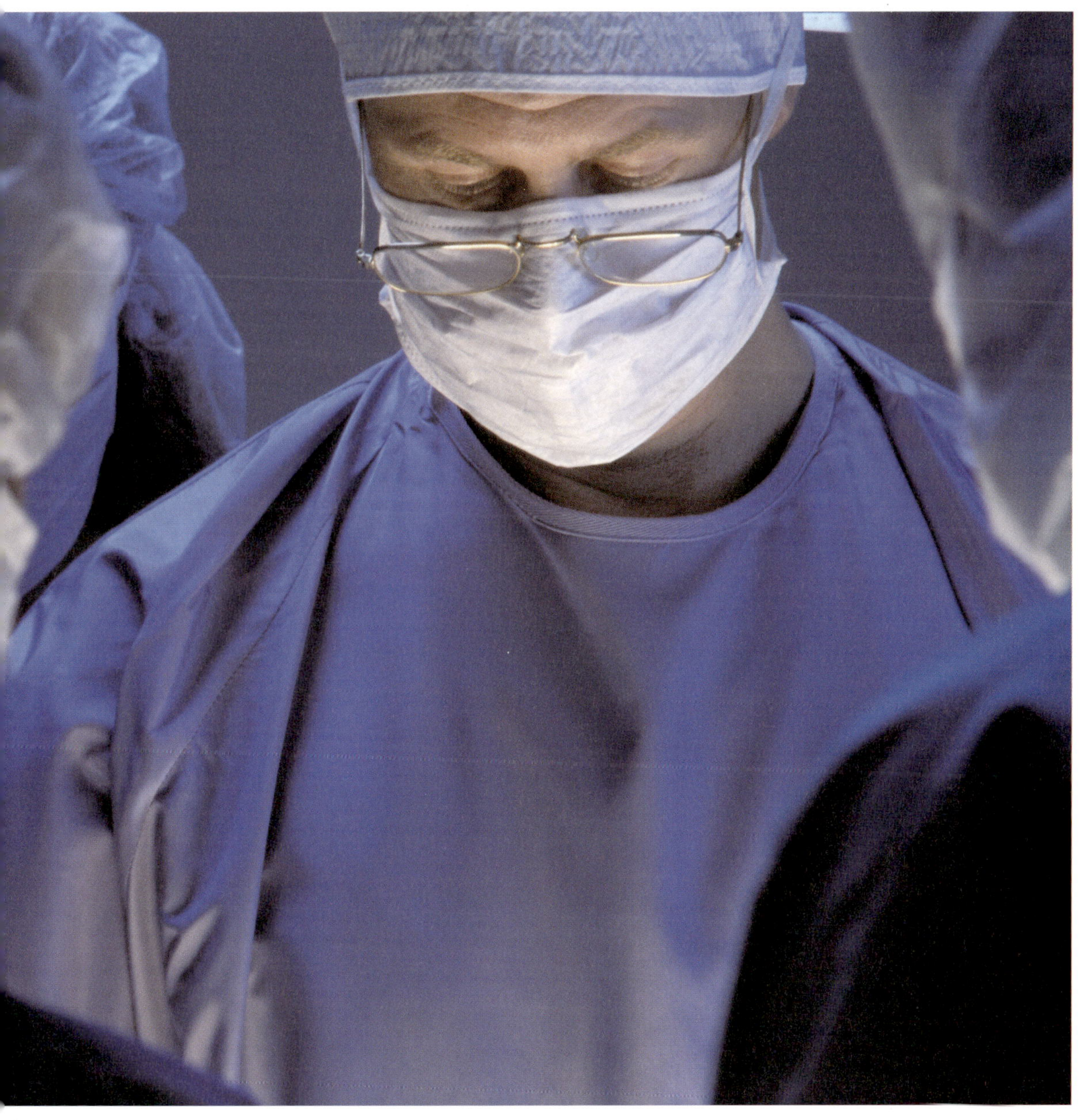

언제 제왕절개를 할까?

1. 자연 분만이 어려울 경우

- 산모의 골반이 너무 작을 때
- 아기가 너무 크거나, 이마가 밑으로 오거나, 옆으로 누워있거나, 엉덩이가 밑으로 오는 등 정상적인 태위가 아닌 경우. 초산의 경우 많이 하는 경향이 있다.
- 아기가 나오는 것을 방해하는 근종이나 전치 태반 등의 장애물이 있을 때

2. 임신 상태가 계속되는 것이 아기에게 위험하여 임신을 중단시켜야 할 때

- 당뇨나 임신 중독증, 혹은 성장부진의 경우

3. 출산을 오래 끌 수 없을 때

- 자궁경부가 충분히 벌어지지 않거나 아기의 머리가 골반으로 진입하지 않을 때
- 산모의 생명이 위급한 경우도 있지만 대부분의 경우에는 출혈이나 분만 중의 고통으로 아기의 생명이 위급한 경우가 많다. 모니터링을 통해 태아의 고통을 점점 더 잘 발견할 수 있다.

계획된 제왕절개

제왕절개 수술의 절반 이상은 임신 39주 이후에, 즉 출산예정일 10~15일 전에 시행된다. 무슨 이유로 제왕절개 수술을 계획하는 걸까? 이미 제왕절개 수술을 한 번 했고, 이전 임신 때와 같은 이유 때문일 수 있다. 아니면 임신 중독증, 성장부진, 당뇨, 전치태반, 일부 쌍둥이 임신, 산모의 고령 등으로 출산예정일까지 임신을 진행시킬 경우 아이가 위험해질 수도 있다는 판단이 들어서일 수도 있다. 현재 제왕절개는 점점 더 증가하는 추세를 보이고 있다.

제왕절개 수술의 증가 이유

- 산모들이 점점 더 많이 이 수술을 요구한다. 또 책임을 가능하면 덜어보려고 이 수술을 선호하는 의사들도 점점 더 많아지고 있다.

- 외과 기술과 마취 기술의 발달로 지금은 간단한 수술이 되었다.

- 아기가 너무 크거나, 반대로 너무 작을 때, 아기 엉덩이가 밑으로 가 있을 때, 조산 등 어떤 자연 분만이 아기에게 위험한지를 잘 알게 되었다.

- 모니터링을 통하여 분만 중 아기가 입는 손상을 더 잘 진단할 수 있게 되었다.
- 위험 임신, 특히 쌍둥이 임신과 만산이 많아졌다.

제왕절개 방법

제왕절개는 외과적 수술로서 분만실이 아니라 수술실에서 한다. 우선 음모를 깎고 방광에 관을 연결한다. 수술 중에 방광이 가득 차 방해가 되지 않게 하기 위해서다. 배 부분의 피부를 소독하고 수술 부위를 보호하기 위하여 무균 습포라고 부르는 천을 얹는다.

수술 준비가 완료되면 우선 피부를 절개한 후 복부 내벽의 근육을 복강까지 절개한다. 그 다음 자궁을 절개하여 아기를 꺼낸다. 그 후 바로 태반을 꺼낸다.

그 다음은 수술의 2단계로 절개된 곳을 하나씩 꿰매야 한다. 제일 먼저 자궁을, 그리고 복부 내벽을, 마지막으로 피부를 실로 꿰맨다. 수술은 모두 합해서 1시간 정도 걸린다. 5~7일 후면 실밥을 뺀다.

수술은 전신 마취 상태나 경막 외 마취 상태에서 한다. 전신 마취는 아주 급박한 경우에만 한다. 경막 외 마취는 15분 정도 지나야 마취 효과가 나타나지만 전신 마취는 즉시 효과가 나타난다.

수술이 끝나면 임신부를 회복실로 옮겨 최소 2시간 동안 관찰한다. 몸이 얼마나 편안한가, 특히 어느 정도의 통증을 느끼는가에 특별히 주의를 기울인다. 통증은 자연 분만 후와 그다지 다르지 않아야 한다. 자연 분만의 경우와 마찬가지로 산모가 아기를 볼 수 있고 안아볼 수도 있다.

수술 후의 상태

자연 분만과 비교해볼 때 수술 이후의 단계는 별 차이가 없다. 단지 수술 후 며칠 동안은 자연 분만을 한 경우보다 더 피곤할 수도 있다.

수술 후 처음 이틀 동안은 후진통이라고 하는 산후 자궁 수축으로 통증이 자연 분만 경우보다 심한데, 자궁이 상처가 있는 상태에서 수축하기 때문이다. 더욱이 장기가 다시 음식물을 통과시키면서 배에 통증이 수반된다. 따라서 이 기간 동안에는 금식을 하거나 음식 조절을 해야 한다.

산모는 수술 다음 날 바로 일어날 수 있다. 처음에는 몇 발짝 걸음을 떼기도 어렵고, 힘들 것이다. 하지만 실망할 필요는 없다. 이틀이나 사흘이 지나면 훨씬 쉽게 움직일 수 있다. 그 동안에는 병원에서 아기의 옷을 갈아입히고 목욕도 시키는 등 잘 돌봐줄 것이다. 산모가 원한다면 제왕절개를 했다 하더라도 모유를 먹일 수 있다. 다만 산모가 몹시 피곤하기 때문에 젖이 도는 것이 2~3일째가 아니라 4~5일째로 늦어질 수도 있다.

제왕절개를 한 경우 산모는 최대한 휴식을 취해야 한다. 가족과 친구들에게는 조금 더 기다렸다가 오라고 부탁하라. 2~3일 입원하는 자연 분만의 경우보다 4~5일 정도로 병원에 더 오래 입원해야 하므로 더욱 그래야 한다. 샤워는 2~3일째 되는 날부터 할 수 있다.

수술을 하면 상처가 보기 흉할 것이라고 생각하지만, 음모로 가려지는 아래쪽 부분을 가로로 절개하기 때문에 걱정할 필요는 없다. 몇 주가 지나면 상처는 붉은색이 되고 약간 튀어나오며 가려울 수도 있는데 일시적인 증상이다. 제왕절개 상처자국은 출산 후 여덟 달이 지나야만 완전히 자리잡는다. 그래도 1년이 지나기 전에는 햇빛에 노출시키지 말아야 한다.

퇴원 후 집으로 돌아가면 자연 분만 경우보다 조금 더 늦게 정상적인 생활로 돌아가는 것이 좋다. 하지만 4주 정도 지나면 제왕절개 수술을 받았다는 것을 잊게 될 것이다.

한 마디로 제왕절개는 이제 매우 평범한 수술이 되어 버렸다고 의사들은 말한다. 수술을 받아야 할 상황이 되었다 하더라도 겁먹을 필요는 없다.

제왕절개 이후에는?

한 번 제왕절개를 하면 그 다음에도 꼭 제왕절개를 해야 한다고 생각하는 사람들이 많다. 부분적으로만 사실이다. 물론 골반이 너무 작다든가 하는 영구적인 이유로 제왕절개를 했다면 다음번 출산 때도 역시 제왕절개를 해야 한다.

하지만 출혈이나 태아의 고통 등 우발적인 이유로 제왕절개를 한 경우라면 다음번에도 반드시 제왕절개를 해야 할 이유는

없다. 단지 자연 분만을 하려면 임신 말기에 모든 것을 측정해서 정상으로 나타나야 하고, 출산 역시 아무 문제없이 빨리 진행되어야 한다. 또 조금만 문제만 생겨도 수술할 준비가 되어 있어야 한다. 따라서 수술실 가까이 있어야 하고 마취도 준비해 두어야 한다. 출산 중에 자궁이 수축되면서 자궁에 있는 지난번 수술 자리가 터질 수 있기 때문이다. 그 경우 산모와 아기 모두 위험한 상황에 처하게 된다.

이전에 제왕절개를 한 경우에는 다음번 출산 때도 수술을 할 위험이 높은 것은 사실이다.

연속해서 세 번 이상은 제왕절개를 할 수 없다고 생각하는 사람들이 있다. 이것은 정해진 규칙이 아니다. 일반적으로 세 번째 제왕절개 수술을 할 때 나팔관을 묶는 영구 피임 수술을 함께 하라고 권유하는 것은 증명된 이유가 있어서라기보다는 혹시 있을지 모르는 위험에 대비하기 위한 것이다. 아기를 많이 원하는 산모를 위해 4번째, 심지어는 5번째까지 제왕절개 수술을 한 의사들도 있다.

갓 태어난 아기에게
해줘야 할 일들

일단 아기의 머리가 음부 밖으로 나오면 의사는 아기의 어깨를 하나씩 꺼낸다. 그러고 나면 나머지 부분은 별 어려움 없이 나온다. 이제 아기가 태어난 것이다. 콧구멍이 벌어지고 얼굴에 주름이 잡혔으며 가슴이 들어 올려 있고 입이 살짝 벌려져 있다. 갓 태어난 아기에게 해줘야 할 일들에게 대해 알아보자.

아기의 첫 울음소리

첫 번째 울음소리를 듣는 순간에 드는 느낌은 뭐라고 말로 설명하기 어렵다. 아마도 그것은 진한 감동, 자부심이 뒤섞인 강렬한 만족감일 것이다. 한편으로는 배 안에 아홉 달 동안 들어 있던 아기가 이제 옆에 있다는 것이 실감이 잘 안 날 것이다. 물론 엄청난 일을 하고 난 다음이므로 지치기도 한 상태일 것이다. 한마디로 말해서 이것은 풍요롭고 복합적이고 주체할 수 없는 느낌이다. 이 느낌을 애써 분석하려 할 필요는 없다. 우선 중요한 것은 이제 막 세상에 내놓은 아기와 알게 되고, 아기를 바라보고, 품에 안겨있는 아기를 느끼는 것이기 때문이다. 병원에서는 아기가 태어나자마자 엄마의 배 위에 올려주는데, 엄마와 아기의 접촉이 이루어진다. 아니, 보다 정확히 말하자면 엄마와 아기의 접촉이 다시 이루어진다고 말할 수 있다. 엄마는 아기를 보다 잘 느끼고 만질 수 있으며, 아기의 몸을 실제로 확인할 수 있다. 아기 아빠가 출생을 지켜본 경우라면 세 사람의 관계가 순식간에 이루어지는 것에 깊은 감동을 받는데, 그 순간을 경험한 사람들은 모두 그렇게 이야기한다. 때로는 부모들이

어느 정도 시간이 지나고 나서야 이 새로운 존재에게 편안한 감정을 느낄 때도 있는데 그거야 문제될 거 없다. 세 사람이 감정적으로 접촉하면서 관계가 조금씩 정립될 테니 말이다.

> **TiP**
>
> **바로 울지 않는 아기**
> 옛날에는 아기가 태어났는데 첫 울음을 터뜨리지 않으면 불안해하면서 일부러 울리려고 갖은 애를 다 썼다. 첫 울음은 곧 아기 생명력의 징표로 여겨졌기 때문이다. 하지만 오늘날에는 아무 문제없이 건강한 아기도 울지 않을 수 있다는 사실을 알게 되었다.

아기의 얼굴

이제 분만실에는 한 사람이 더 늘었다. 아기가 탄생한 것이다. 아기의 첫 번째 울음소리를 듣는 것과 동시에 아기의 얼굴을 처음 본다. 신생아는 아직 양수에 흠뻑 젖은 채 엄마의 배 위에 놓인다. 조산사는 즉시 작은 수건으로 아기를 닦은 다음 체온이 내려가지 않도록 담요로 몸을 감싸준다.

1차 검사

아기가 태어나자마자 아기의 생체기능이 공기 중 생활에 잘 적응했는지를 확인하기 위한 검사가 실시된다.

1차 검사에서 확인하는 것들

- 아기의 피부가 분홍색으로 변했는가.
- 아기의 태도에 생기가 있는가.
- 아기가 활기차게 반응하는가.
- 아기가 쉽게 숨을 쉬는가.
- 아기의 심장이 태어나기 전처럼 분당 120~160회씩 빠르게 뛰는가.

엄마와 아기를 떼어놓지 않아도 이런 기본정보들을 쉽게 관찰할 수 있다. 이 정보들은 심장과 폐, 혈액순환, 신경계가 자궁 밖에서의 생활에 맞는지를 증명해준다. 아기는 이제 태반이 없어도 살아갈 수 있다. 자율적인 존재가 된 것이다.

의사는 임신부에게 비정상적인 출혈이 없는지 확인한다. 의사는 탯줄 위에 두 군데 핀을 꽂고 그 가운데를 자른다. 이렇게 해도 전혀 통증이 느껴지지 않는다. 탯줄은 젤리 상태의 물질로 이루어져있을 뿐

감각 신경은 없기 때문이다. 신원 확인 팔찌가 아기의 손목에 채워진다.

아기와의 첫 대면

아기에게 젖을 먹이고 싶고 아기도 젖을 빨고 싶어 한다면 즉시 젖을 물려도 된다. 안 그러면 아기를 팔에 안고 바라보며 아기가 엄마 아빠를 바라보도록 내버려두라. 신생아는 최초의 순간에 시각적 접촉으로 부모들과 매우 밀접한 관계를 맺는다.

모든 것이 아무 문제없이 이루어졌다면 아기는 엄마의 체취와 심장소리, 목소리, 아빠의 목소리 등 태어나기 전에 알고 있던 것을 다시 찾아 안심하게 되는 특별한 보살핌 속에 태어난다.

아기가 새로운 환경에 적응하는 데 어려움을 느낄 때가 종종 있다. 목구멍에 점액이 끼면 기계로 빨아내야 아기가 갑갑해하지 않을 것이다. 숨쉬기 힘들어하면 더 많은 산소를 공급해주어야 다시 활기를 되찾는다. 아기가 우선 꼭 필요한 치료를 받아 모든 게 잘 되어가면 아기를 더 잘 알 수 있게 될 것이다. 엄마가 좀 힘들게 출산을

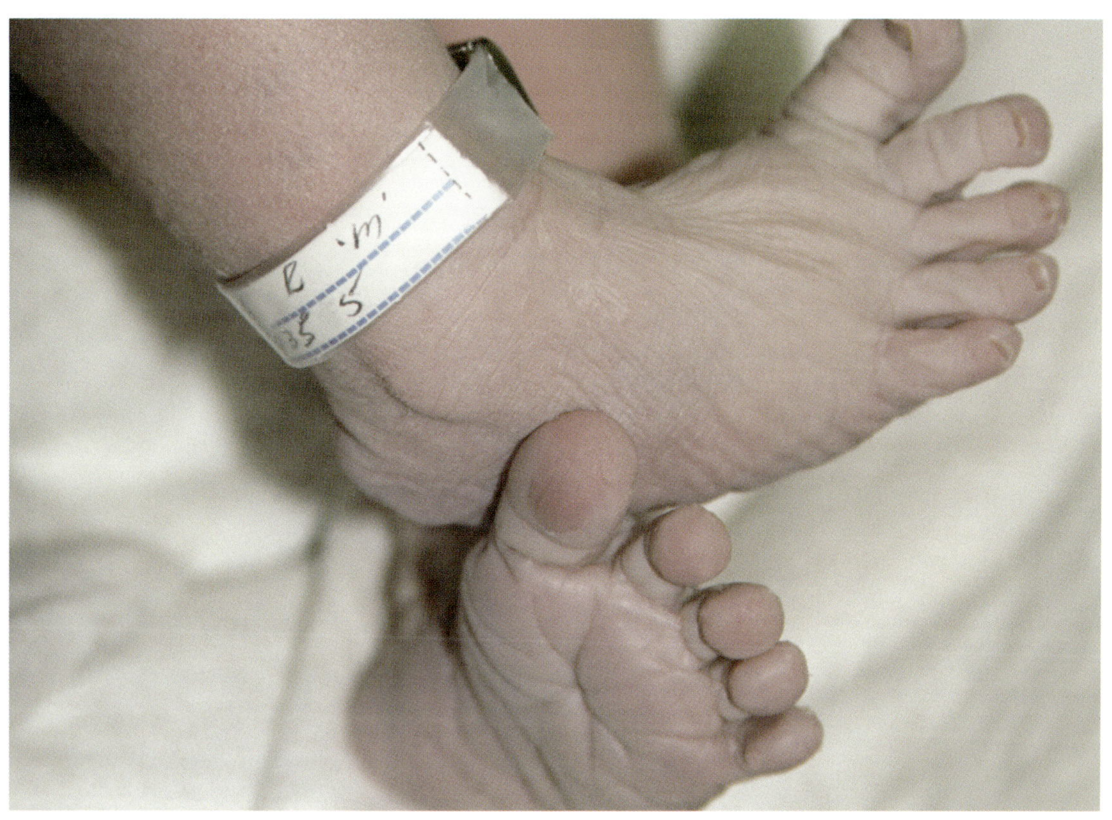

했으면 탯줄을 끊은 다음 아빠가 그 뒤를 이어받아 아기를 안고 있을 수도 있다.

아기는 출산 이후에 확인될 반사적 행동을 이미 보여준다. 다리를 번갈아 올려가며 얼마의 젖가슴을 향해 기어가려 하는데, 기계적 보행 반사다. 아기는 입을 젖꼭지 쪽으로 향하는데, 방향잡기 반사라고 한다. 또 젖꼭지가 입 안에 들어오자마자 빠는데, 흡인 반사라고 부른다. 엄마의 손가락이나 젖꼭지를 손가락으로 움켜쥐기도 한다. 이 모든 반사작용은 아기의 신경계에 아무런 이상이 없어 자궁이나 태반의 보호를 받지 않아도 생존할 수 있다는 것을 증명한다.

최초의 치료

이제 엄마가 아기와의 첫 대면을 마쳤으니 최초의 치료를 시작해야 한다. 발열램프 아래 아이를 눕힌다. 아기가 체온을 36.5℃

로 유지할 줄을 아직 모르기 때문이다. 아기의 체중을 재고, 감염되었을지도 모르므로 눈에 안약을 넣거나, 출혈을 방지하기 위해 비타민K를 먹이기도 한다. 키는 몸이 더 이완되고 다리가 저절로 펴졌을 때 측정한다. 아기의 몸이 점액질로 덮였으면 깨끗이 닦아낸다. 반대로 분비물은 추위와 미생물로부터 아기를 보호해주기 때문에 그냥 내버려둔다. 병원에 따라서는 태어나자마자 아기를 목욕시키거나 아니면 나중에 정해진 시간에 목욕을 시키기도 한다.

아기에게 옷을 입힌다. 엄마는 아기를 안고 있을 수도 있고, 아빠가 안고 있도록 할 수도 있으며, 아니면 요람에 뉘어달라고 부탁할 수도 있다.

퇴원 전에 아기의 발꿈치에서 피를 채취하여 선천성 대사 이상이나 갑상선 분비 부족 같은 몇 가지 질병을 확인할 수도 있다.

보다는 훨씬 약한 이 수축으로 자궁에 붙어있던 태반이 떨어진다. 태반이 떨어지면 의사가 자궁을 누르고, 그러면 태반이 밖으로 나온다. 이것을 태반 배출이라고 한다. 산모가 배를 꽉 조이며 힘을 주면 태반이 저절로 떨어져 나오기도 하는데 통증은 없다. 의사는 태반을 검사하여 조각이 부족하면 자궁을 다시 검사한다.

빨리 태반을 배출시키고 출혈을 방지하기 위해서는 아기의 어깨가 나오자마자 자궁이 다시 오므라들도록 도와주는 주사를 놓는다. 자궁과 태반이 통하도록 했던 혈관은 태반이 떨어진 뒤 벌어진 채로 있다가 자궁의 근육섬유가 수축되어야만 닫힌다.

회음을 절개한 경우 국부 마취로 다시 꿰매야 하고, 출산 시 경막 외 마취를 한 경우는 별도의 마취 없이 그대로 꿰맨다. 이 외과 시술은 전혀 통증이 없다

태반 배출

산모에게는 아직 한 가지 일이 남아 있다. 아기가 태어난 지 얼마 안 돼 다시 자궁이 수축되는 것을 느낄 수 있다. 물론 출산 때

출산 시간

출산이 정확히 몇 시간 정도 걸린다고 말하는 것은 불가능하다. 너무도 많은 요인이 영향을 미치기 때문이다. 하지만 통계

에 의해 다음과 같이 추정할 수 있다. 초산의 경우 평균 8~9시간이 걸리며, 두 번째 출산은 5~6시간이 걸린다. 다산은 초산보다 3시간 정도 덜 걸리는 것이다. 둘째 아기의 출산이 첫아기의 출산보다 빨리 진행되는 것은 한 번 벌어진 적이 있는 자궁경부와 질이 다시 열리면서 처음 때보다 덜 저항하기 때문이다.

하지만 이 숫자는 수많은 출산의 경우를 평균한 것일 뿐, 실제는 이보다 더 빠를 수도 있고 느릴 수도 있다.

벌어지는 단계가 가장 오래 걸려 전체 시간의 약 90%를 차지한다. 초산의 경우에는 7~8시간, 두 번째 이상의 경우에는 4시간 정도 걸린다.

반면에 아기를 배출하는 단계는 초산의 경우 20~25분 정도, 두 번째 이상의 경우 20분 이하가 걸린다. 다산부의 경우 자궁이 완전히 벌어지자마자 바로 아기가 배출되기도 한다.

- 아기의 태위. 머리가 밑으로 가지 않고 거꾸로 선 경우가 더 오래 걸린다.

- 자궁 수축의 강도와 빈도는 산모마다 다르다.

- 자궁 확장 단계에서 산모의 운동성. 움직이면 아기가 디 쉽게 내려올 수 있기 때문이다.

한 가지 분명한 것은 오늘날에는 출산 시간이 너무 길어지도록 그대로 방치하지는 않는다는 것이다. 출산 진행을 조절하고 그 시간을 줄이는 효과적인 방법들이 있기 때문이다. 출산 중에는 자궁경부가

아기가 태어날 때, 아빠는 어떻게 하는 게 좋을까?

우리 아이가 태어날 때 옆에 있어야 하나? 어떤 아빠들은 이런 의문을 품지 않는다. 아내와 함께 하고 아기를 맞아들이기 위해 그냥 그 자리에 있을 뿐이다. 망설이는 아빠들도 있다. 그 곳에 있다는 것은 꿈이나 환상 속에 묻혀있던 이미지들 앞에 서는 것이며, 강렬하고 복합적인 감정들 전체와 맞서는 것이기 때문이다.

아빠가 분만실에 들어오는 경우

조사한 설문에 의하면 10명 중 8명의 아빠가 출산을 지켜보았는데, 그 동기는 서로 달랐다. 우선 출산과정을 기록하기 위해 오는 사람들이 있다. 하지만 가장 흔한 이유는 아니다.

대부분은 남편으로서 부인 곁을 지키기 위해, 그리고 아빠로서 중요한 순간을 함께 하기 위해 그곳에 온다.

"물론 나는 출산을 지켜볼 겁니다. 그건 당연한 일이니까요. 첫 아기 때도 그렇게 했는데, 우리 모두가 강하고 또 아주 가깝다는 느낌이 들었습니다. 아내는 내가 옆에 있는 걸 보고 안정을 되찾고 힘을 얻지요."

"나는 거기 있으면서 아기를 맞아들이고 싶었답니다. 그래서 아기가 태어난 지 10분도 안 되어 안아볼 수 있었지요."

출산을 지켜보는 데에도 아빠에 따라 차이가 있다. 부인 곁을 떠나지 않는 남편도 있고, 출산의 일부 과정에만 참여하고 실제로 아기가 나올 때는 복도에 나가 기다리는 아빠도 있다. 어떤 아빠들은 아기가 태어날 때가 되면 알려 달라고 말하기도 한다. 기다리는 사람들 입장에서는 분만시간이 너무 오래 걸리기 때문이다. 출산을 지켜보겠다고 결심했던 아빠가 마지막 순간에 마음을 바꾸기도 한다.

아빠가 분만실에 들어간다면 그 안에서 어디에 있어야하는 것일까? 아빠들은 부인이 지금 겪고 있는 격렬한 고통을 덜어주기 위해 자기가 할 수 있는 일이 아무것도 없다는 걸 알고 어찌할 바를 몰라 하며 분만실 구석에 서있는 경우가 많다. 아무 쓸모없이 현재 진행되는 일에 동참하지 못하는 방관자라고 느껴 몸을 사리며 몹시 불편한 자세로 서있다. 아기가 태어날 때까지 그렇게 있다가 아기가 태어나면 비로소 아빠가 필요한 자리가 생긴다. 그 순간이 되면 아기를 맞아들이는 기쁨과, 정말말로 다할 수 없이 강렬한 그 순간을 사랑하는 아내와 함께 나누는 즐거움을 동시에 맛볼 수 있는 것이다.

하지만 남편은 진통 중인 아내를 도울 수도 있다. 우선 거기 와있다는 것만으로도, 가까이 있다는 것만으로도, 육체적인 접촉만으로도, 즉 아기 가까이서 아내의 목에 팔을 두르는 것만으로도 아내를 도울 수 있는 것이다. 자신이 아내를 도울 수 있다고 느끼면 남편의 손은 아내를 안심시킬 것이다. 물 분무기를 줄 수도 있고, 베개를 베어줄 수도 있고, 산소마스크를 씌어줄 수도 있다. 아니면 아내가 자세를 바꾸도록 도와줄 수도 있고, 분만용 침대 옆에 서 있을 수도 있다. 이처럼 사소해 보이는 도움이 온정과 위안을 줄 수 있다.

분만실에서 아빠의 위치와 관련하여 한 조산사는 꼭 알아야 할 것이 있다고 당부했다. 아기가 태어나는 동안 아빠가 아내 정면에 있는 것은 자신에게도 아내에게도 좋지 않다는 것이다. 남편이 있어야 할 장소는 바로 아내 옆쪽이다.

아빠가 분만실에 들어가지 않는 경우

아내의 입장에서 남편이 있는 것을 꺼리는 이유는 여러 가지가 있으며 대개 복합적이다.

여자의 일생에서 이토록 중요한 순간을 혼자 체험하고 싶은 마음, 도움 없이 혼자서 출산을 잘 마무리할 수 있음을 증명하고 싶은 마음, 그리고 소리 지르고 싶을 때 마음껏 소리 지르며 자기 마음대로 출산을 치르고 싶은 마음이 있다.

또 사랑하는 남자에게 별로 달갑지 않은 장면을 보이게 되지 않을까하는 두려움. 그리고 그 장면이 앞으로 부부간의 성관계를 망치게 되지 않을까 하는 두려움, 특히 수술 등을 해야 될 경우 남편이 겁을 먹거나 정신을 잃지 않을까 걱정하는 것이다.

아빠가 분만실에 들어가지 않는 진짜 이유는 두려움 때문이다. 수백 번도 더 상상했던 장면을 실제로 감내하지 못하면 어떡하나 하는 걱정, 아내가 힘들어해도 자기로서는 아무 것도 할 수 없다는 무력감, 의료행위에 대한 두려움, 그리고 아내가 걱정하듯이 이후 부부관계가 뜸해지지 않을까 하는 걱정.

이전의 출산이 난산이었을 경우 아빠는 분만실에 들어가기를 망설이게 된다.

"겸자를 이용해서 아기를 꺼냈는데, 의사는 나보고 나가있으라고 했어요. 아기 울음소리가 들리고 다시 들어오라고 해서 들어갔는데 그 장면에 엄청난 충격을 받았습니다. 아내의 두 발은 안장 같은 곳에 얹혀있었고, 가위 같은 것이 질 부위에 매달려있었으며, 온통 피범벅이 되어있었어요. 겸자는 땅에 떨어져있었고요. 나는 너무 놀라서 어찌할 바를 몰랐습니다.”

분만 때 아빠가 옆에 있어야한다는 이야
기를 들어 왔고 일반적으로 아빠는 오겠다
고 약속을 한다. 그러나 마음이 바뀌면 마
치 거짓말하는 학생처럼 ‘급한 약속이 있
었어’라든가 ‘기차를 놓쳤어’ 등의 핑계거
리를 꾸며낸다. 두려워서 아내 곁에 있기
가 망설여진다면 차라리 안 가는 편이 낫
다. 공포만큼 전염성이 강한 것은 없는데
여성은 그 순간 무엇보다도 침착성을 필요
로 하는 것이다. 한 엄마는 이렇게 말했다.

“너무 멀리는 안 갔으면 좋겠어요. 목소
리가 들리는 복도에만 있어도 안심이 되니
까요.”

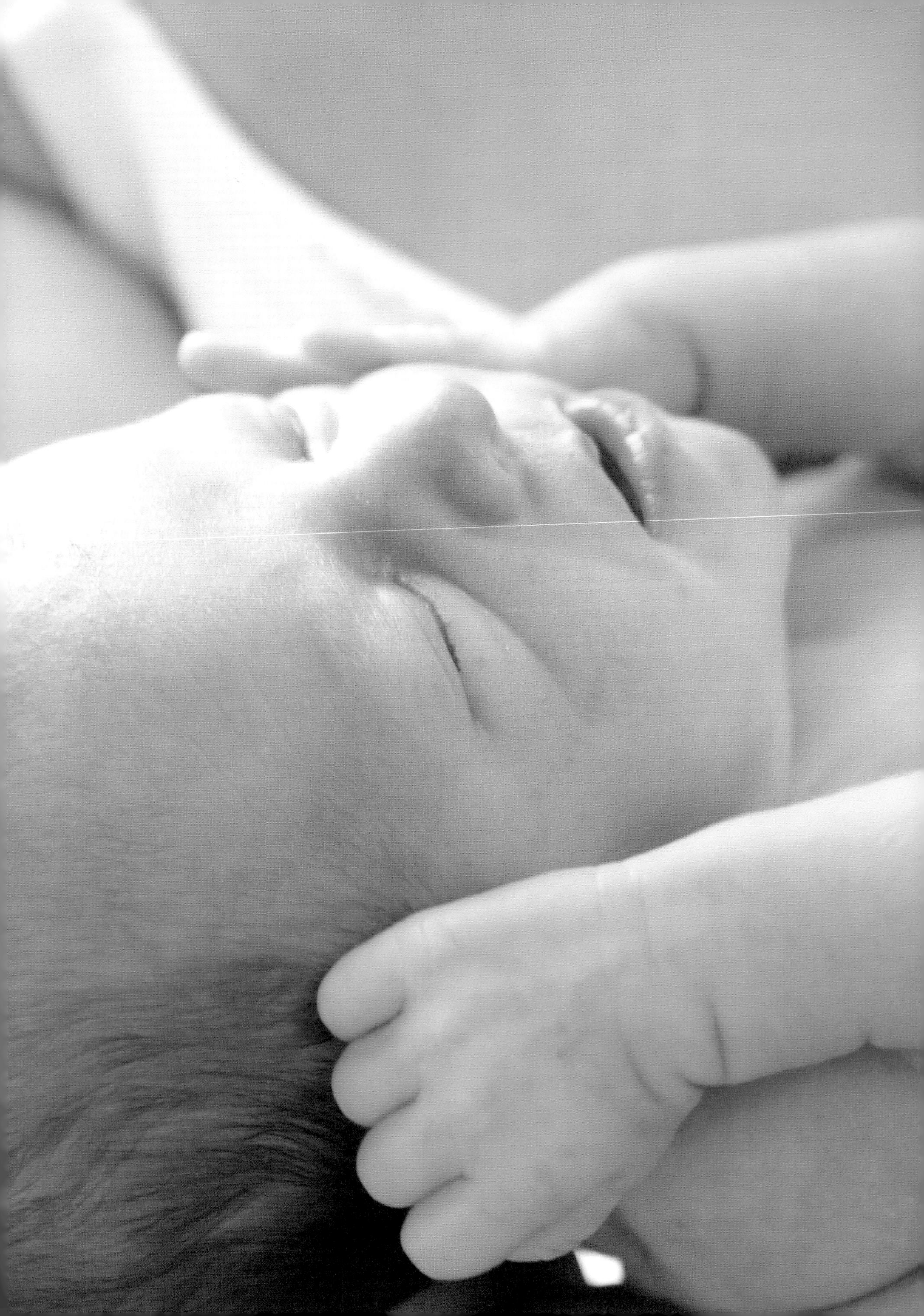

아기가 태어났다

기쁨, 피로, 경이, 그리고 놀라움. 한 부부의 삶에서, 한 여성의 몸속에서 이보다 더 감동으로 가득한 몇 분의 시간은 없을 것이며, 탄생의 이 몇 분 만큼 중요한 순간은 없을 것이다. 아기가 드디어 엄마의 품에 안겨있다. 엄마는 사랑을 느끼며 아기를 부른다. 아무리 바라봐도 질리지 않는다.

01

신생아 맞아들이기

아기가 고고지성을 울리도록 하기 위해 조심성 없이 아무렇게나 다루고, 진찰을 해야 된다며 서둘러 부모들에게서 떼어놓던 것은 먼 옛날의 일이다. 출산이 아무 문제없이 잘 이루어졌다면 최초의 검사는 좀 기다렸다 해도 된다. 아빠와 엄마, 신생아는 마침내 서로를 보았으니 교감의 순간이 필요한 것이다.

드디어 서로를 보다

출산에 동반되며 몇 시간씩 계속될 수도 있는 긴장, 초초함, 산고, 피로, 그리고 때로는 흥분과 불안감으로 시달린 끝에 드디어 아기가 나왔을 때 부모가 최초로 보이는 반응은 감동에 이어 그토록 기다렸던 아기를 드디어 보게 되었다는 안도감이다. 그래서 울기도 했다가, 웃기도 했다가, 눈에 띄게 해쓱해지기도 했다가, 감동과 즐거움으로 얼굴이 붉어지기도 하는 것이다.

부모들은 자기 아이가 정상인지 서둘러 알고 싶어 하며, 의사들이 안심을 시켜주어도 계속해서 확인한다. 때로는 아기의 성별을 아는 것보다 더 급한 일인 듯하다. 대부분의 경우 아기 성별을 이미 알고 있기 때문에 더 그렇다. 놀라는 부모들도 자주 볼 수 있다. 아기의 모습이 마음속에 그리던 모습과 다르다고 생각하는 것이다. 특히 엄마는 자기가 배 속에 품고 있던 아기와 자기 품에 안겨있는 아기를 구분하는 데 어려움을 느낀다.

감정의 변화

최초의 감동이 지나가고 나면 엄마는 또 다른 사실에 놀라워한다. 몇 달 전부터 아기가 자신에게서 떨어져나가기를 기다려왔는데 막상 이제 아기가 자신을 떠나고 나니 자신 속에 커다란 빈자리가 생긴 것 같은 느낌이 드는 것이다.

일부 엄마들에게 이 공허감은 일시적이어서 충만함과 실현의 느낌으로 바뀐다. 아기는 자신의 아기이고 자신은 그 아기의 엄마라는 분명한 사실이 그녀를 안심시키는 것이다.

때로는 그 반대로 이 급격한 변화가 엄마를 혼란에 빠트려 기묘한 감정이 심해지기도 한다. 요람 앞에서 금방 느껴질 것이라고 기대했던 모성애의 감정이 솟아오르지 않는 것이다. 불안감이 불쑥 느껴진다. 그리고 책임감이 물결치듯 밀려든다. 아이는 나를 필요로 하는데 나는 과연 이 아이를 맡아 기를 수 있을까? 첫 아기라면 이런 불안감이 경험 부족에서 비롯된 것일 수도 있지만, 출산 이후에 언제나 찾아오는 피로 때문에 불안감이 더 커질 수도 있다.

엄마가 어렴풋이 느끼는 놀라움과 불안감은 다행스럽게도 아기를 품에 안으면 씻은 듯이 사라진다. 아기를 만지고 아기를 쓰다듬고 아기에게 젖을 먹이면서 엄마는 다시 아기와 신체적 관계를 맺고, 그러면 안심이 된다. 그리고 오랜 사랑의 이야기가 시작된다. 이 이야기가 단 하루 만에 쓰이지는 않는다. 모성애가 항상 단번에 생겨나는 것은 아니다. 모성애는 아이와 접촉하면서 천천히 발달하고 아기와 함께 커져가는 것이다.

살과 살을 맞대고

출산을 지켜본 의사는 엄마와 아빠, 아기의 관계가 가장 잘 수립되는 데 관심을 갖는다. 아이가 엄마 배 속에서 나오자마자 추위를 타지 않도록 잘 닦고 말린 다음 엄마와 살과 살이 맞닿도록 옆에 잘 내려놓는다. 얼굴도 가장 잘 관찰할 수 있도록 옆으로 돌려놓고 코와 입도 잘 보이게 드러내놓는다. 이렇게 살과 살을 맞대고 있으면 마치 따뜻한 온열기구와도 같아서 아기의 체온이 내려가는 것을 방지할 수 있다. 편안하고 따뜻하게 해줄 수 있으니 아기의 머리에 헝겊 모자를 씌워주는 것도 좋다.

체중을 재거나 탯줄, 눈 등 필요한 치료는 나중에 엄마가 입원실로 돌아갔을 때 하는 것이 좋다. 목욕은 아기의 체온이 내려갈지도 모르니 안 시키는 것이 좋다.

이제 막 태어난 아기는 조용히 깨어있는 상태다. 아기는 주변의 세계를 안심하고 평온하게 발견할 수 있다. 엄마의 배 위에서 아기는 9개월 동안 함께 했던 심장 소리와 호흡운동을 다시 발견하게 될 것이다. 아기는 엄마가 쓰다듬어주는 가운데 부모들의 친숙한 목소리를 들으며 마음이 편안해진다.

눈길의 교환

아기를 바라보라. 그리고 아기가 당신을 바라보도록 내버려두라. 모든 부모들은 신생아의 눈길이 깊고 강렬한 것을 보고 놀라워하는 한편 감동받는다. 이 최초의 시각적 교류는 부모와 아이가 관계를 맺도록 하는 중요한 순간이다. 아기를 인큐베이터에 넣어야하는 어려움이 생긴다 하더라도 이처럼 눈빛을 교환하는 것은 중요한 일이다.

가만 내버려두면 아기는 엄마의 젖가슴을 찾아 힘차게 젖을 빨기 시작한다. 이 순간에도 역시 아기는 탄생 이전의 감각을 되찾는다. 양수와 초유는 맛과 냄새가 비슷하기 때문이다.

아기의 첫 호흡과 모습

아기는 태어나자마자 소리를 지르고 숨쉬기 시작한다. 그렇게 자기가 모체로부터 독립했다는 것을 표현한다. 그 전까지만 해도 아기는 살고 성장하기 위해서 필요한 영양물과 산소를 공급해주는 탯줄과 태반에 연결되어 모체에 완전히 의존하고 있었다. 태반 생활에서 자율적인 생활로 이행하려면 태아의 인체기관은 크게 변화해야 한다. 소화 기능 같은 몇 가지 기능은 서서히 적응하지만 어떤 기능들은 태어나자마자 순간적으로 급격하게 적응을 해야만 한다. 호흡이 그렇다.

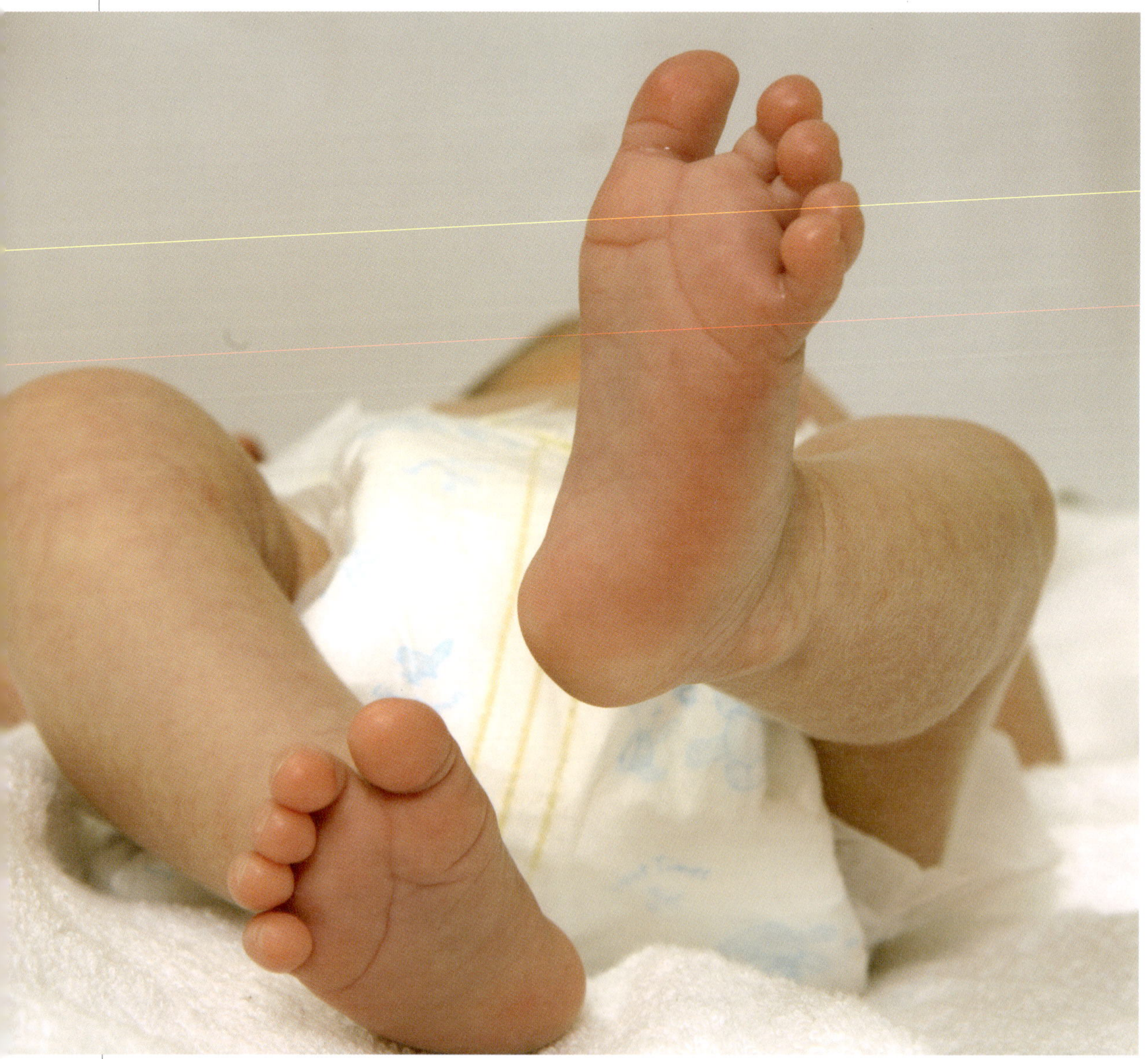

최초의 호흡

어깨가 빠져나오자마자 최초의 호흡이 시작된다. 생명의 첫 신호인 이 호흡은 아이와 함께 태어난다. 신생아의 인체기관에서는 엄청난 변화가 놀랄 만큼 빠르게 일어난다. 태어나기 몇 초 전까지만 해도 태아는 여전히 엄마가 공급해주는 산소 덕분에 살고 있었다. 심장에서 출발한 태아의 피는 배꼽의 동맥을 통하여 태반에 도착하여 엄마의 피에서 끌어온 산소를 채운 다음 배꼽의 정맥을 통해 심장으로 돌아오곤 하였다. 태반이 허파의 역할을 해내고 태아의 허파는 아직 작동하지 않았다.

아기가 태어나고 태반에서 분리되면 아기는 직접 산소를 얻어야 한다. 아기가 입을 벌리면 산소가 아기의 허파 속으로 쏟아져 들어가 허파를 펼치고 부풀리고 갈비뼈를 갑작스럽게 들어 올려 갈비뼈가 벌어진다. 흉곽이 들이 올린다. 허파는 분홍색이 되고 물렁물렁해진다. 심장에서 온 피가 방금 도착한 산소를 찾아 허파맥관 속으로 쏟아져 들어간다. 심장-허파의 순환이 이루어진 것이다. 아기는 대부분 힘찬 소리를 내지르는데 이것은 공기가 허파 속으로 잘 들어갔다는 것을 보여준다.

신생아는 이제 어른처럼 숨을 쉰다. 그러나 1년 동안 아기의 호흡은 불규칙적일 것이며, 아기의 호흡은 깊을 수도 있고 옅을 수도 있으며 빠를 수도 있고 느릴 수도 있다. 심장은 1분에 평균 120~130번씩 아주 빠르게 뛰는데, 어른의 거의 두 배에 해당한다. 성인의 경우에는 한 번 순환하는 데 32초가 걸리지만 신생아의 피는 12초 만에 한 번씩 완전하게 순환한다. 탯줄은 아직 몇 분 동안 박동한다. 탯줄이 박동을 멈추면 조산사는 가위로 잘라낼 것이다.

몸무게와 키

'몸무게가 얼마에요?' 아이가 태어났을 때 부모들이 가장 많이 던지는 질문이다. 많은 사람들은 최적 체중이 3.5kg이라고 생각하지만 이 정도면 벌써 뚱뚱한 편이다. 평균은 3.3kg으로 남자아이의 경우는 +100g, 여자아이의 경우는 −100g 정도 이다. 예정일에 태어난 아기들 간에도 편차가 크다. 어떤 아기는 2.5kg인 반면 또 어떤 아기는 4kg 혹은 그 이상까지도 나간다.

- 우선은 유전이다. 즉 엄마와 아빠의 신장과 가족의 체질에 따라 달라질 수 있다.

- 출생 순서. 일반적으로 두 번째 아이의 몸무게가 첫 번째 아이보다 조금 더 나가며, 세 번째 아이의 몸무게는 두 번째 아이보다도 더 나간다.

- 엄마의 건강 상태. 당뇨병, 비만 등은 아이의 몸무게를 증가시키고 패혈증 등은 몸무게를 감소시킬 수 있다.

- 임신 중 엄마의 휴식. 태아가 저체중일 경우에는 휴식이 권장된다.

- 흡연. 엄마가 임신 중에도 계속 담배를 피운 아기는 대체로 몸무게가 평균보다 적다.

- 식이요법은 아이의 몸무게에 적고 간접적인 영향밖에는 미치지 못한다. 그러나 지나친 식이요법이나 영양과다는 임신부에게 고혈압 같은 병발증을 일으켜 아기의 건강에 영향을 미칠 수 있다.

아기의 체중은 태어나고 나서 1, 2일 동안 감소하는데, 정상적인 현상이니 불안해할 필요 없다. 일반적으로 체중은 10% 이하로 감소한다. 그 이상 감소하는 것도 정상적일 수 있지만, 그 경우에는 의사와 상담하여 특별한 문제가 없는지 확인하는 것이 좋다. 체중 감소는 아기가 내장에 들어 있는 노폐물을 비워내기 때문이다. 또 수종이 제거되는 과정일 수도 있는데, 이것은 정상적이며 세포조직에 물이 너무 많기 때문이다. 3일째 되는 날부터 아기의 체중은 다시 늘기 시작하여 출생 후 5~10일 사이에 태어날 때의 체중을 회복한다.

어떤 아기들의 체중은 평균 이상인데, 유전일 수도 있고 아니면 엄마의 당뇨 때문일 수도 있다. 이 경우 아기는 집중적으로 관찰되어야 한다. 반대로 체중이 평균보다 덜 나가는 아기들은 출생 이후에 빠른 속도로 성장할 수 있다.

태어날 때 평균 50cm인 키는 아기에 따른 편차가 2~3cm 이상은 거의 넘지 않는다.

전체적인 외관

산모가 자신의 아기를 처음 보았을 때 가장 충격을 받는 것은 신체 여러 부분의 비율이 어른과 다르다는 사실일 것이다. 신생아는 축소된 어른이 아니다. 머리는 무척 크다. 머리만으로도 전체 길이의 1/7분이 아닌 1/4이나 된다. 팔다리보다 몸통이 길다. 배는 약간 튀어나와 있다.

아기가 처음으로 하는 동작들도 질서가 없어 보인다. 동작을 이끄는 신경계가 불완전하게 발달되어있기 때문이다. 아기의 동작들은 신경계가 발달하면서 차츰 체계화될 것이다.

망아지는 태어나서 30분이 지나자마자 일어서서 종종걸음을 친다. 송아지도 마찬가지다. 하지만 아기는 1년을 기다려야 걸을 수 있다. 그래도 태어나자마자 기어올라 엄마의 젖가슴을 찾아낸다. 이 정도도 대단한 것이다!

태도

신생아는 태어나자마자 놀라울 만큼 활발하게 움직인다. 아기는 눈을 뜨고 새로운 환경을 발견하려고 애쓴다. 아기는 따뜻한 엄마 배 위에 편안히 있다가 머리를 들고 스스로 엄마의 가슴을 찾는다. 한 여성은 이렇게 말한다.

"딸을 내 배 위에 올려놓았더니 머리를 들어 올리고 마치 자기가 어떤 세계에 착륙했는지 알아내려는 듯 주위를 바라보더군요."

처음으로 엄마의 젖을 빨고 난 아기는 팔다리는 구부리고 주먹은 꼭 쥐며 눈은 꼭 감는 등 태어나기 전의 자세를 다시 취한다. 때로는 며칠이 지나서야 다시 활발하게 움직이는데, 이것은 완전히 정상이다.

머리

아기는 머리를 잘 가누지 못한다. 머리가 목 근육에 비해 너무 크기 때문이다. 아기의 머리가 좌우비대칭이거나 원추형, 한쪽이 혹처럼 툭 튀어나오는 등 약간 기형이라 해도 불안해할 필요는 없다. 이처럼 심각하지 않은 기형은 아주 흔히 볼 수 있는데 출산 때 머리가 심하게 눌렸거나 임신 중에 골반 뼈에 지나치게 기대어 자리를 잡았기 때문이다. 기형은 10~15일 사이에 사라지고, 두개골이 둥글어진다.

아기가 진공배출기로 태어나 정수리에 작은 혹이 생긴 경우 며칠이 지나면 아무

흔적도 남기지 않고 사라질 것이다. 겸자로 출산하여 두개골이나 얼굴에 흔적이 남은 경우도 마찬가지다.

아직 접합되지 않은 두개골 뼈는 섬유조직 공간인 접합부에 의해 분리되어 있다. 이 공간은 두 지점에서 확대되어 숨구멍을 이룬다. 아기의 두개골에 손을 갖다 대면 이 물렁물렁한 부위가 느껴진다. 둘 중에서 더 큰 것은 이마 바로 위에 있으며 마름모꼴이다. 더 작은 것은 두개골 뒤에 있다. 숨구멍은 점점 더 좁아지다가 작은 것은 8개월쯤에, 큰 것은 18개월쯤에 완전히 닫힌다.

머리카락

어떤 아기들은 태어날 때 머리카락의 숱도 많고 검은색이다. 반면에 머리카락이 거의 하나도 없이 태어나는 아기들도 있다. 아기가 대머리로 태어나더라도 마음 상해 할 것 없다. 숱이 많던 아기들도 태어나고 나서 몇 주일 안에 머리카락이 거의 대부분 사라진다. 그런 다음 색깔이 더 밝고 더 가느다란 머리카락이 자라난다.

얼굴

눈은 무척 커서 이미 어른의 2/3나 된다. 눈꺼풀은 넓고 눈썹은 뚜렷하지만 아주 가늘다. 신생아는 눈물을 흘리지 않고 운다. 눈물은 출생 후 4주일이 되어야, 대부분은 그보다 더 늦게 나타난다. 코는 짧고 납작하며, 귀는 얼굴에 비해 크지만 모양은 또렷하다. 입은 굉장히 커 보이며, 아래턱은 거의 발달되지 않았다. 목은 매우 짧아서 꼭 머리가 어깨 위에 바로 얹혀있는 것처럼 보인다.

피부

처음 태어나면 아기의 피부는 흰색 지방질의 분비물로 덮여있다. 요즘은 이 분비물을 그대로 두는데, 보호 역할을 하기 때문이다. 그렇지만 이 분비물의 양은 아기에 따라 매우 다르니 아기 피부에 이 분비물이 거의 없다 해도 놀랄 필요는 없다. 태어나고 나서 몇 시간 사이에 피부가 이 분비물을 흡수한다. 출산예정일이 지나서 태어난 아기들은 이 분비물이 이미 제거되어

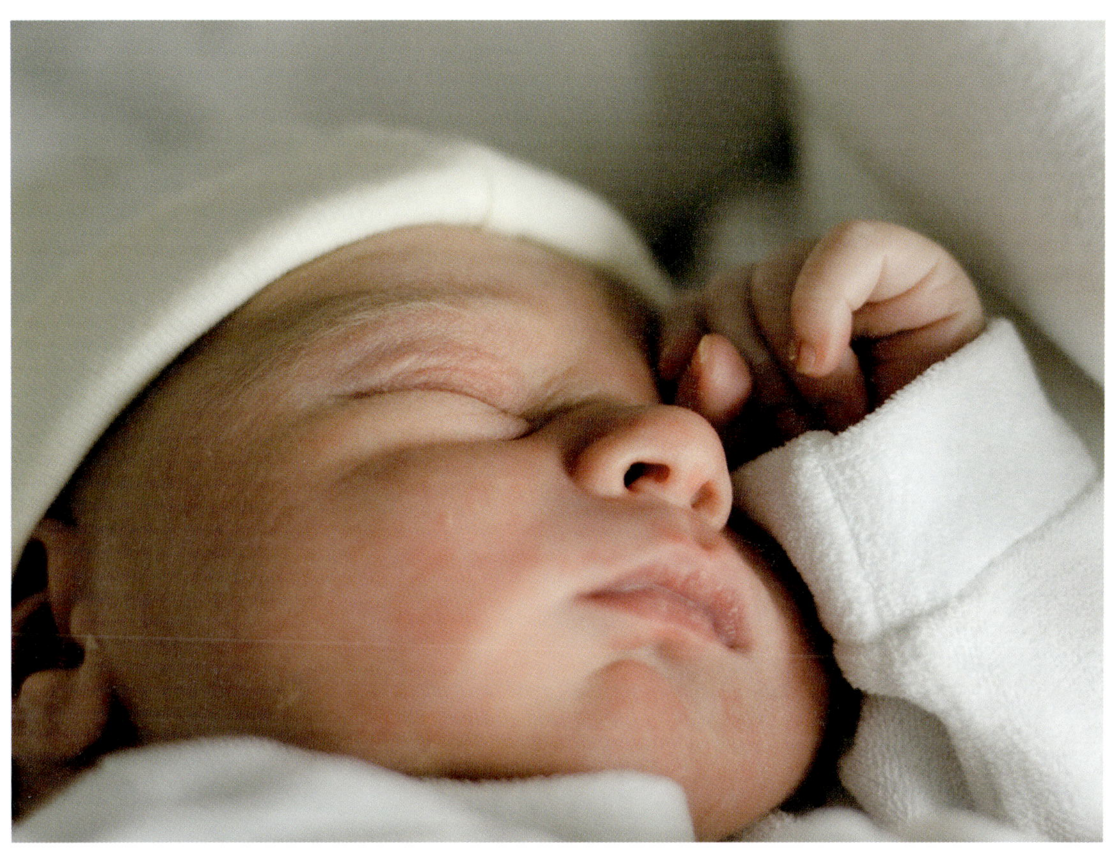

있다.

처음 며칠 동안 피부 표층이 떨어져나가면서 아기는 껍질을 벗는다. 산달보다 앞서 태어난 아기는 서서히, 그리고 산달이 차서 태어난 아기는 몇 시간 만에 이렇게 된다. 신생아의 피부는 건조하며, 손목과 발 아랫부분에서 벤 상처 같은 것을 볼 수 있다. 연고로 잠깐 마사지를 해주면 되므로 불안해할 필요 없다. 임신 7개월째에 전신을 감싼 솜털은 양쪽 귀와 등에 여전히 남아있다. 손톱과 발톱은 또렷하게 보인다. 손톱이 길다고 자르면 안 된다. 감염 위험이 있다.

신생아의 생리적 황달

대부분의 경우, 생후 이틀이나 사흘째에 아기의 피부가 노랗게 되는데, 신생아의 생리적 황달이라 한다. 황색 색소인 빌리루빈이 과도하게 많아서 생겨나는 증상이다.

출생 전에는 이 색소가 태반에 의해 제거된다. 출생 후에는 아기의 간이 이 일을 해야 하지만, 이 일이 시작되는 데는 때로 며칠의 시간이 필요하다. 이처럼 분명한 경우를 생리적 황달이라고 부른다. 즉 자연적인 황달이라는 것이다. 간의 정화 기능은 아기가 조산일 경우 발휘되기가 훨씬 더 어렵다. 그래서 모든 조산아들은 황달 증상을 보인다.

황달이 병인 경우도 있다. 혈액형의 부적합이나 박테리아 감염과 관련된 것이다. 이런 황달은 대부분 조기에, 즉 출생 후 24시간 이내에 나타난다.

몇 년 전부터 황달 치료는 간단해지고 위험도 없어졌다. 빌리루빈 비율은 혈액을 채취하거나 피부에 닿기만 해도 비율을 측정하는 기구를 이용하여 관찰한다. 아기의 나이와 체중, 빌리루빈 비율에 따라 광선 치료를 받는데, 특수 램프를 이용하는 것으로 전혀 위험하지 않다. 아기는 배내옷만 입혀진 채 인큐베이터나 요람에 놓여진다. 아기의 눈은 보호된다. 요람 주위에 푸른색과 흰색 광관(光管)이 달린 램프를 설치한다. 이 빛이 빌리루빈 색소를 파괴하고 이 색소는 소변 속에서 제거된다.

이 치료법은 매우 효과적이며, 생리적 황달은 이것으로 충분하다. 보통 24~48시간의 광선치료가 필요하다. 아기가 그동안 멀리 가 있다는 뜻이 아니니 안심해도 된다. 광선 치료는 연속으로 하지 않고 2~3시간 간격으로 이루어진다. 아기는 이 치료 시간을 제외하고는 엄마와 함께 있다. 황달은 보통 5일째 되는 날부터 감소한다.

혈액형의 부적합으로 생긴 황달은 대체로 빌리루빈 비율이 더 높으며, 때로는 광선 치료 외에도 혈액 교환 시술을 해야만 한다.

모유 수유를 하는 아이들은 황달 증상을 약 3주일까지 오래 보일 수도 있다. 빌리루빈 비율이 그다지 높지 않기 때문에 이 황달은 위험하지 않으며, 일반적으로 광선 치료를 할 필요도 없다. 이 황달을 앓는 아기는 퇴원을 해도 되고 모유 수유를 해도 된다.

아기의 신체기관

갓 태어난 아기가 자신의 신체기관을 이용해 음식을 소화시키고 소변을 보며, 체온을 유지하는 것은 신기한 일이다. 아기의 신체기관에는 어떤 변화가 찾아온 것일까?

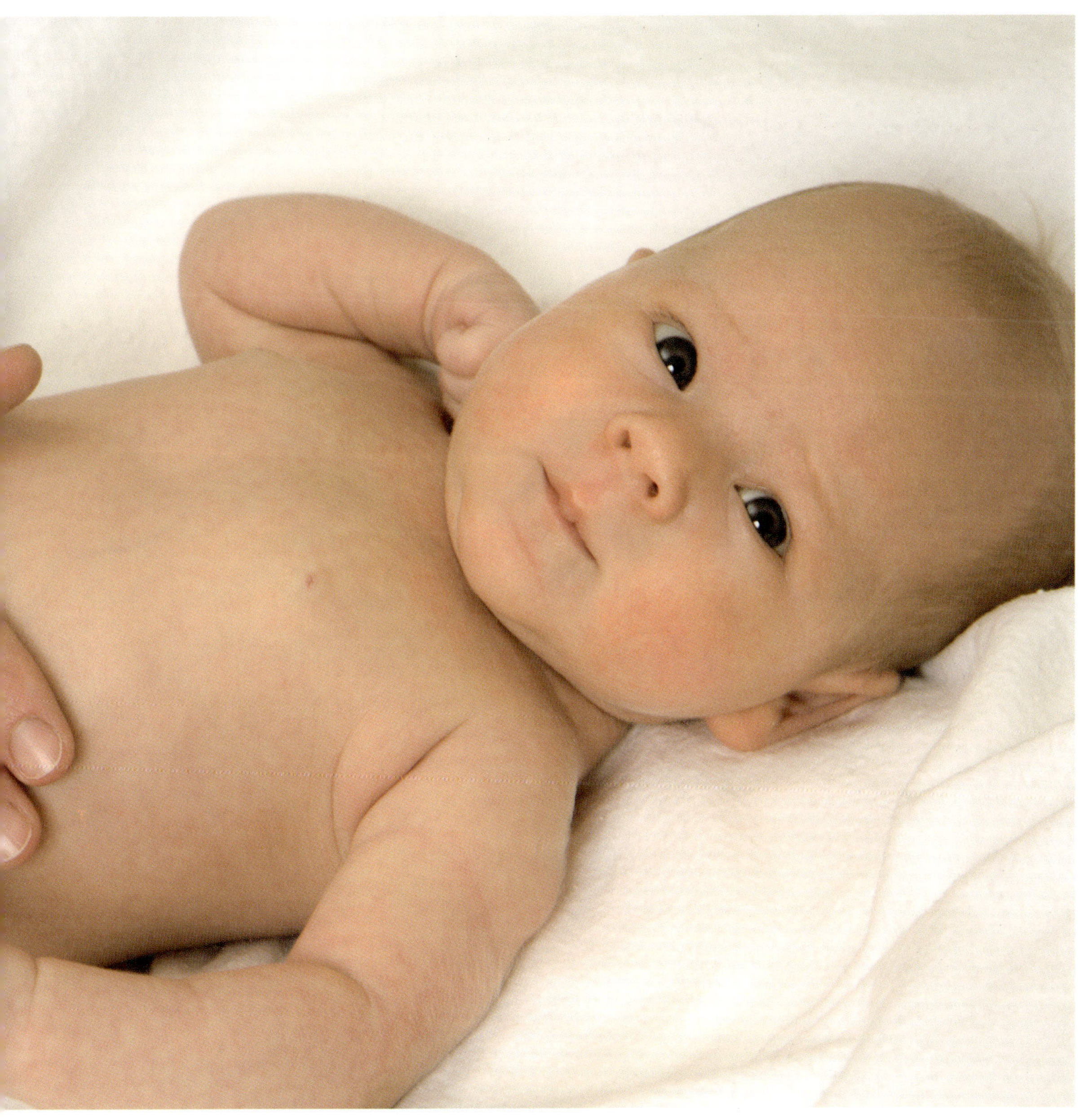

체온

병원이 그렇게 더운데도 왜 아기는 잘 덮어 싸놓는지 이상하게 생각할 수도 있는데, 태어나면서 아기의 체온이 내려가는 경향이 있기 때문이다. 아기는 아직까지 스스로 체온을 조절하지 못하기 때문에 대신 그렇게 해준다. 이제까지 언제나 일정한 온도, 즉 산모의 체온인 36.5℃에서 아홉 달 동안 살아왔는데, 갑자기 병원의 온도인 22℃에 나오면 옷을 입더라도 체온이 1℃에서 2℃정도 떨어지며, 약 이틀이 지나야 정상 체온으로 돌아온다. 하지만 집에서는 그렇게까지 할 필요가 없다.

비뇨기와 소화기

아기가 태어나자마자 소변을 보는 것은 자주 관찰할 수 있다. 비뇨기는 이미 엄마 배 속에 있을 때부터 기능하고 있었으므로 놀라운 일이 아니다. 마찬가지로 내장은 처음 이틀 동안 타르처럼 끈적거리며 거의 검은색에 가까운 초록빛의 점착성 물질을 배설한다. 담즙과 점액이 합쳐진 태변이 다. 생후 3일째는 대변이 좀 더 밝은 색이 되었다가 황금빛으로 끈적거린다. 처음 몇 주 동안은 하루에 1~4번 정도, 때로는 수유를 할 때마다 변을 본다.

생식기

흔히 아기의 가슴은 여자 아기든 남자 아기든 모두 태어날 때는 약간 부풀어 올라 있다. 눌러 보면 젖과 비슷한 액체가 나오는데, 산모의 몸에서 젖이 돌게 하는 호르몬의 일부가 태반을 통하여 아기의 핏속으로 들어가 유선이 기능하도록 했기 때문이다. 전혀 놀랄 필요가 없고, 또 만지지 말아야 한다. 며칠 지나면 정상으로 돌아온다.

마찬가지로 아기의 기저귀에 피가 몇 방울 떨어져있더라도 놀랄 필요는 없다. 이것은 1/20의 확률로 일어나는 생식선의 활동으로 며칠 지나면 사라진다.

아기는 무엇을 보고, 듣고, 느낄까?

신장 50cm, 몸무게 3.3kg, 머리카락이 별로 없고 주름진 피부, 바로 신생아의 모습이다. 아기는 이 세상에 태어나면서 무엇을 알고, 보고, 듣는 것일까? 자신을 둘러싼 다양한 자극들을 느끼고 있을까? 오늘날에는 신생아가 어떤 능력이 있는지를 알게 되었다. 신생아도 소리를 들을 수 있고, 볼 수 있고, 느낄 수 있는 것이다.

시각

아기는 태어나자마자 볼 수 있으나, 아기의 시각은 어른과는 달라 조금 더 흐릿하다. 아기는 멀리까지는 잘 보지 못하지만, 20~40cm의 가까이서는 생각하는 것보다 시력이 훨씬 더 좋다. 아기는 얼굴의 세세한 부분까지는 아직 못 보지만 주요한 특징은 알아본다.

신생아는 빛의 차이를 구분할 수 있다. 갑자기 빛이 너무 밝아지면 거북해서 눈을 깜박이거나 완전히 감아버린다. 처음 몇 주일 동안에는 빛이 과다하지 않도록 조심해야 한다.

아기는 반짝이는 것과 붉은빛도 구별할 수 있다. 따라서 반짝이는 빨간 공을 눈으로 쫓아갈 수 있다. 신생아는 태어나자마자 붉은 점과 반짝이는 점이 그려져 있으며 움직이는 타원형에 끌린다는 것도 연구 결과 밝혀졌다. 이 타원형은 그냥 그림 수수께끼가 아니라 사람의 얼굴에 해당한다. 아기는 이 얼굴 모양이 움직이면 눈으로 따라가고, 그 동안 말을 건네면 눈을 깜박인다. 이 얼굴은 아기가 보기 좋도록 25cm 정도에 놓여 있어야 한다.

신생아는 단순한 영상보다는 복잡한 영상에 더 끌린다는 것이 관찰되었다. 태어난 지 며칠 지나지 않은 아기에게 아무 장식 없는 회색 종이와 흑백으로 바둑판무늬가 그려진 종이를 보여주면 아기는 바둑판무늬를 쳐다본다.

아기가 이미 엄마 배 속에서 강한 빛에 반응을 보인다고 주장하는 연구자들도 있지만 신생아의 시력이 아직 크게 발달하지 못한 것은 그 감각을 쓸 기회가 없었기 때문으로 보인다. 그러나 아기의 시각은 급속하게 발달한다. 심지어 밤에도 보려고 한다. 캄캄한 데서도 눈을 떴다 감았다 하면서 이쪽저쪽을 바라본다는 것을 적외선을 통해 관찰할 수 있었다.

시각은 아기마다 상당한 차이를 보인다. 바라보는 데 열중한 아기들도 있고 반대로 잠을 자는 데 시간을 보내는 아기들도 있다.

TiP

신생아의 사시

아기의 눈이 사시인 것처럼 보이는 경우가 많은데, 그것은 눈의 근육이 충분히 발달하지 않아 움직임이 잘 조절되지 않기 때문이다.

청각

청각은 시각보다는 훨씬 더 발달되어있는
데, 그것은 당연한 일로 신생아는 이미 자
궁 내에서 적어도 마지막 3개월 동안 많은
소리를 들었기 때문이다. 문이 소리를 내
며 닫히거나 큰 소리가 들리면 아기가 깜
짝 놀라는 것은 이상한 일이 아니다. 신생
아의 귀는 이미 충분히 훈련되었기 때문에
가까이서 들리는 소리들을 구별할 수 있
다. 주먹을 쥐고 잠들어있을 때도 가까이
에서 속삭이면 가볍게 움직이고 호흡이 변
하며 눈을 깜박인다. 계속해서 낮은 소리
로 말하면 아기는 움직이기 시작하고 결국
잠에서 깨어난다. 태어나기 이전에도 아기
는 부모의 소리를 들으며, 태어나면서 바
로 그 목소리를 알아듣는다.

주위가 너무 시끄러우면 아기는 귀를
막고 그 소리를 차단시킨다고 한다. 브래
즐턴 박사에 따르면 어떤 아기에게 아주
힘든 검사를 시행하자 아기는 처음에는 울
다가 갑자기 멈추었다. 날카로운 소리가
나고 빛이 반짝거리는데도 아기는 잠이 들
었다. 검사가 끝나고 기구들을 모두 치우
자 아기는 곧 깨어나 다시 큰 소리로 울기
시작했다는 것이다. 이 갑작스러운 수면은
위축의 한 형태로서 아기는 이렇게 해서
지나치게 큰 자극으로부터 자신을 보호
한 것이다.

촉각

신생아는 사람들이 자기를 어떻게 만지고
다루느냐에 민감하게 반응한다. 어떤 동작
에는 평온해지고 또 반대로 어떤 동작에는
동요를 일으킨다. 부모들은 이것을 금방
알아낸다.

이 피부나 접촉의 감각은 아주 오래 전
으로 거슬러 올라간다. 아기는 엄마 배 안
에서 부모들이 손을 배 위에 얹으면 반응
한다. 액체가 자신의 몸을 둘러싸고 있는
것도 느낀다. 자궁 내벽에 몸을 문지르기
도 한다. 출산 때는 바로 자기 몸에 자궁
의 수축이 격렬하고 규칙적으로 가해지면
서 엄마의 몸 밖으로 나온 것이다. 태어난
뒤에 아기는 자기 주변에 빈 공간이 있으
면 불편함을 느낀다. 그래서 부드러운 작
은 요람에 들어있거나 엄마가 본능적으로
아기를 껴안으면 아기는 평온해지고 편안
해진다. 인큐베이터 안에서 아기의 등이나

머리 위쪽에 둥글게 만 담요나 베개를 받쳐주기만 해도 아기를 진정시킬 수 있다는 것이 관찰되었다. 아기가 미숙아라서 인큐베이터에 들어있을 때 별로 편안해 보이지 않으면 그렇게 해도 되는지 의사에게 물어보는 것이 좋다.

아기에게 마사지를 해 주고 싶지만 그 방법을 잘 모르는 부모들이 있다. 의사에게 물어보면 몇 가지 기본 동작을 일러줄 것이다. 충분히 따뜻한 방에서 해야 한다.

하나는 엄마의 가슴에 대었다가 주고, 또 하나는 그대로 주면 아기는 엄마의 가슴에 닿았던 습포 쪽으로 고개를 돌린다. 이 실험은 미국의 맥 파레인이 생후 10일 된 아기에게 한 것이다. 그런데 이후 프랑스의 위베르 몽타네르 박사의 연구팀이 생후 3일 된 아기에 이어 그날 태어난 아기를 대상으로 같은 실험을 하였다. 아기는 후각으로 엄마의 가슴이 가까이 다가온다는 것을 안다.

후각

아기의 후각을 알아보는 고전적인 실험이 있다. 신생아에게 두 가지 습포를 주는데

미각

태어난 지 12시간 된 아기의 입술에 설탕물을 조금 떨어뜨리면 아기는 아주 만족스

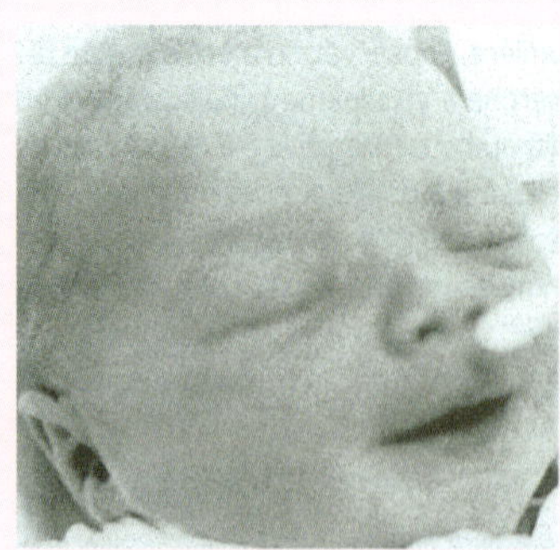
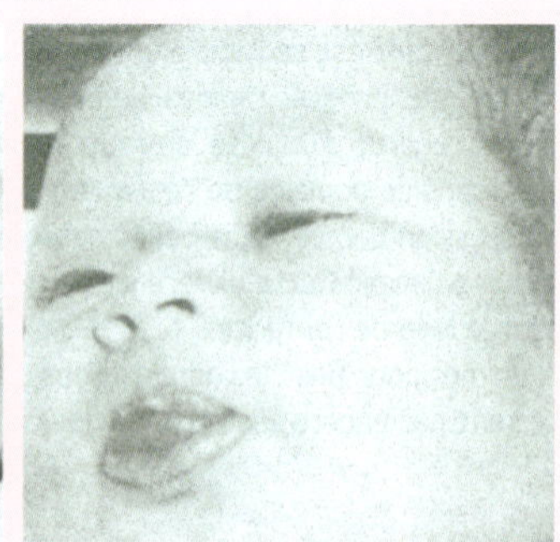

냄새와 맛
태어난 지 몇 시간 된
신생아의 반응

바나나 냄새를 배게 한 솜을 느끼게 하자
아기는 아주 만족스런 표정을 짓는다.

설탕을 혀 위에 올려놓자 마음에 들어 한다.

러운 표정을 짓는다. 대신 레몬을 한 방울 떨어뜨리면 얼굴을 찡그리는 것을 볼 수 있다. 아기는 태어나는 순간부터 단맛과 짠맛, 신맛과 쓴맛을 구별한다. 설탕 맛에 는 평온해지고, 쓴맛이나 신맛에는 동요한 다. 아래 사진을 보면 그 사실을 알 수 있다.

아기는 아주 일찍부터 맛을 느끼는데, 이 감각이 출생 이전에 이미 발휘되었기 때문이다. 엄마들은 아기에게 젖을 먹일 때 꿀이나 회향 같은 것을 바르면 아기가 좋아한다는 것을 옛날부터 알고 있었다. 이렇게 하면 아기가 즐겁게 젖을 빨고, 젖 도 잘 돈다. 그에 비해 대량생산된 우유는 사실 아무 맛이 없고 아무런 놀라움도 안 겨주지 못한다.

신생아의 능력

아기를 어루만져주거나 품에 안으면 엄마 는 아이가 자신과의 접촉에 반응을 보인다 는 것을 느끼는데, 아이의 얼굴이 진정되 기 때문이다. 아기에게 말을 건넸는데 아 기가 움직임을 멈추면 엄마는 자기 목소리 가 아기의 주의를 끌었음을 알게 된다. 아 기는 몸짓으로 반응하고 엄마가 미소를 짓 는다. 이런 식으로 이어진다. 아기와 엄마 사이에는 질문과 대답이 끊임없이 오간다. 두 사람은 소통을 하는 것이다.

아기가 불빛 때문에 거북해하는 것을 보 고 엄마가 빛의 방향을 바꾸어주면 아기는 다시 눈을 뜬다. 매 순간 엄마와 아기 사이 에는 서로를 인정하는 신호가 교환된다. 아기 쪽에서 엄마를 부르며 엄마의 대답을

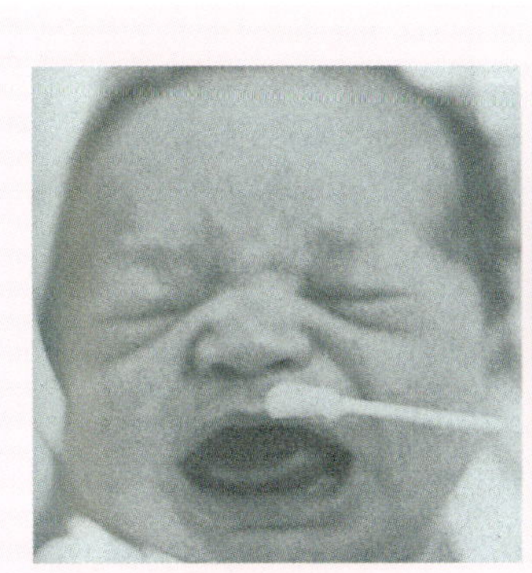

썩은 달걀 냄새를 맡게 하자 아기가 운다.

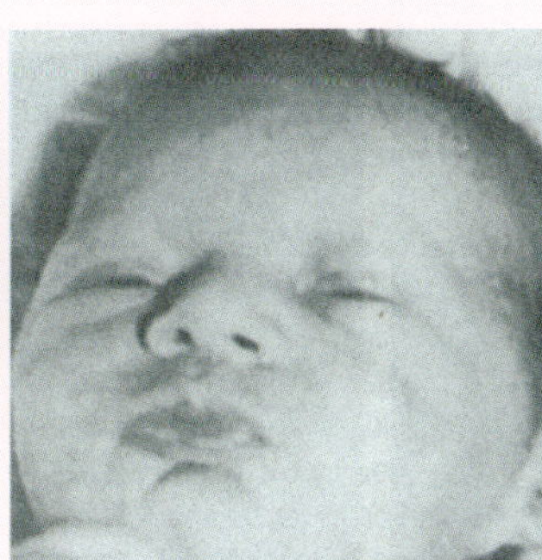

레몬즙 한 방을 먹이자 아기가 얼굴을 찡그린다.

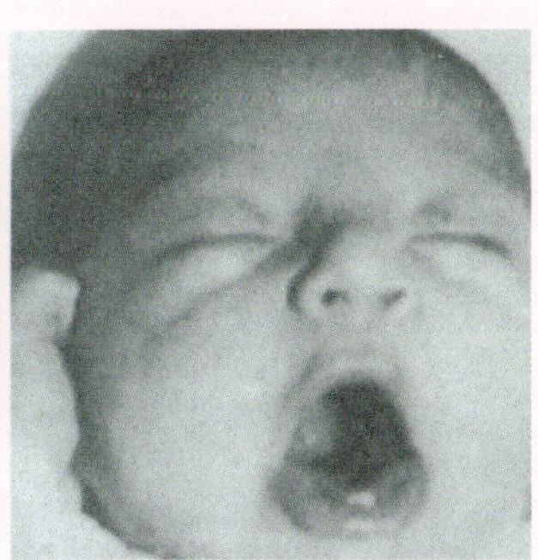

쓴 약 한 방울에 아기가 격렬하게 항의한다.

기다리고, 엄마는 표정으로 대답한다.

신생아는 목소리와 접촉, 동작, 빛, 냄새 등 다양한 자극에 대해 온갖 종류의 행동과 감정을 통해 반응하며, 그런 반응은 다시 엄마나 아빠, 혹은 아기를 돌보는 어른의 반응을 불러일으킨다.

이것이 바로 신생아의 능력이다. 아기는 감각 기관과 감정을 느낄 수 있는 능력을 가지고 외부의 자극에 대해 반응할 수 있고, 또 주위의 반응을 일으킬 수 있는 것이다. 이런 자극과 반응의 연속이 상호작용을 만든다.

아기와 사랑을 주고 받기

부모마다 자기 아기와 접촉하는 방식이 다르다. 마찬가지로 아기들도 부모에게 반응하는 방식이
다 다르다.

아기와의 눈맞춤

엄마와 아기의 관계는 대부분 시선으로 시작된다.

엄마와 아기가 시선을 교환하는 순간을 관찰해 보면, 눈과 눈의 접촉은 단순히 서로를 쳐다보는 데 그치지 않는다. 신생아의 눈길에서 어른들은 무엇인가를 찾으려 하며 마음을 주고받는다. 그 안에는 나중에 더 중요한 소통 양식이 될 말과 몸짓, 촉각, 몸의 동작 등 모든 자극이 뒤섞여 있다.

엄마들은 아기가 깨어있는 것은 좋아하고 아기가 눈을 감고 있으면 불안해한다.

"아기가 살아있지 않은 것 같아요. 그러다가 아기가 눈을 뜨는 순간 모든 것이 변하지요. 그러면 아기에게 말을 걸고 싶어지고 아기가 거기 있다는 느낌이 들어요."

아기가 깨어있는 것을 보고 싶어서 기어코 아기를 깨우는 엄마들도 있다.

엄마가 아기를 바라보는 것은 마치 말을 건네는 것과 같다. 아기는 엄마에게 눈을 깜빡이거나 입을 벌리고, 팔을 움직이면서 대답한다. 이 모든 것이 엄마가 보낸 메시지를 받았다는 것을 의미한다. 그 다음에는 엄마가 눈으로뿐만 아니라 말이나 다정한 손길로도 대답한다.

부드러운 손길

어떤 엄마들은 특히 아기를 만지고 어루만지고 안고 다니며 소통하는 것을 좋아한다. 이런 식의 접촉은 엄마를 안심시키고 아기를 진정시킨다. 어느 엄마는 이렇게 말했다.

"나는 아기를 안고 있는 것이 참 좋았습니다. 아기를 어루만지며 복도를 수도 없이 왔다 갔다 했지요. 그러면 아기가 내 배 안에서와 같은 흔들림을 다시 느끼게 될 거라고 확신했습니다. 내 아기를 너무나 잘 느낄 수 있어서 정말 기뻤습니다."

출생 후 처음 며칠 동안 아기가 보여줄 수 있는 반응들은 상당히 중요한 결과를 갖는다. 그것들은 아기를 이해할 수 있고 아기와 감정을 주고받을 수 있다는 것을 엄마나 아기를 돌보는 사람에게 보여준다.

엄마들은 처음에는 확신이 없는데, 첫아기의 경우에는 특히 심하다. 하지만 부드럽게 쓰다듬어주고 안아주고 말을 건네는 등 여러 자극에 아기가 반응하고 즐거워하는 것을 보면 스스로의 능력에 자신감을 갖게 되며, 아기가 원하는 것을 주고 있다는 생각을 하게 된다.

아기와 아빠의 관계

물론 처음에는 자기가 외부인이라고 느끼는 아빠들도 있다. 어느 아빠는 이렇게 말했다.

"엄마는 단번에 아기를 알게 되는 반면 나는 내 안에서 아무 것도 느끼지 못했습니다. 엄마는 아기가 무엇을 필요로 하는지를 이해하고 있습니다. 아기가 울면 엄마는 즉시 '배가 고픈 모양이네'라거나 '너무 더워서 그러는 거예요'라고 말하지요. 하지만 나는 이 모든 것을 다 배워야 했습니다."

특히 엄마가 아기를 지나치게 감싸고 아빠를 배제시키는 경향을 보이면 이런 느낌이 더욱 강하게 든다. 그러면 아빠가 아기에게 관심을 갖지 못하게 되는 수도 있다.

하지만 대부분은 자기가 아빠라는 것을 곧 느끼게 된다.

"이 아이가 내 아이구나, 라고 즉시 느꼈습니다. 태어난 지 일주일도 안 되었고 아직은 제대로 보지도 못하지만 아기가 분명 나를 알아본다는 걸 알 수 있었지요."

이렇게 말하는 아빠들도 있다.

"아기가 태어난 지 이틀이 되는 날 나는 이제 또 다른 삶이 시작되는구나, 이제 이전과는 완전히 다르겠구나, 라고 깨달았습니다."

어떤 남자들은 아기가 자기 인생에서 얼마나 중요한 존재인지를, 아기를 돌보는 것이 얼마나 즐거운 일인지를 금방 깨닫는다. 이들에게는 아빠로서의 의무를 상기시킬 필요조차 없다.

"난 아이를 보살피는 게 좋습니다. 목욕을 시키고 우유를 먹이는 게 너무나 즐거워요."

아기와 아빠 사이에 성립되는 관계는 아빠가 아기에게 얼마나 관심을 표현하느냐에 따라 다르고, 또 그 관심은 아기가 잘 응답할수록 더욱 더 커진다. 아기와 아빠 간의 애정은 시간이 지나고 상호교류가 잦아지면 잦아질수록 점차 커져간다.

감정 교환

일단 부모와 아기 사이에 접촉이 이루어지고 대화가 시작되면 촉각이나 시선뿐만 아니라 말이나 몸짓, 미소 등 모든 수단을 동원하여 감정을 교환할 수 있다. 또 모든 것이 다 놀이가 된다. 어떤 부모들은 이런 놀이와 감정 교환에 휩쓸리기를 망설이기도 한다. 아기에게 까꿍이라고 말하며 노는 것이 바보처럼 보일까봐 두려운 것이다.

하지만 감정 교환은 전적으로 자연스러운 것으로, 아기가 태어나서 처음 몇 주일 동안 아기에게뿐 아니라 부모들에게도 꼭 필요하다. 아기는 어른의 신호에 답하기를 즐길 뿐만 아니라 기다리기도 한다. 기대하던 것을 부모로부터 받지 못하면 무슨 수를 써서라도 얻어내려 한다. 눈을 아주 활발히 움직이는 아기들은 엄마로부터 반응을 얻어낸다. 엄마는 갓 태어난 아기가 자기를 바라보고 있으면 아기 쪽으로 고개를 숙이고 이야기를 나누기 시작한다.

아기의 관계맺기

아기는 태어나자마자 주변 사람들과 관계를 맺으려고 한다. 아기는 자기를 돌봐주고 인정해주기를 바란다. 아기는 자기가 보낸 메시지가 받아들여지면 만족하고, 그럼으로써 접촉이 이루어진다. 끈질기게 애를 썼는데도 아무런 답을 받지 못하면 결국 아기는 좌절할 위험이 있고, 그로 인해 발달이 지체될 수 있으며, 어떤 경우 애정 결핍의 근원이 될 수도 있다.

아기는 자라나면서 자기를 표현하고 주위와 접촉하는 다른 방법을 찾아낸다. 옹알이를 하기도 하고 미소를 짓기도 하고 새로운 동작을 보여주기도 하다가 시간이 지나면 말을 하고 걸어 다닌다. 상호 작용은 부모 쪽에서나 아기 쪽에서나 특징과 강도가 변화하고 풍요로워진다.

서로 소통하고, 서로 주고받고, 서로 관계를 맺으면서 서서히 애정이 쌓인다. 부모와 아이는 오랜 시간에 걸쳐 매일매일 조금씩 서로에 대해 애정을 갖게 된다.

이런 애정은 일상적인 교환과 접촉으로 이루어지며, 부모는 이런 것들을 통해 자기 아이를 알아간다. 애정은 부모에게 밀려드는 사랑의 물결과 스트레스를 주는 불안한 순간들로 이루어진다.

아기도 자기가 부모를 알아본다는 것을 보여준다. 아기가 보내는 신호 하나하나가 부모를 감동시키며 부모와 아기를 더 가까이 연결시켜 준다. 처음으로 아기와 떨어져있거나 아기가 병이 나면 부모는 이런 사실을 절실히 체감할 것이다. 그런 상황에서 느끼는 불안이 부모가 아기를 얼마나 깊이 사랑하는지를 바로 드러내 보여준다.

출산 후 신경 써야 할 것들

출산 후 몇 주일 동안 어쩌면 좀 힘들거나 무기력하다고 느낄 수도 있다. 그렇지만 아기가 옆에 있고, 남편이 깊은 관심을 쏟고 있으며, 더구나 이 책이 도움을 줄 테니 아무 걱정 안 해도 된다. 우선 아기가 배고파하면 엄마로서 첫 번째 결정을 내려야 한다. 모유를 먹이는 것이 좋을까, 아니면 분유를 먹이는 것이 좋을까? 또 다른 의문이 금세 떠오른다. 내 몸은 어떻게 변하고 어떻게 다시 적응할 것인가? 어쩌면 여러 가지 실제적인 문제들을 맞아 낙담할지도 모른다. 조금? 아니면 많이? 출산 후유증? 자, 아기가 잠들어있는 동안 다음 내용을 읽으며 머리를 식혀보자.

모유와 분유,
어느 쪽이 좋은가?

모유와 조제분유 중 어느 것이 아기에게 더 좋을까? 무엇보다 아기에게 좋은 것은 엄마의 자유로운 선택이라고 굳게 믿는다. 그래서 잘 생각하고 결정을 내리는 데 도움이 되도록 모유 수유와 분유 수유에 관한 여러 가지 정보들과 몇 가지 의문에 대한 해답을 정리해 보겠다.

모유의 장점

- 각 동물의 젖은 그 동물의 새끼가 먹기에 가장 알맞은 조건을 갖추고 있으며, 각각의 젖들은 모두가 다르다. 인간의 모유는 아기의 특성에 가장 잘 맞추어져 있다.

- 아기가 더 일찍 태어나면 태어날수록 모유는 아기에게 더 중요하다. 아기의 소화기는 약하며 쉽게 감염되기 때문이다.

- 모유는 소화하기 쉬워서 아기에게 거의 항상 잘 받아들여진다. 모유의 맛은 엄마가 어떤 음식물을 먹었느냐에 따라 달라지며, 모유의 구성도 수유 중에 바뀐다.

- 모유를 먹을 경우 아기는 알레르기로부터 더 잘 보호된다. 최소 4개월 동안 모유만 먹이면 아기가 알레르기에 걸릴 위험이 감소한다. 비만의 위험 역시 줄어든다.

- 모유에 들어있는 철분은 흡수가 아주 잘 된다.

- 모유를 먹으면 모체의 항체가 전달되어 아기가 질병에 대한 저항력을 가져 수유 기간 중에는 자연적인 보호를 받는다.

- 분유와 젖병을 준비하지 않아도 되기 때문에 실용적이고 경제적이다.

- 모유를 먹이면 산모에게도 도움이 된다. 출산에 쓰였던 생식기가 원래의 상태로 회복되는 것을 쉽게 해주기 때문이다. 유선과 자궁은 밀접하게 연결되어서 아기가 젖을 빨면 반사적으로 자궁이 수축되고 정상적인 크기로 돌아간다.

조제분유의 장점

어린아이들의 분유를 만드는 기술이 큰 발전을 이루었다. 그래도 모두가 소의 젖이나 콩 단백질을 주성분으로 하여 만들어진다.

- 분유를 먹이면 시간과 양을 예측하기가 더 쉬워 일부 엄마들을 안심시킬 수 있다.

- 엄마가 아닌 다른 사람이 먹일 수 있다.

- 유방이 아프거나 아이가 말을 잘 안 듣는 등 모유 수유에 문제가 있을 때 조제분유는 하나의 대안이 될 수 있다.

감정의 문제

지금까지 말한 것은 영양학자나 의사, 부모들 모두가 관찰할 수 있는 객관적인 사실들이다. 하지만 감정의 문제와 관련된 논점도 있다. '모유를 먹이는 것은 행복이며, 아기와의 사이를 가까이 할 수 있는 가장 좋은 방법이다.'

이에 대해서는 이런 반론이 제기될 수도 있다. '아기에게 분유를 먹이면서도 애정을 불어넣을 수 있으며 기쁨을 누릴 수 있다.'

사실 이 감정의 영역은 단백질이나 당질의 영역과는 다른 분야다. 각각의 체험은 독자적인 것이며, 각자의 논리도 개인적인 것이다. 결국 각자의 바람대로, 원하는 대로 결정을 내리는 것이 중요하다.

또 다른 요인들

다른 요인들도 고려될 수가 있다.

● 모유 수유를 한다는 것은 유방이 성적인 역할이 아닌 젖을 먹이는 역할을 맡는다는 사실을 당분간 받아들인다는 것을 의미한다. 그래서 남성뿐만 아니라 여성도 거북해질 수가 있다. 출산 이전에 이 문제를 상의하여 대비하는 것이 좋다.

● 모유 수유를 한다는 것은 곧 가슴의 크기가 달라지고, 수유 사이사이에 젖이 흘러나오며, 아기가 젖을 먹는 동안 새로운 감각, 때로는 쾌감이나 통증이 느껴질 거라는 사실을 인정하고 받아들인다는 것을 의미한다.

● 모유 수유를 하면 엄마와 아기는 너무나 가까워지는 반면 아빠는 자기가 배제되었다고 느낄 수도 있다. 그렇지만 아빠는 아기가 잠들기 전에 달래거나 아기를 흔들어 재우거나 아기가 배가 아플 때는 배를 문질러주는 등 다른 식으로 아기를 보살필 수가 있다.

● 엄마가 손위 아기에게 젖을 먹이다가 어려움을 겪은 적이 있어서 다시 모유 수유를 망설일 수도 있다. 그렇지만 필요한 모든 충고를 들었을 것이니 이번에 낳은 아기에 대한 모유 수유는 제대로 이뤄지지 않을까?

모유 수유에 대해 궁금한 점

막상 모유 수유를 하기로 결정을 한다 하더라도, 여러 가지 궁금한 것들이 있다. 젖을 먹이면 가슴이 미워질까? 직장에 다니면서 모유 수유가 가능할까? 이런 궁금증에 대해 알아보도록 하자.

젖을 먹이면 가슴이 미워질까?

이런 질문을 하는 엄마들이 일부 있다. 사실 가슴의 모양이 바뀌는 것은 수유 때문이 아니라 임신 때문이다. 임신을 하면 가슴이 커졌다가 유선의 크기가 줄어들기 때문이다. 이 유선의 크기가 갑자기 줄어드는 것을 막아준다는 점에서 수유는 이로울 수도 있다. 마찬가지로 충분히 주의하지 않은 상태에서 젖이 돌기 시작하는 것을 갑자기 막아버리면 가슴 모양이 망가질 수도 있다.

또 과식을 하거나 과자나 케이크 위주의 살찌게 하는 식단을 따를 경우 가슴 모양이 망가질 수 있다. 풍부한 식단으로 영양을 섭취하면 젖의 질이 좋아진다고 믿는 여성들의 경우에 특히 이런 일이 많은데 지방의 무게 때문에 유방이 처진다. 그러나 적당한 브래지어를 착용하고 균형 잡힌 식사를 하면 충분히 임신 전과 같은 가슴을 만들 수 있다.

피부 조직은 사람마다 다르다. 여러 아기에게 젖을 먹이고도 완벽한 가슴을 간직한 여성들도 있고, 한 번도 모유 수유를 하지 않았는데도 가슴이 처지고 피부가 튼 사람도 있다. 출산 전에 체조를 하고 운동, 특히 수영을 하면 가슴을 지탱하는 근육을 단단하게 만들 수 있다.

결론적으로 말하자면 젖을 먹인다고 꼭 가슴 모양을 망치는 건 아니라는 것이 모든 전문가들의 공통된 견해다.

직장을 다니는 경우 어떻게 젖을 먹일까?

출산 휴가가 끝나고 나서도 엄마는 아무 문제없이 모유 수유를 할 수가 있다. 직장에서 하루에 두세 차례씩 유축기를 사용하는 것이다. 이렇게 짠 모유를 젖병으로 아기를 돌보는 사람이나 어린이집에 맡길 수 있다.

또 한 가지 방법은, 하루에 두세 번 모유를 먹이면서 소화가 모유처럼 잘 되도록 유산균이 풍부하게 들어있는 우유를 골라 신생아용 젖병으로 대신하는 것이다. 엄마는 아침과 저녁에는 계속해서 모유를 먹일 수 있을 것이다. 이런 식으로 여러 달 동안 모유 수유를 할 수 있다.

갑자기 젖을 먹이고
싶지 않다면?

모유를 먹이고 싶지 않다고 해도 특별한 경우로 생각할 필요는 없다. 이전에 아기에게 젖을 먹이면서 고생을 했기 때문에 이런 순간을 도저히 다시는 되풀이할 능력이 없다고 느끼는 여성들도 있다. 또 아기와의 스킨십에 별로 끌리지 않는 여성들도 있다. 이런 여성들에게 유방은 다른 의미를 가지고 있다. 아빠들 중에도 그런 사람이 있다. 또 뚜렷하거나 의식적인 이유 없이 그저 젖을 먹이고 싶지 않은 여성들도 있을 것이다.

다시 말해 혹시 젖먹이기가 싫더라도 그 때문에 죄책감을 가질 필요는 없다는 뜻이다. 첫아기에게 젖을 먹이지 않는 것이 후회스러워서 둘째에게는 젖을 먹였지만, 결국 첫애가 둘째보다 불행하다는 생각 때문에 별다른 기쁨을 느낄 수 없었다는 엄마도 있다. 그런 죄의식은 절대 가질 필요가 없다.

정말로 젖을 먹이고 싶지 않으면 억지로 먹일 필요는 없다. 아기 쪽에서 보면 엄마가 다정하게 우유를 먹여주는 것이 마지못해 젖을 먹이는 것보다 훨씬 좋을 것이다.

아기에게 있어 빠는 것은 큰 즐거움이므로 아기가 이 즐거움을 느끼지 못하도록 방해해서는 안 된다. 아기에게 있어서 중요한 것은 먹는다는 것 그 자체보다는 엄마와 긴밀한 관계를 맺는 것이다.

출산 후 몸의 변화와 산후조리

아기가 태어나면 산모의 몸에 어떤 일이 일어날까? 임신과 출산은 여자의 신체 기관에 엄청난 변화를 가져오기 때문에 몸이 원래의 상태로 되돌아가기 위해서는 여러 주일의 시간이 필요하다. 6~8주 동안 계속되는 재조정 기간을 산욕기라고 부른다.

언제 자리에서
일어날까?

일반적으로 산후에는 8일 정도 쉬어야 하지만, 매일 조금씩 더 일어나야 한다. 이때 다음과 같은 주의 사항을 지킨다.

- 출산 후 처음 일어날 때는 가족이건 간호사건 반드시 누군가 옆에 있어야한다. 처음 일어날 때 현기증을 느끼는 일이 많으므로 이때 누군가가 도와주지 않으면 쓰러질 위험이 있다.
- 물론 출산 이튿날부터는 입원실이나 복도를 걸어 다닐 수 있다. 하지만 억지로 걷거나 무리해서는 안 된다.

혈액 순환을 원활히 하고 근육을 강화하기 위하여 출산 후에는 꼭 몇 가지 체조 동작을 하는 것이 좋다. 의사가 허용하면 출산 이튿날부터 바로 시작해도 좋다. 지시하는 대로 단계적으로 시행해야 하며, 몇 주간 계속해야 출산 이전의 몸매를 회복할 수 있다.

자궁의 변화

출산 후 몇 시간 뒤에 자궁은 원래의 크기를 되찾기 시작한다. 이것을 자궁이 퇴축한다고 말한다. 동시에 난세포를 둘러싸고 있던 탈락막이 배출된다. 탈락막 찌꺼기는 태반이 떨어져 나온 자리에서 흐르는 피와 함께 몸 밖으로 배출되며, 이 모두를 오로라고 부른다. 오로는 처음에는 피도 많이 섞이고 양도 많다가 점차 색깔이 밝아지고 양도 줄어든다. 오로는 몇 주일 동안 계속 나오며, 첫 생리가 시작될 때까지 나오는 경우도 있다. 출산 후 12일 경에 오로가 더 많이 나오는 경우도 종종 있다.

초산이 아닌 경우 출산 후 2~3일 동안은 자궁이 수축하면서 통증이 느껴진다. 아기를 낳은 경험이 많을수록 통증이 더 심하다. 후진통이라고 불리는 이 통증은 생리통과 거의 비슷하게 느껴지며 아기에게 젖을 먹일 경우 더 심해지는데, 유방과 자궁이 밀접하게 연결되기 때문이다. 필요한 경우 처음 며칠 동안 진통제를 복용한다.

회음 절개

절개를 하지 않았더라도 회음은 아기가 통과하면서 팽창되었기 때문에 출산 후 며칠 동안 민감할 수가 있다. 또 점막에 생긴 긁힌 상처 때문에 염증을 일으킬 수가 있다. 특히 소변을 볼 때 아플 수 있는데 이삼 일만 참으면 괜찮아질 것이다. 회음을 절개했을 경우에는 상당히 고통스러울 수도 있다. 다행스럽게도 불편은 그리 오래 가지 않는다. 3~4주일 후에도 계속 상처 부위에 통증이 있거나 불편하면 의사에게 말해야 한다. 회음 절개나 파열로 인한 통증을 치료하지 않고 몇 달간 방치해서는 안 된다.

치료를 했는데도 계속 불편하다면 다시 처치해야 한다. 국부 마취 하에서 길어야 30분 정도면 끝나는 간단한 수술로 출산 후 몇 개월 혹은 몇 년이 지난 뒤에도 시술될 수 있다.

어떤 산모들은 여러 가지 이유에서 회음 절개에서 비롯된 통증이나 불편, 특히 성관계 때에 느끼는 불편을 의사에게 말하기를 꺼린다. 그렇지만 이런 문제는 반드시 의사와 상담해야 한다.

드물기는 하지만 아기가 통과하면서 질의 정맥이 상처를 입을 수도 있는데, 외음부 혈색증이라고 부른다. 이 경우 때로는 상당히 많은 양의 출혈이 있을 수 있다. 최초의 증상은 외음부에 푸르스름한 반상출혈이 보이면서 통증이 느껴지는 것이다.

회음 치료

절개를 했건 하지 않았건 간에 출산 후 회음은 치료해야 한다. 처음 며칠 동안은 피를 많이 흘리기 때문에 국부 치료는 하루에 여러 번씩, 최대한 자주 오래 해야 한다. 가장 좋은 방법은 가능하면 향이 없는 중성 액체비누를 사용하여 맨손으로 씻고 난 후에 수종이 생기는 것을 막기 위해 찬물로 헹구고 엉덩이를 드러낸 채 타월 위에 누워있는 것이다. 이렇게 하면 자연 상태로 몸을 말릴 수가 있어서 문지르지 않아도 된다. 가능하다면 헤어드라이기를 사용해서 습기를 없애도 된다. 하지만 물기를 말리는 것이지 완전히 건조시키는 것이 아니므로 지나치면 안 된다. 질에 주사를 놓는 것은 권장되지 않는다. 출산을 하고 나서 며칠 동안은 회음이 눌리는 것을 막기 위해 가능하면 누워있는 것이 좋다.

장기와 비뇨기

출산 후에는 흔히 변비가 온다. 이때 억지로 변을 보지 않는 것이 중요하다. 지나치게 힘을 주면 직장 탈수나 요실금의 원인이 될 수 있기 때문이다.

하루에 몇 차례씩 약 10초간 숨을 깊이 들이쉬면서 아랫배를 안으로 잡아넣는 훈련을 하면 효과가 있다. 이렇게 하면 내장이 안에서 마사지되면서 장의 배설 운동을 도와준다.

출혈성 치질이 생길 수도 있는데 이 경우에는 국부 치료를 해야 한다.

요실금

어떤 경우에는, 특히 경막 외 마취 이후에는 자발적으로 방광을 비우지 못할 수도 있다. 이것은 일시적인 현상으로 24시간 안에 사라진다. 하지만 요도용 주입관을 한두 차례 삽입해 볼 필요가 있을 수 있다.

이와는 반대로 최소 10%에 달하는 여성들은 소변을 참지 못하는데, 기침을 하거나 걸어 다니느라 힘을 줄 때 특히 그렇다.

이런 요실금은 극히 평범한 출산 이후에도 나타날 수 있지만, 시간이 오래 걸리고 힘든 난산의 경우에, 아기가 크거나 겸자를 사용했을 경우 더 자주 발생한다. 때로는 출산 이전의 임신 말기 몇 주일 동안에 요실금이 나타나는 경우도 있다.

대부분의 경우 요실금은 별다른 치료를 하지 않아도 몇 주가 지나면서 금방 사라진다. 회음부 근육을 수축시키는 등의 간단한 운동만으로도 치료에 도움을 줄 수 있다.

요실금이 지속되는 경우는 드물다. 증상이 계속된다면 산후 검진 때 의사에게 이야기해야 한다. 절대 몇 달이 지나도록 지체해서는 안 된다. 이 경우 대부분 방광과 회음 재활 치료를 권한다.

치료는 일주일에 2회씩 10회에 걸쳐 시행된다. 제일 먼저 근육 훈련을 하는데, 특히 회음 근육을 수축하는 법을 익힌다. 이때 환자 스스로 자기의 노력이 얼마나 효과적인가를 알아볼 수 있다. 질에 주입관을 삽입하여 회음의 수축을 기록하는 기계에 연결해 놓기 때문이다. 이 장치를 통해 훈련을 시도할 때마다 환자는 더 잘하려고 노력하게 된다.

요실금은 대부분의 경우 완치가 가능한

데, 완치 여부는 얼마나 인내심을 가지고 치료를 받느냐, 그리고 증세가 어느 정도 심각한가에 따라 달라진다. 진짜 심각한 요실금의 경우에는 외과적 처치가 필요한 경우가 많다.

출산 후에 괄약근이 정상적으로 작동하지 않을 수도 있다. 방귀를 참기가 힘들어진다면 주저하지 말고 의사와 상담해야 한다.

씻기

출산 후 몇 시간 안에 샤워를 할 수 있다. 젖이 돌기 시작하면 뜨거운 물로 샤워를 하라고 권장하는데, 유방이 덜 팽창되도록 하기 위해서다. 가장 이상적인 것은 찬 물로 회음과 다리를 씻는 것이다. 뜨거운 물로 씻으면 수종이 생길 수도 있다. 목욕은 모든 출혈이 멈추었을 때 하는 것이 좋다.

젖이 돌기 시작할 때

다른 기관들이 원래의 크기로 줄어드는 것과 달리 점점 더 발달하여 제대로 기능할 준비를 하는 기관이 있는데, 바로 유선이다. 아기가 태어나면 유선은 앞으로 몇 달 동안 아기를 먹일 준비를 갖춘다.

아기를 낳고 나서 2~3일이 지나면 가슴이 부풀어 오르고 딱딱해지는 것이 느껴진다. 가슴이 충혈되었다는 느낌이 든다. 피부가 팽팽해지고 정맥이 팽창된 것처럼 느껴진다. 이런 불편한 감각과 함께 미열이 있을 수도 있다. 물론 걱정할 필요는 없다. 이 증상들은 젖이 돌고 있음을 알리는 신체 증상에 불과하기 때문이다. 이제 유선이 젖을 분비할 준비가 되었다.

임신 기간 중에 유선은 난소와 태반의 작용으로 증가하였다. 동시에 유두로 젖을 전달하는 작은 통로들이 형성되기 시작한다. 뇌하수체에서는 프롤락틴이라는 새로운 호르몬이 분비되는데, 젖을 만드는 호르몬이다. 물론 출산 때까지 프롤락틴은 대기하다가 태반이 없어진 이후에야 활동을 시작한다. 출산이 끝나고 태반이 배출되면 뇌하수체의 프롤락틴은 혈액을 통해 유선으로 전달된다. 유선은 바로 이때부터 활동하기 시작한다. 처음 2~3일 동안 분비되는 노란색 초유에는 알부민과 비타민이 풍부하다. 보통 모유는 3~4일이 지나면 분비되기 시작한다.

계속해서 뇌하수체가 프롤락틴을 생산하기 위해서는 자극이 필요하다. 아기가 젖을 빨면 바로 자극이 되어 규칙적으로 젖이 만들어진다. 그래서 모유를 먹이기로 결정했으면 모유가 올라오기를 기다리지 말고 아기에게 젖을 물려야한다. 일반적으로 분만이 끝나고 조금 후에 젖을 물리며, 때로는 분만실에서 젖을 물리기도 한다.

초유

아기가 먹는 초유는 불순물을 세척하는 약과 같은 기능을 한다. 아기의 창자에 아직 남아 있는 태변을 씻어내 주는 것이다.

모유 수유를 원하지 않으면 의사나 조산사에게 말한다. 모유가 올라오지 않도록 처치해줄 것이다. 젖이 올라오는 것을 서서히 중단시키기 원한다면, 그리고 아기가 젖을 빠는 것에 반대하지 않는다면 또 다른 방법이 있다. 가슴을 가볍게 하기 위해 아기에게 젖을 잠시 물렸다가 젖병을 주는 것이다. 이 임시 모유 수유를 며칠 동안 계속하면 약을 쓰지 않아도 젖은 저절로 마른다.

입원 기간

요즈음 출산을 위한 입원 기간이 점점 더 짧아지는 추세이다. 일반적으로 출산 후 3~4일이면 퇴원하며, 그보다 일찍 하는 경우도 있다. 4~5일이 적당하다고 생각하는 사람도 있고, 더 오래 입원하기를 바라는 사람도 있다. 반대로 가능한 한 빨리 퇴원해서 집으로 가려는 사람도 있다. 오래 있으려는 사람들은 병원에서 지내는 시간을 휴식으로 삼으면서 보살핌을 받는 것을 좋아하는 경우이다. 집에 가면 다시 일을 해야 하기 때문에 겁이 나고 또 병원에서 같은 처지의 다른 산모들과 함께 있는 것을 좋아한다. 반대로 빨리 집으로 가려는 사람들은 집에 돌보아야 할 다른 아기들이 있거나, 그 반대로 옆 사람이 너무 말이 많다든가 아기들이 울어댄다든가 오가는 사람들이 많아 너무 시끄럽다고 생각한다.

병원에 얼마 동안 입원해 있건 그 기간을 잘 이용하여 아기가 아주 빠르게 커가는 것을 지켜보도록 하자. 아기에게 젖을 먹이고 나면 그때마다 얼마 동안 곁에 두었다가 다시 눕히는 것이 좋다. 아기가 잘 먹고 나서 엄마 품에 안겨 미소 짓는 이 순간이야말로 엄마와 아기가 서로를 알기에 가장 좋은 기회이다.

기저귀를 갈아줄 때나 씻어줄 때도 아기를 알아가는 기회가 된다. 요즘은 아주 일찍부터, 즉 아기가 태어나자마자 바로 아기를 돌보도록 엄마들에게 권유한다. 이렇게 하면 엄마는 집에 돌아가도 어쩔 줄 모르는 상태가 아니라 이미 육아 전문가가 될 수 있다.

집으로 돌아오고 나서

많은 엄마들은 집에 혼자 있으면 어찌할 바를 모른다. 아기에게 수유를 하는 것도 아직 익숙하지 않다. 회음을 절개한 상처는 여전히 아프다. 사기가 저하될 수도 있다. 다행스럽게도 아빠가 휴가를 받아 도움을 줄 수도 있다. 수유를 도와주는 협회에 도움을 청하는 것도 괜찮다.

집으로 돌아온 후에도 열흘 정도, 가능하면 그보다 좀 더 쉬는 것이 좋다. 산후에 휴식을 더 충분히 취할수록 활동적인 삶을 더 빨리 시작할 수가 있다. 자연의 섭리를 거스르려고 하면 안 된다. 신체 기관이 정상적인 상태로 돌아가는 데는 6주일이 필요하고, 원래의 활력을 완전히 되찾는 데는 몇 달이 걸린다. 이 기간에는 과로해서는 안 되고, 계단을 너무 많이 올라가서도 안 되며, 무거운 짐을 들어서도 안 된다. 또 점심식사 후에는 낮잠을 충분히 자는 게 좋다. 적어도 처음 2주 동안에는 어머니나 시어머니, 친구 혹은 다른 누구라도 도와줄 사람이 가까이 있는 게 좋다. 물론 남편이 휴가를 얻을 수 있다면 그게 가장 이상적이다.

전문의인 오딜 코텔 박사는 너무 무거운 짐을 들어서 등이나 회음에 문제가 생긴 산모들을 하루도 빠짐없이 본다. 그래서 그녀는 이렇게 충고한다.

"출산 후 몇 달 동안은 절대 무거운 걸 들어서는 안 됩니다. 요즈음은 배달을 해주는 상점들이 꽤 많이 있으니 장을 본 물건은 웬만하면 배달시키도록 하세요. 손잡이 달린 요람이나 유모차는 너무 무거워서 혼자 들기 어려우니 꼭 두 명이 들어야 하고요."

일상생활에서

유모차를 살 때는 같은 종류라면 가벼운 걸 선택하는 게 좋다. 아기를 안고 있을 때는 시장바구니나 유모차 같은 다른 무거운 물건을 들어서는 안 된다. 시간이 더 걸리더라도 몇 번 더 왔다 갔다 하는 것이 좋다. 아기를 보호대로 멘 경우에는 가능한 한 위로, 젖가슴 사이에 오도록 해서 움직이지 않도록 잘 받쳐주어야 한다. 이렇게 해야 아기도, 엄마도 편하다. 조금 무거운 짐을 들어 올려야 할 때는 회음과 배를 동시에 수축시켜야 한다.

출산 후 성관계와 피임

얼마 동안은 성관계가 힘들거나 고통스러울 수 있다. 출산 후 다시 성관계를 시작하는 데 생긴 문제들은 너무 개인적이라고 생각해서 의사와 상의하기를 망설이는 여성들이 있다. 하지만 부부 간의 심리적인 문제는 때로 육체적인 이유에서 비롯되며, 의사의 치료를 받아야 한다.

출산 후의 성관계

처음에 엄마들은 자신의 성생활보다는 아기에게 더 관심이 간다. 피로하기도 하고, 몸이 원래의 상태로 돌아가기 위한 시간도 필요하다. 또 출산 후 몇 주일 동안 호르몬의 영향이 아직 남아있어 질이 건조한 상태이다. 회음을 절개했거나 파열되었을 경우, 혹은 긁힌 자국 때문에 성관계시 통증이 있을 수 있다. 이 경우는 젤을 발라 질을 매끄럽게 해주는 것이 좋다.

때로는 질이 건조할 뿐만 아니라 줄어드는 경우도 있어 이때는 젤로 미끄럽게 하는 것만으로는 충분하지가 않다. 상태가 심한 경우에는 의사의 처방을 받아 에스트로겐을 함유한 질좌약을 질에 삽입해야 한다.

때로는 부인이 아플까봐 걱정되어 남편 쪽에서 성관계를 두려워하는 경우도 있다. 모유 수유를 할 경우에는 유방에 접촉하는 것도 꺼리게 된다. 남편은 엄마와 아이가 자기만 소외시킨다고 느낄 수도 있다. 이런 여러 이유 때문에 산후 첫 달은 성관계를 맺기에 항상 좋은 것은 아니다. 그렇다고 해서 애정이 식는 것은 아

니다. 처음 몇 주일이 지나면 불편이 사라지고 부부는 다시 서로를 받아들이고 성생활도 정상으로 돌아간다. 모든 감정 관계가 그렇듯 부부마다 나름대로의 방식으로 다시 서로를 받아들이는 것이다.

출산 후의 피임

많은 부부들이 믿고 있는 것과는 반대로 산욕기 동안에 절대 임신이 안 되는 것은 아니다. 특히 모유 수유를 하는 여성의 경우에 갑자기 배란이 되는 경우가 드물기는 해도 가끔씩 있다. 따라서 임신이 되지 않도록 하기 위해서는 조심하는 게 좋다.

산욕기 피임법

- 성관계 중단

- 남성용 콘돔 사용

- 살정제 사용

- 산욕기 중에는 체온 측정법을 쓰기가 쉽지 않다. 배란기임을 알려 주는 체온 상승이 이루어질 때까지 기다려야 한다. 배란은 대체로 출산이 되고 몇 주 일 뒤에서야 일어난다.

다른 방법들은 의사의 소견을 필요로 한다.

- 모유 수유를 하지 않을 경우 피임약은 출산 후 15일째부터 처방될 수 있다. 그렇지만 너무 일찍 복용하면 산후 조리를 방해하고, 회복 후 처음으로 생리하는 날짜를 교란시킬 수도 있다.

- 산모가 모유 수유를 하는 경우 요즘 사용되고 있는 마이크로 피임약은 젖의 성분을 변질시키지 않으며 아기에게 영향을 미치지 않는다.

- 산욕기에 즉시 루프를 하는 것이 가능하다. 그러나 거부반응 등의 합병증과 피임 실패의 위험이 조금 더 높다. 그래서 대부분의 의사들은 산후에 생리가 다시 시작될 때까지 기다렸다 루프를 낄 것을 권한다.

- 여성용 피임 기구 페서리의 사용은 생식 기관이 정상으로 돌아오지 않는 한 쉽지 않다.

산후의 첫 생리

출산 후 다시 시작되는 생리는 일반적으로 정상적인 생리보다 양도 조금 더 많고 시간도 더 오래 걸린다. 출산 후 생리가 시작되는 시기는 모유 수유 여부에 따라 달라진다.

모유를 먹일 경우 젖이 생산되는 동안은 대개 난소의 기능과 배란이 멈춘다. 따라서 수유를 하는 동안은 생리가 없는 것이 일반적이며, 생리는 모유 수유가 끝나고 나서야 다시 시작된다.

모유를 먹이지 않을 경우 생리는 출산을 하고 6~8주 후에 다시 시작된다. 그 후에는 정상적인 주기를 되찾는 것이 일반적이지만, 얼마 동안 주기에 약간의 변동이 있을 수도 있다.

출산 후에 해야 할 운동

출산 이전의 몸무게를 되찾기 위해서는 적어도 3~4kg은 빠져야 하는데, 이것은 165cm의 키에 평소 체중이 55kg이던 사람이 임신 중에 10~12kg이 늘었다가 출산과 산욕기에 2/3가 다시 빠진 경우를 기준으로 한다. 정상적인 경우라면 고전적인 식단과 운동으로 늘어난 체중을 뺄 수 있다.

산후의 식단

모유 수유를 할 경우에는 체중감량을 위한 다이어트를 해서는 안 된다. 이 기간에는 음식물 섭취에 제한을 두지 말고 살이 더 찌지 않도록 조심만 한다. 젖이 잘 나오지 않거나 나중에 원래의 체중을 되찾기 힘들기 때문이다.

아기에게 젖을 먹이지 않았다든가, 먹였더라도 젖을 끊은 경우 임신 전의 신장과 체중을 되찾기 위한 몇 가지 제안이 있다.

처음에는 갑자기 식단을 바꾸지 않도록 출산 전과 같은 횟수로, 세 번의 주된 식사와 한두 번의 가벼운 간식을 먹는다. 하지만 일일 칼로리 섭취량은 줄이는 것이 좋다. 설탕이나 과자, 케이크, 사탕 등을 피한다. 버터와 소스, 동물성 지방, 돼지고기 가공품 등도 제한해야 한다. 반면 고기와 달걀, 치즈, 채소, 과일 등은 풍부하고 다양하게 섭취하는 것이 좋다.

체조와 운동

출산 이전의 몸매를 되찾는 데는 신체운동이 효과적이다. 물론 체조를 한다고 무조건 살이 빠지는 것은 아니지만, 다시 근육을 만드는 데는 도움이 된다. 신체운동을 하면 균형이 잡히면서 식욕을 조절할 수 있다. 오히려 운동을 하면 배가 고파져 평소보다 많이 먹을 수도 있지만 그래도 근육이 강화된다.

모유 수유를 하지 않는 여성의 경우에는 다시 생리가 시작되기 전에는 스포츠 활동을 하지 않는 것이 좋다. 모유 수유를 하는 여성은 수유가 끝나고 나서 다시 운동하는 것이 좋다. 어떤 경우든 산후 검진을 받고 나서 회음에 아무런 문제가 없음을 확인한 후에 스포츠 활동을 다시 시작해야 한다. 승마나 테니스 같은 운동은 더 나중에 해야 한다.

회음을 단단히 하는 운동

의사의 금지 지시가 없다면 출산 이틀째부터는 침대에 누운 채 다음의 체조를 시작할 수 있다.

바닥에 등을 대고 누워서 무릎을 구부리고 다리를 벌린다. 이 자세에서 소변을 억제하는 회음부와 질의 근육을 몇 초 동안 수축시킨다. 체조를 하는 동안 계속 무릎을 옆으로 벌리고 엉덩이는 이완시켜 바닥에 붙인 상태로 배에 힘을 뺀다. 호흡은 평소처럼 자연스럽게 한다.

스톱-테스트

요의가 느껴질 때 처음 몇 초 동안 소변을 누지 않고 참는 것이다. 오랫동안 권장되었던 이 훈련은 지금은 별로 권장하지 않는다. 지나치게 할 경우 요로가 감염될 수도 있다.

복부를 단련하기 위한 운동

등을 대고 누워 무릎을 굽힌 다음 숨을 깊이 들이마셨다가 내쉬면서 배를 안으로 최대한 집어넣는다. 이 자세를 최소 5초 동안, 가능하면 10초 동안 유지한다. 동시에 회음을 수축시킨다. 원상태로 돌아와서 처음부터 다시 시작한다. 이 체조는 산모 누구나 할 수 있다. 특별한 동작이 필요한 것이 아니므로 이것만 되풀이하면 지루하게 느껴질 수도 있으나, 복부 근육의 탄력을 회복하는 데는 효과적이다. 하루에 여러 번씩 반복해서 시행한다. 뚜렷한 효과를 얻으려면 하루에 최소한 50회 정도 반복해야 한다.

다리의 혈액 순환을 원활히 하는 운동

등을 대고 반듯하게 누워서 다리를 길게 뻗는다.

● 발목 회전 체조 : 한 방향으로 원을 그리며 발을 돌렸다가 다시 방향을 바꿔 돌린다. 3회 반복.

● 발을 접었다 펴기 : 발을 다리 쪽으로 당겼다가 엄지발가락 끝으로 몇 센티미터 떨어진 물체를 건드린다는 기분으로 최대한, 그리고 천천히 편다. 3회 반복.

하루에 여러 번 되풀이하되, 한 번에 4회

이상 연속으로 해서는 안 된다. 연속해서 할 경우 다리에 통증이 느껴지면서 관절 통증이 올 수 있기 때문이다.

가슴의 탄력을 살리는 운동

더 이상 젖을 먹이지 않을 때는 아름다운 가슴을 유지하기 위해서 앞에서 설명한 체조를 다시 시작할 수 있다. 젖을 먹이지 않을 경우에는 출산 후 15일째부터 시행한다.

출산 후에 몸매를 빨리 회복시키려면

출산 후에 여성들은 자신의 몸이 변해버린 것을 발견하고 당황해한다. 임신 중에는 그런 몸매가 자랑스럽기도 했지만 이제는 더 이상 임신 상태가 아닌 것이다. 이런 영향이 아기를 낳기 위해 치러야 할 대가라고 생각하고 체념하기도 한다. 아기를 잘 돌보는 데만 전념하느라 자신의 원래 몸매가 어땠는지를 잊어버린다. 엄마가 된 후 자신을 돌볼 시간도 힘도 없다고 느껴 무기력해지기도 한다.

유방

임신을 하면 간혹 유방이 지나치게 커진 상태가 지속되는 경우가 있으며, 특히 밑으로 처지는 경향이 있다. 이럴 경우 성형외과에 가볼 수도 좋다. 늘어진 피부를 잡아당기고 젖샘의 위치를 바로잡는 유방성형시술을 하면 문제가 해결될 수 있다. 그러나 어느 정도 흉터가 남는다.

그 반대로 유방의 크기가 작아져 말 그대로 꺼져버릴 위험도 있다. 이런 경우 인공 보형물을 유방 안에 넣으면 다시 원하는 크기의 유방을 가질 수가 있다. 그러나 이처럼 유방의 크기가 작아지는 것은 일시적인 현상일 수도 있으므로 몇 달 기다려봤다가 수술 결정을 내리는 것이 좋다.

신문이나 잡지에서 성공 여부가 불확실하다며 인공 보형물 시술에 이의를 제기하는 기사를 본 적이 있을 것이다. 사실 이 성형 시술은 사고를 동반하기도 한다. 이 수술을 받고 싶다면 유능한 성형외과 의사를 선택해야만 한다.

배

출산을 하고 나서도 복부 근육이 제 기능을 하지 못하는 바람에 산모의 배가 계속해서 늘어져있는 경우가 생길 수 있다. 그렇게 되지 않도록 미리 예방하는 일이 중요한데, 그러려면 임신 중에는 물론 출산 후에도 체조를 해야만 한다. 이 분야에서는 끈기를 발휘하는 것이 중요한데, 몇 달간 꾸준히 규칙적인 운동을 해야만 원래의 근육을 되찾을 수 있기 때문이다. 식이요법도 과도한 피하지방을 줄이는 데 도움이 된다. 배를 다시 평평하게 만드는 데 마사지는 효과적이지 않다. 시중에서 판매되는 전동 기구들 역시 묘책은 아니다.

식이요법과 체조를 시행하는데도 불구하고 지방이 줄지 않으면 지방 흡입술을 고려해 볼 수도 있는데 피부와 근육이 다시 탄력을 회복해야 한다. 성형외과에서 시행하는 이 수술은 작은 부위를 절개하고 노즐을 주입해서 지방을 빨아들인다. 지방 흡입술은 엉덩이와 허벅지에 과도한 피하지방층이 남아 있을 경우에도 사용된다.

배의 피부가 여전히 늘어져 있고 주름

이 잡히면 외과적 수술을 통해 피부를 다시 당겨줄 수도 있다. 이 수술로 배의 임신선을 없앨 수도 있다. 또 외과 수술을 통해 간혹 출산으로 튀어나온 배꼽을 집어넣을 수도 있다.

마사지

등과 다리를 마사지해주면 피로감이나 중압감, 혹은 여러 가지 통증을 완화시킬 수 있다. 또 몸과 마음이 편안해지기도 한다. 반대로 배를 마사지할 때는 주의해야 한다. 가볍게 마사지를 하면 음식물이 장을 더 잘 통과하지만, 피부나 근육을 너무 세게 마사지하면 늘어나서 탄력을 잃을 수가 있다. 그러면 평평한 배를 되찾기가 힘들어진다.

체중과 체형

체중이 정상으로 돌아오려면 6개월이 지나야 하고, 원래의 체형을 회복하는 데는 약 1년이 걸린다. 여기서 중요한 것은 과체중을 조금씩 줄여나가는 것이다. 안 그러면 진짜 비만이 될 수도 있다.

피부

임신 반점은 몇 달이 지나면 저절로 없어진다. 배꼽 아래 나타나는 비정상적인 색소 침착도 마찬가지다. 그러나 햇빛에 최대한 덜 노출되어야 한다. 간과하기 쉬운 것이 한 가지 있는데, 겨울철에 출산했을 경우 그 다음 해 여름에 갈색 반점이 다시 생기지 않도록 주의해야 한다는 것이다.

정맥류

정맥류는 첫 번째 임신 후에는 거의 완전히 사라지지만, 임신 횟수가 늘어나면 늘어날수록 점점 더 많이 남아 있다.

약을 복용하면 경련이나 다리 통증 등 정맥류가 종종 일으키는 문제점들은 해결할 수 있지만 정맥류 자체는 거의 치료되지 않는다. 정맥류가 미관상 보기 안 좋을 때는 경우에 따라 치료할 수 있다.

의사의 처방에 따라 각자의 경우에 가장 알맞은 방법을 선택한다. 그러나 어떤 경우일지라도 정맥류에 꾸준히 대처해야 한다. 정맥류의 일종인 치질은 상태와 불편한 정도에 따라 약품, 정맥류 경화법, 외과 수술법 등을 쓴다.

성형술

미용 성형술이 도움이 되는 경우에 대해서는 여러 번 이야기한 적이 있다. 그런데 이 방법을 쓸 경우 몇 가지 주의 사항이 있다. 성형 수술은 출산 후 최소한 1년이 지난 후에 해야 한다는 것이다. 성급히 결정할 문제가 아니다. 자신의 몸이 이전의 몸매와 모습을 되찾을 때까지 기다려야만 한다. 이렇게 기다리다 보면 본인 스스로도 과연 꼭 성형수술을 해야 되는지 확인해 볼 수 있을 것이다.

다음으로, 원하는 수의 자녀를 다 낳고 난 다음에 성형수술을 받는 것이 좋다. 물론 차근차근 계획을 세워놓고 살아간다는 것이 어려운 일이기는 하지만 또 다시 임신하면 성형수술로 얻은 결과를 수술 이전 상태로 되돌릴 위험이 있다. 알다시피 성형 수술에 드는 비용은 만만치 않으므로 결정할 때는 매우 신중해야 한다.

끝으로 주의할 점은 모든 성형 수술은 유능한 의사에게 받아야 한다는 사실이다. 담당 의사를 통해 추천을 받아도 되고, 아니면 의사협회에서 정보를 얻어도 좋다.

아기를 위해 가장 중요한 6개월

산모가 직업을 갖고 있는 경우 언제 일을 다시 시작할지 본인이 알아서 결정할 수 있다면 언제
가 가장 좋은 시기일까? 출산 후 즉시? 아니면 조금 뒤에? 아기를 위해서는 어떤 것이 가장 나
을까? 산모 자신을 위해서는?

일과 아기 사이

이 문제에는 뭐라고 대답하기 어렵다. 개인의 욕구와 부부의 의사, 경제적인 능력 등이 함께 고려되어야 하는 영역이기 때문이다. 현재의 경제적인 상황과 실업 등의 이유로 선택이 어려운 여성들도 있을 수 있다.

어떤 엄마들은 아기를 돌보는 일에 큰 흥미를 느끼지 못해 즉시 일을 시작하고 싶어 한다. 반대로 자기 자신과 아기를 위해서 한동안 집에 머무르고 싶어 하는 엄마들도 있다. 집에 머물고 싶어도 경제적 사정 때문에, 혹은 직업상 그게 불가능한 엄마들도 있다.

아기가 태어나 처음 맞는 6개월간의 삶은 매우 중요하다. 이 기간에는 아기가 자신의 의사를 표현하는 방법이나 놀라운 반응 능력, 아기가 도움을 반드시 필요로 하는 존재라는 사실 등 아기를 잘 알기 위해 놓쳐서는 안 되는 사건들이 일어난다. 뿐만 아니라 오늘날 널리 퍼져 있는 유아에 대한 지식들, 아기의 심리, 일찍부터 시작되는 부모-아기 간의 상호작용 등은 자신의 일을 다시 시작하려는 여성들에게 의문과 죄책감, 소중한 순간을 놓쳐버렸다는 후회 같은 감정을 불러일으킨다. 그렇기 때문에 산후 6개월의 휴가가 주어진다면 모든 산모들이 자신의 일에 큰 지장을 주지 않고 아기를 잘 돌볼 수 있을 것이다. 이 기간은 엄마와 아기의 행복한 출발을 보장해 줄 것이다.

또 아기를?

많은 여성들이 "의학적인 관점에서 볼 때 아기를 낳고 얼마 후에 또 아기를 낳아야 되는 건가요?"라고 묻는다. 물론 명확한 해답은 있을 수가 없다. 그렇지만 상식적으로 출산을 하고 나서 너무 빨리 또 아기를 가져서는 안 될 것이다. 미국의 통계로 보면 아기를 낳고 나서 18~24개월 사이에 다시 아기를 갖는 것이 아기가 체중이 덜 나가고 조산아로 태어날 가능성이 가장 적다.

게다가 심리적으로도 이 터울이 가장 무난하다. 아이가 태어날 때 먼저 태어난 아이는 두 살 반에서 세 살 사이가 되는데 흔히 이때 부모들은 다시 아기를 가질 준비가 되었다고 느낀다.

그러나 어떤 경우에는 부모의 나이 같은 다른 요인들 때문에 생각이 바뀔 수도 있다. 시간이 흐르면서 임신을 할 가능성은 줄어든다. 35세에 아기를 갖는 것은 25세에 아기를 갖는 데 필요한 노력과 시간보다 두 배의 시간이 필요한 것이다. 그러니 너무 기다리지는 말자.

아기를 돌보기 힘든 때도 있다

아기와 부모가 서로 애정을 갖게 되는 과정이 항상 그렇게 쉬운 것만은 아니며 때로는 정말 힘들기까지 하다. 상황에 따라서는 아기와의 감정 교환에 어려움이 생길 수도 있다.

모든 아기들이 착하고 순하고 잘 자는 것은 아니다. 태어나자마자 엄청 울어대는 아기도 있고, 먹지 않으려는 아기도 있다. 아기가 계속해서 울면 불안해진다. 아파서 그러는 모양인데, 도대체 왜, 어쩌라고 우는 것일까 생각한다. 부모는 걱정에 빠지고, 부모의 긴장은 또 아기의 긴장을 증가시켜 해결책이 없어 보이는 악순환에 빠지고 만다.

젖을 빨지 않으려는 아기, 반대로 너무 많이 빠는 아기, 또 너무 빨리 혹은 너무 오랫동안 빠는 아기, 체중이 안 느는 아기, 소화 장애가 있는 아기도 부모를 불안하게 한다. 먹어야 산다. 자신의 첫 번째 역할은 바로 아기를 먹이는 것이라고 생각하는 엄마는 특히 음식이나 식사를 둘러싼 문제점들을 잘 받아들이지 못한다.

잘 알려지지는 않았지만 흔히 있는 경우로 아기가 지나치게 민감하여 만지기만 해도 싫어하는 경우도 있다.

"꼭 벌레처럼 몸을 비비꼽니다. 그래서 목욕을 시키기가 싫어요. 한바탕 전쟁을 치러야 하거든요. 목욕 한 번 시키고 나면 기진맥진해져요."

어떤 아기들은 기질상 매우 예민하다. 너무 힘들게 태어나서 그러는 아기들도 있다.

이런 문제들은 엄마가 편안한 마음으로 아기와 대화하는 것을 가로막아 아기를 애지중지하려는 엄마에게 실망을 안겨준다. 이때 엄마가 의기소침해지면 문제는 더 심각해져서 아기 울음소리를 참는 것이 힘들어진다. 엄마는 주저하지 말고 다른 사람의 도움을 받아야 한다.

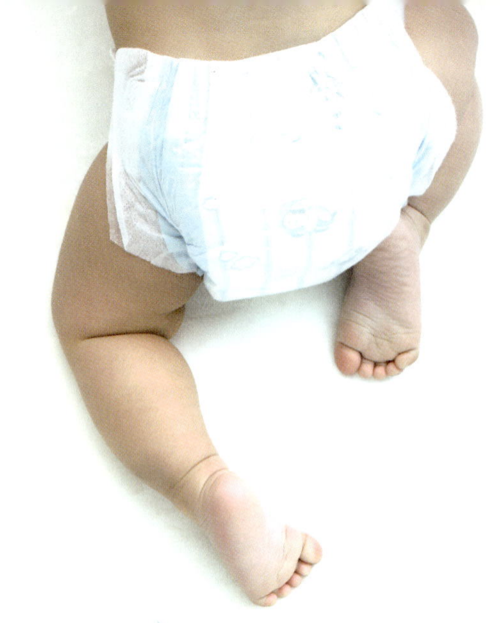

　이런 경우는 생각보다 훨씬 더 흔히 있는 일이다. 대부분의 경우 마음이 안정되었다가는 다시 겁을 먹고, 또다시 금방 마음이 안정되곤 한다. 아빠가 아기를 돌봐줄 수 있는 경우 엄마에게 큰 도움이 되며, 또 시간이 지나면서 아기가 자라나면 나아진다.

08

제11장 출산 후 신경 써야 할 것들

산전후휴가

우리나라 근로기준법과 고용보험에는 임신 중의 여성에게 출산 전후로 90일의 보호휴가를 주도록 되어있다. 직장에 따라 상황이 달라질 수 있으니 근로기준법과 직장 내 방침을 미리 확인하여 산전후휴가를 잘 이용하도록 하자.

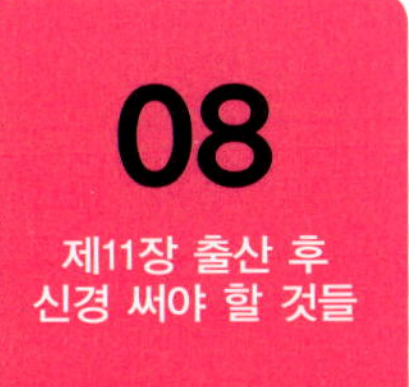

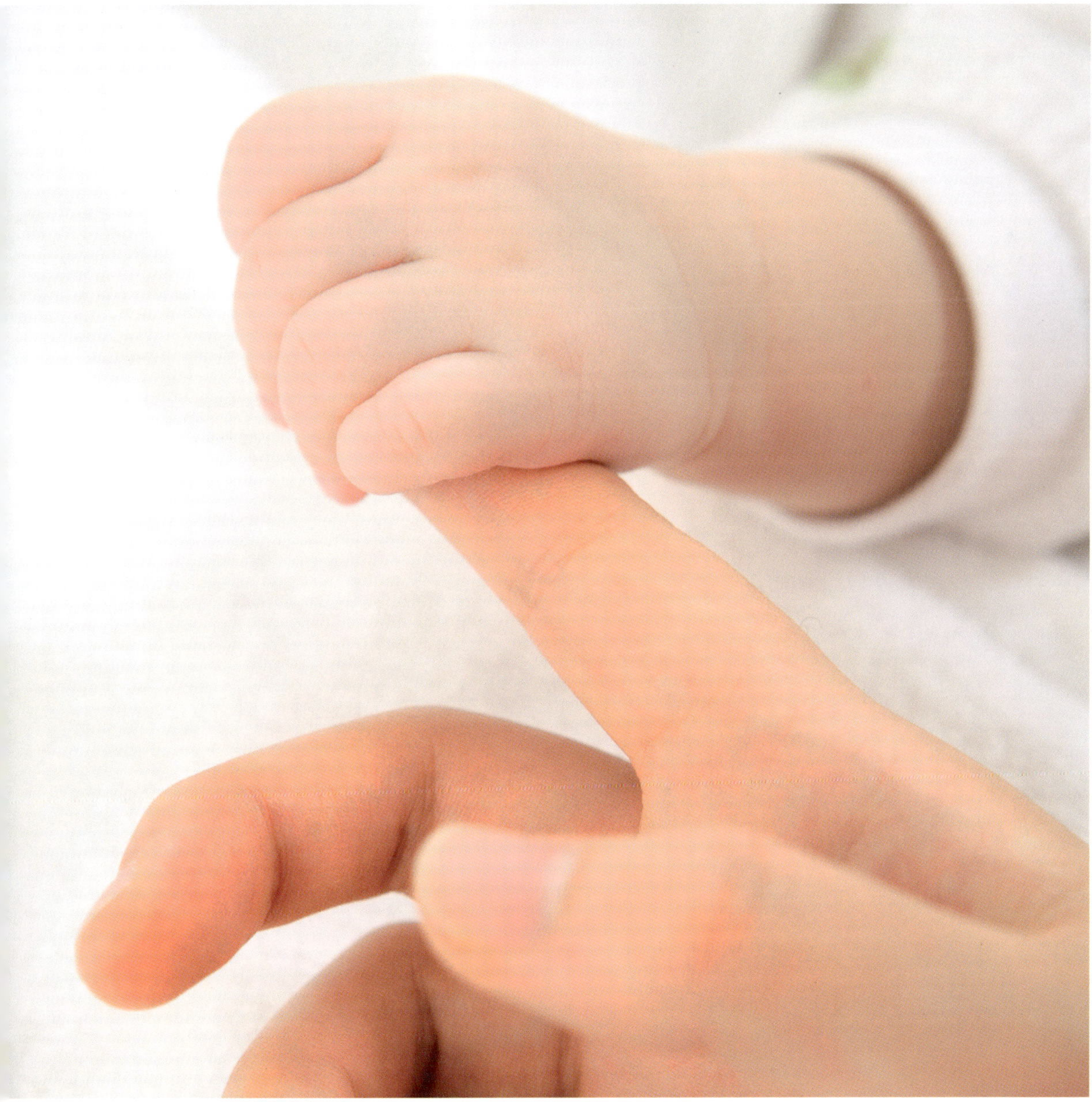

근로기준법과 고용보험에 따른 산전후휴가

산전후휴가는 출산예정일부터 45일 이내부터 사용할 수 있으며, 산후 45일 이상이 확보되지 않을 경우에는 연장하여 산후 45일 이상 확보할 수 있다.

휴가기간의 임금

대규모 기업의 경우 최초 60일은 유급휴가이므로 사업주가 급여를 지급하고, 이후 30일은 고용보험에서 지급된다. 우선지원 대상기업의 경우 90일의 급여 모두 고용보험에서 지급된다. 고용보험에 지급 신청을 하려면 산전후휴가가 끝난 날 이전에 고용보험 피보험단위기간이 180일 이상이어야 된다. 직장에서 산전후휴가확인서를 발급받아 산전후휴가신청서와 함께 거주지 또는 사업장 소재지를 관할하는 고용센터에 제출한다. 산전후휴가를 시작한 날 이후 1개월부터 휴가가 끝난 날 이후 12개월 이내 신청하면 된다.

고용보험의 우선지원대상기업

- 광업 300인 이하, 제조업 500인 이하, 건설업 300인 이하, 운수·창고 및 통신업 300인 이하, 기타 100인 이하 사업장
- 중소기업법 제2조 제1항 및 제3항의 기준에 해당하는 중소기업

고용보험 산전후휴가 지급 금액

- **상한금액** : 30일분의 통상임금이 135만원을 초과하는 경우에는 135만원을 지급
- **하한금액** : 통상임금이 최저임금에 미달되는 경우에는 최저임금액을 지급

유산 또는 사산휴가

임신 16주 이후 유산 또는 사산한 경우에는 임신기간에 따라 30일부터 90일까지 유산 또는 사산휴가를 요구할 수 있다.

16주 ~ 21주   유산 또는 사산한 날로부터 30일까지
22주 ~ 27주   유산 또는 사산한 날로부터 60일까지
28주   90일까지

출산용품 준비

출산용품을 준비할 때는, 왕자가 태어나면 가장 현명한 재상의 헌옷으로 배냇저고리를 만들었다는 선조들의 지혜를 돌이켜 보자. 새 것, 특별한 것보다는 주위 사람들이 쓰던 손때 묻은 것이 알고 보면 아기에게도 좋다.

가능한 물려받는다

옷이나 이불, 기저귀 등 천으로 만드는 용품은 가능한 물려받는 게 좋다. 공장에서 새로 만든 옷에는 옷을 깔끔하게 보이도록 하는 형광물질이나 옷감을 부드럽게 만드는 화학약품들이 많이 남아있다. 신생아일수록 새 옷보다는 어느 정도 낡아서 독성이 빠지고 부드러워진 옷이 좋다.

인터넷쇼핑몰을 뒤지다 보면 출산용품을 마련하는 목적이 쇼핑이 아니라는 것을 잊기 쉽다. 신기하고 유용해 보이는 육아 관련 신상품을 검색하고 사느라 막상 아기에게 소홀한 엄마들도 많다. 대부분의 최신 아이디어 상품은 아기의 안전성이 확실히 증명되지 않은 것이니 육아 아이디어 용품을 사는 대신 주변에서 잘 쓴 물건을 물려받는 것이 아기의 건강이나 경제적인 면에서도 효율적이다. 또 출산 전에는 꼭 필요한 물품만 준비하고 나머지는 필요할 때 마련하는 것이 낭비니 실패를 줄이는 방법이다.

꼭 필요한 아기용품

● **의류**

배냇저고리 : 신생아는 금방 자라서 배냇저고리는 얼마 입히지 못한다. 탄생 기념으로 한두 장만 준비해도 된다.

내의 : 배냇저고리 대신 돌 사이즈의 내의를 넉넉히 준비하면 오래 입힐 수 있고 소매가 길어 따로 손싸개를 하지 않아도 된다.

우주복, 양말, 모자 : 외출용으로 출산 계절에 맞게 하나 정도 준비한다.

손수건 : 거즈나 면으로 된 아기용 손수건을 넉넉히 준비하여 휴지나 물티슈 대신 사용하면 위생이나 경제적인 면에서 좋다.

● **기저귀**

기저귀 : 천기저귀를 쓸 경우 넉넉하게 30장 정도 필요하다. 타월만큼 털이 날리지 않아 목욕타월 대신으로 쓰거나, 요를 덮는 커버로도 유용하게 쓸 수 있다. 기저귀커버나 여름용 기저귀밴드도 두세 개 준비한다.

● **수유 용품**

분유 수유할 경우 : 젖병, 젖꼭지, 젖병 소독기나 냄비, 젖병세정제, 젖병솔, 보온병, 젖병집게, 분유케이스 등을 준비한다. 모유 수유를 계획하고 있다면 미리 준비할 필요가 없다.

유축기 : 모유 수유를 준비하는 직장인이라면 필요하지만 젖이 줄어들 수 있으니 꼭 필요한 경우에만 쓴다.

수유쿠션 : 수유 자세를 잡는 데 도움이 된다.

● **침구류**

이불 : 자주 세탁할 수 있게 두껍지 않은 이불이 좋다. 순면이 아닐 경우 천기저귀나 속싸개 등을 덮어서 쓴다.

겉싸개 : 퇴원과 이후 외출용 코트 역할을 하고 집에서는 이불로도 쓸 수 있다.

속싸개 : 실내에서 아기를 감쌀 때나 홑이불 등으로 유용하게 쓸 수 있다.

방수요 : 요 위에 방수요를 깔아 변이나 오물이 새는 것을 막는다. 방수요 대신 폴라폴리스 담요나 방수원단을 깔아도 방수가 된다.

● **목욕용품**

욕조 : 기능성 제품보다 단순한 것이 아기가 커서도 쓰기 좋다. 큰 대야를 이용해도 된다.

비누 : 자극이 없는 아기용으로, 샴푸와 비누로 같이 쓸 수 있는 제품으로 하나만 준비한다.

로션, 오일 : 꼭 필요한 것은 아니니 미리 제품들을 눈여겨보았다가 피부가 건조해지면 구입해도 된다.

TiP

베이비 파우더

파우더는 피부 짓무름을 막아주지만 오히려 피부 트러블이나 호흡기 트러블을 일으킬 수도 있으므로 쓰지 않는 게 좋다. 아기의 피부가 짓무를 때는 휴지나 물티슈로 닦지 말고 물로 자주 씻고 잘 말리는 게 중요하다.

● **실내용품**

가습기 : 건조한 계절에 습도 조절이 필요하다. 가습기용 세정제는 아기에게 해로울 수 있으니 가습기 내부를 매일 씻어 써야 한다. 가습기 대신 빨래나 젖은 수건을 아기 방에 널어두어도 된다.

온습도계 : 아기의 호흡기나 피부는 온도와 습도에 민감하다. 아기방에 온습도계를 두면 호흡기나 피부 트러블의 원인을 찾기 쉽다.

● **외출용품**

유모차, 포대기, 아기띠 등은 미리 눈여겨보았다가 신생아기를 지나 필요에 따라 준비한다.

● **위생용품**

세제 : 합성세제, 형광물질이나 향료가 들어있지 않은 아기용 세제를 준비한다. 아기와 함께 지내는 엄마나 형제의 옷도 합성세제나 합성 섬유유연제를 쓰지 않는 게 좋다.

빨래 삶는 냄비 : 백일 때까지는 아기의 옷과 기저귀는 삶아서 소독하는 게 안전하다. 백일 이후에는 지나친 소독이 아기의 면역력을 떨어뜨릴 수도 있다.

● **기타 유용한 물품**

체온계, 면봉, 손톱가위 등

산후조리

우리나라에는 출산 후 6주까지의 산욕기에 독특한 산후조리 방법이 전통으로 내려온다. 출산 후 바로 몸을 씻는 서구와 달리 냉기를 맞지 않으려고 한 달 가까이 몸을 씻지 않거나 머리를 감지 않기도 했다. 난방이 잘 되는 요즘에는 그렇게까지 할 필요는 없지만 몸을 건강하게 회복시키는 데 유용한 비법들을 배울 수 있다.

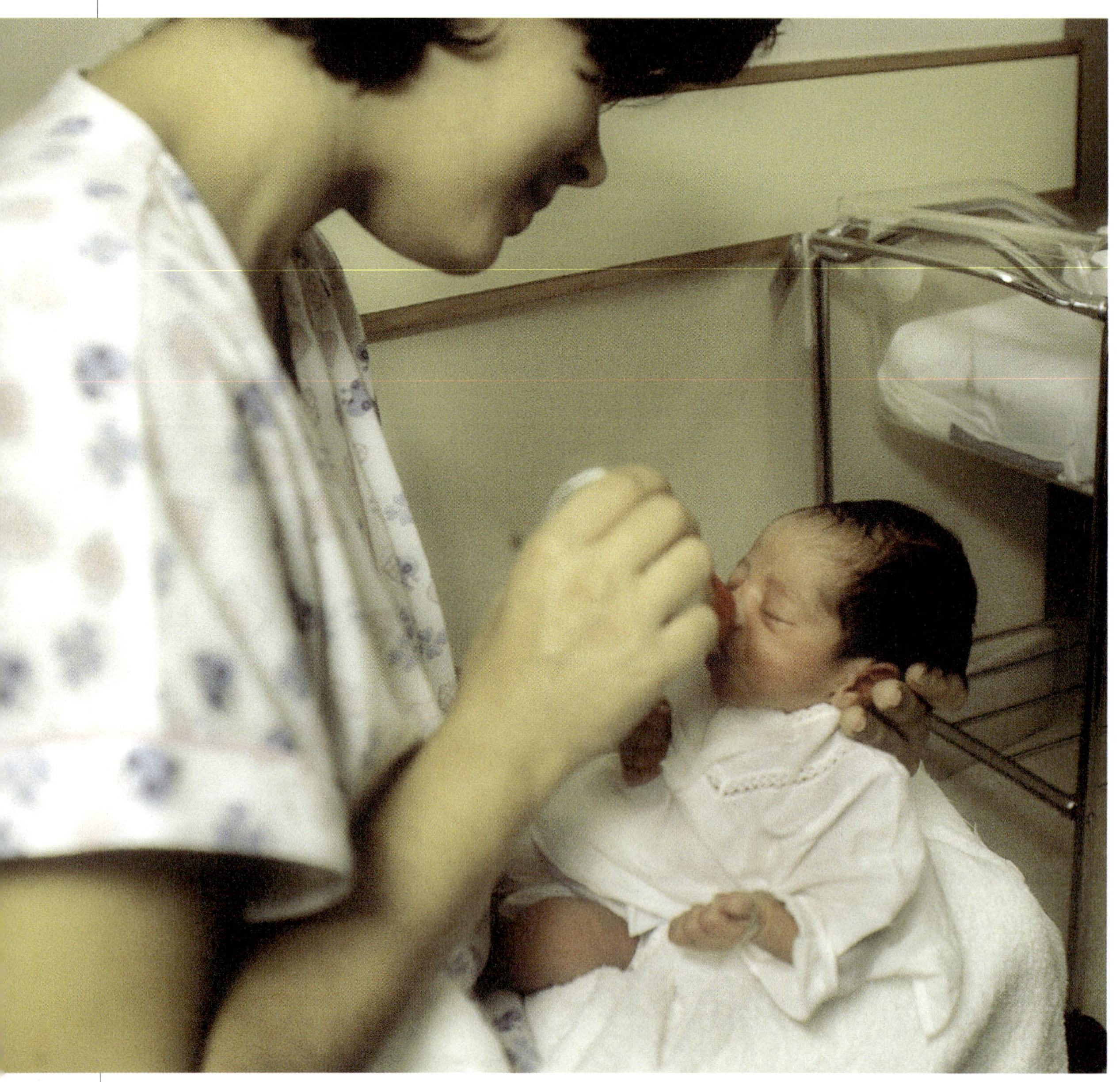

냉기를 맞지 않는다

몸에 냉기가 닿지 않도록 조심해서 씻고, 젖은 몸과 머리는 가능한 빨리 말린다. 땀을 많이 흘리는 산욕기에는 자주 씻는 대신 옷을 자주 갈아입어 청결을 유지한다. 실내에서만 오래 지내게 되니 환기를 자주 해야 되는데, 산모가 찬바람을 바로 맞지 않도록 한다. 양치도 미지근한 물로 부드럽게 한다.

미역국을 챙겨 먹는다

미역국은 자궁 수축을 돕고 젖의 양을 늘일뿐만 아니라 출산 후 변비 해소에도 효과가 좋다. 쇠고기, 닭가슴살, 조개, 들깨 등으로 영양과 맛에 변화를 줄 수 있다.

찬 음식, 딱딱한 음식, 매운 음식을 피한다

치아나 위장에 무리가 가지 않도록 차고 딱딱한 음식, 너무 매운 음식을 피해 따뜻하고 부드러운 음식들만 먹는다. 모유 수유를 할 경우 매운 음식은 아기에게도 자극이 될 수 있다.

무거운 것을 들지 않는다

관절에 무리가 가지 않도록 무거운 것을 들지 않고 손목, 발목을 꺾거나 꿇어앉지 않는다. 아기를 안을 때는 소파나 쿠션을 이용하여 편한 자세를 유지하도록 한다.

눈에 무리를 주지 않는다

시력이 약해지기 쉬우므로 책이나 신문, TV나 컴퓨터의 모니터를 많이 보지 않는 게 좋다. 특히 인터넷 육아 커뮤니티는 궁금한 마음에 다양한 정보를 얻을 수 있지만 습관이 되면 시력이 나빠질 뿐만 아니라 아이를 돌보는 데 오히려 소홀해지기 쉽다.

KI신서 3585

세상에서 가장 많은 부모들이 보는
임신출산

1판 1쇄 발행 2011년 10월 6일
1판 2쇄 발행 2012년 1월 27일

지은이 로랑스 페르누 **옮긴이** 이재형
펴낸이 김영곤 **펴낸곳** (주)북이십일 21세기북스
부사장 임병주 **PB사업부문장** 정성진
기획편집 김선미 **해외기획** 김준수 조민정 **디자인** 디자인밥
마케팅영업본부장 최창규 **마케팅** 김현섭 김현유 강서영 **영업** 이경희 정병철
출판등록 2000년 5월 6일 제10-1965호
주소 (우 413-756) 경기도 파주시 문발동 파주출판단지 518-3
대표전화 031-955-2100 **팩스** 031-955-2151 **이메일** book21@book21.co.kr
홈페이지 www.book21.com **트위터** @21cbook **블로그** b.book21.com

값 25,000원
ISBN 978-89-509-3342-5 13590